软件体系结构
理论及应用

李金刚 赵石磊 杜宁 编著

清华大学出版社

北京

内容简介

软件体系结构是根植于软件工程发展起来的一门新兴学科,目前已经成为软件工程研究和应用的主要领域。本书系统地介绍了软件体系结构的基本原理和开发技术,对其在实际领域中的具体应用加以详细描述,可以满足计算机专业及软件工程专业对软件设计与体系结构知识的需求。由于软件体系结构所涉及的方法论和原理比较抽象,而这些内容又广泛地存在于软件设计中,因此,本书采用大量案例、图表和示例代码对此加以说明。本书既有较强的理论性,又有较好的实践性,语言简练,通俗易懂,重点突出。

本书是作者在多年教学和科研工作基础上形成的,可以作为高等学校计算机、软件工程及相关专业的本科生和硕士生教材,也可供该领域的研究人员及工程技术人员参考。

图书在版编目(CIP)数据

软件体系结构理论及应用/李金刚,赵石磊,杜宁编著.—北京:清华大学出版社,2013(2024.8重印)
21世纪高等学校规划教材·软件工程
ISBN 978-7-302-32457-7

Ⅰ.①软… Ⅱ.①李…②赵…③杜… Ⅲ.①软件—系统结构—高等学校—教材 Ⅳ.①TP311.5

中国版本图书馆 CIP 数据核字(2013)第 106334 号

责任编辑:郑寅堃　王冰飞
封面设计:傅瑞学
责任校对:白　蕾
责任印制:曹婉颖

出版发行:清华大学出版社
　　　　网　　　址:https://www.tup.com.cn, https://www.wqxuetang.com
　　　　地　　　址:北京清华大学学研大厦 A 座　　　邮　　编:100084
　　　　社　总　机:010-83470000　　　　　　　　　　邮　　购:010-62786544
　　　　投稿与读者服务:010-62776969, c-service@tup.tsinghua.edu.cn
　　　　质量反馈:010-62772015, zhiliang@tup.tsinghua.edu.cn
　　　　课件下载:https://www.tup.com.cn, 010-83470236
印　装　者:三河市君旺印务有限公司
经　　　销:全国新华书店
开　　　本:185mm×260mm　　印　张:23.25　　字　　数:568 千字
版　　　次:2013 年 7 月第 1 版　　　　　　　　印　　次:2024 年 8 月第 16 次印刷
印　　　数:6201~6500
定　　　价:59.00 元

产品编号:051260-02

出 版 说 明

随着我国改革开放的进一步深化,高等教育也得到了快速发展,各地高校紧密结合地方经济建设发展需要,科学运用市场调节机制,加大了使用信息科学等现代科学技术提升、改造传统学科专业的投入力度,通过教育改革合理调整和配置了教育资源,优化了传统学科专业,积极为地方经济建设输送人才,为我国经济社会的快速、健康和可持续发展以及高等教育自身的改革发展做出了巨大贡献。但是,高等教育质量还需要进一步提高以适应经济社会发展的需要,不少高校的专业设置和结构不尽合理,教师队伍整体素质亟待提高,人才培养模式、教学内容和方法需要进一步转变,学生的实践能力和创新精神亟待加强。

教育部一直十分重视高等教育质量工作。2007 年 1 月,教育部下发了《关于实施高等学校本科教学质量与教学改革工程的意见》,计划实施"高等学校本科教学质量与教学改革工程"(简称"质量工程"),通过专业结构调整、课程教材建设、实践教学改革、教学团队建设等多项内容,进一步深化高等学校教学改革,提高人才培养的能力和水平,更好地满足经济社会发展对高素质人才的需要。在贯彻和落实教育部"质量工程"的过程中,各地高校发挥师资力量强、办学经验丰富、教学资源充裕等优势,对其特色专业及特色课程(群)加以规划、整理和总结,更新教学内容、改革课程体系,建设了一大批内容新、体系新、方法新、手段新的特色课程。在此基础上,经教育部相关教学指导委员会专家的指导和建议,清华大学出版社在多个领域精选各高校的特色课程,分别规划出版系列教材,以配合"质量工程"的实施,满足各高校教学质量和教学改革的需要。

为了深入贯彻落实教育部《关于加强高等学校本科教学工作,提高教学质量的若干意见》精神,紧密配合教育部已经启动的"高等学校教学质量与教学改革工程精品课程建设工作",在有关专家、教授的倡议和有关部门的大力支持下,我们组织并成立了"清华大学出版社教材编审委员会"(以下简称"编委会"),旨在配合教育部制定精品课程教材的出版规划,讨论并实施精品课程教材的编写与出版工作。"编委会"成员皆来自全国各类高等学校教学与科研第一线的骨干教师,其中许多教师为各校相关院、系主管教学的院长或系主任。

按照教育部的要求,"编委会"一致认为,精品课程的建设工作从开始就要坚持高标准、严要求,处于一个比较高的起点上。精品课程教材应该能够反映各高校教学改革与课程建设的需要,要有特色风格、有创新性(新体系、新内容、新手段、新思路,教材的内容体系有较高的科学创新、技术创新和理念创新的含量)、先进性(对原有的学科体系有实质性的改革和发展,顺应并符合 21 世纪教学发展的规律,代表并引领课程发展的趋势和方向)、示范性(教材所体现的课程体系具有较广泛的辐射性和示范性)和一定的前瞻性。教材由个人申报或各校推荐(通过所在高校的"编委会"成员推荐),经"编委会"认真评审,最后由清华大学出版社审定出版。

目前,针对计算机类和电子信息类相关专业成立了两个"编委会",即"清华大学出版社计算机教材编审委员会"和"清华大学出版社电子信息教材编审委员会"。推出的特色精品教材包括:

(1) 21 世纪高等学校规划教材·计算机应用——高等学校各类专业,特别是非计算机专业的计算机应用类教材。

(2) 21 世纪高等学校规划教材·计算机科学与技术——高等学校计算机相关专业的教材。

(3) 21 世纪高等学校规划教材·电子信息——高等学校电子信息相关专业的教材。

(4) 21 世纪高等学校规划教材·软件工程——高等学校软件工程相关专业的教材。

(5) 21 世纪高等学校规划教材·信息管理与信息系统。

(6) 21 世纪高等学校规划教材·财经管理与应用。

(7) 21 世纪高等学校规划教材·电子商务。

(8) 21 世纪高等学校规划教材·物联网。

清华大学出版社经过三十多年的努力,在教材尤其是计算机和电子信息类专业教材出版方面树立了权威品牌,为我国的高等教育事业做出了重要贡献。清华版教材形成了技术准确、内容严谨的独特风格,这种风格将延续并反映在特色精品教材的建设中。

清华大学出版社教材编审委员会
联系人:魏江江
E-mail:weijj@tup.tsinghua.edu.cn

前 言

　　软件体系结构的研究伴随着软件开发方法论的发展逐步进行,由最初模糊的概念发展为现今一个渐趋成熟的技术。在计算机科学和软件工程学科中,软件体系结构占据极为重要的地位,其研究成果可以从宏观上指导软件制品的分析、设计、开发和后期维护。随着软件体系结构新理论的不断涌现以及在工程实践中的有效应用,需要相关教材集中反映最新的各种成果。

　　作者根据多年教学经验和科研经验,在学习和总结国内外相关文献的基础上,完成了本书的编写工作。

　　本书的特色是文字叙述通俗易懂,对软件体系结构的基本概念和基本原理进行了准确阐述,并配合适当的例题进行深入研究,同时力图反映其应用方面的一些新进展,包括DSSA、Web Services、软件产品线、软件设计模式及云计算等方面。

　　本书共分为 10 章,第 1 章主要介绍软件体系结构概论、软件重用及软件构件;第 2 章对软件体系结构建模尤其是采用 UML 的建模方法进行了介绍;第 3 章详细介绍了软件体系结构的各种常用风格,重点介绍了新兴的一些软件体系结构风格;第 4 章对 DSSA 原理和特定领域软件工程的概念尤其是 DSSA 的具体应用加以介绍;第 5 章对 Web Services 和 SOA 加以介绍和讨论,重点关注 IBM SOA 解决方案,并对基于. NET 和 JavaEE 的 Web Services 开发技术进行了翔实的说明;第 6 章介绍了软件产品线的相关内容并辅以案例,介绍其在 ERP 领域的应用;第 7 章介绍了软件演化的内容;第 8 章介绍了软件体系结构评估手段及最新的评估技术;第 9 章介绍了软件设计原则和模式以及 Java 代码实现;第 10 章介绍了云计算的有关内容,涉及 Google 云计算、AWS 和 Windows Azure 以及部分开源实现技术。

　　本书第 1、5、9、10 章由李金刚编写,第 2、3、4 章由赵石磊编写,第 6~8 章由杜宁编写,李金刚负责全书的统编。本书主编作为访问学者在哈尔滨工业大学研修期间完成了书中主要章节的编写工作。哈尔滨工业大学计算机科学与技术学院的苏小红教授对编写工作提出了很多宝贵的建议,在此深表谢意。作者还要特别感谢参考文献中所列的各位作者,是他们的独到见解为本书提供了宝贵的资料及丰富的写作源泉。限于作者的水平和学识,书中难免存在疏漏和错误之处,诚望读者不吝赐教,以便修正,让更多读者受益。

　　清华大学出版社为本书的出版做了大量的工作,在此表示衷心的谢意! 最后,谨向关心和支持本书编写工作的各方面人士表示感谢!

编者

2013 年 5 月

目 录

第1章
软件体系结构概论

1.1 软件体系结构产生的背景

随着计算机应用的逐渐扩大,软件需求量逐渐增加,规模也日益增长,软件规模的快速增长也带来了软件的复杂程度的增加和程序代码的剧增。即使是富有经验的程序员,也难免会对较大软件的程序代码顾此失彼。其结果是软件开发的费用经常超支,而且常常延长软件的开发时间。软件生产的重点在于开发和维护,对于在软件开发和维护过程中遇到的一系列严重问题,计算机科学家称之为"软件危机"。1968年,北大西洋公约组织(North Atlantic Treaty Organization,NATO)科学家在前联邦德国召开的国际学术会议上第一次提出"软件危机"概念。"软件危机"几乎从计算机诞生的那一天起就出现在软件开发人员的面前,概括地说,其主要包含两方面的问题:如何开发软件以满足对软件日益增长的需求;如何维护数量不断高速增长的已有软件。

通常情况下,在没有工程化思想加以控制的情况下,危机往往产生于事物的起始阶段。20世纪60年代初期,计算机开始在实际环境下使用。鉴于计算机的计算性能与存储性能都很低,软件往往只是为了一个特定的应用而在指定的计算机上完成设计和编制。这一时期的软件所采用的开发技术是与计算机硬件系统密切相关的机器代码或汇编语言,规模相对较小,很少使用系统化的开发方法,整个开发缺乏必要的管理过程,通常也不遗留任何技术性文档资料。这种软件设计方法基本上是个人使用、设计与操作。60年代中期,随着高速、大容量计算机的出现,计算机的应用范围也越来越大,普及程度随之升高,人们对软件的需求也在急剧增长。操作系统的发展,高级语言的出现,以及第一代数据库管理系统的诞生引起了计算机使用方式的彻底变革。随着软件系统的规模越来越大,复杂程度越来越高,软件可靠性问题愈发突出,原有的设计方式不再满足要求,软件危机开始爆发。最为突出的例子是美国IBM公司于1963—1966年开发的IBM 360系列机的操作系统,该软件系统花费了大约5000×12人/月的工作量,最多时有超过1000人在进行开发工作,生成近100万行源程序。尽管投入了巨大的人力和物力,其结果却没有达到预期值。据统计,该操作系统每一个新发行的版本都是在前一版本的基础上找出近1000个程序错误并加以修正之后的结果。

同时,软件开发费用和进度失控,费用超支、进度拖延的情况屡屡发生。有时为了赶进度或压成本不得不采取一些权宜之计,这样又往往严重损害了软件产品的质量。拖延工期几个月甚至几年的现象并不罕见,这种现象降低了软件开发组织的信誉。以丹佛新国际机场为例,该机场按原定计划要在1993年万圣节前启用,但一直到1994年6月,机场的计划者还无法预测行李系统何时能达到可使机场开放的稳定程度。软件的可靠性差,尽管耗费了大量的人力物力,而系统的正确性却越来越难以保证,出错率大大增加,由于软件错误而造成的损失十分惊人,生产出来的软件难以维护。很多程序缺乏相应的文档资料,程序中的错误难以定位,难以改正,并经常为了改正已有错误而产生新的错误。随着软件的社会拥有量越来越大,维护占用了大量的人力、物力和财力。20世纪80年代以来,尽管软件工程研究与实践取得了可喜的成就,软件技术水平有了长足的进展,但是软件制品的生产水平依然远远落后于硬件的发展速度,由此导致了软件成本在计算机系统总成本中所占的比例居高不下,且逐年上升。由于集成电路技术的发展和硬件生产自动化程度不断提高,硬件成本逐年下降,性能和产量迅速提高。然而软件属于人力资源型产品,其成本随着软件规模和数量的剧增而持续上升。从美、日两国的统计数字表明,1985年度软件成本大约占智能工业产品总成本的90%。软件开发生产率提高的速度远远跟不上计算机应用迅速普及深入的需要,软件产品供不应求的状况使得人类不能充分利用现代计算机硬件所能提供的巨大潜力。

在此背景下,人们开始探索利用工程化的方法管理软件开发,把人类的思维模式和处理问题的流程转换为计算机语言进行表示,以人类思维方式建立问题域模型,发展了面向数据、面向过程、面向对象、面向切面和面向服务等设计技术,不断在软件开发过程中引入模块化与重用的设计思路。通过在软件开发过程、方法、工具、管理等方面的应用,大大缓解了软件危机造成的被动局面。

软件体系结构的研究伴随着软件开发方法的发展逐步进行,由最初模糊的概念发展为一个渐趋成熟的技术。20世纪70年代以前,尤其是在以ALGOL 68为代表的高级语言出现以前,软件开发基本上都是汇编程序设计。此阶段的系统规模较小,很少明确考虑系统结构,一般不存在系统建模工作。在20世纪70年代,Brooks、Dijistra、Parnas等软件工程先驱们提出了概念完整性、结构化程序设计、模块化、信息隐藏和封装等与软件结构息息相关的重要原则。70年代中后期,由于结构化开发方法的出现与广泛应用,软件开发中出现了概要设计与详细设计,而且主要任务是数据流设计与控制流设计。因此,此时软件结构已作为一个明确的概念出现在系统的开发中。

20世纪80年代初到90年代中期,是面向对象开发方法的兴起与成熟阶段,面向对象技术已成为软件开发的主流技术。由于对象是数据与基于数据之上操作的封装,因而在面向对象开发方法下,数据流设计与控制流设计统一为对象建模。同时,面向对象方法还提出了一些其他的结构视图,比如,在OMT方法中提出了功能视图、对象视图与动态视图(包括状态图和事件追踪图)的概念。Booch方法中则提出了类视图、对象视图、状态迁移图、交互作用图、模块图、进程图。1997年出现的统一建模语言UML则从功能模型(用例视图)、静态模型(包括类图、对象图、构件图、包图)、动态模型(包括协作图、顺序图、状态图和活动图)、配置模型(配置图)描述应用系统的结构。20世纪90年代,设计、开发和维护大型软件系统的需求促使研究者从更高的抽象层次关注软件,软件体系结构也在这一阶段得到广泛关注。1995年出版的IEEE Software体系结构专刊和1996年出版的专著 *Software Architecture：Perspectives on an Emerging Discipline* 被认为是软件体系结构作为软件工程的一个研究方向正式提出的标志。20 世纪 90 年代以后则是基于构件的软件开发阶段，该阶段以过程为中心，强调软件开发采用构件化技术和体系结构技术，要求开发出的软件具备很强的自适应性、互操作性、可扩展性和重用性。此阶段中，软件体系结构已经作为一个明确的文档和中间产品存在于软件开发过程中。同时，软件体系结构作为一门学科逐渐得到人们的重视，并成为软件工程领域的研究热点，就像 Perry 和 Wolf 所说的："未来的年代将是研究软件体系结构的时代。"

此后的 10 年，软件体系结构领域得到了蓬勃发展，越来越多的研究者关注并参与到软件体系结构的研究中，与其相关的会议、期刊和书籍也逐步增多；越来越多的国际会议将软件体系结构列入主要议题，并举行了大量直接以其为主题的研讨；在许多知名国际期刊中，与软件体系结构相关的研究成果逐渐增多，并出版了大量这方面的书籍。软件体系结构的研究还得到了工业界的广泛关注与认同，比如，UML 2. x 标准中引入了软件体系结构领域中连接件以及复合构件的概念。2006 年还出版了 IEEE Software 软件体系结构专刊，总结了之前 10 年间的研究与实践。除了上述组织、专家的努力以外，很多实践者也参与到软件体系结构的研究和应用上，大量技术论坛，例如 InfoQ(http://www.infoq.com)，每天都在发布着世界各地开发人员的各种成果，如图 1-1 所示。

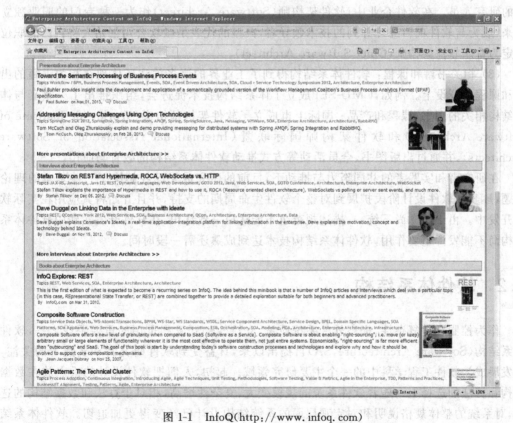

图 1-1 InfoQ(http://www.infoq.com)

纵观软件体系结构的发展过程，从最初的无体系结构设计到现在的基于体系结构的软件开发，可以认为其经历了 4 个阶段。

（1）无体系结构阶段：以汇编语言进行小规模应用程序开发为特征。

（2）萌芽阶段：出现了程序结构设计主题，以控制流图和数据流图构成软件结构为特征。

（3）初期阶段：出现了从不同侧面描述系统的结构模型，以 UML 为典型代表。

（4）高级阶段：以描述系统的高层抽象结构为中心，而不再关心具体的建模细节。该阶段划分了体系结构模型与传统的软件结构的界限，以 Kruchten 提出的"4＋1"视图模型为标志。

软件体系结构自提出以来，一直注重理论研究与工业实践相结合。总体而言，软件体系结构在工业界的应用和推广体现在以下几个方面。

（1）工业标准的制定：例如，IEEE 专门制定了与体系结构相关的国际标准；SAE 制定了 ADL 的国际标准 AADL。在很多工业级框架中也将软件体系结构领域提出的连接件的概念显式化，比如，JSR112 标准在制定过程中同时制定了 JavaEE Connector Architecture，用于连接异构的系统。

（2）实际产品的开发：如西门子公司、贝尔实验室等大力推动软件体系结构在实际软件产品开发中的应用，并通过联合项目、学术研讨会等形式将其在工业实践中所积累的经验贡献给体系结构研究者，例如，CMU 的软件工程研究所（CMU-SEI）中就拥有大量来自工业界的研究人员。在软件企业中，软件架构师（Software Architect）作为一种专门的职业独立出来，成为与软件项目经理并列的技术领导者，典型的代表是微软公司创始人将自己的职位界定为首席软件架构师（Chief Software Architect）。

（3）相关书籍和课程：软件体系结构得到了工业界的诸多关注还体现在相关书籍的出版和课程的开设上。例如，CMU-SEI 成立了体系结构技术促进会，组织推出了一整套与体系结构相关的图书、课程和产品；国际上也成立了软件架构师协会（Worldwide Institute of Software Architects）和软件架构师国际联盟（International Association of Software Architects），并通过出版图书、会员活动等方式推动软件体系结构的教育与应用。

在研究者和实践者的共同努力与推动下，目前的研究成果已经解决了一些基本的理论问题，逐步从软件设计阶段扩展到对整个软件生命周期的支持，并且开始将其应用在实际软件开发中。由于概念尚不统一，描述规范也不能达成一致认识，在软件开发实践中软件体系结构尚不能发挥重要作用，软件体系结构技术达到成熟还需一段时间。

1.2 软件体系结构

作为控制软件复杂性、提高软件系统质量、支持软件开发和重用的重要手段之一，软件体系结构（Software Architecture，SA）自提出以来，日益受到软件研究者和实践者的关注，并发展成为软件工程学科中的一个主要研究领域。起初，人们把软件设计的重点放在数据结构和算法的选择上。随着软件系统的规模变大、复杂性增高，相对于算法和数据结构的选择，对系统的整体规格说明和对宏观层面的系统结构设计已经变得更加迫切。软件体系结构概念的提出和应用，表明软件开发技术正在向高层次上发展并已经开始走向成熟。如同计算机组装一样，未来的软件开发将按照体系结构图纸对已有的构件实施装配，从而减少开发过程所需要的人力、物力和财力。而在这一过程中，软件体系结构将起到主导性作用，也就是说，新一代软件工程将是体系结构化工程。

在此背景下，人们已经意识到软件体系结构的重要性。软件体系结构虽然源自软件工程，但其形成同时借鉴了计算机体系结构和网络体系结构中很多宝贵的思想和方法。近几年来，软件体系结构研究已完全独立于软件工程的范畴，成为计算机科学中的一个研究方向和独立学科分支。软件体系结构研究的主要内容涉及软件体系结构建模、软件体系结构风格、软件体系结构评价和软件体系结构的形式化表示方法等。软件体系结构研究的根本目的是最大限度地解决软件重用、质量保证和维护问题。

1.2.1　软件体系结构的定义

虽然软件体系结构已经在软件工程领域中有着广泛的应用，但迄今为止还没有一个统一的定义。许多专家学者从不同角度和不同侧面对软件体系结构进行了刻画，下面介绍几种较为典型的定义。

（1）Dewayne Perry 和 Alexander Wolf 认为，软件体系结构是具有一定形式的结构化元素，即构件的集合，包括数据构件、处理构件和连接构件。数据构件是被加工的信息；处理构件则负责对数据进行加工处理；连接构件用于把体系结构的各个部分连接起来。根据定义，体系结构可以表示为 SA＝{Processing Elements,Data Elements,Connecting Elements}。这一定义注重区分数据构件、处理构件和连接构件。

（2）Mary Shaw 和 David Garlan 认为，软件体系结构是软件设计过程中的一个层次，这一层次超越计算过程中的数据结构设计和算法设计。体系结构包括全局控制、总体组织、数据存取、通信协议、同步处理、设计元素功能分配、设计元素组织、设计方案选择以及系统规模和性能等。软件体系结构处理数据结构和算法上关于整体系统设计与描述方面的一些问题，如全局控制结构和组织结构，关于通信、数据存取与同步的协议，设计构件功能定义，设计方案的选择、评估与实现等。根据定义，体系结构可以表示为 SA = {Component,Connection,Constrains}。其中，Component（构件）可以是一组代码，例如程序模块，也可以是一个独立的程序，例如数据库的 SQL 服务器；Connection（连接）表示构件之间的相互作用，可以是过程调用、管道或远程调用等；Constrains（约束）表示构件和连接器之间的关联。该模型主要面向程序设计语言，构件是代码模块。

（3）Kruchten 认为，软件体系结构有 4 个角度，它们从不同方面对系统进行描述。其中，概念角度描述系统的主要构件和它们之间的相互关系；模块角度包含了功能分解与层次结构；代码角度描述了各种代码和库函数在开发环境中的组织形式；运行角度描述系统的动态结构。

（4）Hayes Roth 认为，软件体系结构是一个抽象的系统规约，主要包括用其行为来描述的功能构件及构件之间的相互连接关系。

（5）David Garlan 和 Dewne Perry 于 1995 年在国际电气和电子工程师协会（Institute of Electrical and Electronics Engineers,IEEE）软件工程学报上使用以下定义：软件体系结构是一个程序/系统各构件的结构、它们之间的相互关系及进行设计的原则和随时间演化的指导方针。

（6）Barry Beohm 指出，一个软件体系结构包括一个软件和系统构件相互关系及相关约束的集合，一个对系统进行描述说明的集合，一个基本原理用于说明这一构件、相互关系和相关约束能够满足系统的需求。根据定义，体系结构可以表示为 SA＝{Components,

Connections,Constraints,Stakeholders,Needs,Rational}。其中,Stakeholders 表示用户、设计人员和开发人员,Needs 表示需求,Rational 表示体系结构方案的选择准则。

(7) Ctements、Bass 和 Kazman 认为,软件体系结构包含一个或一组软件构件、软件构件外部的可见特性及其相互关系。其中,"软件构件外部的可见特性"主要是指软件构件提供的功能、特性、性能、共享资源使用情况和错误处理等。根据定义,体系结构可以表示为 SA={Components,Visibility,Relationship}。其中,外部的可见特性 Visibility 是指软件构件所提供的特性、服务、性能、错误处理和共享资源使用等。

(8) IEEE 610.12-1990 软件工程标准词汇中将软件系统结构定义为,体系结构是以构件、构件之间的关系、构件与环境之间的关系为内容的某一系统的基本组织结构,以及指导上述内容进行设计与演化的原则。

(9) Soni、Nord 和 Hofmeister 是西门子公司的研究人员,他们详细地分析了在项目开发中所广泛使用的一些软件结构,指出软件体系结构至少应该包括 4 个不同的实例化结构,即概念体系结构、模块连接体系结构、执行体系结构和代码结构。其中,概念体系结构按照设计元素和元素之间的关联关系来描述整个系统;模块连接体系结构包括正交结构分解和正交功能分层;执行体系结构描述了系统动态结构;代码结构描述了开发环境是如何对源代码、二进制代码和资源库进行组织的。

(10) 面向对象领域的三位大师 Booch、Rumbaugh 和 Jacobson 认为,软件体系结构是关于下述问题的重要决定,包括系统整体结构的组织方式,构成系统的模型元素及其接口的选择以及由这些模型元素之间的协作所描述的系统行为;描述了结构元素和行为元素如何进一步组织成较大的子系统以及指导这种组织的结构风格来实现模型元素及其接口的协作与组合。软件体系结构是一组重要的决策,主要包括系统的组织和带有接口构件(Elements)的选择以及协作时构件的特定行为。根据定义,体系结构可以表示为 SA={Organization,Elements,Cooperation}。构件的接口用于组成系统,而具有结构和行为的构件又可以用来组成更大的子系统。软件体系结构不仅关注软件的结构和行为,也关注其功能、性能、弹性、使用关系、可重用性、可理解性和经济技术约束。

从以上定义可以看出软件体系结构研究和发展的历程,虽然这些定义并不完全相同,但是大多数要点是一致的,即软件体系结构主要包括构件、关系和结构。这些定义的区别在于对关注点的说明和对软件架构的表述。

目前,虽然对软件体系结构的定义没有形成统一的认识,但是本书综合各种不同的软件体系结构定义,认为软件体系结构主要包括构件、连接件和配置约束 3 个部分。构件是可预制和可重用的软件部件,是组成体系结构的基本计算单元或数据存储单元。构件可以分为原子构件和复合构件两种。原子构件是不可再分的构件,复合构件是由其他原子构件或复合构件相互连接而成的。构件与外部进行数据交互的接口称为端口,它表示构件与外部环境的交互点,一个构件可以包含多个不同类型的端口,通过它们与外部进行不同的数据交互。连接件是可预制和可重用的软件部件,是构件之间的连接单元。连接件由一组角色组成,角色是连接件与构件端口进行数据交互的接口。配置约束用来描述构件和连接件之间的关联关系,是对软件系统组织形式的一种规约。在确定某个软件的体系结构时,重点关注构件和配置约束,一旦明确了配置约束、构件的种类和数量、连接件的种类和数量,那么构件与连接件之间的对应关系以及系统的拓扑结构也就随之确定。因此,在基于软件体系结构的开发技术中,必须明确实现系统所需的构件、连接件和配置约束。因为软件应用的环境千变万化,软件体系结构中的各个元素也会因此而在实现层面上有所差异,所以,软件体系结构风格决定了软件体系结构中各个元素的最终实现形态。根据上述内容,可以给出软件体系结构的核心模型,如图1-2所示。

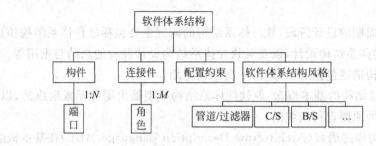

图1-2 软件体系结构的核心模型

软件体系结构提供了一种自顶向下、充分利用已有构件资源来设计实现软件系统的新途径,将系统分解为一组构件和交互关系,使软件开发人员可以从全局角度来分析和设计系统,克服了传统的自底向上开发策略的局限性。软件体系结构指定了系统的组织结构和拓扑结构,显示了系统需求和构成元素之间的对应关系,提供了设计决策的基本原理,属于软件系统之上的框架级重用。软件体系结构是系统开发过程中的重要决策,是管理人员、设计人员和开发人员之间交流的有效手段。

1.2.2 软件体系结构的重要性

软件体系结构决定了一个系统的主体结构、宏观特性和具有的基本功能及特性,因此,软件体系结构是整个软件设计成功的基础和关键所在。软件体系结构的研究,使软件重用从代码重用发展到设计重用和过程重用。随着更多研究者的参与,软件体系结构的研究范围也开始超越设计阶段,逐步扩展到整个软件生命周期。例如,在需求分析阶段,考虑如何利用软件体系结构来提高设计的重用率;在设计阶段,考虑如何使用软件体系结构来支持系统的实现、组装、部署、维护、演化及重用。Medvidovic提出将软件体系结构概念贯穿于整个软件生命周期,并使用一种特殊的连接来维系不同阶段模型的可追踪性。Garlan认为软件体系结构不仅是设计阶段的软件制品,更是一种处于运行状态的软件实体。Kazman描述了生命周期集成方法,Jacobson提出了统一软件开发过程,Mei阐述了ABC软件开发方法,以上都不同程度地将软件体系结构贯穿于整个生命周期。在软件项目开发过程中,软件体系结构的主要角色包括支持开发人员之间的交流、直接支持系统开发以及支持软件重用。在需求阶段、设计阶段、实现阶段、部署阶段和维护阶段,软件体系结构就像一条主线,贯穿整个软件开发过程。

1. 需求分析阶段

在系统生命周期的需求分析阶段,需求分析关注如何刻画问题域,而软件体系结构则主要关注如何描述解空间。此阶段对软件体系结构的研究主要包括在较高抽象层次上,用软件体系结构的概念和描述手段来刻画问题空间的软件需求,探讨如何将软件需求规约自动或半自动地转变为软件体系结构模型。在需求阶段研究软件体系结构,有助于将软件体系结构的概念贯穿整个软件生命周期,从而保证软件开发过程中的概念完整性,有利于各阶段参与者的交流,也易于维护各阶段的可追踪性。

2. 设计阶段

在系统生命周期的设计阶段,软件体系结构的研究主要包括软件体系结构描述、软件体系结构分析、软件体系结构设计,以及对软件体系结构设计经验的总结与重用等。

软件体系结构描述包括 3 个部分,下面分别介绍。

(1) 软件体系结构的基本概念,即软件体系结构模型是由哪些元素组成的,以及这些元素之间是按照何种原则进行组织的。

(2) 体系结构描述语言(Architecture Description Language,ADL)在基本概念基础上,选取适当的形式化或半形式化方法来描述一个特定的体系结构。

(3) 软件体系结构模型的多视图表示,即从不同的视角来描述特定系统结构,从而得到多个视图,并将这些视图组织起来以描述整个软件系统。

分析过程通常和设计过程相结合,其目的是在软件生命周期的前期发现潜在的风险。通过分析软件体系结构设计模型,可以预测系统的质量属性,同时还能够界定产品中潜在的风险。从精度上看,体系结构分析方法可以分为两类:一类是使用形式化方法、数学模型和模拟技术来获得量化的分析结果;另一类是利用调查问卷、场景分析和检查表得出关于软件体系结构的可维护性、可演化性和重用性等质量属性。

软件体系结构设计是指通过一系列的设计活动,获得满足系统功能性需求(Functional Requirement,FR),符合一定非功能性需求(Non-Functional Requirement,NFR),与质量属性有相似含义的软件系统框架模型。在软件体系结构设计过程中,主要考虑系统的 NFR。软件体系结构设计经验的总结与重用是软件工程的重要目标之一,所采用的手段主要包括体系结构风格和模式、DSSA 和软件产品线技术。体系结构风格是指描述某一特定应用领域中系统组织方式的惯用模式,作为可重用的组织模式和习语,为设计人员之间的交流提供了公共术语空间,促进了设计重用与代码重用。体系结构模式是对设计模式的扩展,明确了软件系统的结构化组织方案,可以作为具体的软件框架模板。DSSA 是领域工程的核心,通过分析应用领域的共同特征和可变特征,对刻画特征的对象和操作进行抽象,获取领域模型,并进一步形成 DSSA。软件产品线是指一组具有公共可控特征的软件系统,这些特征主要针对特定的商业行为。

3. 实现阶段

实现阶段的体系结构研究主要集中在基于软件体系结构的开发支持研究、软件体系结构向实现的过渡途径研究以及基于软件体系结构的测试技术研究,主要涉及软件体系结构的维护、演化和重用等问题,包括动态软件体系结构、软件体系结构的恢复以及软件体系结构的重建。传统研究总是假设软件框架是静态的,即软件体系结构一旦建立,在运行时刻就不会再发生变动。但现实中的软件往往具有动态性,相应的框架结构会在运行时发生改变。软件体系结构重建是指从已实现的系统中获取体系结构的过程,重建的输出是一组体系结构视图。现有的软件体系结构重建方法包括人工体系结构重建、工具支持的人工重建、通过查询语言来自动建立聚集、使用其他技术来实施体系结构重建。

4．软件体系结构的作用

建立软件体系结构是整个系统生命周期的关键步骤，设计一个完整的框架结构和一套构造规则是项目成功开发的关键。软件体系结构的设计对于大型项目开发的成败起着举足轻重的作用。目前，软件开发设计在大多数情况下，所面对的不再是功能性问题，而是系统的非功能性问题，例如系统性能、可靠性、可适应性和可重用性等。一个好的软件体系结构设计方案可以解决上述问题，概括来说有以下几点：

（1）软件体系结构可以作为项目开发的指导方针，提供了表达各种关注、协调各方面意见和行动的共同语言，体现了早期开发的决策。

（2）软件体系结构是设计过程的开端，给予开发人员一种可实现的指导和约束，对增强软件质量具有重大影响。

（3）软件体系结构具备可重用的特点，支持多级重用，包括较大构件的重用，例如子系统的重用，也支持构件集成的框架重用，这比代码级别的重用，即代码复制更有意义。

（4）软件体系结构是整个系统结构的抽象，简化了对复杂系统的理解。

（5）软件体系结构描述除了提供清晰精确的文档之外，还对文档进行了一致性分析和依赖性分析，暴露其中隐藏的各种问题。一致性分析包括体系结构与风格的一致性分析、体系结构与需求的一致性分析，以及设计与体系结构的一致性分析。依赖性分析是指分析需求、体系结构和设计之间的依赖关系，以及体系结构、风格与设计和需求之间的相互影响。此外，体系结构描述还可以用于某种风格的特定领域分析。

（6）采用基于软件体系结构的开发方法，可以有效地利用标准构件识别并重用遗留系统内部构件，甚至包括购买第三方构件，这些都能减少开发过程中的重复性劳动，降低开发成本。

（7）软件体系结构指明了系统演化的方向，为维护人员提供了管理系统的有效手段。

（8）软件体系结构影响了开发组织和维护组织的结构。在大型系统开发期间，常见的任务划分方法是将系统的不同部分交由不同的小组去完成。软件体系结构从高层对系统加以分解，可作为任务划分的基础。

软件体系结构的研究对于大型系统开发生命周期有着极其重要的作用，下面详细介绍与之有关的一些重要概念。

1.3 软件重用

1.3.1 软件重用概述

20 世纪 60 年代的软件危机导致了有关软件重用的研究。1968 年，NATO 软件工程会议首次提出可重用库的思想。由于软件重用技术有助于提高软件开发的生产率，提高软件系统的可靠性，减少软件维护的负担，因而大专院校、研究所、企业界和政府部门都很重视软件重用的研究和实践。20 世纪 80 年代中期，人们意识到重用是设计优秀软件的关键因素之一，并且，当时软件重用已在子程序库、报告生成器、编译器的编译器等方面取得进展。工业界重用软件的主要手段是重用整个软件。

到了 20 世纪 90 年代初期，软件重用的实践有了 3 个趋势：一是将软件重用的实践惯例化、用户化，不仅要考虑技术的因素，而且要考虑管理的因素；二是将重用技术集成到软件开发过程中，并且研究软件过程形式化的问题；三是将领域分析标准化，开发支持领域分析的方法和工具。

将重用的思想应用于软件开发的全过程，便形成了软件重用技术，有时也称为软件重用技术。目前，世界上已经有 1000 多亿行程序代码，据统计，无数功能被重写了成千上万次，这真是极大的浪费。软件重用是指在开发新的软件系统时对已有软件的重新使用，该软件可能是已存在的软件，也可能是专门设计的可重用构件。从软件工程角度看，软件重用发生在构造新的软件系统的过程中。例如，在一个程序的构造期间，对已存在的源代码的使用就是软件重用。但在程序执行期间重复调用某段源代码，不属于软件重用。此外，程序的重复运行、为完成分布处理而进行的复制也不属于软件重用。软件重用就是利用已开发的且对应用有贡献的软件元素来构建新软件系统。它是一项完整的活动，而不仅仅是一个对象。

传统的软件工程基本上都包含可行性研究、需求分析、总体设计、详细设计、编码（开发）、系统测试、系统维护等几个阶段。如果每个应用系统的开发都从头开始，在开发过程中将存在大量的重复劳动，为此，人们开始考虑能否充分利用以往软件工程建设和应用系统开发中积累的知识、经验和成果。自 Mcilroy 提出软件重用概念之后，1983 年，Freeman 进一步拓宽了这一概念，指出可重用的构件不仅可以是源代码片段，而且可以是模块设计结构、规格说明和文档等。直到今天，比较权威和通用的认同是，软件重用又称软件再用、软件复用，是指重复使用"为了重复使用的目的而设计软件（可重用软件）的过程"。

重用不是人类懒惰的表现，而是智慧的结晶。因为人类总是在继承了前人成果的基础上，不断地加以利用、改进或创新后才会进步。重用是成熟的工程领域的一个基本特征，重用的内涵包括提高质量与生产效率两个方面。就像土木工程、化学工程、计算机硬件工程等，软件重用也可以通过大量重用经过实践检验的系统体系结构和标准化的构件，使得可以直接利用现成的解决方案解决常规的设计问题，从而避免系统开发时不断地重复设计，可以大幅度地降低开发成本、提高软件的生产效率和产品质量。由经验可知，在一个新系统中，大部分的内容是成熟的，只有小部分内容是创新的。一般可以认为：成熟的东西经过了成千上万次修正，总是比较可靠的，具有较高的质量，而大量成熟的工作可以通过重用来快速实现，以提高生产效率。在做具体工作时，勤劳并且聪明的人应该把大部分时间用在小比例的创新性工作上，而把小部分时间用在大比例的成熟工作中，这样才能把工作做得又快又好。这种时间分配方法有利于提高工作效率，便于高质量地完成任务。重用是软件工程走向成熟的必由之路，将为软件危机的解决提供一条现实可行的途径。

可重用的软件资源（即重用成分）是软件重用技术的核心与基础，整个软件重用过程紧紧围绕着可重用的软件资源展开。因此，实现软件重用需要解决 3 个基本问题，一是必须有可以重用的对象；二是所重用的对象必须是可用的；三是重用者要知道怎样使用被重用的对象。重用对象的获取、管理和利用构成了软件重用技术的 3 个基本要素。重用成分的获取有两层含义：一是将现有的软件成分抽象成为可重用的成分；二是从重用成分库中选取重用对象，以应用于某个具体问题。广义地说，重用包括概念、体系结构、文本、需求、分析、设计和码等方面的重复使用。信息系统对重用的要求是多方面的，具体包括以下方面：

（1）跨越网络协议、体系结构、操作系统程序设计语言、地址空间边界的大范围的共享重用。

（2）以可重用部件作为基本构造单元实现软件工业化生产，有效地降低软件开发的成本，提高生产效率和可靠性。

（3）以高度抽象的可重用部件为前提，实现领域专家为主导的软件设计，使软件具有针对性及动态演化的能力。

（4）基于高阶可重用部件，以有效地开拓重用的深度。

虽然重用技术逐渐成熟，但实践证明重用不具有偶然性，它不是新技术带来的副产品，不会在开发过程中自动发生，它是一个长期的过程，需要人员组织上的保证和有效的开发策略，任何成功的重用案例都充分运用了重用的原理和过程。软件危机的出现，使人们认识到软件生产既不是求解数学题，也不是创作小说，它是工程而不是艺术，要用工程学科的知识来生产软件。软件重用的过程可以归纳为抽象、选取、实例化和集成4个部分。其中，抽象是指对可重用软件资源的概括和提炼；选取是寻找、比较和选择最合适的可重用软件资源；实例化是指对软件资源进行修改并形成它的实例；集成是将选定的已实例化的可重用软件资源组合成完整的软件系统。所以，软件重用过程可以概括为：在两次或多次不同的软件开发过程中重复使用相同或相似软件元素的过程。这样的重用过程将软件开发分成两个阶段，即可重用软件资源的生产阶段和基于可重用软件资源的应用系统开发阶段。可重用软件资源的生产阶段对应于领域工程，进行可重用软件资源的分析、设计和实现；基于可重用软件资源的应用系统开发阶段对应于应用系统，利用可重用资源对应用系统进行分析、设计和实现。可重用的过程如图1-3所示。

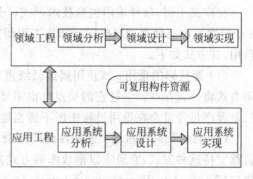

图1-3　可重用的过程

1.3.2　软件重用的类型

目前对软件重用的研究范围很广，可以按重用内容、范围、方法和应用等标准对软件重用进行分类。依据重用的对象，可以将软件重用分为产品重用和过程重用。产品重用指重用已有的软件构件，通过构件集成（组装）得到新系统。过程重用指重用已有的软件开发过程，使用可重用的应用生成器来自动或半自动地生成所需系统。过程重用依赖软件自动化技术的发展，目前只适用于一些特殊的应用领域。产品重用是目前现实的、主流的途径。依据对可重用信息进行重用的方式，可以将软件重用分为黑盒重用和白盒重用。黑盒重用指对已有构件无须做任何修改，直接进行重用，这是理想的重用方式。白盒重用指已有构件并不能完全符合用户要求，需要根据用户需求进行适应性修改后才可使用。在大多数应用系统的组装过程中，构件的适应性修改是必需的。

依据重用方法，可将软件重用分为组合式重用和生成式重用。采用组合式重用技术时，对已有构件不做修改或做部分修改，就将构件组装在一起，从而构造出新的目标系统。UNIX中的Shell语言和管道采用的就是典型的组合式重用的思想，其他如子程序技术、软件 IC 技术等也是采用组合式重用的例子。组合式重用主要的研究内容包括构件的分类、检索、评估、定制、组合,以及库的组合、管理和使用等,大量的构件必须用库来管理,对于这种专用库来说,库的管理,库中内容的组织、分类、检索等都是新的研究课题。生成式重用技术利用可重用的模式,通过应用生成器产生新的程序或程序段,产生的程序可以看作是模式的实例,比较有名的生成式重用例子是 UNIX 中的词法分析器 Lex 和语法分析器 Yacc 等,生成式重用的特点是重用效率一般比较高,但是具体实现比较困难。生成式重用的研究重点是如何形式化地表示特定领域的规格说明书、系统处理过程及元生成器等,在这方面领域分析已变得越来越重要。

　　按照软件重用所应用的领域范围,把重用划分为横向重用和纵向重用两种。横向重用是指重用不同应用领域中的软件元素,例如数据结构、分类算法、人机界面构件等,标准函数库是一种典型的原始的横向重用机制。纵向重用是指在一类具有较多公共性的应用领域之间进行软部件重用。因为在两个截然不同的应用领域之间实施软件重用非常困难,潜力不大,所以纵向重用广受瞩目,并成为软件重用技术的真正所在。软件重用的实现技术有多种,如生成技术、继承技术、组装技术、设计模式等。其中,生成技术被限于特定的应用领域,继承技术基于的是白盒模式,设计模式面向的是抽象的高层次设计,而组装技术被认为是提高软件生产率的最直接、最有效的方法。

　　在广义上讲,软件重用按照技术形式可分为知识重用、方法和标准重用、软件成分重用3 个层次。前两种重用层次属于知识工程研究的范畴,本书不做介绍,本书只研究软件成分重用,其方式如下。

　　(1) 源代码的重用:该重用属最低级重用,无论软件重用技术发展到何种程度,这种重用方式将一直存在。不过它的缺点也很明显,一是程序员需要花费大量的精力读懂源代码,二是程序员经常会在重用过程中因不适当地更改源代码而导致结果错误。

　　(2) 目标代码级重用:这是目前用得最多的一种重用方式,几乎所有的计算机高级语言都支持这种方式,它通常以函数库的方式来体现。这些函数库均能提供清晰的应用程序接口(Application Programming Interface,API),程序员只需弄清函数库的接口及其功能即可使用,减少了软件开发人员研读源代码的时间,有利于提高软件的开发效率。此外,这些函数库通常都经过提供商编译和优化,程序员对其无须做任何修改,从而减少了因修改源代码带来的错误,可以极大地提高应用系统的可靠性。但这种方式的重用可能会受限于所用语言,很难做到与开发平台完全无关。同时,由于程序员无法修改函数库源代码,软件重用的灵活性将降低。目标代码级重用最根本的缺点是无法与数据结合在一起,软件开发人员无法在软件工程实践活动中大规模应用。

　　(3) 设计和分析结果重用:这种方式是对某个应用系统的设计模型(即求解域模型)的重用,有助于把一个应用系统移植到不同的软/硬件平台上。

　　(4) 类的重用:类的重用是随着面向对象技术的发展而产生的一种新的软件重用技术形式。面向对象的程序设计语言一般都提供类库,类库与库函数一样,都是经过特定开发语言编译后的二进制代码(或者中间代码),然而它与库函数有着本质的区别,主要表现在以下方面。

　　① 独立性强:类都是经过反复测试,具有完整功能的封装体,其内部实现过程对外界是不可见的。

② 具有高度可塑性：一个可重用软件不可能满足任何一个应用系统的所有设计需求，这就要求可重用的软件必须具有良好的可塑性，能够根据系统需求进行适应性修改。类可以继承、封装和派生，这使得它能够根据特定需求进行扩充和修改，从而让软件的重用性及可维护性得到大大增强，大规模的软件重用也将得以实现。

③ 接口清晰、简明：类具有封装性，软件开发人员无须了解类的实现细节，只需了解各个类提供的对外接口，即可重用类提供的功能（方法）。

（5）构件重用：构件也被称为部件、组件等，它是应用系统中可明确分辨的、相对独立的、并具有重用价值的基本成分。基于构件的软件重用是迄今为止最优秀的软件重用手段，是支撑软件重用的核心技术，并在近几年迅速发展成为受到高度重视的一门学科分支，许多基于构件技术的产品已陆续问世。

基于构件的软件重用的两个基本开发活动包括面向可重用构件的开发和基于可重用构件的开发。前者是生产可重用构件的过程，后者是利用现有可重用构件生产新系统的过程。可重用构件为有计划地、系统地进行重用提供了手段，是实现软件重用的"基石"。其生产和使用必须满足两个基本前提，即构件接口的标准化和构件的集成机制。例如，在过程化程序设计中，构件是模块（过程和函数），集成机制是过程调用；在面向对象的设计中，构件是对象，集成机制是对象之间的消息通信。CORBA 和 COM 都提供了相应的构件接口标准和构件互操作（集成）机制，软件重用最终体现为可重用构件通过集成机制组装成完整的应用系统。

1.3.3　软件重用的特点

制约软件重用的关键性因素包括软件构件技术、领域工程、软件构架技术、软件再工程、开放系统技术、软件过程、CASE 技术以及各种非技术因素。实现软件重用的各种技术因素和非技术因素是相互联系、相互影响的，共同影响着软件重用的实现，如图 1-4 所示。

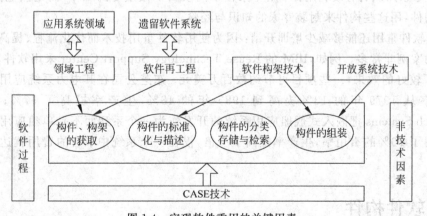

图 1-4　实现软件重用的关键因素

软件构件技术是软件重用的核心与基础，其发展趋势主要表现在两个方面：从集中式的小粒度构件向分布式的大粒度构件发展；从用于界面制作的窗口构件向完成逻辑功能的业务构件发展。领域工程是为一组相似或相近的应用工程建立基本功能和必备基础的过程,它覆盖了建立可重用软件构件的所有活动,包括领域分析、领域设计和领域实现 3 个主要阶段。软件构架是对系统整体设计结构的描述,包括组织结构、控制结构、构件之间的通信、同步和数据访问协议、设计元素之间的功能分配、物理设计、设计元素集成、设计方案的伸缩性和性能以及设计选择等。软件再工程是一个过程,它将逆向工程、重用和正向工程组合起来,对现存的系统进行重新构造以获取新的应用系统。开放系统技术是在系统的开发过程中使用接口的标准,同时使用了符合接口标准的相关实现技术。目前,分布对象技术是开放系统中的一项主流技术,其目标是解决异构环境中的互操作问题。该技术使得符合接口标准的构件可以方便地以"即插即用"的方式组装到系统中,实现黑盒重用。CASE 技术与软件重用密切相关,其主要研究以下内容:在面向重用的软件开发过程中,抽取、描述、分类和存储可重用的构件;在基于重用的软件开发技术中,检索、提取、组装和度量可重用的构件等。

非技术因素包括机构组织、管理方法、开发人员的知识更新、知识产权等。

软件重用最明显的优势在于降低软件的总开发成本,当然,成本缩减只是一个潜在的优势,下面介绍软件重用的其他优势。

(1) 软件重用能够最大程度地减少重复劳动,提高软件生产率,从而减少开发代价。用可重用的构件构造系统还可以提高系统的性能和可靠性,因为可重用构件经过了高度的优化,并且在实践中经受过考验。

(2) 软件重用能够减少系统的维护代价:由于使用经过检验的构件,减少了可能的错误,同时软件中需要维护的部分也减少了。例如,在对多个具有公共图形用户界面的系统进行维护时,对界面的修改只需要一次,而不是在每个系统中分别进行修改。

(3) 软件重用能够提高系统间的互操作性:通过使用统一的接口,系统能更加有效地实现与其他系统之间的互操作性。

(4) 软件重用能够支持快速原型设计:利用可重用构件和构架可以快速有效地构造出应用程序的原型,以获得用户对系统功能的反馈。

(5) 专家知识的有效利用:不用专家在不同项目中做重复的工作,而是让他们开发可重用的构件,用这些构件来封装专家的知识与经验。

(6) 软件重用还能够减少培训开销:因为使用软件重用技术而优化流程、提高效率、节省成本的案例非常多。例如,IBM 的 Reuse Technology Support Center 采用软件重用技术后取得了较好的效果,一些项目可节约数百万美元;东芝公司在其电力系统应用中,把软件重用率从 1979 年的 13% 提高到 1985 年的 48%,生产率提高了 57%;瑞典的 NobelTech Systems 把嵌入式舰船应用系统的开发作为一个系列而不是单独应用来开发,结果获得了 70% 的重用率,生产率提高了一倍,仅在一个系统中节省的费用就达 2000 万美元。

1.4 软件构件

软件构件是将大而复杂的应用软件分解为一系列可先行实现,易于开发、理解、重用和调整的软件单元。在开发过程中采用构件技术,有利于在整个信息产业中形成软件开发的规模效益,具有缩短开发时间、降低集成费用和软件维护费用等优点。然而只有当构件达到一定规模时,即形成构件库时,才能有效地支持构件在产品线上的重用。获取大量的构件需要 IT 团队有较高的投入和长期的积累。构件的分类和检索一直是制约构件重用的主要因素之一,同时,构件大小的衡量以及识别技术也是不容忽视的问题,通常采用粒度(Granularity)的概念来定义构件的大小。

1.4.1 构件的分类

构件可以从多个方面进行类别划分,根据构件的使用范围可以分为通用构件和专用构件,根据构件的重用方式可以分为黑盒构件和白盒构件。黑盒构件指只需从外部了解其功能和使用方法的构件,白盒构件指在使用时做适当修改和调整的构件。根据构件的粒度大小可以将构件分为数据结构构件、功能构件和子系统构件。根据功能用途可以将构件分为系统构件、支撑构件和领域构件,其中,系统构件指在整个构件集成环境和运行环境都使用的构件;支撑构件指在构件集成环境和构件库管理系统中使用的构件;领域构件指为专用领域开发的构件。根据结构不同,构件分为原子构件和组合构件。原子构件是构成其他构件或者系统的基础;组合构件是使用其他构件集成的构件。另外,根据构件的来源可将构件分为自发构件和第三方构件。

以上是构件的分类,从构件的表示角度出发,可以分为人工智能方法、超文本方法和信息科学方法三类表示方法。信息科学方法是应用较为成功的一种,主要包括枚举、层次、关键词、属性/值、刻面(Facet)和本体等几种常见的分类方法,其中,刻面分类方法由于能够表达构件的丰富信息,为人们所关注。

(1) 枚举分类方法:枚举分类方法能够将某个领域划分为若干个不相交的子领域,并依次构成层次结构。这种方法能够对领域进行高度结构化的划分,易于理解且易于使用。由于该方法的分类标准过于严格,使得分类模式难以随着领域的变化而改变,因此所能表示的关系极其有限。

(2) 层次分类方法:层次分类方法的本质是构建类的层次关系。首先把所有的构件划分为一些大类,再对每一个大类进行细化形成层次较低的小类,不断地重复划分过程,直到层次关系的最低层是构件为止。使用层次分类方法,可以很快地找到所要寻找的目标。这种方法存在的主要问题是,所采用的分类标准可能只适合一部分构件,其余构件可能不适合这种分类标准。

(3) 关键词分类方法:在该方法中,每个构件以一组与之相关的关键词编目,使用主题来描述构件,主题词多为短语。每个主题下可有多个描述项,多为单词。查询者使用关键词来描述所需要的构件,通过关键词与主题词相匹配的手段来寻找目标构件。该方法能够从构件文档中自动地抽取术语,并补充到术语空间中,避免了人工抽取术语所付出的代价。但术语自动抽取的精度往往很低,其抽取结果难以在实际中使用。

(4) 属性/值分类方法:在该方法中,为所有构件定义了一组属性,每个构件都使用一组属性/值来进行描述,项目开发人员通过指定一组属性/值来检索构件库以寻找自己所需要的构件。

(5) 刻面分类方法:在该方法中,将术语置于一定的语境中,从反映本质特性的视角去精确描述构件。与其他分类方法相比,刻面分类方法具有易于修改且富有弹性的优点。需要补充说明的是,刻面对应的术语空间通常是有限的不定空间;刻面的选择要比属性的选取更为慎重；刻面一般不超过 7 个；刻面可以设置优先级；在刻面分类法中，可以定义同义词关系。目前，刻面分类法已经被众多国际组织所采纳，是使用最为广泛的一种构件分类方法。

（6）本体分类方法：本体（Ontology）的概念最初起源于哲学领域，它在哲学中的定义是"对世界上客观存在的事物的系统描述"。近十几年来，本体的概念和方法已经被成功地应用于计算机领域，例如人工智能领域、知识工程、软件重用、数字图书馆、Web 异构信息处理、Web 语义计算以及信息检索等。其作用是捕获相关的领域知识，提供对该领域知识的共同理解，确定该领域内共同认可的词汇，并从不同层次形式化定义词汇之间的相互关系。其相应的概念主要由概念类、关系、函数、公理和实例 5 个部分组成。目前，被广泛使用的 Ontology 资源包括 Wordnet（基于心理语言规则的英文词典）、Framenet（英文词典，采用 Frame Semantics 的描述框架）、GUM（面向自然语言处理，支持多种语言处理）、SENSUS（为机器翻译提供了概念结构）、Mikrokmos（面向自然语言处理，支持多种语言处理）、TOVE（加拿大多伦多大学研究项目）和 Enterprise Project（爱丁堡大学人工智能应用研究所研究项目）等。

1.4.2　构件识别技术

对于构件设计学而言，最初的原则大多来源于面向对象方法中的类和包的设计原则，例如开放封闭原则、依赖注入原则、接口隔离原则、发布/重用等价原则、一般重用原则、一般封闭原则、单一责任原则、无圈依赖原则、稳定依赖原则、稳定抽象原则等。但构件并不是类的简单聚集，二者之间存在着本质的差别，这些原则并不完全适合于构件的设计。同时，如果将构件简单等同于静态类的聚集，这些设计原则和方法也局限于实体构件的设计，难以指导过程构件的设计。目前，构件设计的方法学还不完善，缺乏对实际应用的明确指导。以 Business Component、Catalysis、UML Component 等为代表的方法论从构件开发过程的宏观角度，提到了一些基本的构件设计原则和方法，在此基础上，COMO、Hemant、Jong 等人提出了 CRWD 矩阵法和聚类分析法用于识别构件，但并未充分考虑应用领域的特点。随着基于构件的软件工程的深入研究，构件重用性能度量体系的逐渐完善，出现了各种度量构件性能的指标，但是这些指标相互约束，无法同时达到最优化。重用度较高的构件，其实例化成本和实现成本必然较高。例如，大粒度构件的重用效率较高，但重用度较低，反之亦然。粒度表征了重用体的规模和复杂程度。构件所处的粒度层次越高、所提供的功能越多，其粒度就越大。在目前大部分软件组织中，构件粒度一般由设计人员根据经验加以确定，缺乏规范的设计原则。如何在构件设计阶段为每一个构件指定恰当的粒度，在尽可能提高粒度的同时尽可能避免大粒度构件所带来的缺陷，是构件设计的一个重要目标。因此，构件优化技术其实是一个多目标优化问题。

构件识别技术的种类比较多，包括对业务构件和过程构件的识别。常见的识别技术包括领域分析法、聚类分析法、CRUD 分析法、基于稳定性方法等。它们都能对构件的应用领域、重用度、重用成本、重用效率、稳定性、粒度聚合度、耦合度等若干指标进行分析，如表 1-1 所示，其中，N/A 表示"未考虑"。

表 1-1 构件识别技术对比

	领域分析法	聚类分析法	CRUD 分析法	其他方法	基于稳定性方法
输入模型形态	领域特征模型	UML 用例图、类图、活动图、交互图等	UML 用例图、类图、外部业务事件、业务活动模型	目标分解模型、业务过程模型	任何业务模型,并转化为领域特征模型
应用领域	各类通用构件	实体构件过程构件	实体构件过程构件	以过程构件为主	各类通用构件
重用度	高	N/A	N/A	高	高
重用成本	N/A	低	低	高	较低
重用效率	N/A	N/A	N/A	低	较高
稳定性	N/A	N/A	N/A	N/A	很高
粒度	N/A	粒度较小	N/A	追求大粒度	追求大粒度
聚合度	N/A	高	高	N/A	高
耦合度	N/A	低	低	N/A	低
代表方法	面向对象领域分析	聚焦点法	COMO	目标分解法	STCIM

1.4.3 构件的检索、匹配与获取

在构件库中找出一个合适的构件是很困难的,因为大多数构件的使用者并不是构件的开发者。用户只知道自己所需要的构件应该具有什么功能,至于是否存在这样的构件,又或者构件的名字是什么,在什么位置,则并不知道。如果靠阅读构件的功能说明来查找一个构件,其效率是非常低的,而且也很难找到最合适的构件,因此必须有合适的构件分类以及检索方法。构件的分类、检索的目标是支持使用者高效、准确地发现他们所需要的可重用构件。为了能够在构件库中快速、准确地找到合适的构件,必须解决以下几个问题:

(1) 应该有一个比较合适的构件分类方法。

(2) 采用一个合适的构件检索方法。

(3) 对检索结果进行准确判断。

如何借助已有的构件来有机地、高效地构造新的应用系统,是软件重用技术的一个重要的研究课题。为了高效地利用软件构件,必须对其进行有效的分类组织和检索。有效地组织构件是实现构件高效管理与检索的基础。合理地组织构件的关键在于如何对构件进行有效的分类,从而按照不同的分类模式将构件组织成不同的构件集合。有效地对构件进行分类存储将直接关系到构件库的管理、构件的查询效率、构件的可理解程度以及构件的可维护性等多个方面。对软件构件进行恰当的分类不仅能简化构件库的管理,而且能提供更加多样化的检索途径,以提高构件的检索效率。合理的构件分类体系是构件库有效构造、存储、管理及检索的基础,其最终目的是对获取的信息进行正确的分类组织。构件的高效检索将依赖于分类体系的有效建立与实施。

当前,许多软件机构和组织正在构建自己的可重用软件库,他们面临的主要技术问题是如何有效地检索库中大量的可重用资源。构件的查询过程就是定位类似的构件,使用者只需理解查询得到的少数构件就可以决定是否直接重用构件。使用传统方法查找软件构件,

例如查看一个用户手则、使用浏览器检查源代码等,不仅花费大量时间,而且对理解构件帮助不大。通常,在本地较小的软件库中的构件检索是比较简单的,用户能够很容易地检索到所需的构件,并可通过它们的名字或浏览库来选择它们。但在一个大的软件库中检索可重用的构件就没有这么简单了,存在很多影响检索效率的因素,一般包括以下几个方面:

(1) 用户的请求与所需构件信息的相近程度。

(2) 搜寻和索引策略。

(3) 索引方法的详尽性和具体性。

(4) 使用的匹配和相似分析机制。

目前,已有的检索方法大体上可以分为四类:基于人工智能的检索方法、基于超文本的检索方法、信息科学中的检索方法以及基于形式规约的检索方法。

(1) 基于人工智能的检索方法将领域知识显式地存储在构件库中,构件匹配采用类似于人工智能学科中的推理手段。这种方法基本上还停留在实验室,在实际应用中很难得到推广和利用。基于人工智能的检索方法主要包括基于行为采样的构件检索技术、基于知识的构件检索技术以及基于神经网络的构件检索技术。

(2) 基于超文本的检索方法强调构件之间的相互关系,在软件工程尤其是 CASE 环境中有着广泛的应用。在元模型中,存储了构件之间的非线性关联关系,软件开发人员可以利用支持超文本链接的浏览器来检索构件。该方法在许多 CASE 工具中得到了较好的应用,如 IBM Rational Rose 等工具。

(3) 信息科学中的检索方法主要包括关键字检索和自由文本检索。关键字检索是一种受控的检索方式,在一个领域中预先定义很多关键字,根据这些关键字为构件建立索引。自由文本检索又称为全文(Full-text)检索,它是一种非受控的检索方法,在用户输入待查字符串之后,检索工具将对构件库中每个构件的说明进行全文匹配,因而比较适合文档类构件的检索。

(4) 基于形式规约的检索方法是一种基于规约间偏序关系的检索方法,能够实现两个构件从语法到语义的全面完整匹配。这种关系又常常用于构件库的组织,以便减少检索结果的数量。根据规约描述的形式不同,这种方法主要分为基调匹配方法和行为匹配方法两大类。在基调匹配方法中,利用函数数据类型和变量重命名手段,检查用户所需求的函数与构件库中的一个函数能否进行匹配。在行为匹配方法中,使用前件和后件来描述构件的行为,构件检索变成了谓词匹配,这种检索方法具有很高的准确率,但其代价较高。

从库中选择构件时,需要进行鉴别以确定构件是否符合要求,这一过程称为构件匹配。两个构件很难做到完全匹配,一般只能做到一定程度的匹配。当有多个构件符合要求时,用户应根据它们的匹配程度来进行选择。

在检索、匹配构件之后,更需要关注的是构件的获取。构件获取技术已经在基于构件的开发、程序的挖掘、构件的度量等领域中取得了一定程度的成就,但是还需要进一步的探索。近年来,对于构件获取技术的研究主要集中在以下几个方面:

(1) 特定领域的软件体系结构与领域框架的研究。

(2) 特定领域的构件的研究与开发。

(3) 对遗产软件系统的理解和信息抽取。

(4) 构件度量以及相关的模型和算法。

（5）构件获取辅助工具的研究。

（6）构件规范化及其描述规范化。

（7）构件获取技术的应用。

目前，构件技术还处于发展阶段，迫切需要解决以下问题：针对构件如何进行开发应用，如何提取领域构件。此外，为了保证构件的质量，需要有一套开发规范和质量保证体系。自1998年以来，卡内基梅隆大学每年举办一次CBSE国际会议。每次会议发表论文20余篇，为构件技术研究奠定理论基础，同时又提出新的研究方向。在国内理论界，北京大学、中科院软件所、吉林大学、南京大学、复旦大学、中山大学等单位均发表过不少有价值的学术论文。在实际工程上，青鸟公司、中软公司等均采用过基于构件的软件开发技术，积累了很多经验，获取了较好的效益。

目前，构件获取主要有以下4种方式：

（1）从构件库中按照适合新系统的原则选取，并做适应性修改以获得可重用的构件。

（2）根据新功能模块进行自行开发，以获取新构件。

（3）对遗留系统进行功能分析，将具有潜在应用价值的模块提取出来，使其接口进行标准化以获得可重用性构件。

（4）通过商业方式购买合适的构件，利用互联网资源进行共享或免费获取。

1.4.4　构件模型与基于构件的软件开发

软件构件化方式是对具有特定功能的构件对象进行设计与实现，再将构件对象组合起来生成软件系统的开发方式，构件化是基于构件的软件开发的基础，构件化的前提是建立构件模型。

构件模型是关于可重用软件构件和构件之间进行相互通信的一组标准的描述。构件模型最重要的贡献是把应用开发和系统部署分割开来，解决了如何有效开发构件以及如何有效使用已有构件来创建新系统的问题，是构件开发的核心与基础。构件模型对构件的本质特征以及构件之间的相互关系进行了抽象化描述。同时，对构件类型、构件形态和表示方法进行了标准化，使程序员能够在一致的概念模型下观察和使用构件。目前，主流的构件模型包括Microsoft的COM/DCOM、OMG组织的CORBA/CCM以及Oracle公司的EJB 3.0等。各种构件模型所提供的服务均通过接口进行定义，在实现其声明的服务时，可能会用到其他构件所提供的服务，因此在构件模型中，软件构件包括提供服务的接口与接收服务的接口。构件模型如图1-5所示。

图1-5　构件模型

构件所能提供的服务是通过接口来声明的，它是服务的抽象描述，是构件服务契约化的规范，也是构件与外界交互的唯一通道，实现了构件之间的相互组合。

随着企业资源的扩展、业务种类的增加，企业信息化建设中对业务变更弹性化的要求程度越来越高。如何迅速高效地开发出易扩展、易维护、对需求变化具有适应性的软件成为一个亟待解决的问题。基于构件的软件开发（Component Based Software Development，CBSD）被认为是解决企业信息系统开发和维护问题的重要成果。业界构件标准的成熟进一步促进了 CBSD 的发展和应用，而可重用构件及其结构的设计与优化是其中的关键。

基于构件的软件开发的基本思想是，将用户需求分解为一系列的子功能构件，在开发过程中不必重新设计这些基本功能模块，只需从现有构件库中寻找合适的构件来组装应用系统。这种软件工业化生产的思想无疑将大大提高软件的可重用性和开发效率。基于构件的软件开发技术不仅使产品在客户需求吻合度、上线时间和质量上领先于同类产品，而且也使软件的开发与维护工作变得十分简单，客户可以随时应对商业环境和 IT 技术的变化，以实现快速定制。基于构件的软件开发的基本目标是以组装的方式来产生新的应用系统，其过程以形式上独立的构件服务为基础。在通用基础设施上，构件服务通过调用通用服务来实现信息交互，因此，基于构件的软件开发技术应该具备以下要素：由构件组装的应用程序、独立服务、公共构件基础设施以及通用服务。虽然基于构件开发是企业信息系统开发的主要方式，但目前其理论与方法尚不成熟，在实际应用中还有很多技术需要摸索。

软件体系结构是软件开发过程中的重要产品以及软件重用的主要资产，基于构件的软件开发必须以体系结构为中心。研究软件体系结构有利于做出正确、稳定和灵活的系统宏观设计，从而为系统的后续开发提供具体指导和框架支持。

第2章

软件体系结构建模

2.1 软件体系结构建模概述

如果给对象实体以必要的简化,用适当的表现形式或规则把它的主要特征描绘出来,这样得到的模仿品就称为模型,相应的对象实体称为原型。模型是对现实原型的抽象或模拟,这种抽象或模拟不是简单的复制,而是强调原型的本质,抛弃原型中的次要因素。在软件开发中,模型的作用就是使复杂的信息关联变得简单易懂,使人们容易洞察存在于杂乱的原始数据背后的规律,并能有效地将系统需求映射到软件结构上。在软件开发的各个阶段,需要运用不同的方法对系统建立各种各样的模型,例如需求模型、功能模型、数据模型和物理模型等。可以说,整个软件开发的过程就是一个模型不断建立和不断转化的过程。

软件体系结构建模,就是建立软件体系结构模型的方法和过程。在这里,软件体系结构是建模的对象,建模的结果就是软件体系结构模型。软件体系结构模型是以具体的形式来表现软件体系结构的,如果让软件体系结构局限于软件架构师的头脑之中,或局限在项目组成员的意会言传之中,那么软件体系结构应用的作用就不能充分发挥出来,所以软件体系结构应该使模型的形式具体化。

软件体系结构模型能够帮助人们从全局上把握整个软件系统的总体结构,但建立软件体系结构模型离不开具体的软件开发方法,例如基于体系结构的软件开发方法和结构化的软件开发方法等。在其他方法不是很成熟的情况下,将软件体系结构建模和结构化软件开发方法结合起来是一种有效的途径,即总体上采用结构化的软件开发方法,而将软件体系结构建模置于需求分析之后、详细设计之前这个特定的阶段,通过与需求分析阶段进行交互并作为后续阶段工作的基础,让软件体系结构在整个软件开发过程中起指导性的作用。

建立软件体系结构模型,还离不开软件体系结构描述、软件体系结构风格、软件质量属性等多方面的问题。软件体系结构模型需要使用特定的工具来描述,软件体系结构风格描述了特定应用领域中系统的组织方式,而软件质量需求是软件体系结构建模的一项重要输入,另外,软件体系结构模型应该具有多维的视图,在建立了软件体系结构模型之后还需要对模型进行分析和评估。

2.2 软件体系结构建模语言

软件体系结构是在较高的抽象层次上对软件基本结构的一种抽象描述,能够把信息准确地、无二义性地传递给所有的开发者和使用者,包括客户、开发人员、测试人员、维护人员和项目管理人员。为了使软件体系结构能够满足系统的功能、性能和质量需求,需要有一种规范的软件体系结构描述方法。

在提高软件工程师对软件系统的描述和理解能力方面,软件体系结构描述起着重要作用。早些时候,体系结构设计经常难以理解,难以用于进行形式化分析和模拟,也缺乏相应的支持工具帮助软件架构师完成设计工作。尽管人们已经认识到体系结构模型影响到系统开发的好坏,甚至将直接影响成败,但当时对软件体系结构的描述仍然不是很规范,个人的经验和技巧在体系结构的描述上仍然占有很大程度。为了解决这个问题,1995 年,IEEE 体系结构工作组成立,并着手起草体系结构描述框架标准,制定统一的软件体系结构规范。该标准指出:体系结构描述(Architecture Description,AD)不同于体系结构,体系结构是一个系统概念,而体系结构描述是用于把体系结构文档化的工具集合,是一个具体的人为产物,通常被组织成一个或多个体系结构视图来负责处理一个或多个系统参与者所关心的侧面。

目前,在描述软件的框架结构时,常用的方法主要有两种:一种是实践派风格,使用通用的建模符号;另一种是学院派风格,使用体系结构描述语言(Architecture Description Language,ADL)。

在实践派风格中,将软件体系结构设计与描述同传统的系统建模视为一体,例如,使用UML 可视化建模技术来直接表示软件体系结构。实践派风格包括图形表示方法、模块内连接语言、基于构件的系统描述语言和 UML 描述方法。

(1) 图形表示方法:使用矩形来代表系统的过程、模块和子系统,利用有向线段来描述它们之间的关系,这样就形成了所谓的线框图,其一直被用来描述系统的框架结构。这些图便于记忆,富有启发性,有时还会提供丰富的指导信息。但在表示术语和语义方面,图形表示方法不规范,也不精确。

(2) 模块内连接语言:采用一种或几种程序设计语言的模块连接起来的模块内连接语言,具有程序设计语言的严格语义基础,但在开发层次上过于依赖程序设计语言,限制了处理和描述高层次软件体系结构元素的能力。

(3) 基于构件的系统描述语言:基于构件的系统描述语言将软件描述成由许多特定形式、相互作用的特殊实体所形成的组织或系统。一般而言,这种描述语言针对的都是特定领域的特殊问题,不太适合描述和表达一般意义上的软件体系结构。

(4) UML 描述方法:许多学者建议使用 UML 来描述软件体系结构,在 2000 年的软件工程国际会议 (International Conference on Software Engineering,ICSE)纲要中就提出了使用 UML 来描述软件体系结构。Booch 曾经提出,可以将 Kruchten 的"4+1"视图模型映射到 UML 图上。逻辑视图利用类图来表示,过程视图映射为活动图,开发视图使用构件图来描述,物理视图映射为配置图,场景用顺序图和协作图来表示。Garlan 也提出利用 UML构件图和对象图来描述软件体系结构。

实践派风格的特点是,关注更广范围的开发问题,提供多视角的体系结构模型集,强调实践可行性而非精确性,将体系结构看成开发过程的蓝本,给出针对通用目标的解决方案。

与实践派风格相比,学院派风格侧重于软件体系结构形式化理论的研究。在学院派风格中,倡导使用体系结构描述语言来刻画软件的框架结构。ADL 集中描述了整个系统的高层结构,通常,ADL 提供了一个概念框架和一套具体的语法规则,用于描述软件的框架结构。此外,在每种体系结构描述语言中,还会提供相应的工具支持,用于分析、显示、编译和模拟该语言所表示的软件体系结构。

ADL 是软件体系结构研究的核心问题之一。为了支持基于体系结构的软件开发,建立体系结构的形式化模型,支持体系结构分析工具的建立,需要对体系结构进行规范化表示,ADL 和与之相适应的工具集正好可以解决这一问题。ADL 是使用语言学方法对体系结构进行形式化描述的一种有效手段,可以解决非形式化描述的不足和缺陷。同时,ADL 吸收了传统程序设计语言的优点,针对软件体系结构的整体性和抽象性,定义了适合体系结构表达的抽象元素,从而能够精确、无歧义地描述体系结构,更好地支持软件体系结构的分析、求精、验证和演化。如果没有 ADL 的支持,基于体系结构的软件分析和开发是无法实现的,因此,在当前的软件开发和设计中,ADL 受到了越来越多的关注。

学院派风格的特点是,模型单一,具有严格的建模符号,注重体系结构模型的分析与评估,给出强有力的分析技术,提供针对专门目标的解决方案。

2.2.1 基于 ADL 的软件体系结构描述

在设计 ADL 时,需要明确 ADL 能对体系结构的哪些方面进行建模以及如何进行建模。此外,还要考虑需要为开发者提供哪些支持工具。有无工具的支持是 ADL 是否可用的重要标志。在建立软件体系结构模型时,必须考虑它的 3 个基本组成成分的表示:构件、连接件和配置关系。在体系结构描述语言中,必须给出这 3 个成分的规范定义。在软件体系结构中,构件是计算和数据存储的单元,它通过接口与外界进行信息交互,接口是构件描述中不可缺少的部分。在设计 ADL 的构件描述规范时,用户应该考虑以下几个方面的内容。

(1) 接口:构件通过接口与外界进行交互,接口定义了构件所提供的属性、服务、消息和操作。为了对构件和包含该构件的体系结构进行分析,ADL 应能描述构件对外界环境的需求。

(2) 构件类型:构件类型将构件功能抽象为可重用的模块,一个构件类型在一个体系结构中可以被多次实例化,一个构件类型也可以在多个体系结构中被使用。针对这一特性,ADL 应该提供相应的支持。

(3) 构件语义:构件语义是关于构件行为的高层描述,可用于分析软件体系结构、判断约束是否满足以及保证不同层次体系结构之间的一致性,ADL 应该提供相应的实现机制。

(4) 约束:约束是系统及其组成部分的某种属性描述,破坏约束将导致不可接受的错误,ADL 应该提供相应的描述方法。

(5) 构件演化:构件演化是指对接口、行为和实现的修改,ADL 应该保证这种修改以系统化的方式进行。

(6) 非功能特性:构件的非功能特性包括安全性、可移植性和稳定性等,通常无法用行为规范来进行描述。但是,这些性质对体系结构的行为模拟、性能分析、约束控制、构件实现和项目管理都是很重要的。因此,ADL 应该提供描述非功能特性的相关手段。

在设计 ADL 的连接件描述规范时,所考虑的内容与构件相似。不同的是,连接件不包含与应用相关的计算,其接口描述是与它相关联的构件所提供的服务需求。连接件的类型是构件通信、协调和控制决策的抽象。体系结构层次的交互主要表现为连接件的交互,是通过交互协议来实现的,因此,连接件的语义要给出交互协议的定义。此外,连接件的约束用来确保连接件所遵循的交互协议是一致的,说明连接件的依赖关系和连接件的使用限制等问题。

配置关系描述了构件和连接件之间的关联关系。这些信息可以用来确定构件和连接件之间的连接是否匹配,可以用来判断构成的系统是否具有所期望的行为。配置关系的描述可以使用户对系统的分布性、并发性、可靠性、安全性和稳定性有一个更加清楚的认识。在设计 ADL 的配置关系描述规范时,应该考虑以下几个方面的内容。

(1) 可理解性:在使用 ADL 描述配置关系时,应该使所有的参与者都能够得到明确的系统结构信息。

(2) 组合能力:ADL 应该能够提供层次化的抽象机制,在不同的层次上对软件体系结构进行描述,这将有利于构件的重用。

(3) 对异构的支持:ADL 应该具有开放性,能够集成异构的构件和连接件。

(4) 可伸缩能力:ADL 应该能够对将来可能扩大规模的软件系统规范和开发提供直接的支持。

(5) 进化能力:在配置关系上,ADL 应该提供进化的描述手段。例如,对配置进行增、删、替换和重连接的说明。

(6) 动态支持:在系统执行时,对体系结构能够进行修改,在某些情况下,ADL 应该提供一定的支持。

目前,广泛使用的体系结构描述语言有 ACME、Rapide、Unicon、Wright、Darwin、Aesop、SADL、MetaH 和 C2。由于这些语言大多是研究者在某些特殊应用中的设计产物,因此,它们都有各自的侧重点。

1. ACME

ACME 除了作为一种体系结构描述语言来描述系统的体系结构外,还可以实现不同 ADL 之间的相互转换,即它还是一种体系结构描述交换语言。ACME 具有以下基本特征:

(1) 提供了基本的体系结构元素来描述系统的体系结构,并提供了相应的扩展机制。

(2) 提供了灵活的注解机制来描述系统的非结构性信息。

(3) 提供了可对软件体系结构风格进行重用的模板机制。在软件体系结构设计过程中,研究者们发现不同的软件体系结构间存在着一些共性特征。为了避免重复劳动,便于软件架构师设计系统的体系结构,ACME 使用了模板机制来描述这些共性特征。

(4) 提供了一种开放的语义框架,可以对体系结构描述进行形式化推理。ACME 使用一阶谓词逻辑来对体系结构描述进行形式化推理,从而判定其是否满足预定的规则。

ACME 提供了 7 种基本的体系结构设计元素来描述系统的体系结构,它们分别是构件(Component)、连接件(Connector)、系统(System)、端口(Port)、角色(Role)、表示

(Representation)和表示映射。其中,最为核心的体系结构设计元素是构件、连接件和系统。

ACME 支持体系结构的分级描述,可以使用 ACME 的 7 种实体来定义体系结构的层次框架,特别是每个构件和连接件都能用一个或多个更详细、更低层的描述来表示。ACME 使用属性列表来描述框架结构的附加信息,每一个属性由名字、可选类型和值构成。此外,对于每一种实体,ACME 都可以为其添加注释。下面是使用 ACME 描述的 C/S 体系结构的示例:

```
System simple_cs = {
    Component client = {Port sendRequest}
    Component server = {Port receiveRequest}
    Connector rpc = {Roles{caller, callee}}
    Attachments = {
        client.sendRequest to rpc.caller;
        server.receiveRequest to rpc.callee;
    }
}
```

其中,client 构件只有一个 sendRequest 端口,server 构件只有一个 receiveRequest 端口。连接件 rpc 有两个角色,分别为 caller 和 callee。系统的体系结构使用 Attachments 来定义,其中,client 的请求端口 sendRequest 绑定到 rpc 的 caller 角色,server 的请求处理端口 receiveRequest 绑定到 rpc 的 callee 角色。

ACME 提供了基本体系结构元素和扩展机制来描述系统的软件体系结构。对于软件体系结构中的构件和连接件,可以使用 ACME 中的 Component 和 Connector 类型来表示,并且 ACME 提供了基本类型 Port 和 Role 来分别表示 Component 和 Connector 与外部的数据交换。对于软件体系结构中的配置,可以用 ACME 中的 System 类型来描述。对于方法中的方面模块,可以使用 ACME 的扩展机制来实现。另外,为了能够重用常见的体系结构风格,在基于 ACME 的软件体系结构设计环境 AcmeStudio 中集成了预定义的 Family,例如 PipesAndFiltersFam 等,用于描述常用的软件体系结构风格。

在 ACME 中,可以使用一阶谓词逻辑来定义一些规则,以便检查体系结构是否满足特定的约束。ACME 中的规则有两种,即不变式规则和启发式规则。不变式规则是系统必须要满足的约束性规则。在进行软件体系结构设计时,若违背了已定义的不变式规则,会出现错误提示信息;若违背了启发式规则,会出现警告提示信息。

在 Pipe 中定义了 specifiedBufferSize、noDanglingRoles 和 exactlyTwoRoles 3 个规则,它们都是不变式规则。specifiedBufferSize 规则限定了 Pipe 实例的缓冲区大小必须大于或等于零;noDanglingRoles 规则要求 Pipe 实例的所有角色必须被连接或绑定;exactlyTwoRoles 规则限定每个 Pipe 实例有且只有两个角色。AcmeStudio 可以自动地检查这些规则,并给出相应的提示信息。

依据前面所述的软件体系结构方法,下面简要介绍使用 ACME 的支持工具 AcmeStudio 设计网上书店体系结构的过程。

1) 分离横切关注点

网上书店系统所要求的基本功能是能够实现在线图书订购,对于该需求进行进一步细化,可以得到网上书店的功能需求——"注册登录功能"、"订购图书功能"和"订单管理功能"。此外,该系统要能达到基本的"安全性"要求,且未注册用户不能订购图书。该系统的一个隐含需求是要能保证用户在互联网上订购图书,即"在线订购"功能。"安全性"和"在线订购"都是系统的非功能需求。为了保证对用户操作行为的可追踪性,该网上书店需要记录用户的每次登录、退出等操作。对于这些操作,有必要以日志的方式记录用户的行为。通过以上分析可以知道,记录用户的行为涉及登录、下订单、修改订单、订单结算和退出等操作,因此,记录用户行为可以被认为是一个横切关注点,可以由一个单独的方面模块 Logging 来实现。

另外,为了保证"安全性",用户在进行登录、下订单、修改订单、订单结算和退出等操作时,需要进行用户操作权限的验证,这也是一个横切关注点,可以由一个方面模块 RightChecking 来实现。这样,就从系统的需求中分离出两个横切关注点,得到相应的两个方面模块。

2) 基于 AcmeStudio 的网上书店体系结构的设计

在 1) 中,从网上书店的需求中已经分离出了两个方面模块。对于该网上书店的 3 个功能需求——"注册登录功能"、"订购图书功能"和"订单管理功能",可以使用 3 个构件 Register_And_Login、Order_Books 和 Order_Managemt 来分别表示。对于这些构件之间的互连可以使用 AcmeStudio 中定义的 Connector 类型来描述。该网上书店的一个隐含需求是要能实现"在线订购"功能,对此,可对其应用 B/S 风格,这可以由 AcmeStudio 中的 TieredFam 风格来实现。这样,就已经从网上书店的需求中分离出横切关注点并获取两个方面模块,得到 3 个构件并分析出需采用的软件体系结构风格。以下是 Register_And_Login 构件的部分 ACME 描述。

```
Component Register_And_Login: TierNodeT = new TierNodeT extended with{
    Property handlesAsynchRequests = true;
    rule rulePortTypeExtendsProvideOrUse = invariant forall p in self PORTS |
        exists pt in typesDeclared(p) |
            exists t in {provideT, useT} |
                subtypeOf(pt, t);
    rule ruleSynchronousBehavior = invariant forall pt1: provideT in self PORTS |
    forall pt2: useT in self PORTS |
        (pt1. synchronous = = false OR pt2. synchronous = = false) ->
        self handlesAsynchRequests;
    Port orderUseT: useT = new useT extended with{
    Property protocol = MSG;
    Property synchronous = true;
    rule atLeastOneAttachedRole = invariant size(self ATTAC HEDROLES)> = 1 OR
    (size(self ATTACHEDROLES) = = 0 AND attachedOrBound(self));
    rule ruleAttachedHasSameSynchronicity = invariant forall r: userT in
            self ATTACHEDROLES |
        self synchronous = = r: synchronous;
    }
    …
    }
```

Register_And_Login 构件继承并扩展了 TierNodeT 类型,handlesAsynchRequests 属性表明该构件可以处理异步请求。此外,该构件定义了两个约束性规则,其中,

rulePortTypeExtendsProvideOrUse 是一个不变式规则,规定了构件中所有端口都必须扩展 provideT 或 useT 类型,provideT 或 useT 类型是 TierNodeT 类型中预定义的类型;ruleSynchronousBehavior 也是一个不变式规则,规定了构件端口的提供者与使用者在是否异步方面必须保持一致。当构件实例违背这两个规则时,AcmeStudio 将会给出相应的错误提示信息。orderUseT 是构件 Register_And_Login 的一个 useT 类型的端口,它定义了两个属性和两个规则。属性 protocol 和 synchronous 分别定义了该端口所使用的协议和同步性;规则 atLeastOneAttachedRole 定义了至少有一个角色与该端口相连接;规则 ruleAttachedHasSameSynchronicity 定义了连接类型必须有相同的同步属性。

2. Rapide

Rapide 是一种可执行的 ADL,其目的在于通过定义并模拟基于事件的行为对分布式并发系统建模。它通过事件的偏序集合来刻画系统的行为。构件计算由构件接收到的事件触发,并进一步产生事件传送到其他构件,由此触发其他的计算。Rapide 模型的执行结果为一个事件的集合,其中的事件满足一定的因果或时序关系。Rapide 由 5 种子语言构成。

(1) 类型(Types)语言: 定义接口类型和函数类型,支持通过继承已有的接口来构造新的接口类型;

(2) 模式(Pattern)语言: 定义具有因果、独立和时序等关系的事件所构成的事件模式;

(3) 可执行(Executable)语言: 包含描述构件行为的控制结构;

(4) 体系结构(Architecture)语言: 通过定义同步和通信连接来描述构件之间的事件流;

(5) 约束(Constraint)语言: 定义构件行为和体系结构所满足的形式化约束,其中,约束为需要的或禁止的偏序集模式。

Rapide 的优点在于能够提供多种分析工具,它所支持的分析都基于检测某个模拟过程中的事件是否违反了某种次序关系。Rapide 允许仅仅基于接口来定义体系结构,把利用具有特定行为的构件对接口的替换留到开发的下一个阶段。因此,开发者可以在某个体系结构中使用尚未存在的构件,只要该构件符合特定的接口即可。

3. Unicon

Unicon 是 Shaw 开发的一种体系结构描述语言。Unicon 的设计紧紧围绕构件和连接件两个基本概念。构件代表系统的计算单元和数据存储场所,用于实现计算和数据存储的分离,将系统分解为多个独立的部分,每一部分都有完善的语义和行为。连接件是实现构件交互的类,在构件交互中起中介作用。具体来说,Unicon 及其支持工具的主要目标如下:

(1) 提供对大量构件和连接件的统一访问;

(2) 区分不同类型的构件和连接件,以便对体系结构配置进行检查;

(3) 支持不同的表示方式和不同人员开发的分析工具;

(4) 支持对现有构件的使用。

在 Unicon 中,通过定义类型、特性列表以及用于和连接件相连的交互来描述构件。连接件也是通过类型、特性列表和交互来描述的,连接件的交互点称为接口。系统组合构造通过定义构件的交互和连接件的接口之间的连接来完成。

为了达到目标(1),Unicon 提供了一组预定义的构件和连接件类型,体系结构的开发者可以从中选择合适的构件或连接件;对于(2),Unicon 区分所有类型的构件和连接件交互,并对它们的组合方式进行限制;根据这些限制,Unicon 工具可以对组合失配进行检查,但是这种检查带有局部性,即无法对系统的全局约束进行检查;目标(3)的重要性已经获得公认,特性列表的方法已经被 ACME 和目前美国南加州大学正在开发的 Architecture Capture Tool(ACT-l)所采纳。对于已有的构件,通过利用 Unicon 的术语对其接口重新定义的方式,使得它们可以被 Unicon 使用。

在 Unicon 中,定义构件的语法如下:

```
< Component >: = Component < identifier >
            < interface >
            < component_implementation >
            end < identifier >
```

构件的定义主要包括接口和实现。构件是通过接口来定义的。接口定义了构件所承担的计算任务,规定了构件使用的约束条件,同时,对构件的性能和行为做出了规定。

在 Unicon 中,定义连接件的语法如下:

```
< Connector >: = Connector < identifier >
            < protocol >
            < connector_implementation >
            end < identifier >
```

连接件的定义主要包括协议和实现。连接件是通过协议来定义的。协议定义了多个构件之间所允许的交互,为这些交互提供了保障。

例如,一个实时系统采用了客户/服务器体系结构,在该系统中,有两个任务要共享同一个资源,这种共享通过远程调用(Remote Procedure Call,RPC)来实现。以下例子使用了 Unicon 来描述该系统的体系结构:

```
Component Real_Time_System
    interface is
    type General
    implementation is
        uses client interface rtclient
            PRIORITY(10)
            ...
        end client
        uses server interface rtserver
            PRIORITY(10)
            ...
        end server
        establish RTM - realtime - sched with
            client.application1 as load
            server.application2 as load
            server.services as load
            ALGORITHM(rate_monotonic)
            ...
        end RTM - realtime - sched
```

```
        establish RTM − remote − proc − call with
            client.timeget as caller
            server.timeger as definer
            IDLTYPE(Match)
        end RTM − remote − proc − call
        ...
end Real_Time_System

Connector RTM − realtime − sched
protocol is
    type RTscheluer
        role load is load
end protocol
    implementation is builtin
end implementation
end RTM − realtime − sched
```

4. Wright

Wright 是卡内基梅隆大学的 Robert Allen 和 David Garlan 提出的一种 ADL，它为体系结构中的连接提供了形式化描述基础。Wright 的主要思想是把连接件定义为明确的语义实体，这些实体用协议的集合来表示，协议代表了交互的各个参与角色及其相互作用。Wright 提供了显式和独立的连接件规约，同时支持复杂连接的定义。Wright 定义连接件和构件的实例，在相应的端口和角色之间建立连接，从而得到系统的配置关系。Wright 支持对构件之间交互的形式化和分析。连接件通过协议（Protocol）来定义，而协议刻画了与连接件相连的构件行为。构件通过其接口和行为来定义，表明了接口之间是如何通过构件的行为具有相关性的。一旦构件和连接件的实例被声明，系统组合便可以通过构件的端口和连接件角色之间的连接来完成。

Wright 的主要特点是，能够对体系结构和抽象行为进行精确描述，具有定义体系结构风格的能力，并能够对体系结构描述进行一致性和完整性检查。体系结构通过构件、连接件以及它们之间的组合来描述。在 Wright 中，对体系结构风格的定义是通过描述能在该风格中使用的构件和连接件以及刻画如何将它们组合成一个系统的一组约束来完成的，因此，Wright 能够支持针对某一特定体系结构风格所进行的检查，但是，它不支持针对异构风格组成的系统进行检查。Wright 提供的一致性和完整性检查有 Port-computation 一致性、连接件死锁、Roles 死锁、Port-role 相容性、风格约束以及粘合完整性等。

以下是使用 Wright 语言描述的客户/服务器体系结构的示例：

```
System SimpleExample
    Component Server =
        port provide[provide protocol]
        spec [Server specification]
    Component Client =
        port request[request protocol]
        spec [Client specification]
    Connector C − S − connector =
        role client[client protocol]
```

```
        role server[server protocol]
Instances
    s:Server
    c:Client
    cs:C-S-connector
Attachments
    s.provide as cs.server
    c.request as cs.client
end SimpleExample
```

在这个例子中,server 构件和 client 构件都只有一个端口。连接件用所定义的角色集合来说明,角色描述了交互中每一方所期望的局部行为。客户服务器连接件(C-S-connector)有一个客户角色和一个服务器角色。客户角色把客户的行为定义为一系列依次进行的请求和返回结果的操作。服务器角色定义了一系列依次进行的响应和返回结果的操作。Attachments 说明了客户活动和服务器角色怎样进行协作,指出客户和服务器活动必须按照某种顺序来进行,例如,客户请求服务、服务器处理请求、服务器提供结果和客户取得结果。实例定义了体系结构中实际出现的实体。在这个例子中,有一个服务器 s、一个客户端 c 和一个连接件 cs,客户端的 request 端口与连接件的 client 角色绑定,服务器的 provide 端口与连接件的 server 角色绑定。

5. Darwin

Darwin 是 Magee 和 Kramer 开发的一种体系结构描述语言。Darwin 使用接口来定义构件类型,接口包括提供服务接口和请求服务接口。系统配置定义了构件实例,给出了提供服务接口和请求服务接口之间的绑定关系。Darwin 没有提供显式的连接件,在定义体系结构风格时,通常给出它的交互模型,把构件的定义留给体系结构设计师。

6. Aesop

Aesop 是卡内基梅隆大学的 Garlan 创建的一种体系结构的描述语言。Aesop 采用了产生式方法,将一组风格描述和一个普遍使用的共享工具包 Fable 联系在一起。其目标是建立一个工具包,为特定领域的体系结构的快速构建提供设计支持环境。通常,Aesop 环境具有以下几个方面的特性:

(1) 与风格词汇表相对应的一系列设计元素类型,即特定风格的构件和连接件;

(2) 检查设计元素的成分,满足风格的配置约束;

(3) 优化设计元素的语义描述;

(4) 提供一个允许外部工具进行体系结构描述分析和操作的接口;

(5) 一套完整的体系结构可视化操作工具。

7. SADL

SADL 语言提供了软件体系结构的文本化表示方法,同时保留了直观的线框图模型。SADL 语言明确地区分了多种体系结构对象,例如构件和连接件,明确了它们的使用目的和适用范围。SADL 语言不仅定义了体系结构的功能,而且定义了体系结构特定类的约束。

SADL 的一个独特的方面是对体系结构层次的表示和推理。SADL 的工作基础是,大型软件是通过一组相关的、具有层次的体系结构来进行描述的,其中,高层是低层的抽象,分别具有不同数量和种类的构件、连接件。在 SADL 中,提出了能够保证正确性和组合性的体系结构求精概念。求精能够保证每一步过程的正确性,采用该方法能够有效地减少体系结构设计过程中的错误,能够广泛地、系统地实现设计领域知识的重用。

在求精意义上,为了证明两个体系结构的正确性,必须建立它们之间的解释映射。解释映射包含名字映射和风格映射,名字映射建立了抽象体系结构中对象名字和具体体系结构中对象名字之间的关系。风格映射描述了抽象层次风格的构造是如何使用具体层次风格构造的相关术语的,风格映射比较复杂。

8. MetaH

MetaH 提供了集成的、可跟踪的体系结构规格说明、体系结构分析和体系结构实现环境。MetaH 主要支持实时、容错、安全、多处理和嵌入式软件系统的分析、验证以及开发。在航空航天领域中,MetaH 已成为体系结构规格说明的标准语言。MetaH 能够保证真实系统的行为和模型一致,降低了建模、实现、调试和验证的难度。MetaH 能够通过精确和快速的评估方式来改善系统的设计质量。

MetaH 不仅能够使用文本方式的语法来表示体系结构,还能以图形方式来描述体系结构。MetaH 支持系统构件和连接件的规格说明,保证了构件和连接件的实时性、容错性和安全性。在 MetaH 规格说明中,实体种类分为低层实体和高层实体。低层实体描述了源代码模块(例如子程序和包)和硬件元素(例如内存和处理器)。高层实体说明了如何利用已定义的实体来组合形成新实体(例如宏、系统和应用程序)。对于体系结构的计算和通信,MetaH 有十分完善的描述机制。

9. C2

C2 及其所提供的设计环境(Argo)支持采用基于事件的风格来描述用户界面系统,并支持使用可替换、可重用的构件开发 GUI 的体系结构。其工作重点在于对构件的重用,并对体系结构的动态特性加以改变,以使系统满足某些 GUI 体系结构方面的特性。

在 C2 中,连接件负责构件之间消息的传递,而构件维持状态、执行操作并通过两个名字分别为"Top"和"Bottom"的接口和其他构件交换信息。每个接口包含一组可发送的消息和一组可接收的消息,例如构件之间的消息或者请求其他构件执行某个操作的请求消息,或者通知其他构件自身执行了某个操作或状态发生改变的通知消息。构件之间的消息交换不能直接进行,只能通过连接件来完成。每个构件接口最多只能和一个连接件相连,而连接件可以和任意数目的构件或连接件相连。请求消息只能向上层传送(Upwards),而通知消息只能向下层传送(Downwards)。

C2 要求通知消息的传送只对应于构件内部的操作,而与接收消息的构件需求无关。这种对通知消息的约束保证了底层独立性,即可以在包含不同底层构件(例如,不同的窗口系统)的体系结构中重用 C2 构件。C2 对构件和连接件的实现语言、实现构件的线程控制、构件的部署以及连接件使用的通信协议等都不加限制。C2 对构件进行描述的语法如下：

```
component:: =
  component component_name is
    interface component_message_interface
      parameters component_parameters
      methods component_methods
      [behavior component_behavior]
      [context component_context]
    end component_name;
component_message_interface:: =
  top_domain_interface
  bottom_domain_interface
top_domain_interface:: =
  top_domain is
    out interface_requests
    in interface_notifications
bottom_domain_interface:: =
  bottom_domain is
    out interface_notifications
    in interface_requests
interface_requests:: = {request; }|null;
interface_notifications:: = {notification; }|null;
request:: = message_name(request_parameters)
request_parameters:: = [to component_name][parameter_list]
notification:: = message_name(parameter_list)
```

使用 C2 来描述会议安排系统，其体系结构如图 2-1 所示。

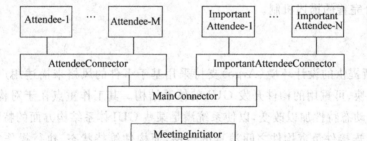

图 2-1　会议安排系统的体系结构

在会议安排系统中，共包含 3 种类型的构件：一个 MeetingInitiator、M 个 Attendee 和 N 个 ImportantAttendee。此外，还包含 3 种类型的连接件：MainConnector、AttendeeConnector 和 ImportantAttendeeConnector，用于在构件之间传递消息。某些消息可由 MeetingInitiator 同时发送给 Attendee 和 ImportantAttendee，而某些消息则只能传递给 ImportantAttendee。

MeetingInitiator 构件发送会议请求信息给 Attendee 和 ImportantAttendee，来对系统进行初始化。Attendee 和 ImportantAttendee 可以发送消息给 MeetingInitiator，告诉

MeetingInitiator 自己喜欢的会议日期和地点等信息,但是不能向 MeetingInitiator 提交请求,因为在 C2 体系结构中,Attendee 和 ImportantAttendee 处在 MeetingInitiator 的 top 端口。MeetingInitiator、Attendee 和 ImportantAttendee 的定义如下:

```
component MeetingInitiator is
  interface
    top_domain is
    out
      GetPrefSet();
      GetExclSet();
      GetEquipReqts();
      GetLocPrefs();
      AddPrefDates();
    in
      PrefSet(p:date_mg);
      ExclSet(e:data_mg);
      EquipReqts(eq:equip_type);
      LocPref(l:loc_type);
    behavior
end MeetingInitiator;
component Attendee is
  interface
    bottom_domain is
    out
      PrefSet(p:date_mg);
      ExclSet(e:data_mg);
      EquipReqts(eq:equip_type);
    in
      GetPrefSet();
      GetExclSet();
      GetEquipReqts();
      AddPrefDates();
    behavior
end Attendee;
component ImportantAttendee is subtype Attendee
  interface
    bottom_domain is
    out
      LocPref(l:loc_type);
    in
      GetLocPrefs();
    behavior
end ImportantAttendee;
```

根据定义,top 端口只能发送请求消息、接收通知消息;bottom 端口只能发送通知消息、接收请求消息。因此,在会议安排系统框架中,请求消息只能自下向上传递,通知消息只能自上向下传递。

Attendee 和 ImportantAttendee 接收来自 MeetingInitiator 的会议安排请求,把自己的相关应答信息发送给 MeetingInitiator。Attendee 和 ImportantAttendee 只能通过其

bottom 端口与体系结构中的其他元素进行通信。ImportantAttendee 构件是 Attendee 构件的一个特例,具有 Attendee 的所有消息和功能,还增加了自己的特定消息 GetLocPrefs()和 LocPref(1:loc_type),这两个消息的作用是指定开会地点。因此,ImportantAttendee 可以作为 Attendee 的一个子类来进行定义。

会议安排系统的体系结构描述如下:

```
architecture MeetingScheduler is
  component
    Attendee; ImportantAttendee; MeetingInitiator;
  connector
    MainConnector; AttendeeConnector; ImportantAttendeeConnector;
  architectural_topology
    connector AttendeeConnector connections
    bottom_ports Attendee;
    top_ports MainConnector;
    connector ImportantAttendeeConnector connections
    bottom_ports ImportantAttendee;
    top_ports MainConnector;
    connector MainConnector connections
    bottom_ports AttendeeConnector, ImportantAttendeeConnector;
    top_ports MeetingInitiator;
end MeetingScheduler;
```

ADL 的优点是能为软件建立精确和无二义性的模型,有效地支持体系结构的求精和验证。ADL 的缺点如下:

(1) 研究尚处于初级阶段,ADL 自身所能提供的技术支持还很有限。

(2) 没有统一可用的形式化描述规范和集成开发工具,还不能对软件工程生命周期的各个阶段提供全面的支持。

(3) 易用性比 UML 差,不利于开发人员的沟通和理解,作为新兴技术,其发展比较缓慢。

(4) 每种 ADL 都有各自的适用领域,还没有找到一种普遍适用的体系结构描述语言。

2.2.2　UML 与 ADL 之间的关系

体系结构描述语言 ADL 是一种描述体系结构模型的形式化工具。ADL 用于软件系统体系结构建模,它提供了具体的语法与刻画体系结构的概念框架,使得系统开发者能够很好地描述他们设计的体系结构,以便与他人交流。通过软件体系结构描述语言 ADL 可以为各个角色提供一种形式化定义软件体系结构的方法,从而避免了自然语言与框图描述可能引起的理解上的不一致性,即所谓的二义性。可以认为,ADL 是研究软件体系结构规范的出发点,是软件体系结构的核心,是分析和验证软件体系结构的前提和基础。

目前,研究人员已经提出了若干应用于特定领域的 ADL,如 2.2.1 节所示。国内的一些学者也相应地提出了几种比较有特色的体系结构描述语言,如基于框架和角色模型的软件体系结构规约 FRADL;多智能体系统体系结构描述语言 A-ADL;可视化体系结构描述语言 XYX/ADL;基于主动连接件的体系结构描述语言等。但上述的体系结构描述语言的应用领域都比较狭窄,其实我们广泛使用的建模语言是统一建模语言,其有很强的体系结构建模特性。

统一建模语言(Unified Modeling Language,UML)是一种通用的可视化建模语言,用于对软件进行描述、可视化处理、构造和建立软件系统的文档。UML 适用于各种软件开发方法、软件生命周期的各个阶段、各种应用领域以及各种开发工具,UML 是一种总结了以往建模技术的经验并吸收了当今优秀成果的标准建模方法。尽管 UML 的最初意图是软件的细节设计,并不是专门为了描述体系结构而提出的,但是 UML 具有很强的体系结构建模特性,并且具有开放的标准、广泛的应用和众多厂商的支持,而且 UML 的未来版本必将会对体系结构描述提供更多的支持。另外,UML 作为一种工业化标准的可视化建模语言,支持多角度、多层次、多方面的建模需求,自身扩展能力强,并有强大的工具支持。UML 提供了对体系结构中组成要素建模的支持,具体表现在以下方面:

(1) UML 关系支持体系结构的连接件;

(2) UML 建模元素中的接口支持体系结构的接口;

(3) UML 的约束支持体系结构的约束,UML 结构元素中的类、构件、节点、用例,以及组织元素中的包、子系统和模型相当于体系结构中的构件;

(4) 体系结构的配置可以由 UML 的构件图、包图和配置图很好地描述;

(5) UML 用例模型和一些 UML 预定义及用户自己扩展的定制,能够较好地表达体系结构的行为模型。

选择 UML 描述软件体系结构,会有以下几方面的优点:

(1) UML 是当前主流的面向对象开发语言,已经被越来越多的人所采用,容易被人们接受;

(2) UML 是一个开发标准,具有良好的扩展机制;

(3) UML 引入了形式化定义(对象约束语言),是一种半形式化的建模语言;

(4) UML 有丰富的支持工具,与程序设计语言和开发过程无关;

(5) UML 支持多视图结构,能够从不同角度刻画软件体系结构,可以有效地用于分析、设计和实现过程;

(6) UML 提供了丰富的建模概念和表示符号,能够满足典型的软件开发过程;

(7) UML 的语义比较丰富,是一种通用和标准的建模语言,易于理解和交流,发展也已经非常成熟。在软件开发行业,UML 已经得到了广泛地应用。

但是,在选择 UML 描述软件体系结构时,也存在着一些问题,例如:

(1) 对体系结构的构造性建模能力不强,具体来说,UML 还缺乏对体系结构风格和显式连接件的直接支持。

(2) 对体系结构的描述只能达到非形式化的层次,不能保证软件开发过程的可靠性,不能充分地表现软件体系结构的本质。

2.2.3 基于 UML 的软件体系结构描述

UML 是一种通用的面向对象的建模语言,在很大程度上独立于建模过程,已被工业界广泛接受。在实际应用中,建模人员往往把 UML 应用于用例驱动的、以体系结构为中心的、迭代的和渐增式的开发过程。UML 融合了许多面向对象技术的优点,具有一致的图形表示方法和语义。目前,存在着很多 UML 工具,能够很好地支持软件开发过程。

UML 中的各种组件和概念之间没有明显的划分界限,但为了方便,一般用视图来划分这些概念和组件。视图只是表达系统某一方面特征的 UML 建模组件的子集,在每一类视图中使用一种或两种特定的图来可视化地表示视图中的各种概念。

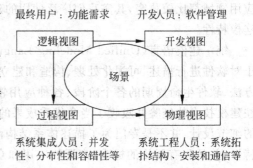

图 2-2 "4＋1"视图模型

1995 年,Kruchten 提出了"4＋1"视图模型,从 5 个不同的视角来描述软件体系结构,这 5 个视角包括逻辑视图、开发视图、过程视图、物理视图和场景视图。每一个视图只关心系统的一个侧面,5 个视图结合在一起才能反映系统框架结构的全部内容。"4＋1"视图模型如图 2-2 所示。

(1) 逻辑视图:也称概念视图,主要支持系统功能需求的抽象描述,即系统最终将提供给用户什么样的服务。逻辑视图描述了系统的功能需求及其之间的相互关系,并按照应用领域的概念来描述系统的框架结构。它与问题领域结合紧密,是系统工程师与领域专家交流的有效媒介。逻辑视图强调问题空间中各实体间的相互作用,用实体—关系图来描述,若采用面向对象技术,则可以用类图来描述。逻辑视图中的部件主要是类,风格通常是面向对象风格。逻辑视图能够方便地增加、删除和修改系统功能,这对于系统演化来说是非常重要的,同时,逻辑视图也支持体系结构的重用。

(2) 开发视图:也称模块视图,主要侧重于描述系统的组织,根据系统模块的组织方式,该视图可以有不同的形式。通常根据分配给项目组的开发和维护工作来组织,例如可以根据信息隐蔽原则来组织模块,还可以把系统运行时关系紧密或执行相关任务的模块组织在一起,还可以把模块组织成层次结构。该视图主要使用层次结构风格,通常将层次限制在 4～6 层。

开发视图与逻辑视图密切相关,二者都描述了系统的静态结构。但是二者的侧重点有所不同,开发视图与系统实现紧密相关。开发视图负责软件模块的组织和管理,该视图以构件为着眼点,是系统开发的核心视角之一。开发视图与系统实现紧密相关,通常用模块和子图来表示接口的输入与输出。在同一个系统中,子图中的模块之间可以相互作用,同一层中不同子图的模块之间也可以相互作用,还可与恰好相邻层的模块之间相互作用。这样可使每个层次的接口既完备又精练,减少各模块之间的复杂关系。此外,对于各个层次,越是低层通用性越强,当应用系统的需求发生变化时,所需的改变越少。

(3) 过程视图:主要侧重于描述系统的动态属性,即系统运行时的特性。该视图着重解决系统的并发和分布,以及系统的完整性和容错性,同时也定义逻辑视图的各个类中的操作是在哪一个控制线索中被执行的。该角度的部件通常是进程,进程是一个有其自己控制线索的命令语句序列。当系统运行时,一个进程可以被执行、挂起、唤醒等,同时也可与其他进程通信、同步等,并且通过进程间的通信模式可以对系统性能进行评估。过程视图有许多风格,例如数据流风格、客户/服务器风格等。

（4）物理视图：主要描述如何把软件映射到硬件上，通常要考虑系统的性能、规模、容错等。物理视图展示了软件在生命周期的不同阶段中所必需的物理环境、硬件配置和分布状况。当软件运行于不同的节点时，各视图中的部件都直接或间接地对应在系统的不同节点上。因此，从软件到节点的映射要有较高的灵活性，这样，当环境改变时，对系统其他视图的影响才比较小。此外，这种映射关系直接影响到系统的性能。

（5）场景视图：场景视图是用户需求和系统功能实例的抽象，设计者通过分析如何满足每个场景所要求的约束来分析软件的体系结构。场景视图是整个体系结构设计的依据，是以上4个视图构造的着眼点。该视图与上述4个视图相重叠，通过综合它们的主要内容，为开发人员辨别系统组成要素和验证设计方案提供辅助工具。

总的来说，逻辑视图定义了系统的目标；开发视图和过程视图提供了详细的系统设计实现方案；物理视图解决了系统的拓扑结构、安装和通信问题；场景视图反映了完成上述任务的组织结构。其中，逻辑视图属于高层体系结构；开发视图和过程视图构成了体系结构的核心，是系统开发的基础，属于低层体系结构；物理视图为辅助体系结构。

"4+1"视图模型强调了软件体系结构应该是多维的，具有多个视图，但"4+1"视图模型所提到的5个视图不可能适应所有的系统，其原因是每个系统的设计和开发都有各自的特点。软件体系结构模型到底包含多少个视图，以及如何表示这些视图，应该采取一种灵活的策略。

在描述软件体系结构时，Kruchten提出的"4+1"视图模型存在以下几个方面的不足：

（1）"4+1"视图模型不能体现体系结构的构造是多层次抽象的过程，不能充分表达系统的体系结构风格；

（2）数据作为系统的重要组成部分，在"4+1"视图模型中没有得到充分体现；

（3）"4+1"视图模型不能充分地反映系统要素之间的联系，例如构件、功能和角色之间的联系；

（4）在实现体系结构模型时，缺乏构造视图和建立视图之间关系的指导信息。

逻辑视图可以采用UML用例图来实现。UML用例图包括用例、参与者和系统边界等实体。用例图将系统功能划分成对参与者有用的需求，从所有参与者的角度出发，通过用例来描述他们对系统概念的理解，每一个用例相当于一个功能概念。在开发视图中，使用UML的类图、对象图和构件图来表示模块，用包来表示子系统，用连接表示模块或子系统之间的关联。过程视图可以采用UML的状态图、顺序图和活动图来实现。活动图是多目的过程流图，可用于动态过程建模和应用系统建模。活动图可以帮助设计人员更细致地分析用例，捕获多个用例之间的交互关系。物理视图定义了功能单元的分布状况，描述用于执行用例和保存数据的业务地点，可以使用UML的配置图来实现。此外，采用UML的协作图来描述构件之间的消息传递及其空间分布，揭示构件之间的交互。

在实际开发过程中，软件工程人员不断地对"4+1"视图模型进行改进和完善，提出了多种不同的软件体系结构描述方法。其中，较常见的方法是将软件体系结构模型分解为三类视图：模块视图、组件—连接件视图和分配视图。在每一类视图下，又包含了多种子视图。

模块视图描述的是每个模块的功能和模块之间的相互关系。在模块视图下，又包括分解视图、使用视图、分层视图和类视图等多个子视图。分解视图说明了如何将较大的模块递归地分解为较小的模块，直到它们足够小、很容易理解和开发为止。分解视图是项目组织结构划分的基础,同时也为系统修改提供了依据。使用视图反映了模块之间的使用关系,便于系统功能的扩展和相关功能子集的提取,为软件增量式开发提供了依据。分层视图反映了系统的层次划分,每一层只能使用相邻下层所提供的服务,对于上面的层次来说,下层的实现细节是隐藏的,从而提高了系统的可移植性。类视图反映了类之间的关联、继承和包含等关系。

在组件—连接件视图中,组件是计算的主要单元,连接件是组件之间相互通信的工具。组件根据其接口定义其所提供和需要的操作,连接件则封装了两个或多个组件之间的互连协议。在组件—连接件视图下又包括进程视图、并发视图和共享数据视图等多个子视图。进程视图反映了运行系统的动态特性,而模块视图所描述的是系统的静态关系。进程之间所存在的关系包括通信和同步。在分析系统的执行性能和有效性时,进程视图将提供必要的指导信息。并发视图能够分析进程并发情况和由并发所引起的资源争夺状况。对于共享一个或多个数据库的系统而言,可以建立共享数据视图来分析其数据访问的状况,该视图反映了运行时软件元素是如何产生和使用数据的,有助于分析系统的性能和保证数据的完整性。

分配视图反映了软件元素在创建环境和执行环境中的分配关系。在分配视图下又包括部署视图、实现视图和工作分配视图等多个子视图。部署视图反映了如何将软件元素分配给硬件处理单元和通信单元,该视图有助于描述系统的性能,便于分析数据的完整性、可用性和安全性。对于分布式系统和并行系统来说,部署视图是极其重要的。实现视图描述了软件元素(通常为模块)是如何映射到系统开发过程的各个阶段和控制环境中的文件结构上的,为开发活动和构建过程的管理提供了必要的指导信息。工作分配视图说明了如何将模块实现和集成的责任分配给相应的开发小组。

各种视图为软件质量属性的实现提供了依据,同时,软件质量属性的实现最终要在各个视图中得以体现。各种视图构成了一个有机的整体,从不同的侧面来描述软件体系结构模型。框架建模的结果是使用体系结构描述语言来进行描述的,同时,根据选定的维度来形成多维体系结构视图。从模块视图、组件—连接件视图、分配视图及其子视图中选择一些视图来表达多维体系结构模型。在描述模型时,上面的这些视图不一定要全部使用,具体的维度应该根据项目的实际需要和自身的特点来进行选择。对于有特殊要求的系统,可以增加一些额外的视图来增强其描述力度,例如容错视图等。同时,在建模过程中,技术环境和个人经验也"扮演"着非常重要的角色。不同的人或者同一个人在不同的条件下,建模的结果是不一样的。因此,软件体系结构建模应该是一个很灵活的过程,在建模过程中,应该充分地考虑软件的质量属性需求,同时参照一些成功的经验和做法。

从视图域角度来看,视图又被划分成结构分类、根据动态行为和模型管理3个视图域。

结构分类描述了系统中的结构成员及其相互关系。其中,类元包括类、用例、构件和节点,类元为研究系统动态行为奠定了基础。类元视图包括静态视图、用例视图和实现视图。动态行为描述了系统随时间变化的行为,行为用从静态视图中抽取的瞬间值的变化来描述。动态行为视图包括状态视图、活动视图和交互视图。模型管理说明了模型的分层组织结构。包是模型的基本组织单元,特殊的包还包括模型和子系统。模型管理视图跨越了其他视图并根据系统开发和配置组织这些视图。

UML还包括多种具有扩展能力的组件,虽然扩展能力有限但很有用。这些组件包括约束、构造型和标记值,它们适用于所有的视图元素。表 2-1 列出了 UML 的视图和视图所包括的图以及与每种图有关的主要概念。用户不能把这张表看成是一套死板的规则,而应将其视为对 UML 常规使用方法的指导,因为 UML 允许使用混合视图。

表 2-1 UML 视图和图

主要的域	视图	图	主要概念
结构	静态视图	类图	类、关联、泛化、依赖关系、实现、接口
	用例视图	用例图	用例、参与者、关联、扩展、包括、用例泛化
	实现视图	构件图	构件、接口、依赖关系、实现
	部署视图	部署图	节点、构件、依赖关系、位置
动态	状态视图	状态图	状态、事件、转换、动作
	活动视图	活动图	状态、活动、完成转换、分叉、结合
	交互视图	顺序图	交互、对象、消息、激活
		协作图	协作、交互、协作角色、消息
模型管理	模型管理视图	类图	报、子系统、模型
可扩展性	所有	所有	约束、构造型、标记值

下面使用一个简单的剧院售票系统的例子对 UML 中所使用的概念和视图进行简单描述,目的是说明如何用 UML 的各种图来描述一个系统。

1. 类图

类图是以类为中心来组织的,描述了类、接口及它们之间关系的图,用于显示系统中各个类的静态结构。类是有着相同结构、行为和关系的一组对象的描述符号,是面向对象系统组织结构的核心,它包括名称部分(Name)、属性部分(Attribute)和操作部分(Operation)。

类定义了一组有着状态和行为的对象。属性和关联用来描述状态。属性通常包括基本数据类型,例如整型、浮点型、布尔型等。除此之外,属性还可以采用"类"类型来进行刻画,例如 Person p1 这样的形式。关联则用有身份的对象之间的关系表示。个体行为由操作来描述,方法是操作的实现。对象的生命周期由附加给类的状态机来描述。类的表示法是一个矩形,由带有类名、属性和操作的分格框组成。类所用的属性与操作都被附在类或其他类元上。

关联关系描述了给定类的单独对象之间语义上的连接。关联提供了不同类对象可以相互作用的连接。其余的关系涉及类元自身的描述,而不是它们的实例。类元之间的关系有关联、泛化、流及各种形式的依赖关系,包括实现关系和使用关系,如表 2-2 所示。

表 2-2 类关系的种类

关系	功能	表示法
关联	类实例之间连接的描述	————
依赖	两个模型元素间的关系	– – – –>
流	在相继时间内一个对象的两种形式的关系	– – – –>
泛化	更概括的描述和更具体的种类间的关系,适用于继承	————▷
实现	说明和实现间的关系	– – – –▷
使用	一个元素需要其他元素提供适当功能的情况	– – – –>

图 2-3 是售票系统的类图,它只是售票系统领域模型的一部分。该图中表示了几个重要的类,如 Customer、Reservation、Ticket 和 Performance。顾客可多次订票,但每一次订票只能由一个顾客来执行。在该系统中有两种订票方式:个人票和套票,前者只是一张票,后者包括多张票。每一张票不是个人票就是套票中的一张,但是不能既是个人票又是套票中的一张。每场演出都有多张票可以预定,每张票对应一个唯一的座位号。每次演出用剧目名、日期和时间来标识。

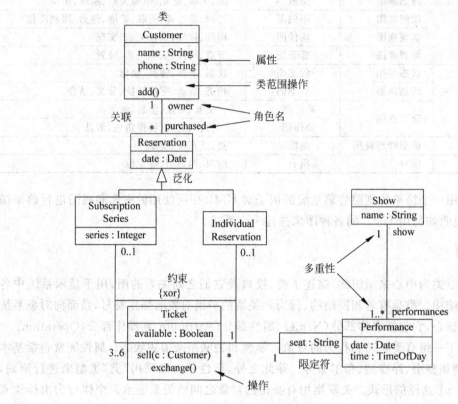

图 2-3 售票系统的类图

2. 用例图

用例图是被称为参与者的外部用户所能观察到的系统功能的模型图。参与者是与系统、子系统或类发生交互作用的外部用户、进程或其他系统的理想化概念。参与者作为外部用户与系统发生交互作用。在系统的实际运作中,一个实际用户可能对应系统的多个参与者,不同的用户也可以只对应一个参与者,从而代表同一个参与者的不同实例。

参与者可以是人、另一个计算机系统或一些可运行的进程。在图 2-4 中,参与者用一个名字写在小人的下面表示。用例是外部可见的一个系统功能单元,这些功能由系统单元提供,并通过一系列系统单元与一个或多个参与者之间交换的消息表达,是对系统一部分功能的逻辑描述,它不是明显的用于系统实现的构件。用例的用途是在不揭示系统内部构造的情况下定义连贯的行为。用例的定义包含用例所必需的所有行为或执行用例功能的主线次序、标准行为的不同变形、一般行为下的所有异常情况及其预期反应。从用户角度来看,上述情况很可能是异常情况；从系统角度来看，它们是必须被描述和处理的附加情况。用例的功能依赖于类与类的协作来实现。用例除了与其参与者发生关联外，还可以参与系统中的多个关系，如表 2-3 所示。

表 2-3　用例之间的关系

关系	功　　能	表　示　法
关联	参与者与其参与执行的用例之间的通信途径	
扩展	在基础用例上插入基础用例不能说明的扩展部分	`<<extend>>`
用例	用例之间的一般和特殊关系，其中，特殊用例继承了一般用例的特	
泛化	性并增加了新的特性	
包括	在基础用例上插入附加的行为，并且具有明确的描述	`<<include>>`

图 2-4 是售票系统的用例图，参与者包括售票员、监督员和公用电话亭。公用电话亭是另一个系统，它接受顾客的订票请求。在售票处的应用模型中，顾客不是参与者，因为顾客不直接与售票处"打交道"。用例包括通过公用电话亭或售票员购票、购预约票（只能通过售票员），以及接受售票监督（应监督员的要求）。购票和购预约票包括一个共同的部分，即通过信用卡来付钱（对售票系统的完整描述还要包括其他一些用例，例如换票和验票等）。用例也可以有不同的层次，也可以用其他更简单的用例进行说明。

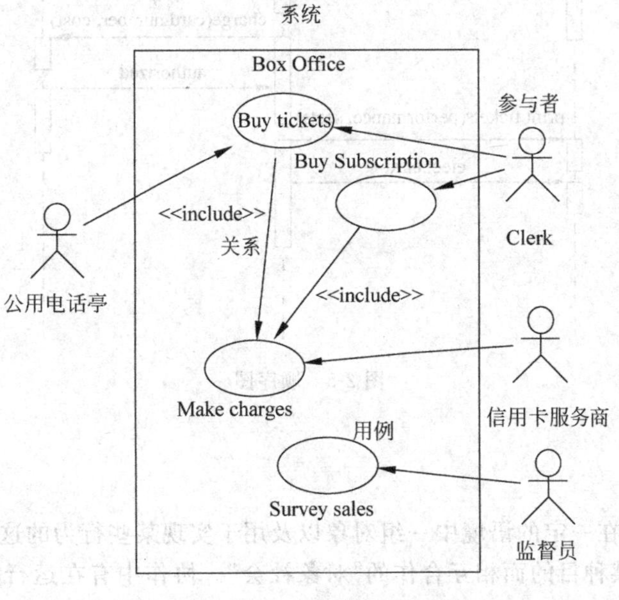

图 2-4　用例图

3. 顺序图

顺序图表示了对象之间传送消息的时间顺序以及用例中的行为顺序。当执行一个用例行为时，顺序图中的每条消息对应了一个类操作或状态机中引起转换的触发事件。

顺序图的纵向是时间轴，时间沿竖线向下延伸。横向轴代表了在协作中各独立对象的类元角色，每一个类元角色用一条生命线来表示，即用垂直线代表整个交互过程中对象的生命期。生命线之间的箭头连线代表消息。顺序图可以用来进行一个场景说明,即一个事务的历史过程。当对象存在时,角色用一条虚线表示,当对象的过程处于激活状态时,生命线是一个双道线。消息用从一个对象的生命线到另一个对象的生命线的箭头表示,箭头以时间顺序在图中从上到下排列。

　　图 2-5 是描述购票这个用例的顺序图。顾客在公共电话亭与售票处通话触发了这个用例的执行。顺序图中付款这个用例包括售票处与公用电话亭和信用卡服务处的两个通信过程。这个顺序图用于系统开发初期,未包括完整的与用户之间的接口信息。例如,座位是怎样排列的;对各类座位的详细说明还没有确定等。尽管如此,交互过程中最基本的通信已经在这个用例的顺序图中表达出来了。

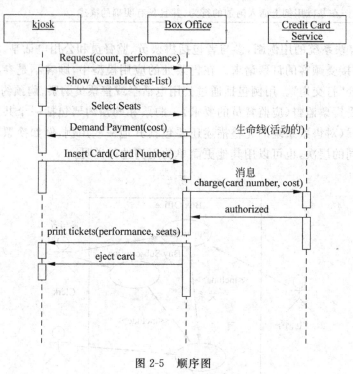

图 2-5　顺序图

4. 协作图

　　协作图描述了在一定的语境中一组对象以及用于实现某些行为的这些对象间的相互作用,描述了为实现某种目的而相互合作的"对象社会"。协作中有在运行时被对象和连接占用的槽。协作槽也称为角色,因为它描述了协作中的对象或连接的目的。类元角色表示参与协作执行的对象的描述;关联角色表示参与协作执行的关联的描述。类元角色是在协作中被部分约束的类元;关联角色是在协作中被部分约束的关联。协作中的类元角色与关联角色之间的关系在特定的语境中才有意义。通常,同样的关系不适用于协作外的潜在的类元和关联。

　　协作图对在一次交互中有意义的对象和对象间的链建模。类元角色描述了一个对象,关联角色描述了协作关系中的一个链。协作图用几何排列来表示交互作用中的各角色。附在类元角色上的箭头代表消息,消息的发生顺序用消息箭头处的编号来说明。协作图的一个用途是表示一个类操作的实现。协作图可以说明类操作中用到的参数和局部变量以及操作中的永久链。当实现一个行为时,消息编号对应了程序中的嵌套调用结构和信号传递过程。

图 2-6 是开发过程后期订票交互的协作图。这个图表示了订票涉及的各个对象间的交互关系,请求从公用电话亭发出,要求从所有的演出中查找某次演出的资料,返回给ticketseller 对象的指针 db,代表了与某次演出资料的局部暂时链接,这个链接在交互过程中保持,在交互结束时丢弃。售票方准备了许多演出的票,顾客在各种价位做一次选择,锁定所选座位,售票员将顾客的选择返回给公用电话亭。当顾客在座位表中做出选择后,所选座位即被声明,其余座位即被解锁。

顺序图和协作图都可以表示各对象间的交互关系,但它们的侧重点不同。顺序图用消息的几何排列关系来表达消息的时间顺序,各角色之间的相关关系是隐含的。协作图用各个角色的几何排列图形来表示角色之间的关系,并用消息来说明这些关系。在实际应用中,用户可以根据需要选用这两种图。

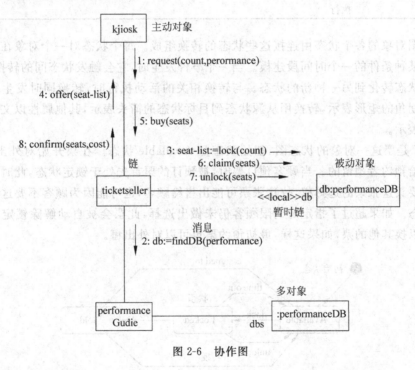

图 2-6 协作图

5. 状态图

状态图可用于描述用户接口、设备控制器和其他具有反馈的子系统,还可用于描述在生命周期中跨越多个不同性质阶段的被动对象的行为,在每一阶段该对象都有自己特殊的行为。

状态是给定类的对象的一组属性值,这组属性值对所发生的事件具有相同性质的反应。换言之,处于相同状态的对象对同一事件具有同样方式的反应,所以当给定状态下的多个对象接受到相同事件时会执行相同的动作,然而处于不同状态下的对象会通过不同的动作对同一事件做出不同的反应。例如,当自动答复机处于处理事务状态或空闲状态时会对取消键做出不同的反应。状态图是一个类的对象所有可能的生命历程的模型图,在状态图中,一组状态由转换相连接。虽然转换连接着两个状态(或多个状态,如果图中含有分支和结合控制),但转换只由转换出发的状态处理。当对象处于某种状态时,它对触发状态转换的触发器事件很敏感。从状态出发的转换定义了处于此状态的对象对外界发生的事件所做出的反应。通常,定义一个转换要有引起转换的触发器事件、监护条件、转换的动作和转换的目标状态。表 2-4 列出了几种转换和由转换所引起的隐含动作。

表 2-4　转换的种类及描述

转换的种类	描　　述
入口动作	进入某一状态时执行的动作
出口动作	离开某一状态时执行的动作
外部转换	引起状态转换或自身转换,同时执行一个具体的动作,包括引起入口动作和出口动作被执行的转换
内部转换	引起一个动作的执行,但不引起状态的改变,或不引起入口动作或出口动作的执行

状态图对象的各个状态由连接这些状态的转换组成。每个状态对一个对象在其生命周期中满足某种条件的一个时间段建模。当一个事件发生时,它会触发状态间的转换,导致对象从一种状态转化到另一种新的状态。与转换相关的活动执行时,转换同时发生。状态用具有圆形拐角的矩形表示,转换用从源状态到目标状态的箭头表示,其他属性以文字串附加在箭头旁表示。

图 2-7 是票这一对象的状态图,初始状态是 Available 状态。在票开始对外出售前,一部分票是给预约者预留的。当顾客预订票时,被预订的票首先处于锁定状态,此时顾客仍有确定是否要买这张票的选择权,故这张票可能出售给顾客,也可能因为顾客不要这张票而解除锁定状态。如果超过了指定的期限顾客仍未做出选择,此票会被自动解除锁定状态。预约者也可以换其他的票,如果这样,最初预约票也可以对外出售。

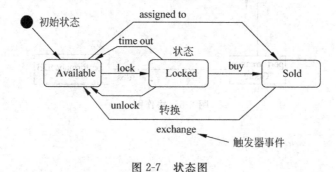

图 2-7　状态图

6. 活动图

活动图是状态机的一个变体,用来描述执行算法的工作流程中涉及的活动。活动状态代表了一个活动,即一个工作流步骤或一个操作的执行。活动图描述了一组顺序的或并发的活动。活动图包含活动状态,活动状态表示过程中命令的执行或工作流程中活动的进行。

与等待某一个事件发生的一般等待状态不同,活动状态等待计算处理工作的完成。当活动完成后,执行流程转入活动图中的下一个活动状态。当一个活动的前导活动完成时,活动图中的完成转换被激发。活动状态通常没有明确表示引起活动转换的事件,当转换出现闭包循环时,活动状态会异常终止。

活动图也可以包含动作状态,它与活动状态有些相似,但它们是原子活动,并且当它们处于活动状态时不允许发生转换。活动图可以包含并发线程的分叉控制,并发线程表示能被系统中的不同对象和人并发执行的活动。通常,并发源于聚集,在聚集关系中每个对象有着它们自己的线程,这些线程可并发执行。并发活动可以同时执行也可以顺序执行。活动图不仅能够表达顺序流程控制还能够表达并发流程控制,如果排除了这一点,活动图很像一个传统的流程图。活动状态表示成带有圆形边线的矩形,它含有对活动的描述。

活动图的用途是对人类组织的现实世界中的工作流程建模。对事物建模是活动图的主要用途,但活动图也可对软件系统中的活动建模。活动图有助于用户理解系统高层活动的执行行为,而不涉及建立协作图所必需的消息传送细节。用连接活动和对象流状态的关系流表示活动所需的输入/输出参数。在活动图中,简单的完成转换用箭头表示。分支表示转换的监护条件或具有多标记出口箭头的菱形。控制的分叉和结合与状态图中的表示方法相同,是进入或离开深色同步条的多个箭头。

图 2-8 是售票处的活动图,它表示了上演一个剧目所要进行的活动(这个例子仅供参考,大家不必太认真地凭着看戏的经验而把问题复杂化)。箭头说明活动间的顺序依赖关系,例如,在规划进度前,首先要选择演出的剧目。加粗的横线段表示分叉和结合控制,例如,安排好整个剧目的进度后,可以进行宣传报道、购买剧本、雇用演员、准备道具、设计照明、加工戏服等,所有这些活动都可同时进行。在进行彩排之前,剧本和演员必须已经具备。

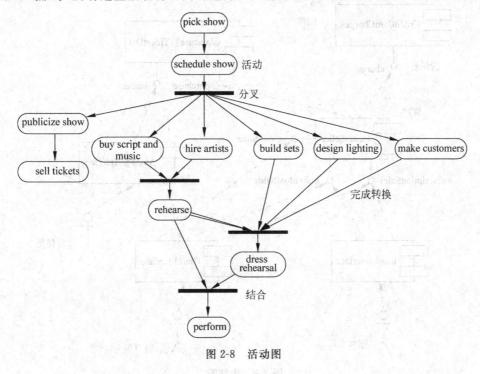

图 2-8 活动图

7. 构件图

构件图表示了构件之间的依赖关系。构件是定义了良好接口的物理实现单元,它是系统中可替换的部分。每个构件体现了系统设计中特定类的实现。良好定义的构件不直接依赖于其他构件,而依赖于构件所支持的接口。在这种情况下,系统中的一个构件可以被支持正确接口的其他构件所替换。

构件具有它们支持的接口和需要从其他构件得到的接口。接口是被软件或硬件所支持的一个操作集。通过使用命名的接口,可以避免在系统中的各个构件之间直接发生依赖关系,有利于新构件的替换。构件视图展示了构件间相互依赖的网络结构。构件视图可以表示成两种形式,一种是含有依赖关系的可用构件(构件库)的集合,它是构造系统的物理组织单元。构件视图也可以表示为一个配置好的系统,用来建造它的构件已被选出。在这种形式中,每个构件与给它提供服务的其他构件连接,这些连接必须与构件的接口要求相符合。构件用一边有两个小矩形的长方形表示,可以用实线与代表构件接口的圆圈相连。

图2-9是售票系统的构件图,图中有3个用户接口:顾客和公用电话亭之间的接口、售票员与在线订票系统之间的接口和监督员查询售票情况的接口。售票方构件顺序接受来自售票员和公用电话亭的请求,信用卡主管构件之间处理信用卡付款,另外还有一个存储票的信息的数据库构件。

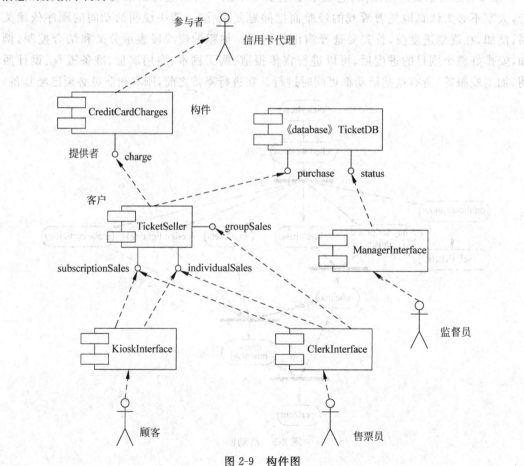

图2-9　构件图

在图 2-9 中,小圆圈代表接口,即服务的连贯集;从构件到接口的实线表明该构件提供的列在接口旁的服务;从构件到接口的虚线箭头说明这个构件要求接口提供的服务。例如,购买个人票可以通过公用电话亭订购也可直接向售票员购买,但购买团体票只能通过售票员。

8. 部署图

部署视图描述位于节点实例上的运行构件实例的组织情况。节点是一组运行资源,如计算机、设备或存储器,表示计算资源运行时的物理对象,通常具有内存和处理能力。节点可能具有用来辨别各种资源的构造型,如 CPU、设备和内存等。节点可以包含对象和构件实例。节点用带有节点名称的立方体表示,可以具有分类(可选)。节点间的关联代表通信路径,关联有用来辨别不同路径的构造型。节点也有泛化关系,将节点的一般描述与具体的特例联系起来。图 2-10 是售票系统的描述层部署图,该图表示了系统中的各构件和每个节点包含的构件。

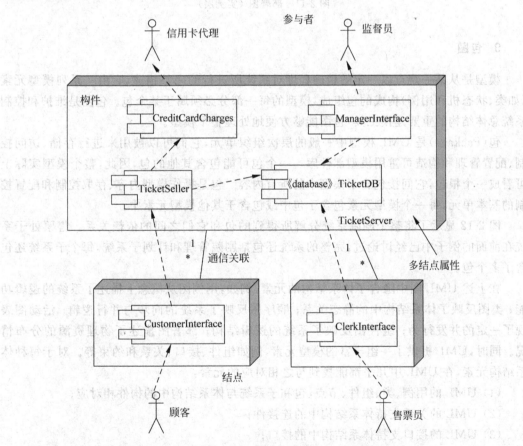

图 2-10 部署图(描述层)

图 2-11 是售票系统的实例层部署图,图中显示了各节点和它们之间的连接。这个图中的信息是与图 2-10 所示的描述层中的内容相互对应的。

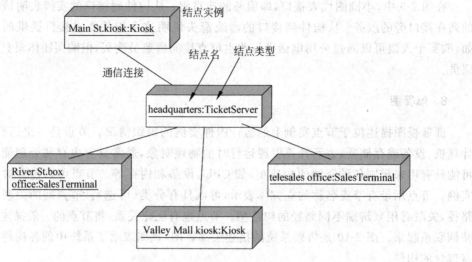

图 2-11　部署图（实例层）

9. 包图

模型是从某一观点以一定的精确程度对系统所进行的完整描述，它由一系列模型元素（如类、状态机和用例）构成的包组成，模型的每一部分必须属于某个包。包图是维护和控制系统总体结构的重要建模工具，包图能够方便地处理整个模型。

包（Package）是 UML 模型中一般的层次组织单元，它们可以被用来进行存储、访问控制、配置管理和构造可重用模型部件库。一个包可能包含其他的包，因此，整个模型实际上可看成一个根包，它间接包含了模型中的所有内容。包是操作模型内容、存取控制和配置控制的基本单元，每一个模型元素包含于包中或包含于其他模型元素中。

图 2-12 显示了将整个剧院系统分解所得到的包和它们之间的依赖关系。售票处子系统在前面的例子中已经讨论过，完整的系统还包括剧院管理和计划子系统，每个子系统还包含了多个包。

在上述 UML 图中隐含了体系结构的元素，例如，用例图从概念上描述了系统的逻辑功能；类图反映了体系结构中的静态关系；顺序图反映了系统的同步与并行逻辑；活动图表现了一定的并发行为；组件图反映了系统的逻辑结构；部署图描述了物理资源的分布情况。同时，UML 提供了一组丰富的模型元素，例如组件、接口、关系和约束等。对于每种体系结构元素，在 UML 中几乎都能找到与之相对应的元素：

（1）UML 的用例、类、组件、节点、包和子系统与体系结构中的构件相对应；

（2）UML 的关系支持体系结构中的连接件；

（3）UML 的接口支持体系结构中的接口；

（4）UML 中的规则相当于体系结构中的约束；

（5）软件体系结构的配置可以由 UML 的包图、组件图和配置图来描述；

（6）UML 预定义及用户自己扩展的构造型，例如精化和复制等，能够较好地表达体系结构的行为。

UML 作为一种定义良好、易于表达、功能强大和普遍适用的建模语言，可以完成软件体系结构的建模任务。为了降低构架建模的复杂度,软件设计人员可以利用 UML 从多个不同的视角来描述软件体系结构,即利用单一视图来描述框架的某个侧面和特性,然后将多个视图结合起来,全面地反映软件体系结构的内容和本质。

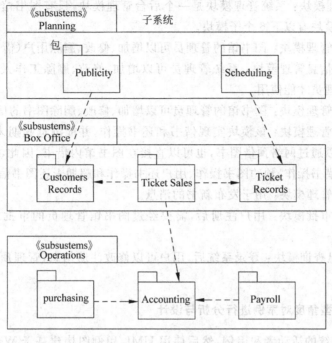

图 2-12 包图

2.3 基于 UML 体系结构描述方式的案例分析

以前的图书馆对图书的管理采取手工方法,图书管理员工作繁多,容易出错。引入计算机进行图书管理,可以大大提高工作人员的工作效率,方便读者借书、还书、续借和查询,消除了图书馆以前的混乱局面,使图书馆管理高效有序,用户只需用浏览器就能实现图书的查询与预借。本节以基于 Web 的图书管理系统的开发为背景,介绍 UML 在软件体系结构建模中的应用。首先对该图书管理系统进行概述和模块分析,然后用 UML 用例图构建系统的需求模型,重点运用 UML 描述基于 Web 的图书管理系统体系结构的功能模型、框架模型、结构模型、动态模型等。以下说明所要建模与实现的图书管理系统的特点及模块功能。

1. 对系统模块进行分析

图书管理系统的用户是图书馆馆员和借书者。图书馆馆员又分为工作人员和系统管理员,二者都可以和系统直接交互,但系统管理员可以对工作人员进行管理,例如添加和删除工作人员等。一个基于 Web 的图书管理系统需要有用户注册、图书查询预借、系统管理、用户信息查询和系统信箱等基本模块。

(1) 用户注册模块:提供新用户注册功能,包括提供信息输入的界面,检查注册信息的有效性,并将注册用户信息保存在对应数据库的数据表中。

(2)图书查询预借模块:用户通过网络查询图书信息,对需要的图书通过网络可以预约。

(3)系统管理模块:系统管理模块是一个后台管理模块,只有图书馆的管理员才能使用它。系统管理模块有以下6个子模块。

① 系统用户管理模块:图书馆的管理员可以增加、修改、删除用户(借书者)的信息。

② 工作人员信息管理模块:系统管理员可以增加、修改、删除工作人员的信息。这个模块只有系统管理员才能使用。

③ 系统图书管理模块:图书馆的管理员可以增加、修改、删除图书的信息。

④ 图书借阅管理模块:该模块实现借书和还书操作,并能浏览超期未还书籍的情况。由于借书者既可以通过网络预借图书,也可以直接在图书馆内借书,因此,这个子系统又可以具体分为馆内借书操作、预约图书操作、用户还书操作和超期未还图书信息。

⑤ 系统公告管理模块:用于发布新书的消息。

⑥ 用户注册审批模块:用户注册后,需要经过图书馆管理员的审批才能成为系统的用户。

(4)用户信息查询模块:登录系统后,用户可以修改注册信息,管理预约图书信息和借阅图书信息。

2. 从需求模型角度对案例进行分析与设计

首先,分析系统的活动者和用例,然后使用 UML 用例图构建基于 Web 的图书管理系统的需求模型。图 2-13 是系统的顶层需求模型,该图由参与者和用例以及用例之间的相互关联组成。用户可以确定系统有 3 个活动者,即借书者、工作人员和系统管理员。带有空心箭头的实线表示泛化,系统管理员是工作人员的泛化。系统管理员能够进行整个系统的管理,而工作人员只能进行部分系统管理。

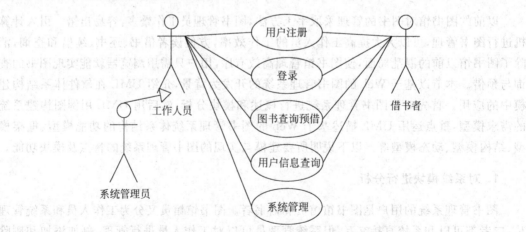

图 2-13　图书管理系统的顶层需求模型—UML 用例图

在顶层需求模型建立后,需要进一步构建更加精确的需求模型。在此以"用户信息查询"为例,图 2-14 是用户信息查询子系统的需求模型。"用户信息查询"可以分解为"修改注册信息"、"预约图书管理"和"借阅图书管理"3 个用例。

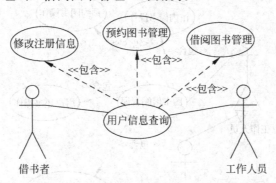

图 2-14　用户信息查询子系统的需求模型—UML 用例图

图 2-15 是系统管理子系统的需求模型，"系统管理"可以分解为"工作人员信息管理"、"系统用户管理"、"系统图书管理"、"图书借阅管理"、"系统公告管理"和"用户注册审批"6个用例，系统管理员能够进行整个系统的管理，而工作人员只能对后 5 个用例进行管理。

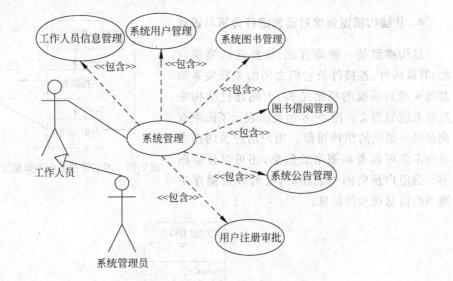

图 2-15　系统管理子系统的需求模型—UML 用例图

图 2-16 是图书借阅管理子系统的需求模型，"图书借阅管理"可以分解为"馆内借书操作"、"预约图书操作"、"用户还书操作"和"超期未还图书信息"4 个用例。

3. 从框架模型角度对案例进行分析与设计

框架模型主要以一些特殊的问题为目标，来建立针对和适应该问题的结构。对于复杂的系统，经常需要把大量的模型元素用包组织起来。图书管理系统的整体框架模型如图 2-17所示。该系统分成 4 个包：表现包中的内容是描述整个用户界面使用的类，这些类提供的操作允许用户查看系统中的数据，并允许用户输入新的数据；控制包中的类负责本系统的访问控制；业务包中的类负责本系统的业务逻辑操作；所有与数据访问相关的活动则封装在数据访问包中。

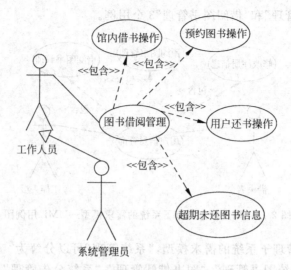

图 2-16　图书借阅管理子系统的需求模型—UML 用例图

4. 从结构模型角度对案例进行分析与设计

结构模型是一种最直观、最普遍的建模方法,其以构件、连接件及它们之间的关联关系为基础来刻画系统的框架结构,力图通过结构来反映系统的语义。图 2-18 用类图表示了图书查询预借子系统的结构模型。用户通过预约图书界面不仅可以查询图书的信息,还可以预借图书。当用户预借图书成功时,要修改数据库中图书的信息和预借信息。

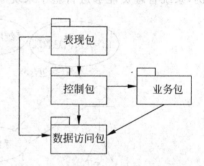

图 2-17　图书管理系统框架模型—UML 包图

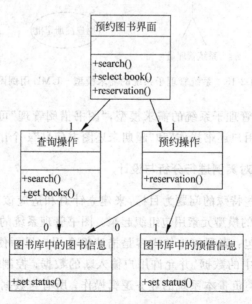

图 2-18　图书查询预借结构模型—UML 类图

5. 从动态模型角度对案例进行分析与设计

动态模型描述系统大颗粒的行为性质,是框架模型和结构模型的补充。图 2-19 是图书查询预约子系统的顺序图,借书者通过预约图书界面查询图书信息,对于喜欢的图书,可以通过网络预借。首先,要验证某种图书能否预借,只有满足存储总册数减去已借出册数再减去已预借出的册数大于零的条件时,图书才能预借,然后将已预借出册数减一。另外,要设置预借信息,例如预借 ID、预借日期、终结预借日期等。预约图书界面是一个边界对象,这种对象类型紧邻着系统的边界,它们与系统外部参与者"打交道"。查询操作和预约操作是一种控制对象,这种对象控制一组对象之间的交互。图书库中的图书信息和预借信息是实体对象,这种对象代表系统处理领域的问题域实体。在信息系统中,实体对象通常是永久的,并且存储在数据库中。

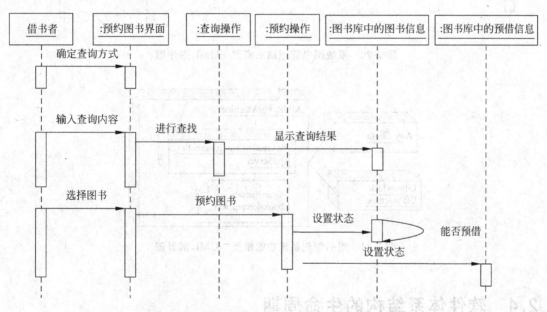

图 2-19　图书查询预约动态模型—UML 顺序图

图 2-20 是系统图书管理子系统的顺序图。图书是图书管理系统中的重要对象,作为一个完整的图书管理系统,应能对图书对象进行增加、修改和删除操作。

6. 从功能模型角度对案例进行分析与设计

功能模型认为体系结构是由一组功能组件按层次组成的,下层向上层提供服务,可以看作是一种特殊的框架模型。图 2-21 是图书管理系统的功能模型,这个系统可以在任何支持Web 浏览器平台的计算机上使用,其中,bookskeeper.war 文件只需要简单地放置到客户能够连接的计算机上的一个 JavaEE 服务器中。

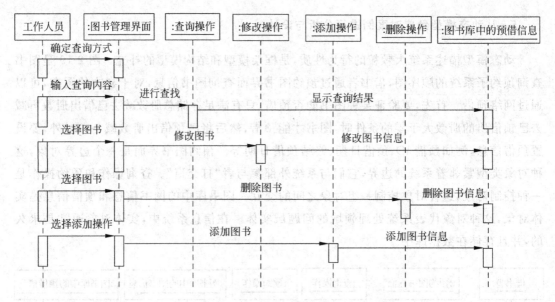

图 2-20   系统图书管理动态模型—UML 顺序图

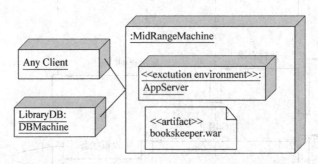

图 2-21   图书管理系统功能模型—UML 部署图

2.4   软件体系结构的生命周期

　　系统的主体结构和宏观特性常常由软件系统的结构所决定,系统结构描述了软件的特性和基本功能,因此,整个软件系统设计成功与否的关键在于软件体系结构设计是否合理。在软件体系结构出现之前,软件的重用仅仅停留在代码层,即代码(包括函数)的重用,随着对软件体系结构的研究,软件的重用技术急速发展,不仅在代码层能够使用类的继承和类的公共成员,一个性能优良的软件体系结构能够针对系统的开发过程进行重用。另外,软件工程管理技术的飞速发展给软件体系结构带来了新的契机,使它的作用不仅体现在需求分析和框架的设计上,在软件生命周期的每个阶段都得到了很好的体现。

　　(1) 在软件的规划阶段,粗略的体系结构为软件项目的规划提供重要的模型参考和数据,具体包括可行性分析、风险预测分析、工程复杂性分析、工程进展情况跟踪、投资规模大小预测以及系统时间和空间上的复杂度等。

　　(2) 在需求分析阶段,软件开发者需要从需求出发建立更深入的体系结构描述。这时的软件体系结构是软件开发者和软件用户之间进行需求交互的表现形式,也是需求交互所产生的结果。通过它可以准确地表达用户的需求,进而帮助开发者根据需求形成设计的解决方法,并作为考察系统各项性能的标准。

(3) 在软件系统的设计阶段,软件开发人员(主要是项目管理者)要从系统如何实现的问题上对软件体系结构进行更深层次的分析,将规划和需求阶段形成的体系结构进行分解,目的是满足不同开发人员的需求。

(4) 在项目的实施阶段,体系结构的模型和描述是程序员完成开发工作的依据。例如,根据它可以对开发人员进行合理的分工,在需求分析改变的情况下能够迅速地协调开发人员的工作,保证项目顺利、及时地完成。

(5) 在项目的测试和评估阶段,体系结构为软件的性能测试、功能测试、压力测试等提供依据,测试员可以根据最终的软件体系结构模型对每个功能元进行逐一测试,软件体系结构为系统测试报告形成目录和大纲。

(6) 在系统升级维护阶段,系统的升级和维护是保证系统顺利运行的措施,在软件体系结构的思想下,任何对系统的修改和扩充都要建立在软件体系结构的基础上,目的是在对系统进行修改和扩充之前能够对系统功能的整体性有一个全方位的把握,软件体系结构为对系统修改和扩充的合理性及可行性提供了一个正确的论证方法,体系结构能为维护升级的复杂性和代价分析提供依据。

可以看出,软件体系结构为软件开发的整个生命周期提供依据和标准,简单、清晰地描述了软件体系结构在整个生命周期经历的所有阶段,使软件体系结构的设计具有可以参考的理论基础。软件体系结构提出了其生命周期的模型,具体的软件体系结构的设计包括非形式化描述、规范化描述、求精与细化、实施、演化和扩展、评价和度量以及终结 7 个阶段。

(1) 非形式化描述:非形式化描述是在软件体系结构产生时,由软件工程人员使用自然语言来表示其概念和原则,通常来说,这种思想是非常简单的。

(2) 规范化描述:通过使用合适的数学理论模型对非形式化描述进行规范,得到软件体系结构的形式化定义,使软件体系结构的描述精确、无歧义。

(3) 求精与细化:大型系统的体系结构总是从抽象到具体逐步求精得到的,这主要由于大型软件系统的复杂性决定了抽象的思维方式,但在设计过程中,如果软件体系结构的抽象程度过大,则需要对其进行求精和细化,直至能够在系统设计中实施为止。

(4) 实施:将求精后的软件体系结构应用于系统设计过程中,将构件和连接件有机地组织在一起,形成系统的设计框架。

(5) 演化和扩展:系统需求的变化会引起体系结构的扩展和改动,这就是软件体系结构的演化。通常,在演化和扩展过程中,需要对体系结构进行理解,有时要进行软件体系结构的逆向工程和再造工程。

(6) 评价和度量:以体系结构为基础,开展系统的设计与实现工作,根据系统的运行情况,对体系结构进行定性的评价和定量的度量,为体系结构重用提供依据,并从中取得经验、教训。

(7) 终结:如果一个系统的体系结构经过了多次演化和修改,其框架结构变得难以理解,更重要的是不能满足软件设计要求。此时,对该体系结构进行再造工程的价值已不是很大,应该摒弃,然后以全新的满足系统设计要求的框架结构取而代之。软件体系结构的生命周期如图 2-22 所示。

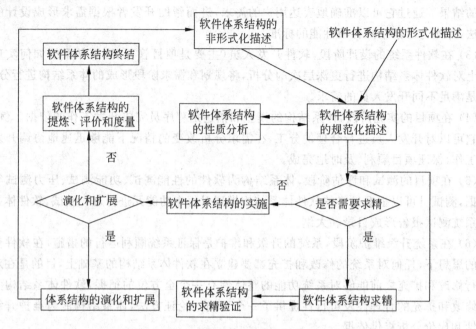

图 2-22 软件体系结构的生命周期示意图

2.5 基于体系结构的软件开发过程

良好的体系结构可以为软件开发和维护带来好处,主要体现在以下方面:

(1) 经过四十多年的软件开发实践,今天很少有待开发的软件系统同以前的系统没有任何相似之处,识别相似系统的通用结构模式,有助于理解系统之间的高层联系,使得新系统可以作为以前系统的变种来构造;

(2) 合适的体系结构是软件系统成功的关键,而不合适的体系结构往往导致灾难性的后果;

(3) 对软件体系结构的准确理解,可以使开发人员在不同的设计方案中做出理性的选择;

(4) 体系结构对于分析和描述复杂系统的高层属性通常是十分必要的;

(5) 各种体系结构风格的提炼、描述和普遍采用,可以丰富设计人员的"词汇",便于在系统设计中相互交流;

(6) 目前,相当大的维护工作量花费在程序理解方面,如果在软件开发文档中清楚地记录了系统的体系结构,不仅可以显著地节省软件理解的工作量,而且便于在软件维护全过程中保持系统的总体结构和特性不变。

由此可见,体系结构在整个软件生命周期中扮演着重要的角色。图 2-23 给出了基于体系结构的软件开发过程。

基于体系结构的软件开发过程主要包括以下方面:

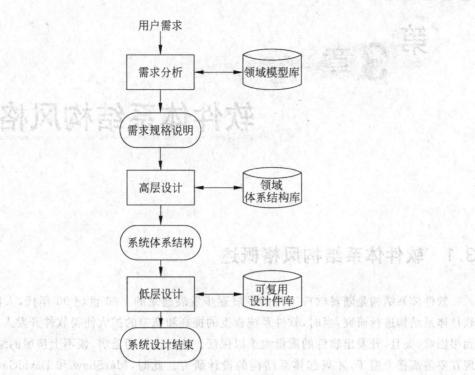

图 2-23 基于体系结构的软件开发过程

(1) 通过对特定领域应用软件进行分析,提炼其中的稳定需求和易变需求,建立可重用的领域模型,然后根据用户需求和领域模型,产生应用系统的需求规格说明。

(2) 在领域模型的基础上,提炼面向特定领域的软件体系结构。高层设计的任务是根据需求规格说明进行体系结构设计,通过重用体系结构库中存放的面向特定领域的体系结构,或创造适合该应用环境的体系结构并加以提炼入库,以备将来重用。在体系结构的框架指导下,把系统功能分解到相应的构件和连接件。构件和连接件往往不是简单的模块或对象,它们甚至可能包含复杂的结构,因此可能需要多层次的体系结构设计,直至构件和连接件可以被设计模式或单个的对象处理为止。

(3) 底层设计主要解决具体构件和连接件的设计问题,重用构件库中存放的设计模式、对象和其他类型的可重用设计,或根据情况设计新的构件并提炼入库。底层设计的结果可以直接编程实现。

第3章 软件体系结构风格

3.1 软件体系结构风格概述

软件体系结构是随着软件工程的发展逐步发展起来的。20世纪90年代,人们开始对软件体系结构进行研究,当时,软件系统程度的提高和规模的扩大使得软件开发人员开始感到很困难,而且,开发出软件的质量也难以保证。这好比早期盖房,谈不上房屋的结构设计,现在要盖高楼大厦了,才兴起体系结构的设计研究。此时,MarShaw 和 DavidGarlan 在论文中提出了软件体系结构的概念,定义为"能够用来具体描述软件系统控制结构和整体组织的一种体系结构,能够表示系统的框架结构,用于从较高的层次上来描述各部分之间的关系和接口"。这给人们进行软件开发带来了曙光,至今,它已成为现代软件开发过程中一个至关重要的部分。

通常认为,D. E. Perry 等的论文是软件体系结构研究真正开始的标志。由于软件体系结构作为软件工程的一个独立的研究领域出现的时间不长,虽然对其重要性和意义已取得了比较广泛的共识,但对于软件体系结构概念并没有统一的定义。但研究者们对软件体系结构也达成了一些共识:①软件体系结构是对系统的一种高层次的抽象描述,主要反映拓扑属性,有意忽略细节;②软件体系结构由构件和构件之间的联系组成,构件又有它自身的体系结构;③构件的描述有计算功能、结构特性及其他特性3个方面。计算功能是指构件实现的整体功能。结构特性描述与其他构件的组织和联系方法是软件体系结构中最重要的内容。其他特性描述了构件的执行效率、环境要求和整体特性等方面的要求,这些大多是定量的描述,例如时间、空间、精确度、安全性、保密性、带宽、吞吐量和最低软/硬件要求等。

从软件体系结构的定义可以看出,软件体系结构主要涉及构件、构件之间的联系与约束、由构件通过相互交互形成的系统架构3个方面的内容,可以用图3-1简单表示软件体系结构。

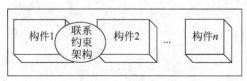

图 3-1　软件体系结构架构图

通过使用软件体系结构,可以有效地分析用户需求、方便系统的修改以及减小程序构造风险。随着软件规模的不断扩大和复杂程度的日益提高,系统框架结构的设计变得越来越关键。软件框架设计的核心问题是能否重用已经成型的体系结构方案。由此,产生了软件体系结构风格的概念。

当人们谈到体系结构时,经常会使用"风格"一词。对于建筑行业而言,有罗马式风格、哥特式风格和维多利亚式风格等。虽然这些建筑风格各有差异,但其框架结构都是相似的。同理,软件开发也一样,不同系统的设计方案存在着许多共性,把这些共性部分抽取出来,就形成了具有代表性的、可被人广泛接受的体系结构风格。

通常,软件体系结构风格也称为软件体系结构惯用模式,它是不同系统所拥有的共同组织结构和语义特征,是构件和连接件之间相互作用的形式化说明,用于指导将多个模块组织成一个完整的应用程序。软件体系结构风格定义了用于系统描述的术语表和一组用于指导系统构建的规则。软件体系结构风格包括构件、连接件和一组将它们结合在一起的约束限制,例如拓扑限制和语义限制等。

对于高质量的软件产品而言,首先要为其选择合适的体系结构风格,这样才能更好地重用已有的设计方案和实现方案。利用软件体系结构风格中的不变部分,可以使系统大粒度地重用已有的实现代码。由于采用了常用的手段和规范的方法来组织应用系统,因此,可以使其他设计者很容易地理解软件的框架结构。

3.2 常用的软件体系结构风格

软件体系结构的风格是人们在开发软件的过程中不断积累起来的,是多年探索研究和工程实践的结果。它由组织规则及结构构成,是描述领域中系统组织方式的惯用模式,是对某一特定领域中系统所共有的结构和语义特性的反映。

大粒度软件重用的可能性,正是基于了软件体系结构的风格。Garlan 和 Shaw 将体系结构风格进行了以下分类。

(1) 数据流风格:批处理序列、管道/过滤器;

(2) 仓库风格:数据库系统、超文本系统、黑板系统;

(3) 独立构件风格:进程通信、事件系统;

(4) 调用/返回风格:主程序/子程序、面向对象、层次结构;

(5) 虚拟机构风格:解释器、基于规则的系统。

软件体系结构风格的 5 种分类不能完全代表体系结构风格的组成,随着软件研发技术的不断进步,近些年接连总结出的几种新型的软件体系结构风格将在本章后半部分介绍。

3.2.1 管道/过滤器体系结构风格

管道/过滤器结构是典型的数据流软件体系结构风格,管道/过滤器结构主要包括过滤器和管道两种元素。在这种体系结构中,每个模块都有一组输入和一组输出。每个模块从它的输入端接收输入数据流,在其内部经过处理后,按照标准的顺序将结果数据流送到输出端,以达到传递一组完整的计算结果的目的。管道/过滤器模型的基本部件都有一套输入/

输出接口。每个部件从输入接口中读取数据,经过处理后将结果数据置于输出接口中,这样的部件称为过滤器。这种模型的连接者将一个过滤器的输出传送到另一个过滤器的输入,这种连接者称为管道。过滤器的基本结构如图 3-2 所示。

图 3-2　管道/过滤器中的基本单元——过滤器

　　管道/过滤器结构将数据流处理分为几个步骤进行,一个步骤的输出是下一个步骤的输入,每个处理步骤由一个过滤器来实现。数据类型的约束使得通常在输入和输出端有一个本地的数据类型转换器,数据在过滤器中经过计算处理然后通过管道传输给另一个过滤器,依次生成增量式的处理结果。在管道/过滤器结构中,过滤器必须是相互独立的实体,它们相互之间的状态不可共享。由于每一个过滤器并不能识别它的数据流上游和下游的过滤器的身份,需要在过滤器的输入和输出端的管道保证输入数据和输出数据类型衔接的正确性。此外,该结构还要求整个管道/过滤器网的最后处理结果的正确性与过滤器组进行的增量处理次序不能相关。管道/过滤器风格的体系结构图如图 3-3 所示。

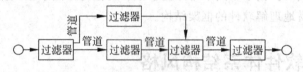

图 3-3　管道/过滤器风格的体系结构

　　管道/过滤器体系结构风格具有以下优点:

　　(1) 设计人员将整个系统的输入/输出行为理解为单个过滤器行为的叠加与组合,这样可以将问题分解,化繁为简。

　　(2) 对于任何两个过滤器,只要它们之间传送的数据遵守共同的规约就可以相互连接。每个过滤器都有自己独立的输入/输出接口,如果过滤器间传输的数据遵守其规约,只要用管道将它们连接就可以正常工作。

　　(3) 整个系统易于维护和升级,旧的过滤器可以被替代,新的过滤器可以添加到已有的系统上。软件的易于维护和升级是衡量软件系统质量的重要指标之一,在管道/过滤器结构中,只要遵守输入/输出数据规约,任何一个过滤器都可以被另一个新的过滤器代替。同时,为了增强程序功能,可以添加新的过滤器,这样系统的可维护性和可升级性就得到了保证。

　　(4) 每个过滤器作为一个单独的执行任务,可以与其他过滤器并发执行。即过滤器的执行是独立的,不依赖于其他过滤器。

　　但是,管道/过滤器结构也存在着若干不利因素,具体表现在以下方面:

　　(1) 通常导致进程成为批处理的结构,这是因为虽然过滤器可增量式地处理数据,但它们是独立的,所以设计者必须将每个过滤器看成一个完整的从输入到输出的转换。

　　(2) 不适合处理交互的应用,当需要增量地显示改变时,这个问题尤为严重。

　　(3) 因为在数据传输上没有通用的标准,每个过滤器都增加了解析和合成数据的工作,这样就导致了系统性能的下降,并增加了编写过滤器的复杂性。

（4）管道/过滤器结构的固有特性，决定了很难制定错误处理的一般性策略。

管道/过滤器体系结构风格典型的应用例子是类 UNIX 系统下的基于管道的进程间通信机制。它包括无名管道和有名管道两种，前者用于父进程和子进程间的通信，后者用于运行于同一台计算机上的任意两个进程间的通信。管道是通过文件读/写接口存取的字节流，对于管道两端的进程而言，管道就是一个文件，但与普通文件不同的是，管道是一个固定大小的内存缓冲区。一个进程向管道中写入的内容被管道另一端的进程读出，写入的内容每次都添加在管道缓冲区的末尾，每次都从缓冲区的头部读出数据，数据一旦被读，它就被从管道中抛弃，释放空间，以便写入更多的数据。

传统的编译器是管道/过滤器体系结构风格的另一个典型例子。编译器由词法分析、语法分析、语义分析、中间代码生成、中间代码优化和目标代码生成等几个模块组成，一个模块的输出是另一个模块的输入。源程序经过各个模块的独立处理之后，最终产生目标程序。编译器的框架结构如图 3-4 所示。

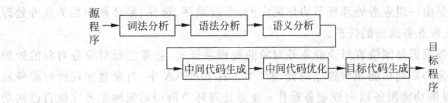

图 3-4　编译器的框架结构

此外，如果对管道/过滤器体系结构做一些限制和约束，就可以得到不同类型的体系结构。将所有过滤器都限制为单输入和单输出，系统拓扑结构就只能是线性序列，这就是所谓的管线。过滤器之间是通过有名称的管道来传送数据的，例如文件就是有名称的管道/过滤器。限定过滤器的数据存储容量，就可以得到有界管道/过滤器。过滤器将所有输入数据作为单个实体进行处理，这就是批处理系统。

3.2.2　面向对象体系结构风格

抽象数据类型概念对软件系统有着重要的作用，目前软件界已普遍转向使用面向对象系统。这种风格建立在数据抽象和面向对象的基础上，数据表示和相关的基本操作封装在抽象数据类型或对象中。这种模式的构件是对象，或者称为抽象数据类型的实例。这种模式有两个重要的方面，一是对象维护自身表示的完整性；二是这种表示对其他对象是隐藏的。

数据的表示方法和它们的相应操作封装在一个抽象数据类型或对象中。这种风格的组件是对象，或者说是抽象数据类型的实例。对象是一种被称为"管理者"的组件，因为它负责保持资源的完整性。对象是通过函数和过程的调用来交互的，面向对象体系结构如图 3-5 所示。

对象抽象可以使构件与构件之间以黑盒方式来进行操作。这种结构支持信息隐藏，封装

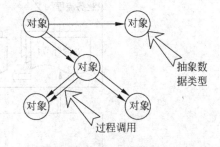

图 3-5　数据抽象和面向对象体系结构的示意图

技术可以使对象结构和实现方法对外透明。利用封装技术,可以将属性和方法包装在一起,由对象对它们进行统一管理。

例如,面向对象的业务处理环节装配体系结构(Object Oriented Processing Steps Assembling Architecture,OPSAA)是建立在对象池、对象池服务和业务处理环节概念基础上的一种适用于企业管理信息系统开发的软件体系结构。

对象池实现系统内所有的业务对象,通过业务对象封装企业的业务信息、业务活动和业务规则,并根据业务流程的需要组建一组功能服务,系统内的其他部分只能通过使用这些功能服务来进行业务运作,业务对象之间的交互逻辑、对象之间的制约关系也在这些功能服务中体现。

对象服务池,也就是对象池功能服务,除了为业务功能调用提供一致的接口,为业务信息的正确性、完整性和一致性提供保证外,还能够简化具体应用程序的开发复杂性、降低对象池和系统其他部分的耦合程度。总的来说,对象池服务的具体功能是根据业务流程的需要由对象池内相关业务对象的行为组装而成。

业务流程是由一组业务处理环节协作完成的,通过顺序、选择、循环调用相关业务处理环节的功能,实现业务流程的任务。

企业的业务流程是围绕着对企业业务对象的处理展开的,业务流程对业务对象的处理过程可以划分为一系列功能相对独立的处理环节。在 OPSAA 中,对象池实现所有业务对象,并向外界提供功能服务以完成业务运作;业务处理环节调用对象池服务完成自己的功能;具体应用程序由业务处理环节组装而成,面向对象的业务处理环节装配体系结构以对象池和业务处理环节为主要的构件,通过对象池服务和功能调用实现构件之间的连接。图 3-6 是 OPSAA 的结构示意图。

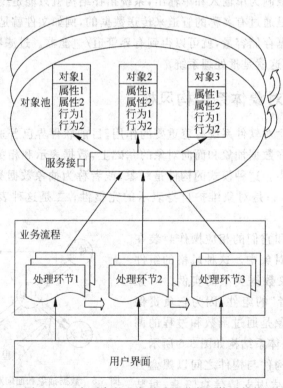

图 3-6　面向对象的业务处理环节装配体系结构

面向对象体系结构风格有许多优点,例如:

(1) 一个对象对其他对象隐藏它的表示,所以可以改变一个对象的表示,而不影响其他对象;

(2) 对象将数据和操作封装在一起,提高了系统内聚性,减小了模块之间的耦合程度,使系统更容易分解为既相互作用又相互独立的对象集合;

(3) 继承和封装方法为对象重用提供了技术支持。

但是,面向对象体系结构风格也存在着一些问题,具体表现在以下方面:

(1) 如果一个对象要调用另一个对象,必须知道它的标识和名称,因此,只要一个对象的标识发生改变,就必须修改所有显式调用这个对象的程序语句。而在管道/过滤器体系结构风格中,过滤器不需要知道与之交互的构件。

(2) 如果一个对象的标识发生改变,那么必须修改所有显式调用它的其他对象,并消除由此引发的副作用。例如,对象 A 调用了对象 B,对象 C 也调用了对象 B,那么 A 对 B 的调用可能会影响到 C。

3.2.3　分层体系结构风格

分层体系结构风格是调用/返回风格的一个代表。分层体系结构风格组织成一个层次结构,通过分解,能够将复杂系统划分为多个独立的层次,每一层都具有高度的内聚性,并要求每一层为上层服务,并作为下层的客户,较高层面向特定应用问题,较低层则更具有一般性。在分层体系结构中,层间的连接器通过层间交互的协议来定义,且上、下层之间是单向调用关系,即上层通过下层提供的接口来使用下层的功能,而下层却不能使用上层的功能。

在一些分层体系结构中,除了精心挑选的输出函数外,内部层只对相邻层可见,这样的结构中,构件在一些层上实现了虚拟机(在另一些分层体系结构中层是部分不透明的)。拓扑约束包括对相邻层间交互的约束,这样的结构能够允许将一个复杂问题分解成一个增量步骤的序列来实现,从而简化程序的设计和实现。另外,由于每一层最多只影响两层,只要给相邻层提供相同的接口,允许每层用不同的方法实现,同样能为软件重用提供强大的支持。

分层体系结构如图 3-7 所示。在分层体系结构中,利用接口可以将下层实现细节隐藏起来,从而有助于抽象设计,形成松散耦合的结构模型,并有助于对逻辑功能实施灵活的增加、删除和修改,以及不同平台之间的快速移植。

分层体系结构风格具有以下优点。

(1) 支持基于抽象程度递增的系统设计:设计者可以将系统分解为一个增量的步骤序列,从而完成复杂的业务逻辑。

(2) 支持功能增强:每一层最多和相邻的上、下两层进行交互,每一层的功能变化最多只影响相邻两层,便于实现系统功能的扩展。

(3) 支持重用:只要给相邻层提供相同的接口,就可以使用不同的方法来实现每一层,支持软件资源的重用。

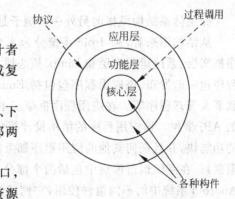

图 3-7　分层体系结构

但是,分层体系结构风格也存在着一些问题,具体表现在以下方面:

(1)并非所有系统都能够容易地按照层次来进行划分,即使一个系统的逻辑结构是层次化的,但出于对系统性能的考虑,设计者不得不把不同抽象程度的功能合并到一层,破坏了逻辑独立性。

(2)很难找到一种合适、正确的层次抽象方法,其应用范围受到限制。

(3)在传输数据时,需要经过多个层次,导致了系统性能下降。

(4)多层结构难以调试,往往需要通过一系列的跨层次调用来实现。

在实际开发过程中,分层体系结构具有很高的应用价值,提高了系统的可变性、可维护性、可靠性和可重用性。分层体系结构应用的实例很多,例如,开放系统互联国际标准组织(Open Systems Interconnection-International Standards Organization,OSI-ISO)指定的分层通信协议、计算机网络协议 TCP/IP、操作系统和数据库系统,都采用了这种框架结构。

ZigBee 协议栈标准采用的是 OSI 的分层结构,ZigBee 协议栈由高层应用规范、应用汇聚层、网络层、数据链路层和物理层组成。IEEE 802.15.4—2003 标准定义了物理层和链路层标准,网络层以上的协议由 ZigBee 联盟制定。应用汇聚层的框架包括了应用支持子层、ZigBee 设备对象及由制造商指定的对象,该层把不同的应用映射到 ZigBee 网络上,主要包括多个业务数据流的汇聚、安全属性设置等功能。网络层不仅包含了通用的网络层功能,还和底层的 IEEE 802.15.4 标准一样可以省电,网络层将采用基于 Adhoc 技术的路由协议来实现网络的自组织和自维护,以最大程度地降低网络的维护成本。其协议栈体系结构如图 3-8 所示。

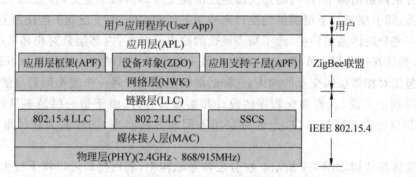

图 3-8　ZigBee 协议栈体系结构

分层体系结构风格的另外一个例子是 Android 系统,如图 3-9 所示。

从结构图来看,Android 系统分为 4 个层次,从高层到低层分别是应用程序层、应用程序框架层、系统运行库层和 Linux 核心层。在应用程序层中,Android 会和一系列核心应用程序包一起发布,该应用程序包包括 Email 客户端、SMS 短消息程序、日历、地图、浏览器、联系人管理程序等。在应用程序框架层中,开发人员也可以完全访问核心应用程序所使用的 API 框架。该应用程序的结构设计简化了组件的重用,任何一个应用程序都可以发布它的功能块,并且任何其他的应用程序都可以使用其发布的功能块(不过要遵循框架的安全性限制)。在系统运行库层中包括两个部分,一是程序库,其包含一些 C/C++库,这些库能被 Android 系统中的不同组件使用,它们通过 Android 应用程序框架为开发者提供服务。二是 Android 运行库,它包括一个核心库,该核心库提供了 Java 编程语言核心库的大多数功

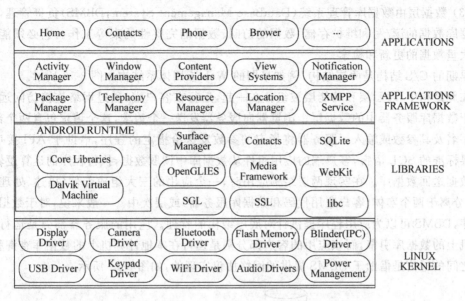

图 3-9 Android 系统结构

能。最低层是 Linux 内核层，Android 的核心系统服务依赖于 Linux 2.6 内核，例如安全性、内存管理、进程管理、网络协议栈和驱动模型等。Linux 内核也同时作为硬件和软件栈之间的抽象层。

3.2.4 客户机/服务器体系结构风格

客户机/服务器(C/S)是 20 世纪 90 年代成熟的一项技术，主要针对资源不对等问题提出的一种共享策略。所谓的 C/S 就是 Client/Server 模式，Client 是请求服务的部分，Server 是提供服务的部分，C/S 结构通过将任务合理分配到 Client 端和 Server 端，降低了系统的通信开销，充分利用了两端硬件环境的优势。Client 和 Server 一般是相距很远的两台计算机，Client 程序将用户的请求提交给 Server 程序，再将 Server 程序处理结果返回给用户；Server 程序接收客户程序提出的服务请求，处理后将结果返回给客户程序。

在 C/S 体系结构中，主要包括数据库服务器、客户机和网络 3 个部分。服务器处理与应用和数据库相关的请求，客户端负责显示数据、处理部分数据以及将用户输入的数据传送给服务器。为了更好地理解 C/S 结构，下面将业务逻辑划分为表示层、功能层和数据层 3 个部分。

（1）表示层是系统的用户接口部分，也就是人机界面，它是用户与系统交互信息的窗口。它的主要功能是指导操作人员使用自己定义好的服务或函数检查用户输入的数据，显示系统输出的数据。表示层可以不拥有任何企业逻辑，也可根据需要将一部分不经常变化、不涉及企业秘密的应用逻辑放在表示层。

（2）功能层是应用的主体，它包括了系统中所有重要的和易变的企业逻辑（企业的规划、运作方法、计算条件等）。它要完成的功能通常是接受输入、进行处理并返回结果。表示层和功能层之间的数据交换要尽可能简洁，应尽量避免一次业务处理在表示层和功能层间进行多次数据交换的现象发生。

（3）数据层由数据库管理系统（DataBase Management System，DBMS）负责管理，包括对数据库数据的读/写和维护存储、数据的访问、数据的完整性约束等工作。它必须能迅速执行大量数据的更新和检索。

早期的 C/S 结构是两层结构，例如早期的 Web 应用体系结构如图 3-10 所示。

在此结构中，表示层和功能层被组合在一起，运行在客户端，通过网络连接访问远端的运行于数据库服务器中的数据层。浏览器向服务器发送一个请求，这个请求包含两个部分，即程序名及其参数或输入。服务器将指定的参数发送给指定的程序，借助于 API 接口，例如业界标准的 SQL 语言，客户端的应用组件从数据库中读取数据，执行程序的运算逻辑，然后把数据送回数据库。在实现两层结构应用时，一个应用的三大组成部件（描述、处理和数据）被分离于两个实体（客户应用代码和数据库服务器）或层次中。一般来说，对于数据库应用程序，DBMS 可以为应用程序提供针对底层结构的管理。应用的服务器部分是运行在远程主机上的数据库引擎，而该应用的客户部分则是运行在本地计算机上的数据库查询程序，它们之间的通信是借助于 DBMS 提供的网络协议实现的，如图 3-11 所示。

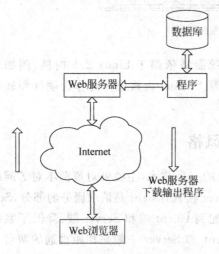

图 3-10　两层的 Web 应用体系结构

图 3-11　两层 C/S 结构

因此，服务器程序负责管理系统资源，包括管理数据库的安全性、控制数据库访问的并发性、定义全局数据完整性规则以及备份恢复数据库。服务器永远处于激活状态，监听用户请求，为客户提供服务操作。客户机程序负责提供用户与数据库交互的界面、向服务器提交用户请求、接收来自服务器的信息以及对客户机数据执行业务逻辑操作。网络通信软件的主要功能是完成服务器程序和客户机程序之间的数据传输。

在这种结构下，一个功能强大的客户应用开发语言和一个多用途的用于传送客户请求到服务器的机构是整个两层结构的核心。描述只受客户机的操纵，处理由客户机和服务器共同分担，数据由服务器实施存储和访问。在一个数据存取事件中，数据库引擎负责处理从客户端发来的请求。在服务器中，请求还将得到存储逻辑和处理上的优化，例如使用权限、数据完整性和保密性等，数据返回后会在客户机上得到处理，以适应进一步的查询、商业应用、预测分析和报表等各种要求。这种基于 Internet 的客户/服务器结构的 Web 系统简单、实用，而且与用户的接入地点和具体设备无关。两层 C/S 体系结构的处理流程如图 3-12

所示。

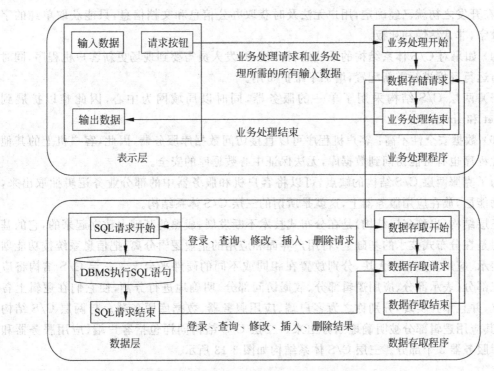

图 3-12 两层 C/S 体系结构的处理流程

C/S 体系结构具有以下优点：

（1）客户机构件和服务器构件分别运行在不同的计算机上，有利于分布式数据的组织和处理；

（2）构件之间的位置是相互透明的，客户机程序和服务器程序都不必考虑对方的实际存储位置；

（3）客户机侧重数据的显示和分析，服务器侧重数据的管理，因此，客户机程序和服务器程序可以运行在不同的操作系统上，便于实现异构环境和多种不同开发技术的融合；

（4）构件之间是彼此独立和充分隔离的，这使得软件环境和硬件环境的配置具有极大的灵活性，易于系统功能的扩展；

（5）将大规模的业务逻辑分布到多个通过网络连接的低成本计算机上，降低了系统的整体开销。

尽管 C/S 体系结构具有强大的数据操作和事务处理能力，其模型构造简单，并且易于理解，但是，随着企业规模的日益扩大和软件复杂程度的不断提高，C/S 体系结构也逐渐暴露出一些问题。

（1）开发成本较高：在 C/S 体系结构中，客户机的软件配置和硬件配置的要求比较高，随着软件版本的升级，对硬件性能的要求也越来越高，从而增加了系统成本，使客户机变得臃肿。

（2）在开发 C/S 结构系统时，大部分工作集中在客户机程序的设计上，增加了设计的复杂度，客户机负荷太重，难以应对客户端的大量业务处理，降低了系统性能。

（3）信息内容和形式单一：传统应用一般是事务处理型，界面基本遵循数据库的字段解释，在开发之初就已经确定，用户无法及时获取办公信息和文档信息，只能获取单纯的字符和数字，非常枯燥和死板。

（4）如果对 C/S 体系结构的系统进行升级，开发人员需要到现场更新客户机程序，同时需要对运行环境进行重新配置，增加了维护费用。

（5）两层 C/S 结构采用了单一的服务器，同时以局域网为中心，因此难以扩展到 Intranet 和 Internet。

（6）数据安全性不高：客户机程序可以直接访问数据库服务器，因此，客户机上的其他恶意性程序也有可能访问到数据库，无法保证中心数据库的安全。

为了克服两层 C/S 结构的缺点，可以将客户机和服务器中的部分业务逻辑抽取出来，形成功能层，放在应用服务器上，这就是所谓的三层 C/S 体系结构。

三层结构（也称多层结构）是在分布式技术不断发展、成熟的基础上建立起来的，它的基本思想是在分布式技术的基础上，将用户界面和应用的企业逻辑分离，把信息系统按功能划分为表示、应用及数据三大块，分别放置在相同或不同的硬件平台上。三层 C/S 结构将应用的三部分（表示部分、应用逻辑部分、数据访问部分）明确地进行分割，使它们在逻辑上各自独立，并且单独实现，分别称之为客户端、应用服务器、数据库服务器。与两层 C/S 结构相比，其应用逻辑部分被明确地划分出来。三层 C/S 结构同样包括客户端、应用服务器和数据库服务器 3 个部分。三层 C/S 体系结构如图 3-13 所示。

图 3-13　三层 C/S 体系结构

三层 C/S 结构中的功能层是应用的主体，它包括系统中所有重要的和易变的企业逻辑，应用服务器是应用逻辑处理的核心，它是具体业务的实现。客户端将请求信息发送给应用服务器，应用服务器返回数据和结果。应用服务器一般和数据库服务器有密集的数据交往，应用服务器向数据库服务器发送 SQL 请求，数据库服务器将数据访问结果返回给应用服务器。此外，应用服务器也可能和数据库服务器之间没有数据交换，而作为客户的独立服务器使用，负责处理所有的业务逻辑。当应用逻辑变得复杂或增加新的应用时，可增加新的应用服务器，它可与原应用服务器驻留于同一主机或不同主机上。三层 C/S 体系结构的处理流程如图 3-14 所示。

在硬件实现上，三层 C/S 体系结构有两种方式：

（1）客户位于客户机上，应用服务器和数据库服务器位于同一主机上。这种方式在主机具有良好性能的前提下，能保证应用服务器和数据库服务器之间的通信效率，减少客户和应用服务器之间网络上的数据传输，使系统具有好的性能。

（2）客户位于客户机上，应用服务器和数据库服务器位于不同主机上。这种方式比前一种方式更加灵活，能够适应客户机数目的增加和应用处理负荷的变动。在增加新的应用逻辑时，可以追加新的应用服务器。当系统规模较大时，这种方式的优点较显著。

上述两种方式在复杂应用下，整个系统达到高性能的关键是应用服务器和数据库服务

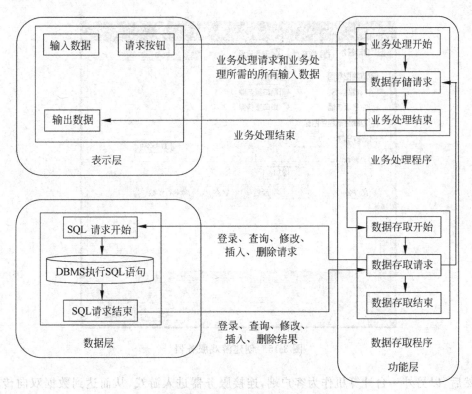

图 3-14　三层 C/S 体系结构的处理流程

器间的数据通信效率,对于应用服务器和数据库服务器位于不同主机上的第二种方式来说显得尤为重要。

两层 C/S 结构在效率、性能方面存在着很大的不足,这种体系的发布系统在其灵活性、扩展性上受到了极大的限制,在此基础上进行系统扩充几乎是不可能的,所以,应采用灵活的三层 C/S 结构。由于业务逻辑层是三层结构的"灵魂",它把商业逻辑和数据规则从客户端分离出来,形成独立的一层,从而很好地解决了两层结构中出现的弊病。

(1) Client 从与数据库服务器直接连接转变为与中间层的应用服务器连接,通过中间层的服务得到数据。服务与数据库连接是有本质区别的,一个服务可以在应用服务器管理软件(如 MTS)的管理下生成多个实例,同时为申请该服务的多个用户提供服务,这是数据库连接所不能胜任的,这样就有效解决了对用户数量的限制。

(2) 客户端摆脱了业务逻辑的束缚,对业务逻辑的变更不再敏感,给应用程序的维护带来了便利,并且业务逻辑以组件方式存在于中间层服务器上,提高了代码重用的机会。

另外,服务往往可以独立于任何特定的客户应用程序来设计和实现。因此,对于很多应用程序来说,提供了很大的灵活性和重复使用的潜力。三层应用程序可以被看成是服务消费者与服务提供者的逻辑网络。由于三层结构的灵活性好、安全性高、可移植性好,所以,三层 C/S 结构是开发信息发布系统的理想技术。

使用 C/S 体系结构的例子很多,在局域网游戏中大部分使用了该结构。例如紫金桥公司开发的中国象棋游戏,考虑到在局域网内没有人—机对战的内容,紫金桥公司开发了此款游戏。该游戏的大体思路是以一台计算机作为服务器创建游戏,如图 3-15 所示。

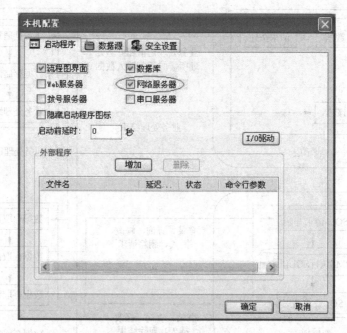

图 3-15　创建游戏服务器

　　然后,以另外一台计算机作为客户端,连接服务器进入游戏,从而达到数据双向传输的目的。注意,作为服务器端,必须开启网络服务器,向外提供数据;作为客户端,必须建立一个数据源,以连接到服务器。假设服务器的 IP 为 192.168.1.6,建立的数据源名为"Server",建立数据源的图形界面如图 3-16 所示。

　　游戏的运行界面如图 3-17 所示。

　　另外,在一个实际应用中,可能会有多种应用和平台加入到这个 Client/Server 模型中,这就要求在客户和服务器之间有一组正式的接口以支持这些应用。从结构上讲,这一层位于客户和服务器之间,因而被称为中间件(Middleware)。从概念上讲,中间件是客户从服务器获得服务的"粘合剂",它的引入使原来较为简单的两层分布模型(客户—服务器)被更加精确的三层模型(客户—中间件—服务器)所替代。从理论上讲,中间件具有以下工作机制:客户端上的应用程序需要从网络中的某个地方获取一定的数据或服务,这些数据或服务可能处于一个运行着

图 3-16　建立一个数据源

不同操作系统和特定查询语言数据库的服务器中,客户/服务器应用程序中负责寻找数据的部分只需访问一个中间件系统即可,由中间件完成到网络中找到数据源或服务,进而传输客户请求、重组答复信息,最后将结果送回应用程序的任务。中间件的工作机制如图 3-18 所示。

　　近年来,以中间件为框架基础的三层结构 C/S 模式已被广泛证实为建立开放式关键业务应用系统的最佳环境。因为,作为构造三层结构业务应用系统的基础平台,中间件提供了以下两个功能:

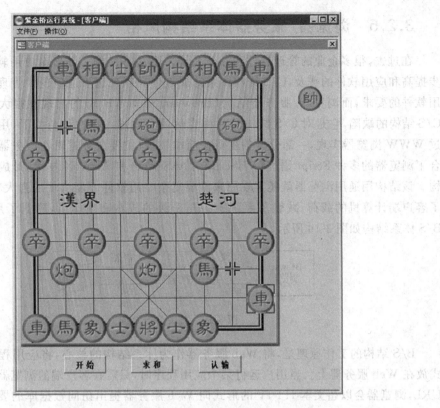

图 3-17 C/S 体系结构中国象棋游戏的运行界面

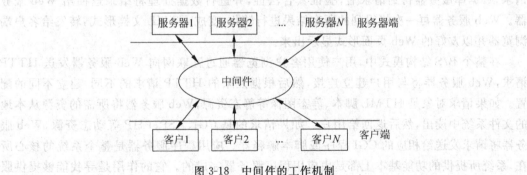

图 3-18 中间件的工作机制

（1）负责客户机与服务器之间的联系和通信，提供了表示层与功能层之间、功能层与功能层之间、功能层与数据层之间、数据层与数据层之间的连接和完善的通信机制。

（2）提供了一个三层结构应用开发和运行的平台，包括支持模块化应用开发的框架；硬件、操作系统、数据库和网络差异的屏蔽；保证事务完整性和数据一致性的事务管理机制；应用的负载均衡和管理功能；应用的高可用性及安全控制机制等。

由此可见，中间件为建立、运行、管理和维护三层 C/S 体系结构的应用提供了一个基础框架，将大大降低应用开发、管理和维护的人力、物力开销，提高其成功率，真正使大型企业应用的高效实现成为可能。

3.2.5　浏览器/服务器体系结构风格

在过去,很多企业的管理软件和办公系统采用 C/S 结构。随着对应用软件要求的进一步提高和应用软件的普及,C/S 结构体系的缺点使其越来越不适应现代管理软件和办公应用软件的要求,而浏览器/服务器结构(Browser/Server,B/S)的出现在很大程度上弥补了 C/S 结构的缺陷,它是对 C/S 结构的一种变化或者改进。在这种结构下,用户界面完全通过 WWW 浏览器实现,一部分事务逻辑在前端实现(主要事务逻辑在服务器端实现),并结合了浏览器的多种 Script 语言(VBScript、JavaScript)和 ActiveX 技术,形成所谓的三层结构。该结构用通用浏览器就能实现原来需要复杂专用软件才能实现的强大功能,大大简化了客户端计算机的载荷,减轻了系统维护与升级的成本和工作量,降低了用户的总成本。B/S 体系结构如图 3-19 所示。

图 3-19　三层 B/S 结构

B/S 结构的工作原理是,将 Web 服务器作为体系结构的核心,将应用程序以网页的形式放在 Web 服务器上。当用户运行某个应用程序时,只需在客户端的浏览器中输入相应的 URL,浏览器会以超文本 HTTP 的形式向 Web 服务器提出访问数据库的要求,当 Web 服务器接收到 HTTP 请求之后,会调用相关的应用程序,同时向数据库服务器发送数据操作请求,数据库服务器得到请求后,验证其合法性,并进行数据处理将结果返回给 Web 服务器。Web 服务器再一次将得到的所有结果进行转化,变成 HTML 文档形式,转发给客户端浏览器并以友好的 Web 页面形式显示出来。

在整个 B/S 结构模式中,用户使用客户浏览器通过互联网向 Web 服务器发送 HTTP 请求,Web 服务器将与用户建立连接,然后根据发来的 HTTP 请求的不同,建立不同的配置。如果请求对象是 HTML 脚本、静态图像等静态资源,Web 服务器将所需的资源从本地的文件系统中读出,然后返回给用户。如果请求的是 CGI、ASP、PHP 等动态资源,Web 服务器将请求发送给相应的 CGI 程序或脚本解释器。应用程序服务器是整个系统的核心所在,系统所提供的功能基本上都是由应用程序服务器完成的。它的作用是寻找能够提供服务的应用对象,并为客户端和服务对象之间提供通道。在 B/S 结构中,数据库是存储数据的主要场所,客户端提交的数据都保存在数据库中,应用对象与数据库建立连接之后,才能对数据库进行相关的操作。

在 B/S 结构中,数据的请求、网页的生成、数据库的访问和应用程序的执行全部由 Web 服务器来完成,当企业对网络应用进行升级时,只需要更新服务器端的软件就可以了,从而大大简化了客户端。在使用系统时,用户仅使用一个浏览器就可以运行全部的应用程序,真正实现了"零客户端"的运作模式,同时,在系统运行期间可以对浏览器进行自动升级。B/S 结构为异构机、异构网和异构应用服务的集成提供了有效的框架基础。此外,B/S 结构与 Internet 技术相结合也成为了电子商务和客户关系管理的基础。B/S 结构模式如图 3-20 所示。

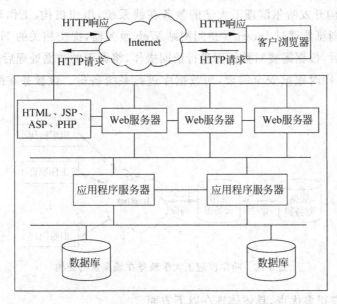

图 3-20　B/S结构模式

B/S结构的一个典型例子是哈尔滨理工大学的教务在线系统,如图 3-21 所示。

图 3-21　哈尔滨理工大学的教务在线系统

利用 B/S 结构开发哈尔滨理工大学的教务在线系统,组织机构、工作职责等各级菜单可使用客户端的浏览器通过 Internet 访问网站 Web 服务器,提交相关的 HTTP 请求,Web服务器响应处理后,根据需要对数据库进行访问操作,将调取的数据处理后生成结果页面返回给用户浏览器,同时根据安全需要,对数据库进行系统备份。该教务在线系统的结构如图 3-22 所示。

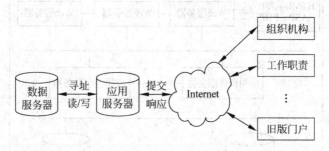

图 3-22　哈尔滨理工大学教务在线系统的结构

B/S 结构具有很多优点,具体体现在以下方面。

(1) 系统开发、维护和升级方便且经济;升级服务器应用程序时,只需在服务器上升级应用程序即可,系统开发和升级维护比较方便;软件开发、维护与升级的费用相对 C/S 结构系统大大降低;同时,B/S 结构对前台客户机的要求并不高,可以避免盲目进行硬件升级造成的巨大浪费。

(2) 具有很强的开放性:在 B/S 结构下,用户可以通过浏览器进行访问,系统开放性比较好。

(3) 具有易扩展性:B/S 结构由于 Web 的平台无关性,可以任意扩展,可以从一台服务器、几个用户的工作组扩展成为拥有多用户的大型系统。

(4) 用户界面具有一致性:B/S 结构的应用软件都是基于 Web 浏览器的,而 Web 浏览器的界面是类似的,用户使用方便,从而可以降低软件的培训费用等。

(5) 具有更强的信息系统集成性:在 B/S 结构下,集成了解决各种问题的服务,而非零散的单一功能的多系统模式,因此,它能提供更高效的工作效率。

(6) 提供了灵活的信息交流和信息发布服务:B/S 结构借助 Internet 强大的信息传送与信息发布能力,可以有效地解决大量信息交流的问题,可以实现信息的远程访问、共享、查询等。

B/S 结构的缺点如下:

(1) B/S 结构没有集成有效的数据库处理功能,缺乏对动态页面的支持能力,响应速度相对比较低。

(2) 系统个性化特点相对降低,无法实现个性化的功能要求。

(3) B/S 结构软件只安装在服务器端上,用户界面的主要事务逻辑在服务器端完全通过浏览器实现,只有少数事务逻辑在前端实现,所有的客户端只有浏览器,因此,应用服务器运行数据负荷较重,一旦发生服务器"崩溃"等问题,后果不堪设想。

3.2.6 事件驱动体系结构风格

事件驱动结构(Event Driven Architecture,EDA)是由 Gartner 公司于 2003 年提出的。事件驱动体系结构的基本思想是,系统对外部的行为表现可以通过它对事件的处理来实现。事件驱动就是根据事件的声明和发展状况来驱动整个应用程序的运行。如果用户要了解一个系统,只要输入一个事件,然后观察它的输出结果即可。一个基于事件驱动构架的应用程序系统,各个功能设计为封装的、模块化的、可用于共享的事件服务组件,并在这些独立非耦合的组件之间将事件所触发的信息进行传递。

事件驱动结构提供了一个动态响应事件的机制。事件驱动结构能够快速过滤、聚合和关联企业业务事件,从复杂的业务中快速提取事件并进行类型判断,从而帮助企业迅速而准确地处理事件所反映的业务问题。在一个事件驱动结构系统里,事件有生产者和消费者,定义了事件的来源和去向。事件的生产者将业务活动中的重要事件发布出去,快速及时地传递给感兴趣的订阅者。然后订阅方根据事件的重要性快速地获得业务事件的信息并做出反应,从而实时地响应企业业务活动中的事件。事件驱动的动作机制帮助系统激活相应的后续事件,完成业务流程。

事件驱动结构是由一系列系统组件构成的,组件之间共同作用完成系统的功能。如图 3-23 所示,这些组件之间的连接是管道化的和多模块化的,通过形成并发的事件流对企业业务事件进行处理。

事件驱动结构的组成如图 3-24 所示。

用户可以将这些不同的组件细分为以下五类,在某个具体实现中,可能会包含五类中的多类。

(1)事件元数据:如同数据库的元数据存储一样,事件驱动结构也必须有事件元数据,用来实现事件定义和事件处理规则预定义。事件定义包括事件格式定义、事件格式转换、事件生产者、事件消费者和事件处理引擎。事件处理规则是事件驱动结构的核心元数据。

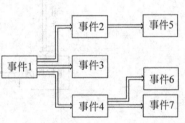

图 3-23 事件驱动结构的模式

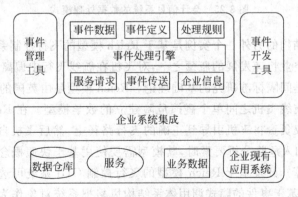

图 3-24 事件驱动结构的组成

(2)事件处理:事件处理包括事件处理引擎和事件处理对象实例两部分。事件处理引擎按照所处理的事件类型分为简单事件处理和复杂事件处理两种。事件对象实例用于判断、分析事件趋势。

（3）事件工具：事件工具由事件开发工具和事件管理工具组成。前者用来定义事件的规格、事件处理规则、事件消费者等。而事件生产者、事件流、事件处理元素和事件处理行为的统计分析的管理和监控属于事件管理工具的范畴。

（4）企业系统集成：事件驱动结构中为了实现结构与现有系统的融合及事件的提取和传递，必须有一个连接枢纽，这就是企业系统集成。企业系统集成提供了事件过滤、事件变换、事件发布、事件传送、服务请求、服务订阅、服务访问等的连接通道。

（5）事件资源：事件驱动结构是在现有的企业资源的基础上建立的，包括企业已有的各种资源，如业务数据、数据仓库、服务、现有系统等。事件资源是企业事件的来源和基础，为事件驱动的后续动作提供基础事件数据。事件驱动结构在各企业中具体应用时，根据企业实际的事件流、对象、事件源等的不同，其组件构成的系统结构会呈现出各种特色。

事件驱动体系结构在很多领域中均有应用，例如，当其成为一项会计术语时，便可作为会计信息系统对象的经济实体中的一项业务（事件），一经发生，会计业务（事件）处理程序就被触发。也就是说，会计信息的采集、存储、处理、输出嵌入在业务执行处理过程中，实现财务业务一体化数据处理模式。基于对事件驱动机制的分析，可以建立如图 3-25 所示的会计信息系统的数据处理模式。

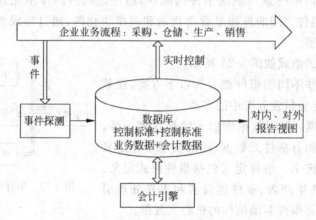

图 3-25　会计信息系统的数据处理模式

事件驱动体系结构的另外一个实例是基于 Reich 模型的飞行控制系统。现今的空域容量日益成为制约航空业快速发展的瓶颈之一，对飞机在航线飞行中偏离航线情况进行研究，建立碰撞危险模型是间隔标准研究的基础理论。Reich 模型是由英国的 P. G. Reich 针对平行航路系统中相邻航线飞机之间单个碰撞危险建立的数学模型。在 Reich 模型中，重要的假设条件是管制员仅负责将飞机引导到正确的飞行路径上，然后飞机自主导航飞行。当试图在 Reich 模型中加入危险分析要素时，其模型需要使用基于快照概念的概率密度函数等非常复杂的数学运算。开发基于 Reich 模型的飞行控制 GUI 系统可选择基于事件的隐式调用体系风格，因为基于事件的隐式调用体系结构风格把系统对象作为封装体隐藏了其复杂性，对象的设计接口与实现相分离，使得实现的修改具有局部化的特性。基于事件的体系结构风格能够降低对象之间的耦合度，对象之间的交互不是采用直接的过程调用而是采用广播等事件通信方式。采用基于事件的隐式调用体系结构风格普遍适用于 GUI 系统的开发,能够隐藏系统内部数学运算的复杂性,简化使用者的操作过程。

事件驱动体系结构风格具有以下优点:

(1) 事件声明者不需要知道哪些构件会响应事件,因此,不能确定构件处理的先后顺序,甚至不能确定事件会引发哪些过程调用。

(2) 提高了软件重用能力,只要在系统事件中注册构件,就可以将该构件集成到系统中。

(3) 便于系统升级,只要构件名和事件中所注册的过程名保持不变,原有构件就可以被新构件所替代。

但是,事件驱动体系结构风格也存在着一些问题,具体表现在以下方面:

(1) 构件放弃了对计算的控制权,完全由系统来决定。当构件触发一个事件时,它不知道其余构件是如何对其进行处理的。

(2) 存在数据传输问题,数据可以通过事件来进行传输,但是,在大多数情况下,系统本身需要维护一定的存储空间,这将对系统的逻辑功能和资源管理有一定影响。

3.2.7 数据共享体系结构风格

数据共享体系结构风格也称为仓库体系结构风格。这种风格的典型代表有数据库系统、超文本系统、黑板系统。在该风格中主要有两类部件,一类是中心数据结构部件,又可称为数据仓库(Repository),表示系统的当前状态;另一类是一组相对独立的部件集,它们可以用不同方式与数据仓库进行交互,这也是数据共享体系结构的技术实现基础。

由于系统功能各不相同,信息交换模式也不会完全一样,不同的交换模式导致了不同的数据和状态控制策略。根据所使用的控制策略不同,数据共享体系结构主要有两大分支:如果系统输入业务流的类型是激发进程执行的主要原因,则数据仓库是传统的数据库;如果中心数据结构的当前状态是激发进程执行的主要原因,则数据仓库是黑板(Blackboard),其中,黑板体系结构风格主要应用于需要进行复杂解释的信号处理领域中,例如语音与模式识别等。

之所以称为黑板,其原因是它反映了信息共享,如同教室里的黑板一样,其模拟一组(围坐在桌子边讨论一个问题的)人类专家,对于同一个问题或者一个问题的各个方面,每一位专家都根据自己的专业经验提出自己的看法,写在黑板上,其他专家都能看到,都能随意使用,从而共同解决这个问题。在黑板体系结构中,可以有多个人读"黑板"上面的字,也可以有多个人在上面写字。黑板体系结构如图 3-26 所示。

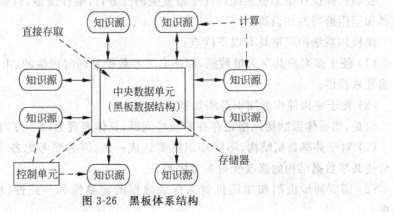

图 3-26 黑板体系结构

　　黑板系统是一种问题求解模型,它将问题的解空间组织成一个或多个与应用相关的分级结构。分级结构的每一层信息由一个唯一的词汇来描述,它代表了问题的部分解。与领域相关的知识被分成独立的知识模块,它将某一层次中的信息转换成同层或相邻层的信息。各种应用通过不同的知识表达方法、推理框架和控制机制的组合来实现。影响黑板系统设计的最大因素是应用问题本身的特性,但是支撑应用程序的黑板体系结构有许多相似的特征和构件。对于特定的应用问题,黑板系统可以通过选取各种黑板、知识源和控制模块的构件来设计,也可以利用预先定制的黑板体系结构的编程环境建造。

　　下面介绍黑板系统的组成。

　　(1) 知识源:知识源是用于存储解决问题所需相关知识的独立模块,是问题求解的与领域相关的知识。每个知识源的目标是为问题求解提供信息,它由条件部分与动作部分组成,可以表达为过程、规则集或逻辑命题。知识源伺机对黑板中发生的变化做出反应。如果当前状态满足知识源的条件部分,则该知识源即被触发,执行动作部分,产生一个新的状态。

　　黑板系统中讨论的知识局限于知识源,即活动知识,它由算法、启发式规则组成,能将黑板的一种状态变换成另一种状态。其他难以用算法或规则表示的领域知识,例如定义、分类等“静态”知识,最好用对象、框架或表格来表达。

　　(2) 黑板:黑板是一个全局数据库,用于保存输入数据、中间结果以及在解决许多不同问题时所需的其他数据,这些数据以松散结构来进行存储。黑板是一个存放问题求解状态数据的全局存储结构,由输入数据、部分解、备选方案、最终解和控制数据等对象组成。它可以划分成多个子黑板,即解空间可划分成多个分级结构。每个分级结构中的节点模板是预先确定的,但节点实例是动态创建的。黑板结构的设计实质上是对问题求解方案的一种设计。

　　黑板结构设计首先是黑板的概念设计,即确定哪些状态变化需要记录在黑板中,如何划分数据结构;其次要决定是动态地还是静态地划分黑板系统,黑板能否重构;同时,还要决定知识源及其知识的表示方法。

　　(3) 控制组件:控制组件主要作用于问题解决过程中运行时间及其他相关资源的分配。它对黑板上发生的变化进行监控,决定下一步采取的行动。各种类型的信息对于控制机制是全程可存取的,这些信息可以存放在黑板上或另外单独存放。控制信息被用来决定关注的焦点以指出下一个被处理的对象。

　　控制组件设计是黑板系统设计中最复杂的任务,可变性最多,目标是在恰当的上下文中选择和运用恰当的知识源。

　　黑板体系结构风格具有以下优点:

　　(1) 便于多客户共享大量数据,而不必关心数据是何时产生的、由谁提供的以及通过何种途径来提供。

　　(2) 便于将构件作为知识源添加到系统中。

　　但是,黑板体系结构风格也存在着一些问题,具体表现为以下方面:

　　(1) 对于共享数据结构,不同知识源要达成一致,因为要考虑各个知识源的调用问题,这会使共享数据结构的修改变得非常困难。

　　(2) 需要同步机制和加锁机制来保证数据的完整性和一致性,增大了系统设计的复杂度。

编译器可被认为是数据共享体系结构的一个实例。编译器结构如图 3-27 所示。从图 3-27 中可以看出,编译器通过不同模块访问、更新解析树和字符表完成源代码到目标代码的转换工作,同时,源代码调试器、句法编辑器也需要访问解析树和字符表。

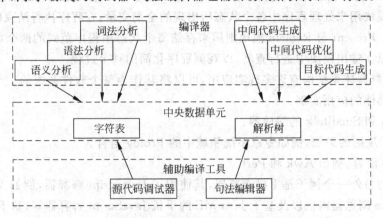

图 3-27 数据共享结构的编译器

3.2.8 解释器体系结构风格

解释器作为一种体系结构,主要用于构建虚拟机,以弥合程序语义和计算机硬件之间的间隙。实际上,解释器是利用软件创建的一种虚拟机,因此,解释器风格又被称为虚拟机风格。

如果程序的逻辑功能很复杂,需要采用复杂的方式来进行操作,一个较好的解决方案是提供面向领域的虚拟机语言。用户使用虚拟机语言来描述复杂操作,解释器执行这种语言序列,产生相应的动作行为。在解释器结构中,主要包括一个执行引擎和 3 个存储器。

解释器系统由 4 个部分组成:被解释的程序、执行引擎、被解释程序的当前状态和执行引擎的当前状态。系统的连接件包括过程调用和直接存储器访问。解释器只接受符合语法规则的程序作为它的输入,经过每个状态的执行,最终得出它的结果是否为真。如果为真,则找到它的一个模型,如果为假,则会提示错误。解释器的框架如图 3-28 所示。

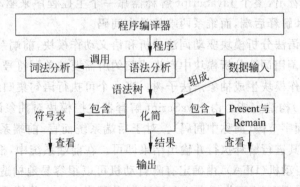

图 3-28 解释器框架

解释器一共包含 8 个模块。第一个模块程序编译器用来编辑所要输入的程序。因为解释器只接受符合一定规则的程序,所以它需要语法分析模块来检测程序是否有语法错误,在这个过程中,需要首先调用词法分析器来检测程序中是否存在词法错误。经过词法分析和语法分析以后,如果程序中不存在错误,则会得到一个程序的语法树,它将会在化简模块中得到执行。在化简模块中,解释器将遍历这个语法树并把它化简为范式的形式,化简结束后,程序就要终止并输出结果,在化简过程中,如果需要用户输入数据,则调用数据输入模块。符号表模块用来处理程序中各个状态所出现的全局变量,在程序执行结束的时候,符号表会被删除。Present 与 Remain 模块则用来存储每个状态中程序范式的两个部分,该模块的内容也可以在输出模块中进行查看,以观测程序化简的整个过程。

目前,解释器体系结构有许多现实应用,可以将其作为整个软件系统的一个组成部分。以下是一些具体的应用实例:

(1) Java 和 Smalltalk 的编译器。

(2) 基于规则的系统,例如专家系统领域中的 Prolog 语言。

(3) 脚本语言,例如 Awk 和 Perl。

解释器的另外一个例子是手机浏览器,其使用了 JavaScript 解释器,例如 WebKit 浏览器内核、Gecko 浏览器内核以及基于 Java ME 的手机 JavaScript 解释器等,基于手机中间件平台设计的 JavaScript 解释器系统的结构如图 3-29 所示。

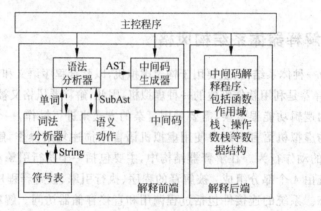

图 3-29　JavaScript 解释器系统结构图

从图 3-29 可以看出,整个 JavaScript 解释器靠一个主控程序来驱动,整个解释器按照功能分成解释前端和解释后端,而维系两端的是中间码。

在系统前端中,语法分析模块驱动词法分析和语义动作模块,前端系统通过语法分析模块分析动作的驱动,调用词法分析模块中产生式归约所需要的单词符号,当一个产生式归约成功后,调用语义动作模块生成抽象语法子树。当一个可执行语句集归约完毕后,与之对应的抽象语法树(AST)构造完毕。由 JavaScript 解释器主控模块对抽象语法树进行遍历,生成自定义格式的中间字节码(简称中间码)。对于后端系统而言,前端系统产生的中间码即为所需的目标码,对其进行解释执行并输出结果即可。在前端系统中,根据 JavaScript 词法规则构造确定有限自动机(DFA),由确定有限自动机可以很容易地构造词法分析器。语法分析和语义部分则采用 LALR 分析方法和语法制导翻译方法。前端系统产生的中间代码采用自定义的字节码,采用字节码的好处是字节码与平台无关,在不同的平台上使用不同的解释器对它进行解释执行,即可实现在字节码级与各平台兼容,而不仅仅局限于某个手机平台,不必对字节码做任何修改。解释器体系结构风格具有以下优点:

（1）能够提高应用程序的移植能力和编程语言的跨平台移植能力。

（2）实际测试工作可能非常复杂，测试代价极其昂贵，具有一定的风险性，但可以利用解释器对未实现的硬件进行仿真。

但是，解释器体系结构风格也存在着一些问题，具体表现为以下方面：

（1）由于使用了特定语言和自定义操作规则，因此增加了系统运行的开销。

（2）解释器系统难以设计和测试。

3.2.9 C2 体系结构风格

C2 体系结构风格最开始用来设计具有用户界面的应用程序，用户界面软件常常可以看作是由大量应用软件片段所组成的，对用户界面领域的软件重用也只是局限于一些窗口小部件代码（Widget）的重用。这种体系结构风格使得对话框、各种抽象程度的结构图形模型以及约束管理器等用户界面构件很自然地得到了重用。随着软件体系结构风格研究的不断深入，C2 体系结构风格逐渐融合了许多其他体系结构风格的特点，也可以用来支持其他类型的应用程序的开发。

C2 体系结构风格是一种基于构件和消息的结构风格，可用来创建灵活的、可伸缩的软件系统。用户可以将 C2 结构看作是按照一定规则由连接件（如消息路由设备）连接的许多构件组成的层次网络，在这个结构中，构件和连接件都有一个"顶部"和"底部"；一个构件的"顶部"或"底部"可以连接到一个连接件的"底部"或"顶部"；对于一个连接件，与其相连的构件和连接件的数量没有限制，但是构件和构件之间不能直接相连。C2 体系结构风格如图 3-30 所示。

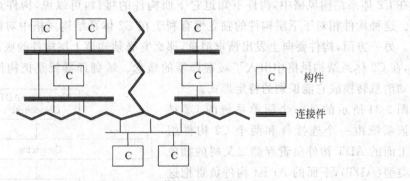

图 3-30 C2 体系结构风格图

C2 体系结构风格定义了两种类型的消息：向上发送的请求消息（Requests）和向下发送的通知消息（Notifications）。请求是通过向上层构件发送消息来获得某种服务，而通知则是告知构件的内部状态发生了改变。连接件负责消息的路由、过滤和广播，构件之间不存在直接的通信手段，而只能通过交换连接件发送的异步消息进行通信。

请求消息是由下层构件的对话框产生的，用来请求它上层的构件执行某些操作。正如构件可以产生什么样的通知消息一样，构件可接收什么样的请求消息也是由构件内部对象的接口来决定的。两者的不同之处在于，通知消息是声明对象的什么接口被调用、参数是什么和返回值是什么；而请求消息则是声明期望调用对象的某一可访问的功能函数。

1. C2 构件

C2 构件有自己的状态、控制线程，必须包括顶层域（Top Domain）和底层域（Bottom Domain）。顶层域规定了该构件所能响应的通知消息集，以及它能向上产生的请求消息集；底层域规定了该构件所能向下产生的通知消息集，以及它能响应的来自于下层的请求消息集。构件可以根据需要来定义对话框约束器部分的功能，它通常包括下面 3 种功能：

（1）对构件上方的连接件发送过来的通知消息提供响应；

（2）对构件下方连接件产生的请求消息执行相应的操作；

（3）维护一些在对话框中定义好的约束条件。

2. 连接件

在 C2 体系结构风格中，连接件负责把 C2 构件绑定在一起，其上可以连接任何数量的 C2 构件和连接件。连接件的主要职责是消息的路由和广播，次要职责是消息的过滤。连接件可以提供多个消息过滤和广播策略，主要有以下几种情况：

（1）不过滤消息；

（2）通知消息过滤；

（3）优先过滤策略；

（4）消息屏蔽。

3. 域翻译器

在 C2 体系结构风格中，构件不知道它下面构件的接口，可以说，构件是独立于下层构件的。这种构件相对于下层构件的独立性有利于在 C2 体系结构风格中对构件进行替换和重用。另一方面，构件要向上发出请求消息，那么它必须知道上层构件的底层域。基于以上原因，在 C2 体系结构风格中引入了域翻译器的概念。域翻译器就是把构件所收到的请求和通知消息转换成它能识别的特定形式。

图 3-31 所示的是一个简单系统的 C2 结构。该系统由一个连接件和两个 C2 构件组成。上面的 ADT 构件负责存储二叉树的抽象数据类型（ADT），下面的 Artist 构件负责把这棵树的结构表示出来。在这个系统中，ADT 构件可能要产生一个通知消息以表明有一个新的元素插入到树中，这个消息是由监视其内部对象的包装器自动产生的。当此通知消息到达连接件下面的 Artist 构件时，Artist 构件就会对它的内部对象进行操作以更新这棵树的表示。

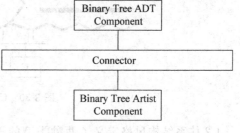

图 3-31　C2 体系结构风格的一个简单实例

3.2.10　MVC 体系结构风格

设计模式就是通过一系列的对象以及对象间的关系，对某一特定的软件设计问题提供一个久经检验的、可扩展的方案，MVC（Model-View-Controller）模式无疑是其中最广为人知、最著名的设计模式。

MVC 模式属于结构型设计模式,即将应用类和对象组合获得比较复杂的结构,它是第一个将表示逻辑和业务逻辑分开的设计模式。MVC 设计模式的出现使得模型层、视图层和控制层层次分明,各个模块之间相互独立,提高了灵活性。MVC 的核心是实现三层甚至多层的松散耦合,它将应用程序抽象为 3 个部分,这 3 个部分既分工又合作地完成用户提交的每一项任务。

(1) 视图(View):视图代表用户交互界面,对于 Web 应用来说,可以概括为 HTML 界面,但也有可能是 XHTML、XML 和 Applet。

(2) 模型(Model):模型就是业务流程状态的处理以及业务规则的制定。

(3) 控制器(Controller):可以将控制器理解为从用户接收请求,将模型与视图匹配在一起,共同完成用户的请求。

当系统采用 MVC 模式设计系统结构并利用 JavaEE 技术实现时,设计整体框架如图 3-32 所示。

(1) 总控模块:用户请求由总控模块进行统一管理,总控模块作为用户请求总的入口,接收用户请求,调用业务逻辑处理。

(2) 业务逻辑处理:业务逻辑处理模块是用户请求的具体功能的实现部分。

(3) 表示逻辑处理:业务逻辑处理结束后,表示逻辑(JSP、XML、HTML 等)从业务逻辑处理中提取处理结果进行显示。

(4) 数据访问:数据库服务模块必须对数据库资源的访问进行有效的管理,考虑到系统的可扩展性,数据库服务定义统一数据库访问接口,可自行扩展数据源和数据库的访问方式。

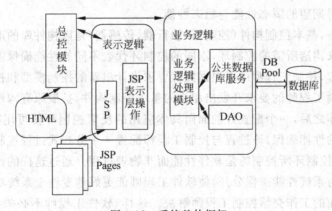

图 3-32　系统整体框架

3.2.11　反馈控制环体系结构风格

在开发过程中,通常把软件看成一种算法,包括输入、计算和输出。这种软件模型只具有"开环控制"特性,不允许有任何的外部扰动。当系统的执行受到外部因素干扰时,这种模型就不再适用了。为了解决这一问题,需要采用控制系统。

控制的目的是使被控对象的功能和属性达到理想的目标,即满足最终的要求或在一定

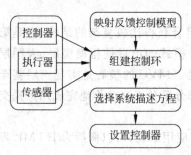

图 3-33　反馈控制环设计过程

的约束条件下达到最优值。为了成功地设计控制系统，用户必须知道被控对象的特征和属性，还必须知道在条件发生改变时这些属性的变化范围。在运行过程中，控制系统需要对被控对象的属性进行测量，并由此来制定相应的控制策略，使系统最终达到理想状态。

反馈控制环结构的思想源自过程控制理论，将过程控制理论融入软件体系结构中，从过程控制的角度分析和解释构件之间的交互，同时，应用这种交互改善系统性能。

若要应用反馈控制策略提供性能保证，首先要设计出满足用户需求的反馈控制环，该过程如图 3-33 所示。

(1) 映射反馈控制模型：根据应用程序的性能要求，抽象并设计出一个反馈控制环，将参数等映射成控制环的相应控制变量、状态变量、设定值。由于不同应用系统有不同的性能要求，因此，需要提供多种反馈控制结构以满足不同的应用。目前，学术界已提出的反馈控制模型有单项性能收敛确保、资源预留控制、任务优先级确保、静态互用确保、任务相对性能确保、利用率最大化控制等。

(2) 组建控制环：用于从构件库中选择适当的控制器、执行器和传感器来组建指定控制环。

(3) 选择系统描述方程：用于为被控系统确定一个适当的微分方程来描述实际系统的动态过程。

(4) 设置控制器：根据设计好的反馈控制环、系统描述方程为控制器设置适当参数，以便让实际系统获得期望的瞬态性能与稳态性能。

需要说明的是，基本控制构件（控制器、执行器、传感器）是以构件库的形式实现的，开发人员通过宏定义来构造所需的控制环，不同的控制环代表不同的性能确保需求。此外，构件库是一个可扩展库，控制工程师可以根据性能要求设计出新的控制模型和控制结构，然后软件工程师根据控制工程师的要求开发出相应的基本控制构件，扩展原有构件库。

完成上述工作之后，一个配置好的面向具体应用的反馈控制环便可用在动态与不确定环境下提供指定的性能确保，该过程与控制工程师配置一个分布式过程控制系统类似，不同之处在于，这里的控制环所控制的是软件性能而非物理过程。通过这样的设计，可以很好地将系统功能实现与系统性能确保分开，使软件工程师能更好地专注于系统功能的实现，而将有关性能确保方面的工作交给控制工程师解决。这样，软件工程师不必关心反馈控制理论却能利用这种理论为系统提供性能确保，而控制工程师不必关心控制环是如何构造的，以及用何种形式向系统提供服务的。

反馈控制环结构能够处理复杂的自适应问题，其中，机器学习就是一个典型的实例。机器学习模型如图 3-34 所示。首先将训练样本输入到学习构件中作为被查询的基本数据和知识源；然后输入真实数据，经过学习构件的分析和计算，输出学习结果。与此同时，检测构件要检查学习结果与预期结果之

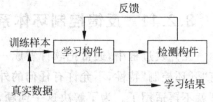

图 3-34　机器学习模型

间的差异,并反馈给学习构件。通过引入反馈机制,使学习构件的学习能力得到增强,丰富了知识源。

3.2.12 公共对象请求代理体系结构风格

公共对象请求代理(Common Object Request Broker Architecture,CORBA)是由对象管理组织(Object Management Group,OMG)提出的,是一套完整的对象技术规范,其核心包括标准语言、接口和协议。在异构分布式环境下,可以利用 CORBA 来实现应用程序之间的交互操作,同时,CORBA 也提供了独立于开发平台和编程语言的对象重用方法。

在 1991 年,对象管理组织提出了 CORBA 1.1,经过不断的努力和完善,随后推出了 CORBA 2.0 以及 CORBA 3.0。目前,对象管理组织制定的 CORBA 标准已经成为分布对象计算技术的一个重要标准,也已经被标准机构和众多软件公司广泛采纳。对象管理组织定义了对象管理体系结构(OMA)作为分布在异构环境中的对象之间交互的参考模型。对象管理组织由 5 个部分组成,即对象请求代理(ORB)、对象服务、通用设施、域接口和应用接口。对象请求代理实现客户和服务对象之间的通信交互,是最核心的部分,其他 4 个部分则是构架于对象请求代理之上适用于不同场合的部件。CORBA 标准就是针对对象请求代理系统制定的规范,图 3-35 给出了 CORBA 系统的体系结构图。

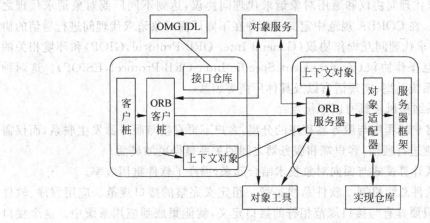

图 3-35 CORBA 系统的体系结构图

(1) 对象请求代理(ORB):在传统的基于客户机/服务器模式的应用程序的开发过程中,项目开发人员遵循公开的标准或自由设计模块间的协议,这样的协议依赖于网络类型、实现语言、应用方式等。引入对象请求代理后,客户只要遵循服务对象的对外接口标准向服务对象提出业务请求,由对象请求代理在分布式对象间建立客户服务对象关系。对象请求代理的作用包括接受客户发出的服务请求,完成请求在服务对象端的映射;自动设定路由寻找服务对象;提交客户参数;携带服务对象计算结果返回客户端等。

对象请求代理通过一系列接口和接口定义中说明的要实现操作的类型,确定提供的服务和实现客户与服务对象通信的方式。通过 IDL 接口定义、接口库或适配器的协调,对象请求代理可以向客户机和具备服务功能的对象提供服务。基于对象请求代理实现的不同类型接口,一个客户端请求可以同时访问多个由不同对象请求代理实现通信管理的对象引用。

对于对象请求的实现方式,CORBA 规范中定义客户程序可以用动态调用接口

(Dynamic Invocation Interface,DII)的方式或通过 OMG IDL 桩文件经编译后在客户端生成的桩方式提出服务请求。这两种实现方式的区别在于,通过 OMG IDL 桩文件方式实现的调用请求中,客户能够访问的服务对象方法取决于服务对象所支持的接口;而动态调用接口调用方式则与服务对象的接口无关。尽管实现调用请求的方式有所区别,但客户发出的请求服务调用的语义是相同的,服务对象不分析服务请求提出的方式。

(2) 接口仓库:CORBA 引入接口仓库的目的在于使服务对象能够提供持久的对象服务。接口仓库由一组接口仓库对象组成,代表接口仓库中的接口信息。接口仓库提供各种操作来完成接口的寻址、管理等功能。

(3) 对象适配器:对象适配器是为服务对象端管理对象的引用和实现引入的。CORBA 规范中要求系统实现时必须有一种对象适配器。对象适配器完成以下功能:

① 生成并解释对象的引用,把客户端的对象引用映射到服务对象的功能中;

② 激活或撤销对象的实现;

③ 注册服务功能的实现;

④ 确保对象引用的安全性;

⑤ 完成对服务对象方法的调用。

对象请求代理的互操作性(Inter Operability)体现在分布于网络中的多个对象借助 Internet 对象请求代理间协议和通用对象请求代理间协议,达到不同厂商对象请求代理之间操作的一致性。在 CORBA 规范中定义了两种在不同厂商对象请求代理间进行通信的协议,即通用对象请求代理间互操作协议(General Inter-ORB Protocol,GIOP)和环境相关的对象请求代理间互操作协议(Environment Specific Inter-ORB Protocol,ESIOP)。这两种协议屏蔽了操作系统类型、实现语言以及具体厂商等因素。

CORBA 体系结构风格具有以下优点:

(1) 实现了客户端程序与服务器程序的分离,客户不再直接与服务器发生联系,而仅需要和对象请求代理进行通信,客户端和服务器之间的关系显得更加灵活。

(2) 将分布式计算模式与面向对象技术结合起来,提高了软件重用效率。

(3) 提供了软件总线机制。软件总线是指一组定义完整的接口规范。应用程序、软件构件和相关工具只要具有与接口规范相符的接口定义,就能集成到应用系统中。这个接口规范是独立于编程语言和开发环境的。

(4) CORBA 支持不同的编程语言和操作系统,开发人员能够在更大的范围内相互利用已有的开发成果。

CORBA 充分利用了现有的各种开发技术,将面向对象思想融入分布式计算模式中,定义了一组与实现无关的接口,引入了代理机制来分离客户端和服务器。目前,CORBA 规范已经成为面向对象分布式计算中的工业化标准。

3.2.13　层次消息总线体系结构风格

随着构件技术的成熟和构件互操作标准的出现,出现了层次消息总线(Hierarchy Message Bus,HMB)体系结构风格。在图形界面应用程序中,消息驱动的编程方法得到了广泛应用。在消息驱动的编程方法中,系统调用相关处理函数来响应不同消息,程序结构比较清晰。同时,计算机硬件总线的概念为软件体系结构的设计提供了很好的借鉴和启示。

在统一的接口和总线规范下,所开发的应用系统将具有良好的扩展性和适应性。

层次消息总线体系结构风格基于层次消息总线,支持构件的分布和并发,所有构件之间通过消息总线进行通信,如图 3-36 所示。其中,消息总线是整个系统的连接件,负责系统内消息的分配、传递、过滤以及处理结果的返回。所有构件均挂接在消息总线上,向消息总线登记自己感兴趣的消息类型。构件根据需要发出的消息,由消息总线负责把它们分配到系统中所有对此消息感兴趣的构件,消息是系统中所有构件之间通信的唯一方式。构件接收到消息后,根据自身状态对消息进行处理,在必要情况下可以通过消息总线向目标构件返回处理结果。

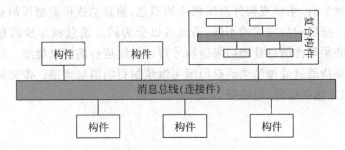

图 3-36 HMB 体系结构风格

复杂构件可以分解为粒度更小的子构件,通过局部消息总线进行连接,从而形成复合构件。如果子构件仍然比较复杂,则可以进一步分解。如此分解下去,系统将形成树状的拓扑结构。叶节点是系统的原子构件,不再包含子构件。原子构件的设计可以采用不同的软件体系结构风格,例如管道/过滤器风格、面向对象风格和数据共享风格等。此外,整个系统可以作为一个构件,通过更高层次的消息总线集成到更大的应用系统中。

层次消息总线系统和组成系统的成分通常是比较复杂的,很难从一个视角获得对它们的完整理解。一个好的软件工程方法往往从多个视角对系统进行建模,一般包括系统的静态结构、动态行为和功能等方面。例如,在 Rumbaugh 等人提出的 OMT(Object Modeling Technology)方法中采用了对象模型、动态模型和功能模型来刻画系统的以上 3 个方面。

1. 构件模型

层次消息总线风格的构件模型包括了构件接口、静态结构和动态行为 3 个部分,如图 3-37 所示。

在图 3-37 中,左上方是构件的接口部分,一个构件可以支持多个不同的接口,如对内的标准消息接口,对外的消息接口以及对外的 API 接口,每个接口都定义了一组输入和输出消息,刻画了构件对外提供的服务以及要求的环境服务,体现了该构件与环境的交互。右上方是用带输出的有限状态自动机刻画的构件行为,构件接收到外来消息后,根据当前所处的状态对消息进行响应,并可能导致状态的变化。下方是复合构件的内部结构定义,复合构件是由更简单的子构件通过局部消息总线连接而成的。消息总线为整个系

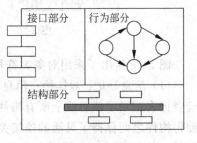

图 3-37 HMB 构件

统和各个层次的构件提供了统一的集成机制。

2. 构件接口

在体系结构设计层次上,构件通过接口定义了与外界的信息传递和承担的系统责任,构件接口代表了构件与环境的全部交互内容,也是唯一的交互途径。

层次消息总线风格的构件接口(此处指对内接口)是一种基于消息的互连接口,可以较好地支持体系结构设计。构件之间通过消息进行通信,接口定义了构件发出和接收的消息集合。

当某个事件发生后,系统或构件发出相应的消息,消息总线负责把该消息传递到对此消息感兴趣的构件。按照响应方式的不同,消息可以分为同步消息和异步消息。同步消息是指消息的发送者必须等待消息处理结果返回才可以继续运行的消息类型。异步消息是指消息的发送者不必等待消息处理结果的返回即可继续执行的消息类型。常见的同步消息包括过程调用,异步消息包括信号、时钟等。

3. 消息总线

层次消息总线风格的消息总线是系统的连接件,系统中的所有构件向消息总线登记自己感兴趣的消息类型,形成构件—消息响应登记表。在系统运行过程中,消息总线根据自己接收到的消息类型和构件—消息响应登记表的信息,定位并传递该消息给相应的响应者,必要时,负责返回处理结果。此外,消息总线还可以对特定的消息类型进行过滤或阻塞。

这里以计算机考试系统为例对层次消息总线风格的体系结构进行说明。针对考试系统对可扩展、可维护性有较高要求以及本身业务的特点,可将系统分为有机结合的多个构件库及考试系统的通用服务,构件之间、构件与考试系统通用服务之间通过消息总线进行通信。

如图 3-38 所示,一个层次消息总线结构的考试系统至少由 6 个部分组成:考试系统的通用服务、试卷成分组织构件、消息总线、独立题型资源构件库、独立题型作答界面构件库、独立题型评分构件库。考试系统的通用服务包括考生身份验证、试卷分析统计等业务逻辑,这些业务逻辑和通常的 MIS 系统相类似,这里仅介绍消息总线。

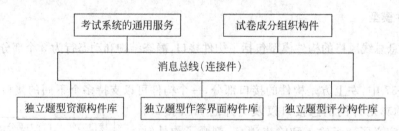

图 3-38　基于消息总线的考试系统结构示意图

图 3-39 给出了采用对象类符号表示的消息总线的结构。

(1) 消息登记:对挂接在消息总线上的构件而言,消息是一种共享资源,构件—消息响应登记表记录了该总线上所有构件和消息的响应关系。类似于程序中的"间接地址调用",使得构件之间保持了灵活的连接关系,便于系统的演化。当独立题型相关构件库新增了构件时,应该向消息总线发出登记消息,对构件实例表及构件—消息响应登记表做消息登记。

同样,当独立题型的资源构件和作答界面构件加入相应的构件库,但没有给出该题型的评分构件时,也应该向消息总线的消息过滤表中显示登记该题型的评分阻塞消息。通过显示的登记消息,使消息的响应者能更灵活地发挥自身的潜力。

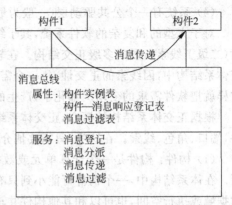

图 3-39 对象类符号表示的消息总线的结构

(2) 消息分派和消息传递:构件—消息响应登记表记录了消息的发送构件和接收构件之间的一个二元关系,以此作为消息分派的依据。消息总线根据构件—消息响应登记表把消息分配到相应的构件,并负责处理结果的返回。消息总线是一个逻辑上的整体,系统中的构件通过消息总线进行通信,因而实现了构件位置的透明性。系统在部署时可以根据当前各计算机的负载情况和效率方面的考虑,把构件在不同的物理位置上进行透明的迁移,而不影响系统的其他构件及相互间的通信。

(3) 消息过滤:考试系统的各构件库是对各类独立题型考试方式进行抽象而得到的,是在对各类考试题型进行分析、抽象的基础上得到的所有独立考试题型的共同抽象接口。它是较高层次上的抽象,可以适用于所有类型的考试。但由于某些考试题型不同,现有的计算机软件技术难以实现全部的构件,如简答、论述题型的评分过程,目前的软件技术还无法提供一个令人满意的自动评分结果。因此,消息总线应该对请求不存在构件响应的消息进行过滤,过滤的原则主要是比对请求的消息是否存在于消息过滤表中。

3.3 新型软件体系结构风格

软件体系结构风格的 5 种分类也不能完全代表体系结构风格的组成,随着软件研发技术的不断进步,近些年接连总结出了几种新型的软件体系结构风格,如正交体系结构风格、REST 体系结构风格、面向服务(Service Oriented Architecture,SOA)体系结构风格、插件体系结构风格以及富互联网应用(Rich Internet Application,RIA)体系结构风格等。

3.3.1 正交体系结构风格

正交体系结构由组织层和线索的构件构成。层由一组具有相同抽象级别的构件构成,线索是子系统的特例,它是由完成不同层次功能的构件组成(通过相互调用来关联的),每一条线索完成整个系统中相对独立的一部分功能。每一条线索的实现与其他线索的实现无关或关联很少,在同一层中的构件之间是不存在相互调用的。

如果线索是相互独立的,即不同线索中的构件之间没有相互调用,那么这个结构就是完全正交的。正交体系结构的主要特征如下:

(1) 由完成不同功能的 $n(n>1)$ 个线索(子系统)组成;

(2) 系统具有 $m(m>1)$ 个不同抽象级别的层;

(3) 线索之间是相互独立的(正交的);

(4) 系统有一个公共驱动层(一般为最高层)和公共数据结构(一般为最低层)。

对于大型的和复杂的软件系统,其子线索(一级子线索)还可以划分为更低一级的子线索(二级子线索),形成多级正交结构。在软件进化过程中,系统需求会不断发生变化。在正交体系结构中,因线索的正交性,每一个需求变动仅影响某一条线索,而不会涉及其他线索。这样就把软件需求的变动局部化了,产生的影响也被限制在一定范围内,因此容易实现。

根据正交体系结构的概念,正交体系结构的核心模型由 5 种元素组成,包括构件、连接件、端口、角色、线索。在这里,只简要地介绍构件和线索的定义。

(1) 构件:构件是一个计算单元或数据存储。也就是说,构件是计算与状态存在的场所。在体系结构中,一个构件可能小到只有一个过程或大到整个应用程序,它可以有自己的数据域或执行空间,也可以和其他构件共享这些空间。

(2) 线索:线索是子系统的特例,它是由完成不同层次功能的构件组成(通过连接件来关联)的,每一条线索完成整个系统中相对独立的一部分功能。每一条线索的实现与其他线索的实现无关或关联很少,可将正交体系结构的核心模型表示为图 3-40。

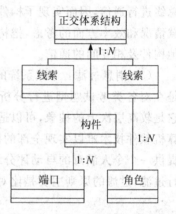

图 3-40 正交体系结构的核心模型

以下给出汽修服务管理系统的设计方案。考虑到用户需求可能会经常发生变化,在设计时采用了正交体系结构,大部分线索是独立的,不同线索之间不存在相互调用关系。维修收银功能需要涉及维修时的派工、外出服务和维修用料,因此,适当放宽了要求,采用了非完全正交体系结构,允许线索之间有适当的调用,不同线索之间可以共享构件。由于非完全正交结构的范围不大,因此,对整个系统框架的影响可以忽略。汽修服务管理系统的体系结构如图 3-41 所示。其中,系统、维修登记、派工、增加和数据接口形成了一条完整的线索。

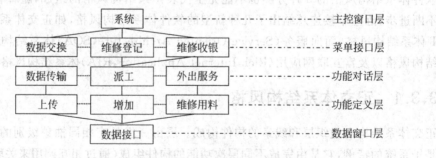

图 3-41 汽修服务管理系统的框架结构

3.3.2 富互联网应用体系结构风格

随着应用软件业务逻辑越来越复杂,原先的主流显示技术愈发不能满足需求。为提升用户体验,出现了一种新类型的 Internet 应用程序,就是 RIA(Rich Internet Application),也称为富互联网应用体系结构风格或富客户体系结构风格。

RIA 将桌面型计算机软件应用的最佳用户界面功能性与 Web 应用程序的普遍采纳和

低成本部署以及互动多媒体通信的长处集于一体,可以提供更直观、响应更快和更有效的用户体验,简化并改进了 Web 应用程序的用户交互。它不仅具备桌面型系统的长处,包括在确认和格式编排方面提供互动用户界面、在无刷新页面之下提供快捷的界面响应时间、提供通用的用户界面特性,如拖放式以及在线和离线操作能力,而且保留了 Web 的优点,如立即部署、跨越平台可用性、采用逐步下载来检索内容和数据、拥有杂志式布局的网页以及充分利用被广泛采纳的互联网标准等,并且支持双向互动声音和图像。图 3-42 描述了 RIA 应用用程序的层次模型。

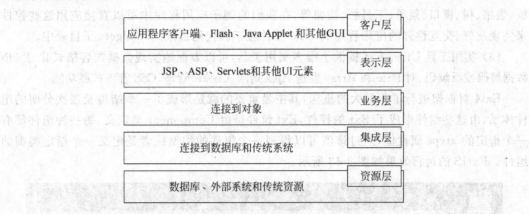

图 3-42　RIA 应用程序模型图

RIA 风格的优点如下。

(1) 强交互性:RIA 支持丰富的 UI 组件。

(2) 直接管理:局部的数据更新,通过客户端计算可直接实现对用户请求的响应。

(3) 多步骤处理:所有内容在一个界面中添加转换效果,使应用程序的状态在各步骤中轻松移动。

(4) 文本独立性:RIA 集成 XML 特性,简化异质系统的通信,方便数据的存取。

(5) 平台无关性:应用层次对所有的 RIA 客户端都是一致的。

RIA 风格的缺点如下。

(1) Sandbox(沙箱):因为 RIA 必须运行在 Sandbox 中,所以它们对系统资源的访问必须要受到严格控制,否则可能会出现一些问题。

(2) 需要脚本的支持:RIA 总是需要诸如 JavaScript 一类的脚本,用户不能关闭浏览器的动态脚本支持。

(3) 客户端处理的速度:为了实现跨平台的效果,一些 RIA 使用 JavaScript 一类的客户端未编译脚本,可能会对性能造成比较大的影响。但是如果使用经过编译的 Java Applet、Flash、Flex 或者 Sliverlight 等语言,则性能不会出现太大问题。

(4) 脚本下载时间:虽然 RIA 无须安装,但客户端引擎的脚本总需下载。

(5) 可搜索度降低:目前的搜索引擎还不能很好地支持这样的内容。

(6) 不可部署性:目前,除了 Adobe AIR 技术外,其他 RIA 应用都不具备像传统桌面应用那样的可部署性。

Ext 框架是一个典型的 RIA 应用于客户端方面的富客户端应用。ExtJS 由一系列的类库组成,一旦页面成功加载了 ExtJS 库,就可以在页面中通过 JavaScript 调用 ExtJS 的类及控件来实现需要的功能。ExtJS 的类库由以下几部分组成。

(1) 底层 API(Core):底层 API 中提供了对 DOM 操作、查询的封装、事件处理、DOM 查询器等基础的功能。其他控件都建立在这些底层 API 的基础上,底层 API 位于源代码目录的 Core 子目录中,包括 DomHelper.js、Element.js 等文件。

(2) 控件(Widgets):控件是指可以直接在页面中创建的可视化组件,例如面板、选项板、表格、树、窗口、菜单、工具栏、按钮等,在我们的例子应用程序中可以直接应用这些控件来实现友好、交互性强的应用程序的 UI。控件位于源代码目录的 Widgets 子目录中。

(3) 实用工具 Utils:Ext 提供了很多实用工具,可以方便地实现数据内容格式化、JSON 数据解码或反解码、对 Date 和 Array 发送 Ajax 请求、Cookie 管理、CSS 管理扩展功能。

Ext4 对框架进行了非常大的重构,其中最重要的就是形成了一个结构及层次分明的组件体系,由这些组件形成了 Ext 的控件,Ext 组件是由 Component 类定义,每一种组件都有一个指定的 xtype 属性值,通过该值可以得到一个组件的类型或者是定义一个指定类型的组件。ExtJS 的运行效果如图 3-43 所示。

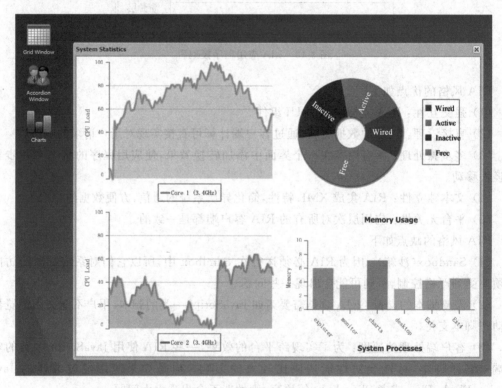

图 3-43　ExtJS 运行效果图

3.3.3　表述性状态转移体系结构风格

表述性状态转移(Representational State Transfer,REST)是 Roy Fielding 在他的博士论文中发明的一个新名词,是对 Web 体系结构设计原则的一种描述。REST 的目的是决定如何使一个良好定义的 Web 程序向前推进：一个程序可以通过选择一个带有超链接的 Web 页面上的链接，使得另一个 Web 页面（代表程序的下一个状态）返回给用户，使程序进一步运行。如图 3-44 所示，客

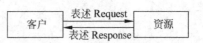

图 3-44　REST 体系结构风格交互模式图

户请求用户信息的服务（使用逻辑 URI），返回结果页面中包含该用户的表述。得到返回结果后，客户选择一个链接来决定下一步动作，这样可以做到客户维护自己的程序状态。

因为 REST 是对当今 Web 体系结构设计原则的一种抽象和描述，所以 REST 的设计准则是对当今 Web 中已成功应用的要素的总结。从这个意义上讲，Web 是 REST 风格的一个实例。REST 描述了如何设计和开发分布式系统，对 REST 的应用只能是理解它，把它的原则应用到 Web 应用系统的设计中。从正在应用的 Web 上讲，Web 上的每个资源通过一个 URI 来标识，可以通过简洁通用的接口（如 HTTP 的 GET、POST、PUT 和 DELETE）来操作 Web 上的资源。资源使用者与资源之间有代理服务器、缓存服务器来解决安全及性能等问题。REST 系统中的组件必须是自描述的，这样，客户可根据这些自描述信息来维护自己的程序状态。

REST 提出了以下设计准则：

（1）网络上的所有事物都被抽象为资源；

（2）每个资源对应一个唯一的资源标识符；

（3）通过通用的连接器接口（Generic Connector Interface）对资源进行操作；

（4）对资源的各种操作不会改变资源标识符；

（5）所有的操作都是无状态的；

（6）REST 强调中间媒介的作用（包括代理服务器、缓存服务器和网关）。

REST 体系结构风格的优点如下：

（1）统一接口，简化了对资源的操作；

（2）REST 的无状态性提高了系统的伸缩性（无状态性使得服务器端可以很容易地释放资源，因为服务器端不必在多个 Request 中保存状态）和可靠性（无状态性减少了服务器从局部错误中恢复的任务量）；

（3）基于缓存机制，提高了系统的处理性能和负载量；

REST 体系结构风格的缺点如下：

（1）缺少有效的服务发现能力；

（2）后台复杂逻辑封装和中间代理的引入会影响用户可察觉的性能；

（3）由于 REST 无状态性，增加的每次请求传送状态数据的开销，影响了交互效率。

REST fulWeb 服务是符合 REST 风格的轻量级 Web 服务结构，它以完成业务为目标，将一切与业务相关的事物抽象为资源，并为每个资源赋予一个 URI 标识。用户在提交请求时，将作用域信息置于 URI 中，并且使用不同的 HTTP 方法提交请求，即可对该 URI 代表的资源执行相关操作，其中常见的 HTTP 方法为 POST、GET、PUT 和 DELETE，对应资源的创建、读取、更新和删除操作，简称 CRUD 操作。而作用域信息则通常表现为 URI 中包含的参数，如 http：//xxx? title＝book，其中，title＝ book 即作用域信息，代表了指定资源中更明确的作用对象。由此可见，URI 即资源的统一访问接口，REST fulWeb 服务只要对外界暴露 URI 即对外发布服务，REST fulWeb 服务的请求和响应如图 3-45 所示。

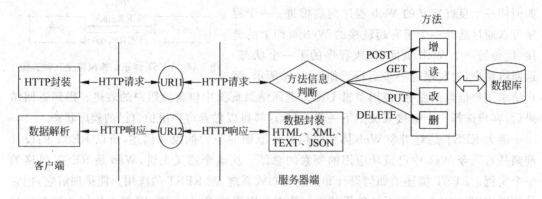

图 3-45   REST fulWeb 服务的请求和响应过程

客户端发送请求时,将请求数据置于 HTTP 文档主体中,并使用 HTTP 请求方法向 URI1 提交请求。服务器端接收到请求后,根据请求的方法类型,调用对应的方法执行请求。当服务器端处理完请求后,返回 HTTP 响应代码和报头,并将得到的相关数据置于 HTTP 文档主体中,转向 URI2,最后返回给客户端。

REST fulWeb 服务对响应数据的格式并没有特殊要求,可以使用 HTML、XML、TEXT 或 JSON 等多种格式。客户端还可通过 WADL 对 REST fulWeb 服务进行有目的的访问,WADL 定义了客户端可以发送的各种 HTTP 请求、可访问的 URI、可执行的方法及相关参数以及返回的数据格式等。

1. REST fulWeb 服务图书管理系统

本部分以基于 REST fulWeb 服务图书管理系统的设计为例,对使用 REST fulWeb 构建应用系统的基本思路进行说明。REST fulWeb 服务是面向资源的服务,因此,使用 REST fulWeb 服务构建图书管理系统,重点是分析图书管理业务,将业务涉及的事物抽象成资源,根据业务为每个资源设计 URI 和资源表示。资源确定后,才可以设计图书管理系统的总体结构,进而根据总体结构,使用开发工具实现整个系统。

图书管理是图书馆工作中的一个重要环节,业务复杂多样。为了清晰地描述开发过程,以图书管理中图书编目的入库、修改、报废、借阅、归还和查询 6 个典型业务作为系统的核心业务。这 6 个业务均围绕图书展开,因此,图书可被抽象成资源,其中入库对应资源的创建、查询对应资源的读取、修改/借阅/归还对应资源的修改、报废对应资源的删除。查询还可细分为三类:查询所有图书、查询单本图书、按关键词查询。进一步分析,图书入库、查询所有图书和按关键词查询均是针对整个图书资源而言,因此,图书资源还需要划分为所有图书资源和单本图书资源,其 URI 设计如下:

(1) 所有图书资源。

URI:http://hostnam e/resource/books

(2) 单本图书资源。

URI:http://hostnam e/resource/books/{bookid}

一般来说,通过以上两种形式的 URI 发送 HTTP 请求可以实现所有的图书管理业务,但在实际业务处理时,往往存在同一个 URI 和相同的 HTTP 方法,需要实现不同的功能,或者返回资源的不同表示的情况,这时候通常使用作用域信息来区分。相应的 URI 资源下 HTTP 方法与作用域信息结合,触发不同的系统功能,其对应关系如表 3-1 所示。

表 3-1 系统功能对应关系

资源 URI	HTTP 方法	作用域信息	系 统 功 能
http://hostname/resource/books	POST	无	入库
	GET	title =	查询所有图书
		title = '{关键词}'	按关键词查询
http://hostname.resource.books/{bookid}	PUT	Status = '更新'	修改图书信息
		Status = '可借'	归还图书
		Status = '借出'	借阅图书
	DELETE	无	报废
	GET	无	查阅图书的表示
		type = 0	借阅图书的表示
		type = 1	归还图书的表示
		type = 2	修改图书的表示

对于资源表示的格式,图书管理系统的本地用户使用较友好的 HTML 格式,而对于第三方系统则采用计算机可读的 JSON 格式。

系统的总体架构如图 3-46 所示。

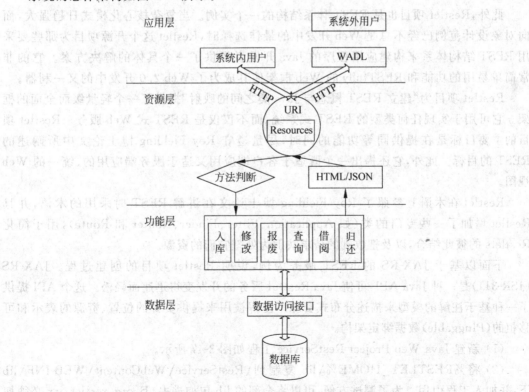

图 3-46 基于 REST fulWeb 服务的图书管理系统总体架构

系统分为数据层、功能层、资源层和应用层。

(1) 数据层：该层由数据库和数据访问接口组成。数据访问接口定义了对数据库记录的查询、增加、修改和删除，任何涉及这 4 种操作的方法均要实现该接口才能对数据库记录进行操作，起到规范访问数据库的作用。

(2) 功能层：该层接受资源层的方法调度，执行对应的功能方法，这些方法与数据层进行通信，将得到的数据返回给资源层。

(3) 资源层：该层由资源和 URI 组成，通过对外显示图书资源的 URI 来发布服务。资源层接受用户请求，根据 HTTP 请求的方法类型调用功能层的方法，并视用户类型的不同，对返回数据以 JSON 或 HTML 格式封装后返回给用户。资源层为整个系统的中心，既是用户提交请求和接收数据的接口，也是系统接受和响应请求的接口，体现了以资源为中心的 REST fulWeb 服务架构的特点。

(4) 应用层：该层管理用户提交的请求。系统用户分为系统内用户和系统外用户。两种类型，其中，系统内用户是在图书管理系统数据库中注册的用户，这类用户对系统的操作均可按照系统页面的提示来完成；系统外用户是为获取本系统图书信息的第三方图书管理系统，由于这类用户并不是自然人，无法根据页面提示来访问本系统，因此系统对外提供了功能描述的 WADL，系统外用户根据 WADL 提供的访问规则即可正常获取信息。对于系统外用户，一般只开放查询的功能。

2. Restlet 项目

此外，Restlet 项目也是 REST 体系结构的一个实例。当复杂核心化模式日趋强大，面向对象设计范例已经不总是 Web 开发中的最佳选择时，Restlet 这个开源项目为那些要采用 REST 结构体系来构建应用程序的 Java 开发者提供了一个具体的解决方案。它的非常简单易用的功能和 RESTfully 的 Web 框架使其成为了 Web 2.0 开发中的又一利器。

Restlet 项目为"建立 REST 概念与 Java 类之间的映射"提供了一个轻量级而全面的框架。它可用于实现任何类型的 REST 式系统，而不仅仅是 REST 式 Web 服务。Restlet 项目的主要目标是在提供同等功能的同时，尽量遵守 Roy Fielding 博士论文中所阐述的 REST 的目标。此外，它还提出一个既适于客户端应用又适于服务端应用的、统一的 Web 视图。

Restlet 在术语上参照了 Roy Fielding 博士论文在讲解 REST 时采用的术语，并且 Restlet 增加了一些专门的类（如 Application、Filter、Finder、Router 和 Route），用于简化 Restlets 的彼此结合，以及把收到的请求映射为处理它们的资源。

下面以基于 JAX-RS 的 REST 服务为例，说明 Restlet 项目的创建过程。JAX-RS (JSR-311) 是一种 Java API，可使 Java Restful 服务的开发变得迅速而轻松。这个 API 提供了一种基于注解的模型来描述分布式资源。注解被用来提供资源的位置、资源的表示和可移植的 (Pluggable) 数据绑定架构。

(1) 新建 Java Web Project RestService 工程如图 3-47 所示。

(2) 将 %RESTLET_HOME%\lib 复制到 \RestService\WebContent\WEB-INF\lib 下，并加入工程引用。为了测试方便，可以将全部的 lib 包加进去，且 org.restlet.jar 必须加入其中。如果是用 JAX-RS 发布 rest，还需要 javax.ws.rs.jar、javax.xml.bind.jar、org.

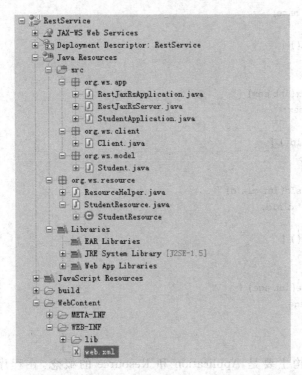

图 3-47　新建的 Java Web Project RestService 工程

json. jar、org. restlet. ext. jaxrs. jar、org. restlet. ext. json. jar、org. restlet. ext. servlet. jar 几个包。

（3）接下来创建 Student 实体类，用于返回数据。Student 使用 JAXB 绑定技术，自动解析为 XML 返回给客户端或浏览器。JAXB 是一套自动映射 XML 和 Java 实例的开发接口和工具，可以使 XML 更加方便地编译一个 XML SCHEMA 到一个或若干个 Java CLASS。

```
@XmlRootElement(name = "Student")
public class Student {
private int id;
private String name;
private int sex;
private int clsId;
private int age;
public int getId() {
    return id;
}
public void setId(int id) {
    this. id = id;
}
public String getName() {
    return name;
}
public void setName(String name) {
```

```
        this.name = name;
    }
    public int getSex() {
        return sex;
    }
    public void setSex(int sex) {
        this.sex = sex;
    }
    public int getClsId() {
        return clsId;
    }
    public void setClsId(int clsId) {
        this.clsId = clsId;
    }
    public int getAge() {
        return age;
    }
    public void setAge(int age) {
        this.age = age;
    }
}
```

（4）Restlet 架构主要是 Application 和 Resource 的概念，在程序中可以定义多个 Resource，一个 Application 可以管理多个 Resource。

① 创建应用类：StudentApplication 继承了抽象类 javax. ws. rs. core. Application，并重载了 getClasses()方法。代码如下：

```
Set < Class <?>> rrcs = new HashSet < Class <?>>();
rrcs. add(StudentResource. class);
```

② 绑定 StudentResource：有多个资源可以在这里绑定，例如 Course 等，可以相应地定义为 CourseResource 及 Course，然后加入 rrcs. add(CourseResource. class)。

③ 创建资源类：StudentResource 管理 Student 实体类，代码如下。

```
@Path("student")
public class StudentResource {
@GET
@Path("{id}/xml")
@Produces("application/xml")
public Student getStudentXml(@PathParam("id") int id) {
return ResourceHelper.getDefaultStudent();
}
}
```

其中，@Path("student")执行了 URI 路径，student 路径进来的都会调用 StudentResource 来处理；@GET 说明了 HTTP 的方法是 GET 方法；对于@Path("{id}/xml")，每个方法前都有对应的 Path，用来声明对应的 URI 路径；@Produces("application/xml")用于指定返回的数据格式为 xml；@PathParam("id") int id 表示接受传递进来的 id 值，并且 id 与 {id}定义的占位符要一致。

（5）定义了相应的 Resource 和 Application 后，还要创建运行环境。Restlet 架构为了更好地支持 JAX-RS 规范，定义了 JaxRsApplication 类来初始化基于 JAX-RS 的 Web Service 运行环境。

① 创建运行类：RestJaxRsApplication 继承了类 org. restlet. ext. jaxrs. JaxRsApplication，构造方法的代码如下。

```
public RestJaxRsApplication(Context context) {
super(context);
this.add(new StudentApplication());
}
```

将 StudentApplication 加入运行环境后，如果有多个 Application 可以在此绑定。

② 发布和部署 restlet 服务：

首先将 Restlet 服务部署到 Tomcat 容器中，在 web. xml 中加入以下代码：

```
< context – param >
< param – name > org. restlet. application </param – name >
< param – value > ws. app. RestJaxRsApplication </param – value >
</context – param >
< servlet >
< servlet – name > RestletServlet </servlet – name >
< servlet – class > org. restlet. ext. servlet. ServerServlet </servlet – class >
</servlet >
< servlet – mapping >
< servlet – name > RestletServlet </servlet – name >
< url – pattern >/ * </url – pattern >
</servlet – mapping >
```

如果启动 Tomcat 没报错，说明配置正确。

然后将 Restlet 服务当做单独的 Java 程序部署创建类 RestJaxRsServer，代码如下：

```
public static void main(String[ ] args) throws Exception {
Component component = new Component();
component.getServers().add(Protocol.HTTP, 8085);
component.getDefaultHost().attach(new RestJaxRsApplication(null));
component.start();
}
```

该类中创建了一个新的 HTTP Server，添加监听端口 8085。将 RestJaxRsApplication 加入到 HTTP Server 中，完成系统启动。

3.3.4 插件体系结构风格

插件(Plug-in)技术是现代软件设计思想的体现，它可以将需要开发的目标软件分为若干功能构件，各构件只要遵循标准接口即可。整个软件集成时，只需要将构件进行组装，而不是集成源代码或链接库进行编译与链接；需要新的功能构件时，也只需要按规定独立开发，完成后组装到原软件平台中即可使用，实现了一种二进制的软件集成方法。

插件体系结构由主体部分和扩展部分组成,主体部分完成系统的基本功能,扩展部分(插件库)完成系统的扩展功能。插件风格中存在两类接口:主体扩展接口和插件接口。主体扩展接口由主体实现,插件只是调用和使用;插件接口由插件实现,主体只是调用和使用,插件体系结构风格图如图3-48所示。

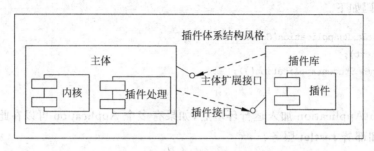

图 3-48   插件体系结构风格图

主体插件处理功能包括插件注册、管理、调用以及主体扩展接口的功能实现。插件注册为按照某种机制首先在系统中搜索已安装插件,之后将搜索到的插件注册到主体上,并在主体上生成相应的调用机制,包括菜单选项、工具栏、内部调用等;插件管理完成插件与主体的协调,为各插件在主体上生成管理信息以及进行插件的状态跟踪;插件调用用来调用各插件所实现的功能;主体插件处理模块的另一部分是主体扩展接口的具体实现。插件体系结构风格的优点如下:

(1) 实现真正意义上的软件部件的"即插即用";

(2) 在二进制级上集成软件,避免重新编译内核功能,方便功能扩展和升级;

(3) 能够很好地实现软件模块的分工和分期开发;

插件体系结构风格的缺点如下:

(1) 过多的插件给维护带来了困难,特别是没有一个优秀的接口规范会使系统混乱;

(2) 基于插件的软件开发,完全改变了已有的开发模式和软件销售模式,给软件团队增加了管理方面的一些成本。

目前,有很多这种插件风格的软件系统实例,如 Adobe 公司的图形处理软件 Photoshop。为了提高图形的处理功能,Photoshop 提供了标准插件开发接口,这样,第三方软件开发商就可以按标准插件接口开发独具特色的图形功能扩展,开发的插件安装后,系统即可使用,而不影响主程序和其他插件;除此之外,使用插件技术的软件还有 IE、Netscape 和 Macromedia 公司的系列软件,以及 Microsoft 的 Visual Studio 开发工具和 Office 办公软件等。目前也有很多支持插件风格的框架技术和标准,例如 OSGI 标准等。

开发平台 Eclipse 是插件风格的经典。Eclipse 平台是 IBM 向开发源码社区捐赠的开发框架,它是巨大投入所带来的成果:一个成熟的、精心设计的以及可扩展的体系结构。Eclipse 的价值是它为创建可扩展的集成开发环境提供了一个开放源码平台,这个平台允许任何人构建与环境和其他工具无缝集成的工具。

工具与 Eclipse 无缝集成的关键是插件。除了小型的运行时内核之外,Eclipse 中的所有东西都是插件。从这个角度来讲,所有功能部件都是以同等的方式创建的。

但是,某些插件比其他插件更重要。Workbench 和 Workspace 是 Eclipse 平台的两个必备的插件,它们提供了大多数插件使用的扩展点,插件需要扩展点才可以插入,这样它才能运行,如图 3-49 所示。

Workbench 组件包含了一些扩展点,例如,允许插件扩展 Eclipse 用户界面,使这些用户界面带有菜单选择和工具栏按钮;请求不同类型事件的通知;创建新视图。Workspace 组件包含了可以让用户与资源(包括项目和文件)交互的扩展点。

当然,其他插件可以扩展的 Eclipse 组件并非只有 Workbench 和 Workspace。此外,还有一个 Debug 组件可以让用户的插件启动程序、与正在运行的程序交互,以及处理错误,这是构建调试器所必需的。虽然 Debug 组件对于某些类型的应用程序是必需的,但大多数应用程序并不需要它。

还有一个 Team 组件允许 Eclipse 资源与版本控制系统(VCS)交互,但除非用户正在构建 VCS 的 Eclipse 客户机,否则 Team 组件就像 Debug 组件一样,不会扩展或增强它的功能。

最后,还有一个 Help 组件可以让用户提供应用程序的联机文档和与上下文敏感的帮助。没有人会否认帮助文档是专业应用程序必备的部分,但它并不是插件功能的必要部分。

下面以"Hello,World"插件的创建过程为例,来说明、理解插件体系结构风格。

1. 创建插件

最简单的方法是使用 Plug-in Development Environment(PDE),PDE 和 Java Development Tooling(JDT) IDE 是 Eclipse 的标准扩展。PDE 提供了一些向导来帮助用户创建插件,包括将在这里研究的"Hello,World"示例。选择"Hello,World"代码生成向导如图 3-50 所示。

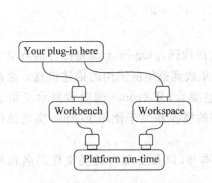

图 3-49 Eclipse Workbench 和 Workspace 必备的插件支持

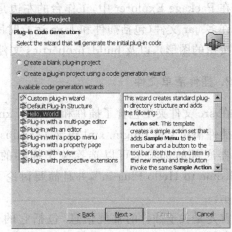

图 3-50 选择"Hello,World"代码生成向导

其中要求一些附加信息,包括插件名称、版本号、提供者名称和类名。这些是关于插件的重要信息,可以接受向导提供的默认值。此外,还接受包名、类名和消息文本的默认值。向导完成后,在工作区中会有一个新的项目,名称为 com. example. hello,如图 3-51 所示。

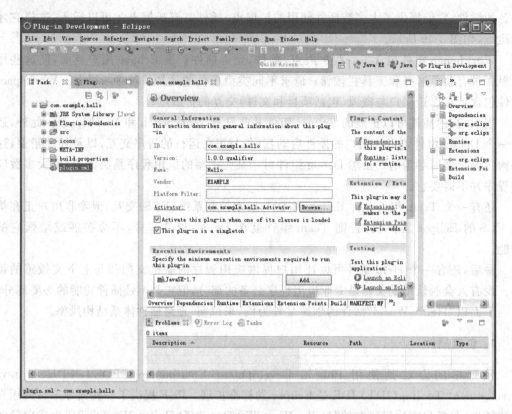

图 3-51 PDE 透视图 Welcome to Hello Plug-in

在 Package Explorer 中,工作台的左边是向导创建的一些东西的概述,包括项目类路径中的许多 .jar 文件(包括插件和 Java 运行时所需的 Eclipse 类)、一个图标文件夹(包含了工具栏按钮的图形),以及 build.properties 文件(包含自动构建脚本所使用的变量)。

2. 插件清单文件

在 src 文件夹中包含了插件和 plugin.xml 文件的源代码,plug-in.xml 是插件的清单文件。插件清单文件 plugin.xml 包含了 Eclipse 将插件集成到框架所使用的描述信息。通过编辑器底部的选项卡可以选择关于插件的不同信息集合,Welcome 选项卡显示了消息"Welcome to Hello Plug-in",并且简要讨论了所使用的模板和关于使用 Eclipse 实现插件的提示。

首先是关于插件的常规信息,包括它的名称、版本号,以及实现它的类文件的名称和 .jar文件名。

清单 1:插件清单文件——常规信息。

```
<?xmlversion = "1.0" encoding = "UTF - 8"?>
< plugin
    id = "com.example.hello"
    name = "Hello Plug - in"
    version = "1.0.0"
    provider - name = "EXAMPLE"
```

```
class = "com.example.hello.HelloPlugin">
    <runtime>
        <library name = "hello.jar"/>
    </runtime>
```

接着,列出了所创建插件所需的插件。

清单2:插件清单文件,即必需的插件。

```
<requires>
    <import plugin = "org.eclipse.core.resources"/>
    <import plugin = "org.eclipse.ui"/>
</requires>
```

此处列出的第一个插件 org.eclipse.core.resources 是工作区插件,但实际上在创建插件时并不需要它。第二个插件 org.eclipse.ui 是工作台。这里需要工作台插件,因为将扩展它的两个扩展点,正如后面的 extension 标记所指出的。

第一个 extension 标记拥有点属性 org.eclipse.ui.actionSets。操作集合是插件添加到工作台用户界面的一组基值,即菜单、菜单项和工具栏,用户可以更方便地管理它们。例如,"Hello,World"插件的菜单和工具栏项将出现在 Resource 透视图(图 3-52)中。

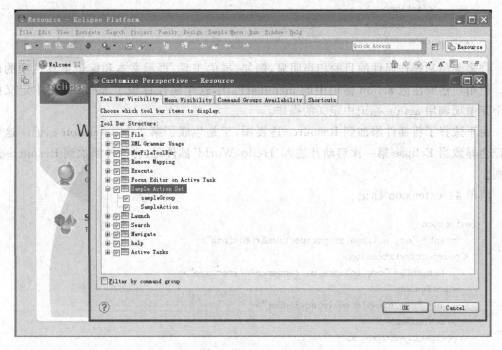

图 3-52　定制 Resource 透视图

操作集合包含了两个标记:menu 标记(描述菜单项应该出现在工作台菜单的什么位置,以及如何出现)和 action 标记(描述它应该做什么),尤其是 action 标记标识了执行操作的类。

清单3:操作集合。

```
<extension
```

```
        point = "org. eclipse. ui. actionSets">
    < actionSet
        label = "Sample Action Set"
        visible = "true"
        id = "com. example. hello. actionSet">
      < menu
            label = "Sample &Menu"
            id = "sampleMenu">
        < separator
            name = "sampleGroup">
        </ separator >
      </ menu >
      < action
            label = "&Sample Action"
            icon = "icons/sample. gif"
            class = "com. example. hello. actions. SampleAction"
            tooltip = "Hello, Eclipse world"
            menubarPath = "sampleMenu/sampleGroup"
            toolbarPath = "sampleGroup"
            id = "com. example. hello. actions. SampleAction">
      </ action >
      </ actionSet >
  </ extension >
```

许多菜单和操作属性的目的相当明显,例如,提供工具、提示文本和标识工具栏项的图形。但用户还要注意 action 标记中的 menubarPath,这个属性标识了 menu 标记中定义的哪个菜单项调用 action 标记中定义的操作。

由于选择了将插件添加到 Resource 透视图,于是生成了第二个 extension 标记。这个标记会导致当 Eclipse 第一次启动并装入"Hello,World"插件时,将插件添加到 Resource 透视图。

清单 4:extension 标记。

```
  < extension
      point = "org. eclipse. ui. perspectiveExtensions">
    < perspectiveExtension
        targetID = "org. eclipse. ui. resourcePerspective">
      < actionSet
        id = "com. example. hello. actionSet">
      </ actionSet >
    </ perspectiveExtension >
  </ extension >
</ plugin >
```

代码生成向导生成了两个 Java 源文件,其位于 PDE Package Explorer 中的 src 文件夹中。第一个文件 HelloPlugin. java 是插件类,它继承了 AbstractUIPlugin 抽象类。HelloPlugin 负责管理插件的生命周期,在更为扩展的应用程序中,它负责维护对话框设置和用户首选项等内容。

清单 5:HelloPlugin。

```
packagecom.example.hello.actions;
import org.eclipse.ui.plugin.*;
import org.eclipse.core.runtime.*;
import org.eclipse.core.resources.*;
import java.util.*;
public class HelloPlugin extends AbstractUIPlugin {
    //The shared instance.
    private static HelloPlugin plugin;
    //Resource bundle.
    private ResourceBundle resourceBundle;
    public HelloPlugin(IPluginDescriptor descriptor) {
        super(descriptor);
        plugin = this;
        try {
            resourceBundle = ResourceBundle.getBundle(
                    "com.example.hello.HelloPluginResources");
        } catch (MissingResourceException x) {
            resourceBundle = null;
        }
    }
    public static HelloPlugin getDefault() {
        return plugin;
    }
    public static IWorkspace getWorkspace() {
        return ResourcesPlugin.getWorkspace();
    }
    public static String getResourceString(String key) {
        ResourceBundle bundle = HelloPlugin.getDefault().getResourceBundle();
        try {
            return bundle.getString(key);
        } catch (MissingResourceException e) {
            return key;
        }
    }
    public ResourceBundle getResourceBundle() {
        return resourceBundle;
    }
}
```

第二个源文件 SampleAction.java 包含的类将执行在清单文件的操作集合中指定的操作。SampleAction 实现了 IWorkbenchWindowActionDelegate 接口,它允许 Eclipse 使用插件的代理,这样在一般情况下,Eclipse 就无须装入插件。IWorkbenchWindowActionDelegate 接口方法使插件可以与代理进行交互。

清单 6:IWorkbenchWindowActionDelegate 接口方法。

```
package com.example.hello.actions;
import org.eclipse.jface.action.IAction;
import org.eclipse.jface.viewers.ISelection;
import org.eclipse.ui.IWorkbenchWindow;
import org.eclipse.ui.IWorkbenchWindowActionDelegate;
```

```
import org.eclipse.jface.dialogs.MessageDialog;
public class SampleAction implements IWorkbenchWindowActionDelegate {
    private IWorkbenchWindow window;
    public SampleAction() {
    }
    public void run(IAction action) {
        MessageDialog.openInformation(
            window.getShell(),
            "Hello Plug - in",
            "Hello, Eclipse world");
    }
    public void selectionChanged(IAction action, ISelection selection) {
    }
    public void dispose() {
    }

    public void init(IWorkbenchWindow window) {
        this.window = window;
    }
}
```

3.3.5　面向服务体系结构风格

面向服务的计算(Service Oriented Computing,SOC)是基于 Internet 的新一代分布式计算平台,它把在 Internet 上的大量资源转化为服务,用来作为软件系统应用开发的基本元素。服务是一种粗粒度、可发现、松耦合、自治的分布式组件。服务的这些独特特征,使面向服务的体系结构(Service Oriented Architecture,SOA)明显区别于传统软件架构。SOA 是通过一定的原则来组合一系列可以相互交互的服务进行软件应用开发的一种架构解决方案。SOA 本身不是一种具体的技术,而是一个组件模型,一种架构风格。随着越来越多基于服务的技术标准的制定,SOA 逐渐走向成熟,转变成了一种生产力,但是仍然面临着服务管理、服务事务处理、服务之间的协同机制和安全等一系列问题的挑战。自 Gartner 公司在 1996 年首次提出 SOA 的概念以来,SOA 依然没有一个统一的、被业内同行普遍认可的定义,不同企业和个人对 SOA 有着不同的理解,大致上可分为以下狭义和广义两大定义:

(1) 狭义上认为 SOA 主要是一种架构风格,是以基于服务、IT 与业务对齐作为原则的IT 架构方式;

(2) 广义上把 SOA 看作是包括编程模型、运行环境和方法论等在内的一系列企业应用解决方案和企业环境,而不仅仅是一种架构风格。SOA 覆盖了软件开发的整个生命周期,包括软件建模、开发、整合、部署、运行等。

3.3.6　异构体系结构风格

传统的软件开发过程可以划分为从概念到实现的若干个阶段,包括问题定义、需求分析、软件设计、软件实现及软件测试等,软件体系结构的建立位于需求分析与软件设计之间。

软件体系结构设计中的一个核心问题是能否使用重复的体系结构模式,但对如何选择体系结构风格却没有固定的模式。

在设计软件系统时,从不同角度来观察和思考问题,会对体系结构风格的选择产生影响。每一种体系结构风格都有不同的特点,适用于不同的应用问题,因此,体系结构风格的选择是多样化的和复杂的。在实际应用中,要为系统选择或设计某一个体系结构风格,必须根据特定项目的具体特点进行分析和比较,而且各种软件体系结构并不是独立存在的,在一个系统中,往往会有多种体系结构共存和相互融合,形成更复杂的框架结构,即异构体系结构。随着信息时代的发展,用户对软件的需求越来越多,因此,系统设计采用的软件体系结构要求多变和复杂,异构体系结构的使用也越来越广泛。

异构体系结构是多种纯软件体系结构的融合,为大粒度重用软件元素提供了便利条件。采用异构体系结构来设计软件系统,其原因如下:

(1) 从根本上来说,不同体系结构风格有各自的优点和缺陷,用户应该根据具体情况来选择系统的框架结构,以解决实际问题。

(2) 关于框架、通信和体系结构问题,目前存在着多种不同的标准。在某段时间内,一种标准占据了统治地位,但其变动最终是绝对的。

(3) 在实际工作中,总会遇到一些遗留下来的代码,它们仍然有用,但是与新系统的框架结构不一致。出于技术与经济因素的考虑,决定不再重写它们。选择异构体系结构风格,可以实现遗留代码的重用。

(4) 在某一单位中,规定了共享软件包和某些标准,但仍会存在解释和表示习惯上的不同。选择异构体系结构风格,可以解决这一问题。

不同体系结构的组合主要包括以下两种方式。

(1) 空间异构:允许构件使用不同的连接件,不同子系统采用不同的体系结构。构件可以通过连接件来访问仓库,也可以用管道和其他构件进行交互。用户应该根据功能和性能,为每个子系统选择合适的体系结构风格。

(2) 分层异构:软件元素按层次结构进行组织,每一层使用不同的体系结构。

异构体系结构的组合方式很多种,例如,可以采用平行的方式,即根据软件各个子系统的结构、功能和性能,为每个或每类子系统选择相应的体系结构;也可以利用分层组织,即某种体系结构的一个组成部分在其内部可以是另一种与之完全不同的结构,以完全不同的结构类型完整描述体系结构中的每一层描述等。

例如,在设计开发的社会保险管理信息系统中,系统需要完成劳动和社会保险的所有业务管理,即"五保合一"管理的功能。整个业务流程十分复杂,牵涉面广泛。为了尽量降低维护成本,提高可重用性和软件开发效率,可引入异构软件体系结构的设计思想。

首先,整个系统可采用层次式软件体系结构,在层次式结构的业务管理层中又采用了正交体系结构。

层次式软件体系结构的使用不仅能够满足不同规模的用户的需求,还可以方便地在具有基本功能的基本系统和具有复杂功能的扩充系统之间进行选择,而且,各个抽象的层次同时可以作为一种知识积累,对于同类软件的快速开发有着很大的作用。

这里,社会保险管理信息系统的设计可分成具有 4 个层次的层次式软件体系结构,如

图 3-53 所示。通用核心层完成的是软件的一些通用的公共操作,这些操作能够尽量做到不与具体的数据库和表结构相关。通用核心层操作不仅可以应用于社会保险管理信息系统中,还可以方便地移植到其他的应用软件上。

基层单位管理平台是社会保险管理信息系统数据采集的重要来源,其包括劳资人事管理、工资管理、岗位管理和社会保险管理系统。其中,社会保险管理系统是社会保险管理信息系统的一个子集,是社会保险管理信息数据采集的主要来源。

扩展应用层是在典型应用系统的基础上扩充了一些更为复杂的功能,如对政策决策提供依据和支持,对政策执行状况进行监测,以及社会保险信息发布及个人账户电话语音查询等。

业务管理系统能够实现数据的初步汇总,它与其内包含的两层一起构成了社会保险管理信息的典型应用系统,完成社会保险的主要业务管理。在社会保险管理信息的业务管理系统的设计中引入了正交体系结构,将整个系统设计为三级正交结构,第一级划分为 8 个线索,如图 3-54 所示。

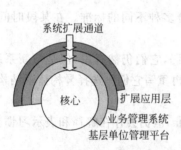

图 3-53　社会保险管理信息系统软件的层次结构

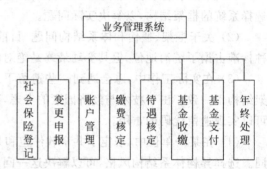

图 3-54　系统一级线索结构

每个一级线索又可划分为若干个二级线索。例如,一级线索"年终处理"可划分为"下年工作准备"、"发放账户通知单"、"保险金收支余额"3 个二级线索。每个二级线索又可划分为若干个三级线索。例如,二级线索"下年工作准备"可划分为"政策参数"、"企业缴费参数"、"缴费基数核算"及"工资和待遇预录入"4 个三级线索。最终,整个业务管理系统为三级正交线索,5 个层次。其中的一条完整的线索结构如图 3-55 所示。

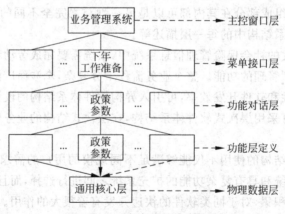

图 3-55　一条完整的线索结构

第4章

特定领域软件体系结构

4.1 特定领域软件体系结构概述

随着软件重用技术的不断发展和成熟,软件重用已经从代码级重用逐步上升到系统级重用。特定领域软件体系结构(Domain Specific Software Architecture,DSSA)的设计是系统级软件重用主要的研究内容之一。与一般软件过程总是针对某个特定应用不同,特定领域软件体系结构不以实现某个特定应用为目标,而是关注整个领域。针对领域分析模型中的需求,DSSA 给出了相应的解决方案,该解决方案不仅满足单个系统,而且也适应领域中的其他系统需求,是领域范围内的一个更高层次的设计框架。实践表明,特定领域的软件重用活动相对容易取得成功,参照 DSSA 所开发的软件产品具有较高的质量和良好的性能,同时也便于实现系统修改、系统维护和系统的二次开发。

多年来,人们一直在关注软件系统的整体结构和构件之间的关系,对软件体系结构开展研究,其目标就是探索如何快速、高效地利用构件来实现新应用。特定领域软件体系结构是适应领域中多个系统需求的一个高层次抽象和设计方案,DSSA 可以在多个具有相似需求的应用中得到重用,显然,DSSA 的重用要比程序代码的重用具有更重要的实际意义。

DSSA 最早是由美国国防部的高级研究计划局倡导的。它针对某个特定应用领域,是对领域模型和参考需求加以扩充所得到的软件体系结构。DSSA 通用于领域中的各个系统,体现了领域中各系统的共性,它通过领域分析和建模得到软件参考体系结构,为软件开发提供了一种通用基础,能够提高软件开发的效率。

从 1992 年开始,各参与方陆续发表了大量的研究成果,带动了一批相关研究项目的开展。因此,学术界关于软件体系结构研究的热点也主要集中在 DSSA 问题上。时至今日,DSSA 是软件体系结构与实际应用相结合的一个重要手段和有效途径,在国内外的金融领域、信息管理领域和军事领域中,DSSA 已经引起了充分的重视,并得到了广泛的应用。

4.2 特定领域软件体系结构的定义及组成

DSSA 是在一个特定应用领域中为一组应用提供组织结构参考的标准软件体系结构。对 DSSA 研究的角度、关心的问题不同导致了对 DSSA 的不同定义。早在 20 世纪 70 年代就有人提出程序族、应用族的概念,并开始了对特定领域软件体系结构的研究,这与软件体系结构研究的主要目的"在一组相关的应用中共享软件体系结构"也是一致的。DSSA 是从一个领域中所有应用系统的体系结构抽象出来的更高层次的体系结构,这个共有的体系结构是针对领域模型中的领域需求给出的解决方案。DSSA 是体现了领域中各系统的结构共性的软件体系结构,它通用于领域中的系统。从元素与集合的角度看,DSSA 是一组能够在特定领域被重用的软件元件集合,集合中的软件元件通过标准的结构组合共同完成一个成功的实际应用。

从功能覆盖范围的角度来看,DSSA 中所涉及的领域如下。

(1) 垂直域:定义一个特定的系统族,包含整个系统族内的多个系统,结果是在该领域中可作为系统的可行解决方案的一个通用软件体系结构。

(2) 水平域:定义在多个系统和多个系统族中功能区域的共同部分,在子系统上涵盖多个系统族的特定部分功能,但无法为系统提供完整的通用体系结构。

简单地说,DSSA 就是在一个特定应用领域中为一组应用提供组织结构参考的标准软件框架。美国国防部和美国空军非常重视对特定领域软件体系结构的研究,并给出了两个关于 DSSA 的定义。

定义 1:DSSA 是软件构件的集合,以标准结构组合而成,对于一种特殊类型的任务具有通用性,可以有效地、成功地用于新应用系统的构建。在该定义中,构件是指一个抽象的具有特征的软件单元,它能为其他单元提供相应的服务。

定义 2:DSSA 是问题元素和解元素的样本,同时给出了问题元素和解元素之间的映射关系。

Tracz 从需求和求解过程出发,给出了 DSSA 的定义。

定义 3:DSSA 是一个特定问题领域中支持一组应用的领域模型、参考需求和参考体系结构所形成的开发基础,其目标是支持该特定领域中多个应用的重用生成。

实际上,DSSA 不仅仅是软件构件的集合,还应该包括工作流程、评估系统、团队组织、测试计划、集成方案、技术文档和其他劳动密集型软件资源。DSSA 所包含的内容都可以用于软件重用,以提高系统开发的效率和质量。

通过分析 DSSA 的定义和描述可以看出,DSSA 具有以下特征:

(1) 它是对整个领域适度的抽象;

(2) 具有严格定义的问题域或解决方案域;

(3) 具备该领域固有的、典型的在开发过程中可重用的元素;

(4) 具有普遍性,即可用于领域中某个特定应用的开发。

一般而言,DSSA 由可重用构件、参考需求工程、参考体系结构 3 个主要信息元素以及框架/环境支持工具、抽取和评估工具组成,如图 4-1 所示。

其中,领域模型是 DSSA 的关键部分,它描述了领域内系统需求上的共性。领域模型所描述的需求称为参考需求或领域需求,它是通过考察领域中已有系统的参考需求获得的。参考体系结构则是一个统一的、相关的、多级的软件体系结构规范。

DSSA 包含两个过程,即领域工程和应用工程。领域工程是为一组相近或相似的应用建立基本能力与必备基础的过程,它覆盖了建立可重用软件元素的所有活动。领域工程对领域中的应用进行分析,识别出这些应用的共同特性和可变特征,对所刻画的对象和操作进

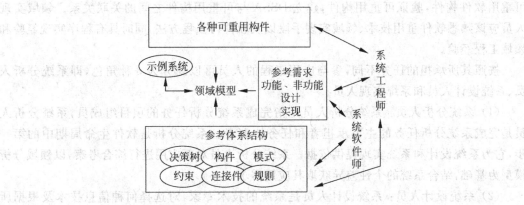

图 4-1 DSSA 组成

行必要的抽象,以形成领域模型。根据领域模型,可以获取各种应用所共同拥有的体系结构和创建流程,并且以此为基础,还可以识别、开发和组织各种可重用的软件元素。应用工程是通过重用软件资源,以领域通用体系结构为框架,开发出满足用户需求的一系列应用软件的过程。应用工程主要包括需求分析、实例化参考体系结构、实例化类属构件以及自动或半自动地创建应用系统等。

DSSA 的参与者包括领域工程人员和应用工程人员。按照其所承担的任务不同,参与领域工程的人员可以划分为 4 种角色:领域专家、领域分析人员、领域设计人员和领域实现人员。下面将对这 4 种角色分别加以介绍。

(1) 领域专家:在领域分析过程中,领域专家包括领域中有经验的终端用户,从事该领域中需求分析、设计、实现以及项目管理工作的有经验的软件工程师和领域内管理专家等。领域专家的主要任务包括提供关于领域中系统的需求规约和实现的知识以及先进的管理模型,帮助组织规范的、一致的领域字典,复审领域模型、DSSA 等领域分析产品等。领域专家应该熟悉该领域中系统的软件设计和实现、硬件限制、未来的用户需求及技术走向等。

(2) 领域分析人员:领域分析人员是领域分析活动的核心成员,应由具有知识工程背景的有经验的系统分析人员来担任。领域分析人员的主要任务包括控制整个领域分析过程,进行知识获取,将获取的知识组织到领域模型中,根据现有系统、标准规范等验证领域模型的准确性和一致性,维护领域模型。领域分析人员应熟悉软件重用和领域分析方法,熟悉进行知识获取和知识表示所需的技术、语言和工具,应有一定的该领域的经验,以便于分析领域中的问题以及与领域专家进行交互,应具有较高的进行抽象、关联和类比的能力,应具有较高的与他人交互和合作的能力。

(3) 领域设计人员:领域设计人员应由有经验的软件设计人员来担任,主要任务包括领域设计过程的控制、根据领域模型和现有系统开发出 DSSA、对 DSSA 的准确性和一致性进行验证、建立领域模型与 DSSA 之间的联系等。领域设计人员应该熟悉软件重用技术、领域设计方法以及软件设计手段,同时应该具有一定的领域知识和领域经验,以便于对领域中的相关问题进行分析,与领域专家进行及时的交流与沟通。

(4) 领域实现人员:领域实现人员应该由有经验的程序设计人员来担任,主要任务包括根据领域模型和 DSSA 来开发可重用软件构件,或者利用再工程技术从现有系统中提取可重用软件构件,验证可重用构件,建立 DSSA 与可重用构件之间的关联关系。领域实现人员应该熟悉软件重用技术、领域实现手段以及软件再工程方法,同时具有程序实现经验和领域工程经验。

按照其所承担的任务不同,参与应用工程的人员可以划分为 3 种角色,即系统分析人员、系统设计人员和系统实现人员。

(1) 系统分析人员:系统分析人员是指完成系统分析任务的项目组成员,系统分析人员是完成系统分析任务的主要承担者和任务协调者。系统分析是软件生命周期中的第一步,它为系统设计和系统实现提供依据。系统分析人员对新应用进行综合考察,以领域分析模型为基础,结合系统的个性差异获取其应用需求。

(2) 系统设计人员:系统设计人员是系统的技术专家,对选择何种信息技术及根据所选择的技术来设计系统非常感兴趣。他们不关心具体的业务需求,而是专注于某些专业技术。系统设计人员根据应用需求,以领域设计框架为基础,给出应用系统的整体结构。系统设计人员将系统用户的业务需求和约束条件转换为可行的技术解决方案,设计满足用户需求的网络架构、数据库、输入/输出和用户界面等,主要包括以下人员。

① 网络架构人员:掌握网络技术和电信技术的人员,设计网络环境配置方案。

② Web 架构人员:了解 Web 技术的人员,设计组织内部的 Web 站点、公共的 Web 站点,以及组织对组织的 Web 站点。

③ 数据库管理人员:熟悉数据库技术的相关人员,负责设计信息系统的数据库。

④ 人机界面设计人员:设计实用美观的输入/输出和交互界面,以实现用户与应用系统之间的交互。

⑤ 系统框架设计人员:对系统进行功能划分,将每一个内聚性较强的功能模块视为一个概念构件。

⑥ 安全专家:掌握网络安全技术和数据完整技术的相关人员。

总之,系统设计人员将应用需求转换为可行的技术解决方案,构造系统的最终设计蓝图,审视系统的框架结构。

(3) 系统实现人员:系统实现指对设计框架中的概念构件进行分类,如果构件库中存在与之相符的实现构件,则直接进行重用;若存在相似的实现构件,则对其进行修改,符合要求后进行重用;若不存在相符和相似的实现构件,则需要进行重新开发。按照整体设计框架,系统实现人员将构件连接起来,以创建应用系统。系统实现人员主要包括以下人员。

① 应用程序员:擅长将业务需求、问题描述和流程陈述转换成计算机语言,开发、测试用于捕捉和存储数据的程序。

② 系统程序员:开发、测试和实现操作系统级的软件、工具和服务的相关人员,开发、供应用程序员所使用的可重用的软件构件。

③ 数据库程序员:掌握数据库技术的相关人员,开发应用程序用于构造、修改、使用、维护和测试数据库。

④ 网络管理人员:设计、安装、维修和优化计算机网络的人员。

⑤ 安全管理人员:设计、实现、维修和从事网络安全及隐私控制的人员。

⑥ Web 站点管理人员:配置和维护 Web 服务器的相关人员。

⑦ 软件集成人员：集成软件包、硬件和网络环境的人员。

4.3 特定领域软件体系结构的领域工程

领域工程有助于解决可重用信息的识别、组织和利用问题,有助于产生具有较高可重用性的构件,对开发者重用构件提供了有力的支持。

对特定领域的应用系统实施领域工程必须具备一些基本的前提,只有这样,领域工程的实施才能顺利,才能更具有意义。

(1) 可重用信息的领域特定性：可重用性不是信息的一种孤立的属性,它依赖于特定的问题和特定问题的解决方法。某信息具有可重用性是指当使用特定的方法解决特定的问题时,它是可重用的。基于这一基本认识,用户在识别、获取和表示可重用信息时应采用面向领域的策略。

(2) 问题领域的内聚性和稳定性。关于现实世界问题领域的解决方法的知识是充分内聚和稳定的,这样才能使获取和表示这些知识的努力是有意义的,这一基本认识是实际观察的结果。一个问题领域的规约和实现具备知识的内聚性,使得用户可以通过一组有限的、相对较少的可重用信息来把握这些可以解决大量问题的知识。领域的稳定性,使得获取和表示这些信息所付出的代价可以通过在一段较长的时间内多次重用它们来得到补偿。

在领域工程中有一些基本的概念,正确、深入地理解这些概念对于理解和实施领域工程具有非常重要的意义。

(1) 领域：领域是指一组具有相似或相近软件需求的应用系统所覆盖的功能区域。领域的概念是领域工程中的基础概念,领域概念的确定决定了领域工程中许多行为和方法的含义。例如,领域工程师在进行领域工程时,需要与“领域专家”进行交流,以获得关于领域的知识。

(2) 领域模型：当需要建立领域的抽象时,需要和领域专家进行交流,了解领域知识,但这些未加工的知识不能被直接加入软件系统中,我们首先要在脑海中建立一幅蓝图。开始时,这幅蓝图可能是不完整的,但随着时间的推移,它会越来越好。这幅蓝图就是一个关于领域的模型。按照 Eric Evans 的观点,领域模型不是一幅具体的图,它是那幅图要极力去传达的思想。它也不是一个领域专家头脑中的知识,而是一个经过严格组织并进行选择性抽象的知识。一幅图能够描绘和传达一个模型,同样,按照这个模型精心编写的代码也能实现这个目的。领域模型是我们对目标领域内部的展现方式,是非常必需的,会贯穿整个设计和开发过程。在设计过程中,我们要记住模型并会对其中的内容进行引用。从终端用户角度来看,领域模型是一组能够反映领域共性与变化特征(例如功能、对象、数据及其关系)的相关模型和文档资料。领域模型描述领域中应用的共同需求,领域模型所描述的需求经常被称为领域需求。与单个应用需求规约模型不同,领域模型是针对某一特定领域的需求规约模型。除了具有一般需求规约模型的功能之外,在软件重用过程中,领域模型还承担着为领域内新系统的开发提供可重用软件需求规约的任务,同时指导完成领域设计阶段和实现阶段的可重用软件资源的创建工作。领域模型描述了多种不同的信息,主要包括以下几方面内容。

① 领域范围：领域定义和上下文分析。

② 领域字典：定义领域内相关术语，其目的是为用户、分析人员、设计人员、实现人员、测试人员和维护人员进行准确、方便的交流提供基础条件。

③ 符号标识：描述概念和概念模型，利用符号系统对领域模型内的概念进行统一的说明，主要包括对象图、状态图、实体关系图和数据流程图等。

④ 领域共性：领域内相似应用的共性需求和共同特征。

⑤ 特征模型：定义领域特征，描述领域特征之间的相互关系。

(3) 领域工程：领域工程是为一组相似或相近系统的应用工程建立基本能力和必备基础的过程，它覆盖了建立可重用的软件构件的所有活动。领域工程对领域中的系统进行分析，识别这些应用的共同特征和可变特征，对刻画这些特征的对象和操作进行选择和抽象，形成领域模型，依据领域模型产生出 DSSA，并以此为基础，识别、开发和组织可重用构件。这样，当用户开发同一领域中的新应用时，可以根据领域模型确定新应用的需求规约，根据特定领域的软件体系结构形成新应用的设计，并以此为基础选择可重用构件进行组装，从而形成新系统。

在领域工程中，信息的来源主要包括现存系统、技术文献、问题域、系统开发专家、用户调查、市场分析，以及领域演化的历史记录等。以这些信息为基础，可以分析出领域中的应用需求，确定哪些需求是被领域中其他系统所共享的，从而为之建立领域模型。当领域中存在大量应用系统时，需要选择它们的子集作为样本系统。对样本系统需求的考察将显示出领域需求的变化状况，其中，一部分需求是被考察的系统所共有的，另一部分需求是单个系统所特有的，而其余需求则位于这两者之间被部分系统所共享。

在实施领域工程的过程中包含了一些基本行为，虽然具体的领域工程方法可能定义不同的概念、步骤、产品等，但这些基本行为是大体上一致的。这些行为分为领域分析、领域设计和领域实现 3 个阶段，本节将以面向制造领域的数据仓库系统的开发为例，对领域工程的 3 个阶段加以介绍。

数据仓库是一个面向主题的、集成的、相对稳定的、反映历史变化的数据集合，用于支持管理决策。数据仓库具有以下 4 个特点。

(1) 面向主题：数据仓库中的数据是按照一定的主题域进行组织的。主题是一个抽象的概念，是指用户使用数据仓库进行决策时所关心的重点方面，一个主题通常与多个操作型信息系统相关。

(2) 集成的：数据仓库中的数据是在对原有分散的数据库数据进行抽取、清理的基础上经过系统加工、汇总和整理得到的，必须消除源数据中的不一致性，以保证数据仓库内的信息是关于整个企业的一致的全局信息。

(3) 相对稳定的：数据仓库的数据主要供企业决策分析之用，所涉及的数据操作主要是数据查询，一旦某个数据进入数据仓库，一般情况下将被长期保留，也就是数据仓库中一般有大量的查询操作，但修改和删除操作很少，通常只需要定期地加载、刷新。

(4) 反映历史变化：数据仓库中的数据通常包含历史信息，系统记录了企业从过去某一时点（如开始应用数据仓库的时点）到目前的各个阶段的信息，用户通过这些信息，可以对企业的发展历程和未来趋势做出定量分析和预测。

按照领域工程方法的过程来进行面向制造领域的数据仓库系统的分析、设计与开发的过程如图 4-2 所示。

4.3.1 领域分析

领域分析(Domain Analysis)是 Neighous 于 1981 年在他的博士论文"使用部件的软件构筑"中首次提出的。它的含义是指识别、捕获和组织特定领域中一类相似系统的对象及操作等可重用信息的过程,其目标是支持系统化的软件重用。在这之后,人们围绕领域分析进行了大量的研究与实践工作,形成了众多关于领域分析的概念和方法。综合这些概念,可以认为,领域分析是在一个特定领域范围内开展的,以领域定义、共性抽象、特性描述、概念阐述、数据抽取、功能分析、关系识别以及结构框架开发为目标的系统化分析过程。与系统分析不同,领域分析所关心

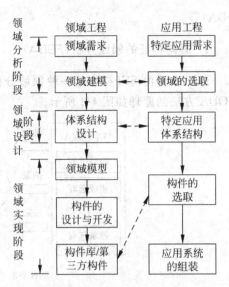

图 4-2　面向领域的数据仓库系统的开发过程

的是一个特定领域内所有相似系统的对象和活动的共同特征与演化特性,所产生的是支持系统化重用的基础设施。这些基础重用设施主要包括领域定义、开发标准、领域模型和可重用构件仓库等。领域分析是 DSSA 开发的基础,是 DSSA 开发的出发点,也是这种方法成败的关键。

领域分析是领域工程的第一个阶段,这个阶段的主要目标是产生领域模型,所进行的两项活动包括领域定义和建立领域模型,主要有以下几个方面。

(1) 进行需求分析:需求分析的内容主要有服务分析、功能分析、行为特点分析、共性与变化性分析、质量需求分析、领域术语分析和规约及交互分析活动。

(2) 确定用领域工程的方法进行系统设计和实施过程中的主要参与者和利用的主要资源。

(3) 在需求分析的基础上,区分领域中模块的共性和特性,以便用来组装完成特定功能的业务构件。

(4) 确定领域中变化的部分和不变的部分:提取领域中共性的模块进行处理,用来构建领域知识库和构件库。用户可以调整领域的知识结构,从而系统化地管理和存放领域知识,以适应知识的变化。

(5) 建立领域模型:领域模型是一个半形式化的领域描述,它创建一个综合知识库并影响领域中的所有开发和集成的结果。

(6) 在已经建立起来的领域模型的基础上建立参考需求。

领域分析是一项极其复杂的工作,研究人员根据要解决的特定问题提出了许多领域分析方法。其中,比较有影响的领域分析方法有面向特征的领域分析(Feature-Oriented Domain Analysis,FODA)、组织领域分析模型(Organization Domain Modeling,ODM)、基于 DSSA 的领域分析(DSSA Domain Analysis,DDA)、JIAWG 面向对象的领域分析(JIAWG Object-Oriented Domain Analysis,JODA)、领域分析和设计过程(Domain Analysis and Design Process,DADP)和动态领域分析(Dynamic Domain Analysis,

DDA)等。

1. 面向特征的领域分析(FODA)

FODA 是由 SEI 提出的一种领域分析方法,该方法基于两个建模概念:抽象和求精。FODA 方法的原理如图 4-3 所示。

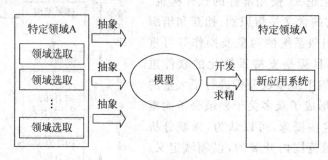

图 4-3　FODA 方法的原理

抽象用于从领域中的具体应用系统创建领域模型,这些通用的领域模型抽象了应用系统中具有领域代表性的功能需求和设计模式,领域模型的基本特性是通过去除此应用系统与相同领域的应用系统之间不同的"因子"得到的,而领域内的具体应用系统可以通过对抽象过程得到的领域模型求精来进行开发。

FODA 的分析过程被分为语境分析、领域建模和体系结构建模 3 个阶段。

(1) 语境分析(Context Analysis):语境分析的目的是定义一个领域的范围,对领域和与领域交互的外在因素(如不同的操作环境、不同的数据需求)的联系进行分析。分析的结果是产生文档化的语境模型。

(2) 领域建模:一旦领域的范围界定,领域建模通过特征分析和操作分析两个步骤对领域中应用系统的公共与不同部分进行抽象,进而产生领域模型。

① 特征分析(Feature Analysis):在这个过程中,捕获客户对应用系统通用功能或特征的需求,产生特征模型(Features Model)。这是 FODA 分析过程产生的领域模型中最重要的一个模型,它将应用系统的特征分为三类,即语境特征(Context Features)、表示特征(Representation Features)、操作特征(Operational Features)。在此模型中,三类特征可以被定义为可选择的或强制性的。强制性的特征是指系统的基本特征以及它们之间的关系;可选择的特征是指通用特征的具体化。

② 操作分析(Operational Analysis):在这个过程中,领域的活动特性(数据流和系统的控制流、有限状态机模型等)被描述,产生了操作模型。

(3) 体系结构建模:这个阶段提供特定领域应用系统的体系结构模型,体系结构模型是对应用系统的高层设计。它的重点在于确定一致的过程和面向领域的公共模块,并且定义了从领域模型中描述的系统特征、功能和数据对象到过程和模块的映射。

另外,FODA 更侧重的是一种面向重用用户的领域需求分析方法,它的重点在于分析特定领域软件系统的共同点和不同点,为领域工程和获取重用机会服务,而它对问题域复杂多变的联系和区别没有定义直观和统一的表达规范。在从领域模型到体系结构建模的过程中没有定义详细的过程,不便于 FODA 的分析结果被广大系统分析员重用和支持。

采用该领域分析方法对某领域进行分析时,主要包括 3 个阶段,即上下文分析、领域建模以及体系结构建模。在上下文分析阶段,其主要目的是被分析领域范围的确定,并根据该领域范围建立相应的上下文模型,而上下文模型一般由一个或多个结构图或数据流图组成。上下文分析之后的下一阶段就是领域建模阶段,该阶段的主要任务是完成特征模型、实体关系模型以及功能模型。下面对这 3 个模型做简要的说明。

(1) 特征模型:特征模型的主要目的是捕获领域内应用系统所具有的一组共性和变化性的依据。

(2) 实体关系模型:实体关系模型是通过对领域知识和现有应用系统进行分析,得出领域中所存在的实体以及实体与实体之间的关系。在实体关系模型中,间接定义了领域分析的下两个阶段所需要的各种对象与数据。

(3) 功能模型:功能模型的主要作用是识别并建立该领域中的应用系统所具有的共性以及变化性的功能。该功能模型的确立可以为领域中新应用系统的开发提供一个抽象的功能模型。通过对该抽象功能模型的实例化或定制,可以得到适合具体应用系统需求的功能模型。

FODA 定义明确,过程简单清晰,直接对应领域工程的 3 个基本阶段,已被应用到商业和军事等领域中。

2. 组织领域分析模型(ODM)

ODM 方法是 STARS 项目的一个工作产品,由 Mark Simos 正式提出,是进行领域分析和建模工作的较为通用的一种方法。该方法包括一套结构化的工作产品、一个可裁剪的过程模型、一套建模技术和指导方针。ODM 方法强调以领域内不同利益的相关群体为核心,通过有效的团队合作进行领域分析与设计工作。该方法在可重用过程模型 CFRP 的基础上形成了一套标准化的领域分析过程和工作产品模板,因此可以通过模板选择和裁剪快速地组织系统分析工作,同时支持领域内相同信息的多元化观念协调。ODM 既支持描述性的建模方法,也支持说明性的建模方法。利用描述性建模说明领域术语、检验已存在系统、了解需求、发现关于采样标本的共性与差异,利用说明性建模描述有关功能性的决策以及这些决策的变化范围。该方法在系统分析阶段分为 3 个步骤,即领域规划、领域建模和可重用资产建设。

3. JIAWG 面向对象的领域分析(JODA)

JODA 是 JIAWG(Joint Integrated Avionics Working Group)的一个工作产品,是以 Code/Yourdon 的面向对象分析技术和符号体系为基础所实现的一种领域分析方法。它的核心思想是运用修改后的 Code/Yourdon 面向对象分析技术来定义领域模型,同时获取可重用的软件对象,特别是可重用的软件需求;然后分析领域中的共性特征和个性差异,在领域模型的基础上定义可重用的体系结构,设计可重用的程序代码。领域体系结构刻画了所展示的问题、概念、对象、服务、属性以及对象与概念之间的相互关系。其中,领域体系结构使用 CYOOA 图进行定义,领域组成通过整体—部分图(Whole-Part Diagrams)进行描述,领域对象利用它们所提供的服务和属性进行定义,各种对象之间的变化通过一般—特殊图(Generalized-Specific Diagrams)进行描述。JODA 领域分析过程包括 3 个阶段,即领域准备、领域定义和领域建模。

4. 领域分析和设计过程(DADP)

DADP 注重软件和系统的重用过程,依赖于特定的领域分析技术和领域设计技术。它通过系统的工程方法来描述一个问题空间及其约束条件,然后反复运用软件工程、硬件工程和人员工程的手段来寻求问题空间的解。问题空间的表示存储于软件生命周期的支持环境中。DADP 遵循面向对象的原则,综合自顶向下方法和自底向上方法来最大程度地标识重用的潜力,主要包括一些公共特征(支持水平重用)和特定领域特征(支持垂直重用)。DADP 方法的基本策略是标识、获取、组织、抽象和表示一个特定领域内的共性特征和个性差异,以便于在一个组织好的领域知识主体内有效地揭示生命周期中不同阶段的可重用性。DADP 方法主要分为 4 个阶段,即标识领域、界定领域、分析领域和设计领域。

5. 动态领域分析(DDA)

DDA 的具体分析内容为收集信息、确定领域范围;区分共性、个性和动态元素;描述领域中的各类元素。DDA 利用面向对象技术,对领域中的动态元素进行分析,扩展了领域模型,提高了模型、体系结构以及构件的独立性,支持运行时刻的模型变化,提升了动态元素的包容能力。

DDA 的输出结果主要以动态领域模型的形式进行体现,使用形式化的手段从问题域中获取领域分析结果。动态领域模型是软件重用资源生成的基础,也是开展领域分析后续活动的基础和指导方针。

6. 基于 DSSA 的领域分析

目前,有许多机构正在从事不同领域的 DSSA 分析方法的研究工作,已经形成了很多基于 DSSA 的领域分析方法。一般来说,DSSA 领域分析方法可以分为 3 个阶段:通过对领域共性特征和个性差异进行分析,来构造各种形式的领域模型和基于构件的软件体系结构,获取领域开发环境;在领域开发环境中,根据领域体系结构,使用体系结构定义语言来描述一个实现模块之间信息交互的 DSSA,同时开发满足 DSSA 的基于构件的原型系统;利用原型系统和 DSSA 实现应用系统。

目前,很多领域分析方法还处于研究和实践阶段。通过分析和比较可以看出,它们基于一些共同的观点,同时,它们之间存在一定的差异性,这主要表现在它们定义了各自不同的目标、产品和过程,有各自不同的适用情况。正如没有一种需求规约表示方法、设计方法、程序设计语言、CASE 工具能够适用于所有应用系统的开发一样,没有理由认为存在一种领域工程方法适用于所有需要进行领域工程的情况。因此,当软件开发组织选择领域工程方法时,需要根据本组织的具体重用情况在具体的软件重用环境下对领域工程方法进行比较。这里的具体重用情况包括重用目标、重用过程、重用策略、重用度量、支持工具等。选择领域工程方法时需要了解领域工程方法是如何与软件开发过程相结合的,需要衡量在采用的软件开发过程中结合领域工程方法可能带来的收益,特别需要考虑某种领域工程方法将带来的长期和短期的投资和收益。

综上所述,领域分析不是一个孤立的过程,它与领域工程和应用工程的各个环节有着密切的关系。在应用工程中已经被广泛使用的各种方法、技术和原则,经过补充和修改后,都可以在领域分析过程中使用,同时,领域分析依赖于领域工程、应用工程、知识工程、人工智能和信息管理等学科的支撑。在进行领域分析时,用户应该有效地理解应用本身所处的语义环境,进而掌握由该语境所产生的系统需求。通常,对领域需要进行整体性的分析,而不是刻意地分析其中的某些实现细节,同时要注意领域分析的次序性。

本节在特征建模的基础上,结合制造领域数据仓库系统的特点,给出如图 4-4 所示的领域特征建模过程,对该领域进行需求分析,并得出该领域的领域模型。

图 4-4　特征建模过程

根据制造领域数据仓库系统的需求以及系统调查,采用特征建模来捕捉制造领域数据仓库系统的共性,建立该领域的特征模型。将数据仓库的主题作为特征并对制造领域的数据仓库主题进行特征分析,从中识别出具有可变特征和不变特征的主题,并最终确定本系统的主题以及分主题,图 4-5 为制造领域数据仓库系统的特征模型片段。领域模型中带圈的特征表示可变特征,说明并不是所有的应用系统都需要相关的主题,用户可以依据具体的应用系统进行取舍和剪裁。

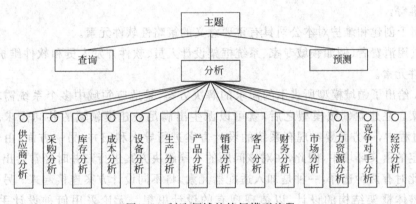

图 4-5　制造领域的特征模型片段

4.3.2　领域设计

领域设计是领域工程的第二个阶段,此阶段的主要目标是针对领域分析阶段获得的对目标领域的问题域系统责任的认识,开发出相应的设计模型。与领域分析模型一样,领域设计框架必须被一般化、标准化和文档化,使之能够在创建多个软件产品时被使用。领域设计框架一般化处理的步骤如下:

(1) 从实现中分离依赖关系,使之容易辨认和修改,以适应特定软件产品的需求,或者满足新应用环境与技术的需要。

(2) 将框架分层,使软件资源(例如过程和服务)可以按照特定应用、特定操作系统以及特定硬件平台的要求进行分层。这样,将使领域设计框架更容易适应特定领域软件开发的需求。

（3）在每一层上，寻找适合领域设计框架的通用软件资源，然后以此为基础，寻找适合框架的其他基础性资源。

由于可重用构件是根据领域模型和领域设计框架来进行组织的，因此，在设计阶段创建DSSA的同时也就形成了可重用构件的规约。领域工程有助于产生具有较高可重用性的构件。领域工程将关于领域的知识转化为领域中系统共同的规约、设计和体系结构，使得可以被重用的信息的范围扩大到了抽象级别较高的分析和设计阶段。由于通过领域工程产生的可重用构件来源于领域中现有的系统，体现了领域中系统的本质需求，因此，这些构件具有较高的可重用性。同时，领域工程产生了领域模型和特定领域的软件体系结构或应用系统的生成过程，这对于基于重用的开发很有帮助。可重用构件是根据领域模型和DSSA组织的，方便了构件的检索。开发以领域模型和DSSA为线索进行，它们为构件组装提供了上下文，可以帮助开发者识别重用机会，判断可重用构件是否符合当前需要，使得利用可重用构件组装或生成新的系统较为容易。

在领域工程中，重用应该挑选具有最高重用潜力的软件资源，对其进行开发和自动抽取。重用元素的选择原则如下：

（1）在软件开发和维护过程中，最频繁使用的软件元素。

（2）提供最大利益的软件元素，例如节省费用、节省时间、减少项目失败的风险，以及强化重用标准等。

（3）用于创建和维护对本公司具有重要意义的策略性软件元素。

（4）重用消费者（例如领域专家、系统框架设计人员、软件开发人员和软件维护人员）所需要的软件元素。

DSSA给出了领域模型所表示的需求的解决方案，是适应领域中多个系统需求的高层次设计框架。在建立领域模型之后，就可以派生出满足被建模领域的共同需求。在形成DSSA的过程中，一方面要对现有系统的设计方案进行导入和归并，另一方面，由于现有系统处于特定的语义环境中，因此，在对该问题的不同解决方案进行归并时经常会出现不匹配的情况。此时有两种选择，一种是加入适配器元素，将不同设计方案连接起来；另一种则是重新进行整体框架结构的设计，以体现现有的设计思想。无论采用何种设计手段，在对DSSA进行复审时，固定DSSA中的变化性成分能够产生出具有相同或相似功能，且与现有设计相类似的解决方案。

领域设计要满足的需求应具有一定的变化性，因此，解决方案也应该是可变的。DSSA的创建过程是以现有系统设计方案为基础的，领域设计的目标是把握已有的设计经验。因此，DSSA的各个组成部分应该是现有系统设计框架的泛化，便于今后的实例化与信息参考。

DSSA的变化性对DSSA提出了以下两方面的要求：其一，开发领域中的某个特定系统可以以DSSA为基础，选择适当的构件进行组装，来满足该特定系统的特定的需求；其二，领域中的可重用构件可以方便地依据DSSA进行集成组装。为达到这两方面的要求，可采用以下方式使DSSA能够适应领域中的变化性，即将满足领域需求的系统成分在DSSA和构件之间进行适当的分配，将固定的系统成分分配在DSSA中，将可变的系统成分分配到构件中，同时使DSSA与构件间的接口尽可能地清晰、简洁，或者采用多选一和可选的解决方案。对于领域模型中的必选需求,在 DSSA 中应该有与之对应的必选元素;对于领域模型中的可选需求,在 DSSA 中应该有与之对应的可选元素;对于领域模型中的一组多选一需求,在 DSSA 中应该有与之对应的一组多选一元素。

领域分析的主要输出结果就是领域模型。领域模型跟它所源自的领域有着密切的关联关系。领域设计应该紧紧地围绕着领域模型展开,领域模型自身也会基于领域设计的决定而有所增进。脱离了领域模型的设计会导致软件不能反映它所服务的领域,甚至可能得不到期望的行为。领域建模如果得不到领域设计的反馈或者缺少了开发人员的参与,将会导致必须实现模型的人很难理解它,并且可能找不到适合的实现技术。

在领域设计阶段,考虑基于数据仓库的特点,采用面向构件方法的分层策略,设计了如图 4-6 所示的制造领域数据仓库系统的体系结构,该系统的整体框架自顶向下分别是展现层、逻辑层、数据层、传输交换层。这些层对应了各层服务构件,下面是各层服务构件的详细描述。

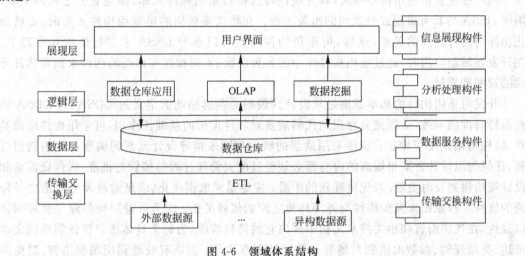

图 4-6 领域体系结构

(1)信息展现构件:对应着展现层,负责系统的界面表现,负责控制页面的流转和对业务服务的调用,并控制页面和业务服务之间的数据传递。

(2)分析处理构件:对应着逻辑层,对决策的属性和功能进行逻辑控制,体现决策规则;提供对决策数据、决策知识和决策信息的各项处理,满足数据仓库应用、联机分析处理(On-Line Transaction Processing,OLTP)、数据挖掘功能的需求;确保对决策数据和决策信息展现的有效性和合理性。

(3)数据服务构件:对应着数据层,为各项决策应用提供数据服务,包括数据仓库应用(如查询和报表)、OLAP 以及数据挖掘。用户可以根据实际情况在其中增减各层次的构件,并提供对关系和多维数据库的支持。通过数据服务层,用户能够成功地收集、分析、理解决策知识和决策信息,并以此做出相应决策。

(4)传输交换构件:对应着传输交换层,由于各用户内部系统的结构环境存在差异,实际工作中用户经常需要面对的是一个物理上分散、异质异源的环境。在这样一个异构环境中,如果没有统一的、接口良好的、包容性很强的信息集成和处理技术来为不同系统提供数据服务和业务逻辑计算服务,决策支持系统很难做到真正的一体化,因此,必须解决异构环境中的数据交换问题。传输交换构件用于将异构数据的组织形式转换成统一的数据形式，解决系统的信息集成问题。

4.3.3 领域实现

领域实现的主要目标是根据领域模型、DSSA 来开发和组织可重用软件元素。领域实现的主要活动包括开发可重用软件元素；对可重用软件元素进行组织，一种重要的方法是将可重用构件加入可重用构件库中。这些可重用软件元素可能是利用再工程技术从现有系统中提取得到的，也可能是在新开发过程中获取的。

构件库中所包含的可重用构件覆盖了领域模型、领域设计框架和源代码多种抽象层次，体现为系统、框架以及类的不同粒度和形态。可重用构件的组织也是根据领域模型和领域设计框架来完成的。

用户在建立可重用构件库时，首先应该将这些可重用构件入库，描述它们之间的关联，阐明 DSSA 与其可重用成分之间的组装关系。在将实现级别的可重用构件入库时，要精细化构件与构件之间的关系，这样，可重用构件库就可以参照 DSSA 来进行组织和管理了。在开发领域新应用时，通过重用构件库中的各种层次、不同粒度和形态的构件来提高软件开发的效率和质量。

开发可重用构件的基本原则是从设计到编码必须遵循此前定义的 DDSA，与 DDSA 始终保持高度的一致，必须充分意识到代码质量对软件重用的基础性作用，可重用构件应该健壮、结构清晰及易于维护；应该采用适当的映射规则来指导设计元素到编程语言的映射过程，任何与原设计方案相偏离的内容都必须经过配置管理过程的接管与批准，以保证需求和设计规约得到及时更新，避免出现新的矛盾；应尽量采取模块化、信息隐蔽和分而治之等传统的软件工程原则来减少构件与外部环境之间的依赖关系；应为可重用构件建立良好的接口规约，在代码前言和相关技术文档中列出它的接口清单，为每个具体接口提供简单的文本描述、类型规约、参数取值和对越界参数的处理方法等；应该有效地利用编程语言，避免出现对效率影响较大的语言成分；为重用者提供效率调优的机会，帮助重用者选择正确的语言成分和恰当的设置环境；在可重用构件与 DSSA 之间要建立追踪机制，将可重用构件与其规约紧密地联系起来；在建立可重用构件库之后，应该对其进行复审；可参照领域模型和领域设计框架，利用可重用构件来组装一个应用系统，以验证这些重用构件的有效性。

系统地进行软件重用的关键概念是应用域，或者说是共享设计决策的系统集合。因此，系统的软件重用是一种软件工程的范型，从建造单个系统转移到建造一组相关的系统。所以，在研究软件开发时，必须把重用作为一个主要的部分。

DSSA 定义了可重用软件资源的重用时机，从而支持了系统化的软件重用。这个阶段也可以看作是重用基础设施的实现阶段。

DSSA 重用的特征如下：

(1) 为了决定不同粒度部件的最佳重用集，用户对于领域必须有透彻的了解。

(2) 领域模型和参考体系结构清楚地定义了领域的共同特性，由于领域是特定的，使用参考体系结构为重用提供了最大的可能性。

(3) 参考体系结构的重用驱动了共同领域设计的重用。

（4）参考体系结构提供重用部件的通用框架，因而避免了在集成重用部件时通常遇到的组合问题。

（5）重用部件库的建立必须以领域模型和参考体系结构为依据。

（6）领域模型、参考体系结构和部件库都将随着领域应用需求的演变而不断地演变。

领域工程是一个反复的、逐步求精的过程。在实施领域工程的每个阶段中，都可能返回到以前的步骤，对以前步骤所得到的结果进行修改和完善；然后从当前步骤出发，在新基础之上进行本阶段的分析、设计和实现工作。

制造领域数据仓库系统在领域实现阶段的主要工作包括以下几个方面：

（1）构建了制造领域数据仓库系统的体系结构后，就可以确立"横切竖割，构件编织"的构件模型架构了。各个子领域的功能以业务构件的形式进行部署，这样，一个业务构件将通过各个层次的服务构件的协作来完成决策功能的运行，而各个层次的服务构件则由具体的构件环境和应用服务器进行解析执行。从这个角度看，业务构件是由不同层次上的服务构件组合而成的。图 4-7 为制造领域数据仓库系统的构件模型图，它描述了构件封装的架构示意图。

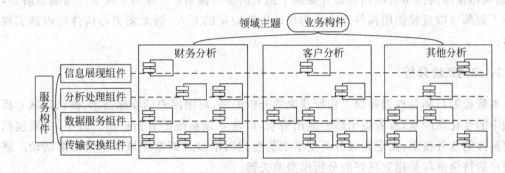

图 4-7　领域构件模型图

"横切竖割，构件编织"是面向构件方法以构件为中心来组织整个生产过程的，提倡"为重用而生产，为使用而组装"。从软件的系统架构角度来说，业务构件即为架构的"竖割单元"，而服务构件则是其"横切单元"。面向构件方法是一种横切竖割、构件编织的技术架构，其中，业务构件是完成特定业务功能的整体，它是一个符合需求分析的"面向功能"特点的概念；该方法采用层次策略，用于服务构件的分层，即展现构件、逻辑构件、运算构件、数据构件等；业务构件与服务构件分离，业务构件是面向业务的自治单元，服务构件是面向技术的封装单位；业务构件提供的具有业务意义的服务是通过编织服务构件实现的。

（2）为了达到重用的目的，可以使用构件库对领域内的可重用资源进行管理。构件库存放构件的实体，并包含对构件具体的描述，用户可以从构件库中选取适用的构件来组装应用系统。

（3）领域的构件除了可以自主开发以外，还可以根据实际需要选择第三方构件。一些通用的功能都可由其他公司开发的构件库所实现，例如普元 EOS 构件库是为了支持快速开发、部署应用系统而提供的、具有高度重用能力的一组预制构件的集合。利用 EOS 构件库中大量的构件可以快速搭建应用系统，大大提高了软件重用度和软件开发效率。

4.4　特定领域软件体系结构的应用工程

4.4.1　特定领域软件体系结构的应用工程概述

应用工程是在领域工程基础上,针对某一具体应用所实施的开发过程。应用工程是对领域模型的实例化过程,可以为单个应用设计提供最佳的解决方案。应用工程和软件工程的所有步骤基本上都是类似的,只不过在每一步骤中,都以领域工程的结果为基础实施开发活动。这样,用户在开发新应用系统时,就不必再从零开始了。

与一般的软件开发过程类似,应用工程可以划分为应用系统分析、应用系统设计和应用系统实现与测试3个阶段。在每一阶段中,都可以从构件库中获得可重用的领域工程结果,将其作为本阶段集成与开发的基础。在应用系统分析阶段,用户需求可作为领域模型中的具体实例,同时领域模型还可以作为应用工程中用户需求分析的基础。在应用系统设计阶段,领域体系结构模型为应用的设计提供了相关的参考模板;在应用系统实现与测试阶段,软件工程师可以直接使用构件库中的构件进行新应用的开发,而无须关心构件的内部实现细节。

1．应用系统分析

本阶段的目标是根据领域工程所获取的分析模型,对照用户的实际需求,确认领域分析模型中的变化性因素,或者提出新的应用需求,以建立该系统的分析模型。其中,主要包括确定具体的业务模型、固定领域分析模型中的变化因素以及调整领域需求模型等活动。终端用户的持续参与是建立良好的分析模型的关键。

2．应用系统设计

应用系统设计的目标是以领域工程所获得的 DSSA 为基础,对照应用的具体分析模型,给出该系统的设计方案。应用系统设计的核心环节是根据系统的需求模型,固定 DSSA 中相关的变化成分。针对用户提出的新需求,本阶段应当给出与之相对应的解决方案。另外,如果与领域相关的知识有所增加,则可能需要对 DSSA 进行一定的调整,以优化领域工程的设计方案。

3．应用系统实现与测试

本阶段的目标是以领域模型和构件为基础,对照具体应用的设计模型,按照框架来集成组装构件,同时进行必要的代码编写工作,以实现并测试最终的系统。

在开发阶段,应用工程将固定领域需求中的变化性因素。对于一个十分成熟的领域而言,对需求变化性因素的固定更适于在开发的后续阶段进行,以满足不同用户的实际需求。开发的后续阶段包括安装、启动和运行等。在安装阶段,通过系统剪裁固定可变性;在启动阶段,通过参数实例化可变性;在运行阶段,通过动态配置控制可变性。

4.4.2 领域工程与应用工程的关系

当用户在整个领域范围内考虑问题时,会发现系统的一些特性是领域中所有应用共同拥有的。所有系统都具有的特征是该领域应用的本质特征,体现为该领域中系统的共性;而部分系统和个别系统所具有的特征,体现为领域应用的变化性。识别共性和变化性是领域工程的核心内容。这里的变化性主要指在特定领域中具有普遍意义的可变特征,它只是单个系统所具有的个性成分,由于不具有普遍意义而且缺乏重用的价值,很少予以考虑。

领域中的共性部分在应用工程中一般不再作为关注的重点,而选择和配置不同抽象层次的变化性因素,将成为贯穿应用工程全过程的主要活动。因此,识别、描述和实现领域工程中的可变性因素,对应用工程的开展实施具有重要的指导意义与实践作用,是领域工程中要重点处理的问题。

领域工程与应用工程二者之间是有区别的。在应用工程中,软件开发人员的任务是以领域工程的成果为基础,针对一组特定的需求产生一组特定的设计和实现。其中的行为和行为产生的结果基本上是针对当前开发的特定系统的。与此相对,在领域工程中,领域工程人员的基本任务是对一个领域中的所有系统进行抽象,而不再局限于个别的系统。因此,与应用工程相比,领域工程处于一个较高的抽象级别上。在领域工程中,对领域中相似系统的共同特征进行了抽象,并通过领域模型和 DSSA 表示了这些共同特征之间的关系。

领域工程和应用工程之间又是互相联系的。一方面,通过应用工程得到的现有系统(包括需求规约、设计、实现等)是领域工程的主要信息来源,领域工程的各个阶段主要是对应用工程中相应阶段的产品进行抽象。领域工程的产品—领域模型、DSSA、可重用构件等,又对本领域中新系统的应用工程提供了支持。另一方面,领域工程和应用工程需要解决一些相似的问题,例如怎样从各种信息源中获取用户的需求,如何表示需求规约,如何进行设计,如何表示设计模型,如何进行构件开发,如何在需求规约、设计和实现间保持逻辑联系,如何对需求规约、设计和实现进行演化等。因此,领域工程的步骤、行为、产品等很多方面都可以和应用工程进行类比。

在领域工程中,DSSA 作为开发可重用构件和组织可重用构件库的基础,说明了功能如何分配到构件,并说明了对接口的需求,因此,该领域中的可重用构件应依据 DSSA 来开发。DSSA 中的构件规约形成了对领域中可重用构件进行分类的基础,这样组织构件库,有利于构件的检索和重用。在应用工程中,经裁剪和实例化形成特定应用的体系结构,由于领域分析模型中的领域需求具有一定的变化性,DSSA 也要相应地具有变化性,并提供内在的机制在具体应用中实例化这些变化性,即 DSSA 在变化性方面提出了更高的要求。

由于领域工程与应用工程需要解决一些相似的问题,因此,在应用工程中被广泛使用的方法、技术和原则都可以在领域工程中加以利用,例如结构化分析方法、面向对象设计技术、实体—关系图以及数据流图等。但是,在将这些方法、技术和原则用于领域工程时,需要对其进行补充和修改,以适应新的环境,例如需要增加多选一的表示手段和满足可变性的实现方案。

在某种程度上,领域分析可以看成是一种知识获取的过程。人工智能学科已经提供了与知识获取、知识表示和知识维护相关的方法,这些都可以为领域分析提供支持。例如,机器学习和专家系统的研究可以解决领域工程中的知识获取问题,谓词逻辑、语义网络和产生式规则等知识表示方法可以用于解决领域知识的表示问题,超文本管理技术可以将重用信息进行可视化处理,以便于信息的理解与管理。领域工程研究需要这些方法和技术的支持,同样,这些方法和技术也会对应用工程的研究提供相应的帮助。领域工程与应用工程的关系如图 4-8 所示。

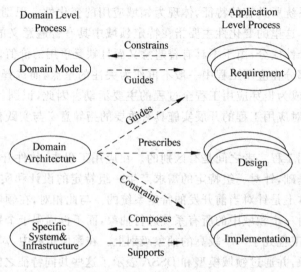

图 4-8　领域与应用的关系

4.5　特定领域软件体系结构的生命周期

与传统的软件工程一样,基于特定领域的软件体系结构 DSSA 的开发也存在着生命周期。R. Balzer 提出一个基于 DSSA 的软件开发生命周期,如图 4-9 所示。

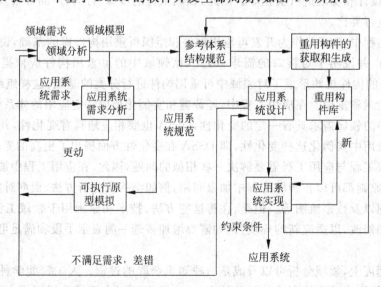

图 4-9　DSSA 的生命周期

在图 4-9 中,对领域进行分析建立领域模型,领域模型是领域设计的出发点,同时也是应用需求分析的参照;以领域模型为基础,设计特定领域软件体系结构 DSSA 的参考规范和重用构件,同时也为应用系统的设计提供参照;参考 DSSA 和应用的个性差异,设计应用系统的框架结构;按照系统的框架结构,从构件库中检索可重用的软件构件或重新开发所需要的构件,创建应用系统。在设计实现过程中,总结不满足规范的约束和差错,用于完善 DSSA 参考规范,应用需求的变动和模拟执行结果也为 DSSA 参考规范的修改提供依据。在整个生命周期中,应用设计重用了领域设计实现的相关成果,反过来又促进了领域设计实现方案的完善。

DSSA 的生命周期与重用技术有着密切的关联关系,一方面,软件开发的费用是极其昂贵的,通过重用可以降低成本;另一方面,软件工程技术已经开始成熟,积累的软件资源非常丰富,为重用提供了前提条件。在基于 DSSA 的软件开发过程中,重用日益受到人们的重视。

系统地进行重用的关键是明确应用领域,更加准确地说,是确定共享设计决策的软件系统集合。基于 DSSA 的重用是软件工程的一种范型,从建造单个系统上升为根据 DSSA 来创建一系列需求相似的应用系统。研究基于 DSSA 的软件开发,必须把 DSSA 重用作为一个主要的组成部分。

在系统化的软件重用中,不仅存在一组可重用构件,而且定义了在新的应用系统的开发过程中重用哪些构件以及如何进行适应性修改。由于一般性地识别、表示和组织可重用信息是困难的,因此,系统化的重用将注意力集中于特定的领域。

DSSA 生命周期中抽象级别较高的产品的重用(如特定领域软件体系结构重用)是在项目级别进行的,定义了重用的指南和过程、度量标准以及衡量重用的效率。与个别的重用相比,系统化的重用对于提高软件质量和生产效率具有更大的作用,也是软件重用研究的重点。

领域工程是系统化重用成功的关键。领域工程通过分析和抽象同一个领域中的现有系统信息,将一个领域的知识转化成一组规约、构架和相应的可重用构件。这些可重用信息构成了重用基础设施的重要组成部分。当一个领域中应用系统增加的时候,通过领域工程,可以对这些系统进行新的分析,将新系统的特征也包含在规约、构架和可重用构件中,从而使本领域中系统开发的知识和经验尽可能地反映在重用基础设施中,以促进新系统的开发。

以领域工程理论为指导的面向领域的软件开发给软件重用提供了有力的支持。由于通过领域工程产生的可重用构件来源于领域中现有的系统,体现了领域中系统的本质需求,因此,这些构件具有较高的可重用性。同时领域工程产生的 DSSA,对于基于重用的开发很有帮助。应用系统开发以 DSSA 为线索进行,可以帮助开发者识别重用机会,判断可重用构件是否符合当前需要,同时使重用变得规范、系统和高效。

特定领域软件体系结构主要通过 4 个方面的重用来提高软件的开发效率。

(1) 领域重用:包括领域模型的重用和需求分析的重用。应用程序工程师在领域模型指导下,以参考需求为基础,完成该领域特定应用系统的需求。

(2) 体系结构的重用:包括对软件体系结构的重用和组件库的重用。

(3) 过程重用:包括领域工程重用和应用程序过程重用。

(4) 软件开发人员的组织结构是软件体系结构的一个映射,也是可重用的部分。

在开发实际的软件系统时,用户要从领域工程和应用工程两个角度进行考虑,可给出特定领域软件体系结构的双生命周期模型,从而使特定领域软件体系结构的各个研究方向和内容有机地统一在一起,使特定领域软件体系结构既具有严格的理论基础,又具有严格的工程原则,其双生命周期模型如图4-10所示。

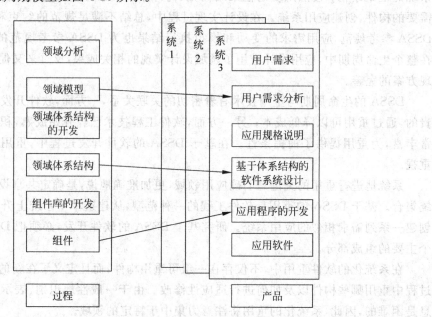

图4-10　特定领域软件体系结构的双生命周期模型

4.6　特定领域软件体系结构的建立

实际上,DSSA是一种软件构件的集合,它采用标准的结构和协议进行描述,是专门针对某一类特定任务设计的。将DSSA在整个领域中进行推广,可以解决具有类似功能的应用问题。在较大的范围内,DSSA为某一类问题提供了一个总的软件设计方法。基于DSSA的软件开发方法将设计者的注意力完全集中在当前问题的个性化需求上,而不必考虑被DSSA认为是普遍的、公共的需求,节省了设计的时间与成本。参考DSSA的相关内容,软件工程师提供该问题的特定需求描述。综合领域模型和应用的个性化需求,根据DSSA的设计框架,可以生成该问题的解决方案。

基于DSSA的软件开发过程可分为DSSA本身的建立和基于DSSA的应用开发两个步骤。其中,第一个步骤的核心是建模,即建立一个在领域内可重用的体系结构模型;第二个步骤是针对实际系统的开发过程,它直接利用已有的DSSA模型。基于DSSA的软件开发是并发的、递归的、反复的过程,是一个螺旋形模型。

用户在使用DSSA方法进行应用开发之前,必须先构建好DSSA本身,即建立组成DSSA的信息元素,其由领域模型、参考需求和参考体系结构3个部分组成,同时还要构造支持工具、建立DSSA的支撑环境,它们都是基于DSSA的应用开发的前提。

其中,领域模型是 DSSA 的关键成部分,是领域内各系统共同需求的抽象,描述了领域内应用需求的共同特征。

建立领域模型的过程称为领域分析。领域分析的工作主要是在一个特定的问题空间内,对一系列相似系统中的对象和操作进行定义、捕捉和组织,并使用标准的语法对它们进行描述,使它们在创建新系统时可以重用。建立领域模型的基本信息来源(输入)是客户需求说明和场景方案。客户需求说明和场景都是非正式的用户需求,它们都针对问题空间,从总体上描述了某个领域内需要解决的问题,即划分了领域的边界。领域模型的表示(输出)是一系列领域字典、上下文块图、E-R 图、数据流图、状态转换图。建立状态转换模型后,领域分析师返回到领域字典的建立步骤,扩充字典表,并重新建立 E-R 图、数据流图和状态转换图,最后,作为领域分析的结束,建立对象模型。可见,领域分析是一个螺旋上升过程。

领域分析主要包括领域标识、领域界定和领域建模 3 个阶段。

领域标识包括以下 4 个步骤,并在此基础上开发领域上下文模型。

(1) 为可靠的领域技能和文档资源提供必要的信息源。

(2) 收集领域信息,为领域描述做准备,其目的是开发一个领域知识分类体系,以记录文档源和信息类型。

(3) 分析过程中的一个一般性描述,说明领域内的子领域,子领域之间的相互关系、领域所包含的系统,按共性、公共功能和性能分类结果以及系统和子系统的类型特征。

(4) 证实领域描述信息的真实性,给出事务过程模型、数据模型及需求规范文档。

领域界定指对领域标识的结果进行确认,以便在此基础上进行一系列的领域分析活动,建立用于定义领域边界和校验领域范围的相关标准,主要包括领域技能的实用性、一致性的领域开发方法以及可用文档的质量要求等。

领域建模指综合问题空间信息,标识公共特性,识别对象及其之间的关系,确定系统行为,描述约束条件和开发公共对象模型,以及确定公共对象自适应需求,校验领域模型。其目的是合并和分类现有的分析信息,必要时需要对现有源代码使用再工程技术,获取用于分析领域的相关图形化描述信息,例如实体—关系图、对象约束图和事务过程图等。领域开发生成了公共对象模型,集成了对象联系模型和对象行为模型。此外,还包括每个对象和类所需的并发特征、逻辑、算法及外部接口的设计工作。

此阶段需要采用一定的领域分析方法、技术手段和管理机制作为保障,是一个反复迭代和逐步求精的过程。在领域分析的每个阶段,都可能返回到以前的步骤,对以前步骤所获得的结果进行修改和完善,然后回到当前步骤,在更新后的资源基础之上进行本阶段的设计与开发活动。

领域分析和应用分析都需要解决一些相似的问题,例如,如何从多种信息源中获取需求,如何表示需求规约,如何设计系统模型,如何进行构件开发,以及如何对需求规约、设计模型和实现方案进行演化等。因此,应用分析所使用的方法、技术和指导原则经过适当的修改与完善之后,仍然适用于领域分析过程。

Arango 和 Prieto-Diaz 在总结各种领域分析方法的基础之上,提出了 DSSA 领域分析的过程框架,如图 4-11 所示。

图 4-11 显示了领域分析过程所涉及的主要输入、输出、控制和过程。领域分析活动的信息源即领域知识,主要包括领域内遗留系统中的各种形式信息,例如源代码、技术文档、设

计方案、用户手册、测试计划以及当前和未来的领域需求。在应用工程环境中，领域分析人员和领域专家利用一定的领域分析方法和技术对领域中的相关知识进行捕获、识别和验证。对所提取的领域标准、领域模型和框架结构等可重用软件资产进行分析和抽象，形成了可重用的基础设施。

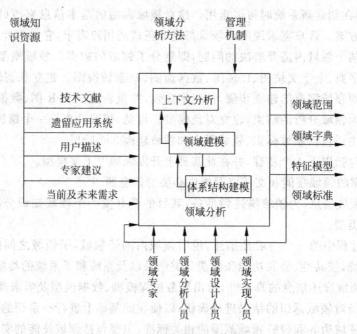

图 4-11 DSSA 领域分析过程框架

领域模型所描述的需求经常被称为参考需求或领域需求，它是通过考察领域中已有系统的需求获取的。依据已获取的领域需求，可以建立领域模型。领域模型是一个半形式化的领域描述，映射出领域的真实需求，它创建一个综合性的知识库，并影响领域中的所有开发活动和集成过程。

参考需求是作用于整个领域的需求，具有普遍性和共性。参考需求分析主要集中于以下方面：

(1) 非功能需求分析，如安全性、容错性、响应时间等；

(2) 设计需求，即设计决策，主要是软件体系结构风格的选择，由此风格引出的元件的风格和主用户界面风格，以及在此风格下的性能和成本评估；

(3) 实现需求，即实现决策，如编程语言、开发平台、硬件设施、运行平台等。

参考需求分析也遵循螺旋形模型。

参考体系结构是针对一个领域的体系结构，具有普遍性，主要用于进行体系结构重用。参考体系结构的设计是一个不断分解的过程，参考体系结构的设计过程也是一个螺旋上升的过程。

因所在的领域不同，DSSA 的创建和使用过程各有差异，Tracz 曾提出一个通用的 DSSA 应用过程，这一过程也需要根据所应用的领域进行调整。一般情况下，需要用所应用领域的应用开发者习惯使用的工具和方法来建立 DSSA 模型。同时，Tracz 强调了 DSSA 参考体系结构文档工作的重要性，因为新应用的开发和对现有应用的维护都要以此为基础。

Tracz 所提出的通用 DSSA 过程要求满足以下几个前提假设：

（1）一个应用程序可以被定义成它所实现的功能集合。

（2）用户需要的功能可以被映像到一个系统需求集合中。

（3）达成系统需求的方式有多种。

（4）实现约束限制了能够满足系统需求方式的数目。

该过程的目标是以一组实现约束为基础，把用户需求映射成系统需求和软件需求，并利用系统需求和软件需求来定义 DSSA。

DSSA 的建立分为以下 5 个阶段。

（1）定义领域范围：定义要完成什么，重点在于用户需要；确定什么在感兴趣的领域之中，以及本过程到何时结束。这个阶段的主要输出是领域的应用需求和一系列的用户需求。

（2）定义、细化特定领域元素：类似于需求分析，重点在于解决空间，主要编写领域字典和领域术语的同义词词典，增加更多的细节以及识别领域中应用之间的共性和个性差异。

（3）定义、细化特定领域的设计和实现限制：描述有差别的特征，不仅要识别出约束，而且要记录约束对设计和实现决定所造成的后果，同时，要记录处理这些问题时所进行的讨论。

（4）开发领域模型和体系结构：类似于高层设计，重点在于定义模块与模型的接口和语意，其目标是产生适用于一般问题的体系结构，并说明构成它们的模块或构件的语法与语义。

（5）制造和收集可重用的产品单元：指可重用部件（代码、文档等）的实现和收集，可以为 DSSA 增加构件，用于创建领域中的新应用。

在创建过程中，将用户的需要映射为基于实现限制的软件需求，利用这些需求来定义 DSSA。在领域分析过程中，并没有对系统的功能性需求和实现限制进行区分，而是统称为需求。如果要建立一个理想的 DSSA，要求开发人员必须精通所在的应用领域，能够找到一种合适的方式来区分功能性需求和实现限制，以保障 DSSA 的通用性和重用性。

总的来说，建立特定领域体系结构的基本思想是针对某个特定应用领域，对领域模型和参考需求加以扩充，从而得到该领域的软件体系结构。因为获取的 DSSA 充分体现了领域的共性，所以对于领域中的各个应用系统都是适用的。根据 DSSA 和应用的个性需求，项目开发人员设计软件系统的参考体系结构，为软件开发提供了一种良好的重用手段，大大提高了软件开发的效率。

DSSA 的建立过程是并发的、递归的和反复进行的。该过程的目的是将用户的需要映射为基于实现限制集合的软件需求，这些需求定义了 DSSA。在此之前的领域工程和领域分析过程并没有对系统的功能性需求和实现限制进行区分，而是统称为"需求"。DSSA 的建立需要设计人员对所在特定应用领域（包括问题域和解决域）必须精通，他们要找到合适的抽象方式来实现 DSSA 的通用性和可重用性，通常，DSSA 以一种逐渐进化的方式发展。DSSA 必须运用灵活的创建方法和增量式的构造方式，在文档中应该为用户提供复杂度不同的领域描述框架，这样用户才能修改隐含的领域知识，将它们加入到自己的应用系统设计架构中。

此外，DSSA 的设计应该满足领域模型中的依赖关系和相关约束信息，同时应该以适当的方式来支持可变特征的绑定。DSSA 的设计原则主要包括以下方面：

（1）分离共性和可变性，提高构件的可重用性。

（2）满足模型中可变特征的不同绑定时间的要求。

（3）尽量降低构件的重用成本，提高重用效率。其中，重用成本体现为重用者对构件的定制成本，而重用效率体现为构件的粒度和功能。

（4）保持 DSSA 模型与特征模型中元素边界的一致性，DSSA 应该体现出清晰的逻辑边界。

（5）开发特定领域范围内的类属和广泛适用的领域构件，以实现最大程度的软件重用。

（6）领域知识和领域基础结构的形式化表示，作为领域建模的信息源。

（7）领域分析过程的细化描述，以方便开展建模工作。

（8）领域产品的层次化处理，便于领域工程与应用工程的实施。

4.7　基于特定领域软件体系结构的开发过程

特定领域软件体系结构反映了领域内各系统之间在总体组织、全局控制、通信协议和数据存取等方面的共性和个性差异，非常适合描述复杂的大型软件系统。现在，越来越多的研究人员正在把注意力投向特定领域软件体系结构的研究中，随着研究的不断深入，软件重用的层次将越来越高。在开发新应用系统时，对系统结构和构件进行重用，把主要精力投入到软件的新增功能上，可以大大地提高软件项目的开发效率。

通常所说的基于 DSSA 的应用开发是指在 DSSA 开发环境下进行的应用系统的开发，一个应用系统是特定领域内的系统实例。基于 DSSA 的应用开发过程及其相关的支持工具如图 4-12 所示。

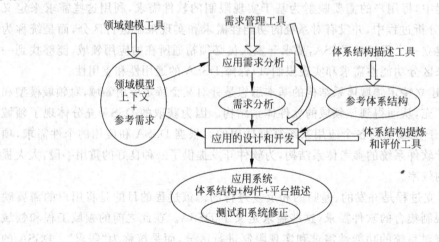

图 4-12　基于 DSSA 的应用开发过程

从图 4-12 可以看出，基于 DSSA 的应用开发过程分为两个步骤：应用需求分析和应用设计与开发。用户可以根据系统不同角色的观点来描述基于 DSSA 的应用开发环境，如图 4-13所示，它是一个三层视图。

基于 DSSA 的开发方法不以开发某个特定的应用为目标，而是关注某个特定领域，通过对特定领域进行分析，得到相应的领域模型，并以此为基础，设计相应的体系结构参考架构。在随后的应用开发中，对照应用需求和参考需求配置参考架构，选取合适的构件，完成应用项目的开发过程。因而，DSSA 开发方法的重点不是应用，而是重用，最终目的是开发领域中的一族应用程序。用户使用这种方法，有助于对问题有一个更广泛、更深刻的理解，有助于开发面向重用的领域框架和构件,同时有助于提高软件的生产效率。DSSA 和应用系统架构之间的关系如图 4-14 所示。

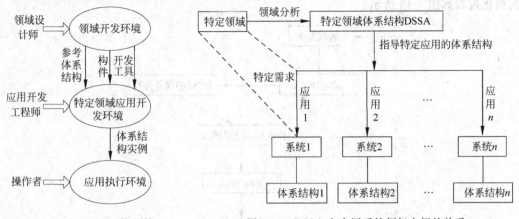

图 4-13　三层 DSSA 开发环境　　　　图 4-14　DSSA 和应用系统框架之间的关系

从应用开发者的角度来看,软件分析阶段和软件设计阶段的主要任务是从 DSSA 中导出特定应用的体系结构框架。软件实现阶段的主要任务则是根据系统体系结构框架来选择构件,以实现该应用系统。因此,在整个生命周期中,特定领域软件体系结构和可重用构件始终是开发过程中的核心内容。基于 DSSA 的开发过程如图 4-15 所示。

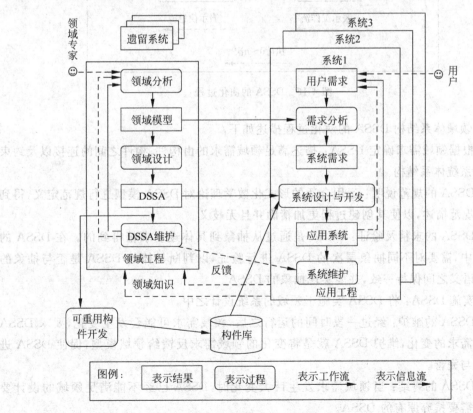

图 4-15　基于 DSSA 的开发过程

在特定领域中,虽然 DSSA 是系统组织结构中相对稳定的部分,但是随着领域需求的不断变化和对领域理解的进一步深入,将启动新一轮的领域工程,需要对 DSSA 进行演化,其演化过程如图 4-16 所示。

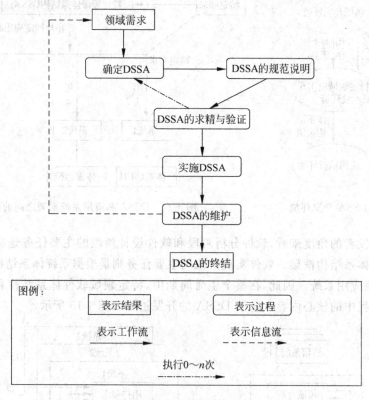

图 4-16 DSSA 的演化过程

特定领域体系结构 DSSA 的演化过程描述如下。

(1) 根据领域需求确定 DSSA:描述满足领域需求的由构件、构件之间的连接以及约束所表示的系统体系结构。

(2) DSSA 的规范说明:运用合适的形式化数学理论对 DSSA 模型进行规范定义,得到 DSSA 的规范描述,以使其创建过程更加精确并且无歧义。

(3) DSSA 的求精及验证:DSSA 是通过从抽象到具体逐步求精得到的。在 DSSA 的求精过程中,需要对不同抽象层次的 DSSA 进行验证,以判断具体的 DSSA 是否与抽象的 DSSA 的语义之间保持一致,并能实现抽象的 DSSA。

(4) 实施 DSSA:将 DSSA 实施于领域的系统设计之中。

(5) DSSA 的维护:经过一段时间的运行之后,领域需求可能会发生变化,要求 DSSA 能够反映需求的变化,维护 DSSA 就是将变化的领域需求反馈给领域模型,促使 DSSA 进一步修改与完善。

(6) DSSA 的终结:当领域需求发生巨大变化时,DSSA 已经不能满足领域的设计要求,此时,需要摈弃原有的 DSSA。

在 DSSA 的演化过程中,(1) ~ (3) 可能要反复地进行多次,以保证最终 DSSA 的正确性、可行性和可追踪性。

4.8 基于特定领域软件体系结构的应用实例

软件方法学是从各种不同角度、不同思路去认识软件的本质,传统的软件方法学是从面向机器、面向数据、面向过程、面向对象等不断创新的观点反映问题的本质。整个软件的发展历程使人们越来越认识到应按客观规律去解决软件方法学问题。在介绍具体开发实例前,读者首先应了解基于构件的软件开发过程和统一软件开发过程的概念。

(1) 基于构件的软件开发过程:随着构件概念的提出,出现了基于构件的软件开发(Component Based Software Development,CBSD)。它将软件的组成划分成两个部分,即客户和构件服务器。构件服务器即软件构件,客户是用来组织和调用软件构件的程序。这种方法集软件重用、分布式对象计算、CASE 等技术于一体,支持组装式软件重用,可以在一定的程度上提高软件生产效率和产品质量,缩短产品交付时间。在这种软件开发方式下,软件公司以开发软部件为主要业务,提供规格化的软部件。系统集成商则加以汇总,以组合成能完成不同功能的软部件,将自己的核心技术部件化。尽管 CBSD 涉及软件开发的方方面面,但是其核心技术集中在构件技术上,其一般要建立或采纳标准化的构件模型。在实际应用 CBSD 技术时,必须具备大量可以选择的可重用构件。构件的获取手段有多种,既可以利用商业采购得到构件,也可以利用项目承包商和合作伙伴开发的构件,或者在领域工程和再工程的基础上从已有应用系统中发掘和提炼可重用构件,或者针对新需求和新技术从头自主开发新构件。

(2) 统一软件开发过程:Rational 公司提出统一软件开发过程是面向对象的软件开发过程,它是面向对象技术成果的总结。统一软件开发过程使用统一建模语言 UML 来制定软件系统的所有蓝图,UML 是整个统一过程的一个完整部分。它的突出特点可以由 3 个关键词来体现,即用例驱动、以构架为中心、迭代和增量的,构架提供了一种结构来指导迭代过程中的工作,而用例则确定了目标并驱动每次迭代的工作。

统一软件开发过程认为用例不只是一种确定系统需求的工具,它们还能驱动系统设计、实现和测试的进行。基于用例模型,开发人员可以创建一系列实现这些用例的设计和实现模型,并审查每个后续建立的模型是否与用例模型一致。因此,用例不仅启动了开发过程,而且使其结合为一体。另外,用例在实现时必须适合于构架,而构架必须预留空间以实现现在或将来所有需要的用例。在设计系统构架时要遵循以下步骤,首先,从不是专门针对用例的构架开始,创建一个粗略的构架轮廓。其次,着手处理已经确定的重要用例子集,详细描述每个选定的用例,并通过子系统、类来实现。随着用例的描述趋于完善,构架的更多部分便会显现出来,从而使更多的用例趋于完善。

迭代是指工作流中的步骤,而增量是指产品中增加的部分。它们将系统开发划分为较小的部分,每个部分都是一次能够产生一个增量的迭代过程。迭代过程必须是受控的,也就是说,它们必须按照计划好的步骤有选择地执行。开发人员基于两个因素来确定在一次迭代过程中要实现的目标。首先,迭代过程要处理一组用例;其次,迭代过程要解决最突出的风险问题。

为了在实施领域工程时实现自顶向下基于 DSSA 重用应用系统的快速开发,本节结合统一软件开发过程和基于构件的软件开发过程的优点,实现了基于 DSSA 的面向医药行业的企业供应链管理系统的开发过程。该开发过程的要素如下:

(1) 开发过程是面向领域的,适用于特定领域应用系统的开发,需求的获取以领域模型为主要途径。

(2) 以已有的成熟的 DSSA 为核心搭建系统。其优点在于在应用系统中重用核心功能,实现分析、设计的重用;系统具有灵活方便的升级和系统模块的更新维护能力;能够有效地组织和规划通过内部开发的、第三方提供的或市场上购买的现有构件来集成和定制应用系统。

(3) 有支持检验构件特性和模型生成的工具,确保 DSSA 规范的实现和质量测试。

基于 DSSA 的软件开发的具体步骤可用图 4-17 来说明。

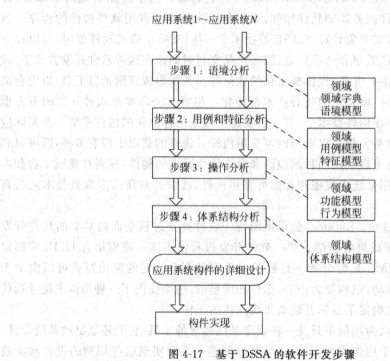

图 4-17　基于 DSSA 的软件开发步骤

图 4-17 中详细描述了基于 DSSA 的软件开发的 4 个步骤:语境分析、用例和特征分析、操作分析、体系结构分析。在每一个步骤都有可以重用的领域产品,因此能够极大地提高软件开发的效率。

在企业供应链管理系统的开发过程中,把通过领域工程得到的领域模型和 DSSA 运用到开发实践中,结合医药企业销售商品的特殊性,修改了领域模型和 DSSA;在系统的主要模块的实现上,按照基于 DSSA 的软件开发的步骤进行分析和设计,缩短了系统开发的周期。

通过领域模型重用确定系统的需求、功能和行为。医药企业供应链管理包括以下环节的循环系统:计划、采购、库存、销售、业务分析。它应以顾客分析为中心,以进销存管理为重点。计划工作是所有企业的主管人员的基本职能,要依靠数据分析来预测市场前景和企业方向,尤其是采购计划应控制好经营目标值、市场份额值、盈利值和盈利率。采购有两种组织形式：统采和自采。统采是指由企业专设采购机构和专职人员统一负责商品采购工作；自采是指企业各门店在允许的范围内直接向供应商采购商品。库存管理是联系采购和销售的"纽带"。库存管理不是简单地掌握什么货物储存了多少，而是对接受订货、出货、储位管理、进货、接受订单、订单查询、库内搬运、货架管理、货物损耗等信息的全面管理。商品销售有两种形式：零售和批发。批发由订单驱动，零售和批发都涉及退货处理。业务分析的目的是为管理人员提供企业运作的整体信息和提供管理参考，包括采购、销售、库存、财务等多方面的信息，并指导制定企业计划。以下是对系统所涉及的基本业务的具体分析。

依据领域模型和系统自身的特点，确定系统的基本业务管理应包括系统维护、采购管理、销售管理、库存管理、结算管理、配货管理、价格管理、信息传输管理、经营统计和分析、合同和发票管理。

（1）系统维护：其功能包括基础数据的输入，分级管理；用户权限的设置；系统模型的定义；数据库的维护；操作日志的维护；系统使用模块及其他项目的设置。

其中，基础数据如下。

① 公司基本信息：包括公司的地址、编码、法人代表、账号等。

② 部门信息：包括部门名称、部门编号、部门类型（采购、销售、仓库、财务等）、负责人、办公室地址。

③ 职工信息：包括职工编号、职工姓名、职工职务（总经理、经理、主管、助理、职员、营业员、采购员、收银员、财务人员、系统管理员）、所属部门。

④ 商品信息：包括商品编号、商品名称、包装规格、生产厂家、商品批号、计量单位、计价方法、零售价、批发价、税率、最新入库价、最新出库价、生产日期、保质期、入库日期、条形码、货位、商品特有属性等。

⑤ 供应商信息：包括供应商编号、供应商名称、供应商性质（国有、集体、三资、个体）、主营商品、法人代表、联系地址、电话号码、传真号、电子邮件、货源情况（长期情况、季节供货、临时供货）、开户行、账号、税号、邮编、联系人、备注。

⑥ 客户信息：包括客户编号、客户名称、联系地址、电话号码、传真号、电子邮件、法人代表、信用级别、联系人、折扣率、开户银行、账号、税号、备注。

基础数据管理包括通过表单对以上部门、职工、商品、供应商、客户等信息进行增加、删除和修改等操作。

用户资料管理包括对用户实行分组管理，例如可以按照职责范围将用户划分为系统管理员组、单据输入员组、收银员组、营业员组、采购员组等，统一设定用户组编号、名称、打折下限；可以执行向用户组中加入新的用户或从用户组中删除已有用户的操作。用户资料维护指对系统中的用户信息进行全面维护，包括用户代码、用户姓名、身份证号、工种、打折下限、口令、口令确认、用户创建时间、修改事件、备注信息等。用户权限分为本地权限和本地特殊权限。本地权限以系统中的每个模块为单位，是进入此模块的权限。

模型定义包括为经营分析中的分析方法定义应该使用的分析公式（畅销分析、滞销分析等）；库存出库原则的选定（先进先出、移动加权平均等）；财务结算原则、公式的定义。

数据库维护包括对指定范围内（如某个柜组）的指定数据（如某种数据类型或某个日期范围）进行备份、恢复、清除，同时显示执行信息。

① 日志记录和维护：包括时间、收银机号、用户代码、用户姓名、操作事件类型、结转期

号以及对操作事件的较详细的描述。

② 系统设置：包括系统套账设定；查询报表功能设定；用户界面设定。

（2）采购管理：其业务模块包括采购计划、订货单、订货单审核、单据修改和红冲、采购退货、单据打印和打印预览。

采购计划又分为自动补货和手工补货，自动补货由系统提供补货算法，用户按照实际需求设定补货条件、补货数量、商品的搜索范围、库存的统计方法等执行搜索，自动生成订货单功能；手工补货则由专门的业务人员根据经营分析的结果手工生成订货单。

订货单输入要记录订货单单号、要货单位、供货单位、采购员、填单员、审核员、单据状态、日期、付款期限、预付款金额、有效期等，同时还要记录有关商品的明细，要求对订货单进行审核，审核之后订单正式生效，可以被转成进货单。用户可在权限范围内对审核过的单据进行修正或冲单，支持单据打印和打印预览。

（3）销售管理：包括零售单、零售退货单、批发单、批发退货单、提货单、单据审核、单据修改和红冲、单据打印和打印预览。

用户可在权限范围内，对已审核生效的批发单进行修改或冲单；在批发单中，可设置销售付款方式，可对销售价格进行修改；支持提货管理，可由批发单生成提货单，并设置提货方式；提供批发退货和零售退货。

（4）库存管理：完成入库审核、出库审核、内部调拨、溢余单、损耗单、盘点处理及审核、报警处理和退货处理等功能，实现对商品的管理、账目平衡，以及对各种单据的管理和报表的生成与打印。

内部调拨单用来调整商场仓位与专柜之间的商品调拨，记录商品库存变动情况。溢余单用来记录非正常进货导致的仓/柜商品库存增加或进货溢余，而损耗单用来记录非正常出货导致的仓/柜商品库存减少，这两种单据实行审核制度，审核后的溢余单或损耗单将改变商品的库存数、库存额以及相应的报表，提供对单据的修改或冲单，支持单据打印和打印预览，提供系统的盘点管理，其功能模块包括盘点范围设置、盘点时刻库存记录、盘点单分单完成、空白盘点单打印、空白盘点单明细、盘点盈亏预查、盘点数据审核、收银机或盘点数据导入、盘点数据清除、盘点日志记录等。

（5）价格管理：价格的调整必须在权限范围内，通过调价单据来进行。系统提供的价格调整单据可以包括采购价调整单、零售价调整单、批发价调整单、最低售价调整单、代销价调整单、会员价调整单，各种调价单包含的信息基本相同。各种调价单实行审核制度，可以设定调价生效时间、批量选择调价商品、对调价计算公式进行设置。

（6）结算管理：包括面向供应商和面向客户两种结算管理功能。供应商结算管理包括供应商结算单、供应商结算调整单、供应商付款单、供应商付款调整单、供应商结算审核、对已结算的结算单进行红冲。客户结算管理包括客户结算单、客户结算调整单、客户付款单、客户付款调整单、客户结算审核、对已审核的客户结算单进行红冲。系统能自动计算各供应商的应付账款和客户的应收账款，自动进行成本调整、月度结账和各类账务报告。

（7）配货管理：包括自动配货；门店要货单；统配出货单、统配进货单、统配出货退货单、统配进货退货单；直配出货单、进货单；直配出货退货单、进货退货单；门店调拨单；配货中心收货通知、发货通知、收货单、发货单等。

（8）合同和发票管理：完成对进货和销售合同的输入和管理，以及对开入和开出发票的输入和管理。

（9）信息传输管理：商业供应链系统一般应用于广域网络或局域网络，这就要求系统要具有远程数据传输和数据交换的子系统。用户可以按照目前流行的网络协议 TCP/IP、HTTP 等设计信息传输过程，传输的数据按照系统的要求进行设置。

（10）经营统计和分析：企业供应链管理实现的目标之一是对企业的运行提供决策参考，这依赖于经营统计和分析模块的实施。其基本功能包括各种单据的汇总和统计；商品的进、销、存、退货统计（包括单品和批量商品的选择）；供应商供应商品统计、应付账款统计；客户销售商品统计、应收账款统计；零售商品统计；销售毛利润统计；销售柜组或成员业务分析（包括采购和销售）。

根据得出的 DSSA 和系统自身应用的环境和范围，可采用二级结构，即 Client/Server 体系结构。客户端承担一定的系统任务，服务器端主要进行数据库管理和相关运算。由此派生出系统的硬件结构图和软件结构图，图 4-18 所示为系统的硬件结构图。

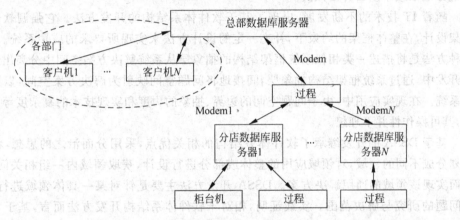

图 4-18　企业供应链系统的硬件结构图

上图表示了系统的硬件结构，遵循 Client/Server 的原则，广域网的连接采用公用电话拨号接入，总店和分店都配备有数据库服务器。

图 4-19 所示为系统的软件结构图，与硬件结构图紧密对照，也遵循 Client/Server 的原则，总体上可分为控制台、客户端、通信组件 3 个部分进行开发。

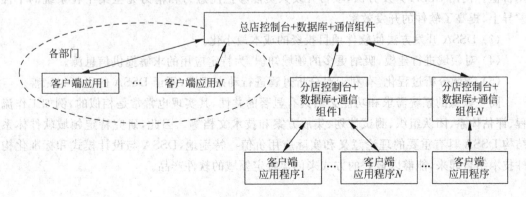

图 4-19　企业供应链系统的软件结构图

4.9　特定领域软件体系结构对软件开发的意义

DSSA 是一门以软件重用为核心的技术,是研究系统框架的获取、表示和应用等问题的软件方法学。在应用领域中,DSSA 强调了重复出现的应用其解决方案的抽象提取过程。DSSA 是领域应用的整体或部分的可重用抽象设计,适应该领域内一组相关问题的求解过程,可以作为应用开发的半成品,具有较大的重用粒度。具体来说,DSSA 对软件开发过程的意义如下。

(1) 具有更好的可操作性和可行性:从本质上说,软件开发方法是完成从需求向实现转换的一种手段与途径。为了完成从需求到实现的转换,传统的软件开发主要围绕数据结构和算法设计,直接建立从问题空间到解决方案空间的映射。因此,成功实现某一应用系统将过分地依赖于项目开发人员。

随着 IT 技术的不断发展,出现了基于软件体系结构的开发方法。它强调软件的整体框架设计,在整体框架的约束下,补充一定的设计方法来实现所要求的应用系统。实际上,这种方法是将描述一类相似系统框架结构的抽象层从系统解决方案空间中分离出来。在应用开发中,通过系统框架结构抽象层,间接地将问题空间映射为解决方案空间,以实现该软件系统。在现实应用中,由于问题空间的边界、抽象的力度和实现技术的复杂度等因素的影响,其可操作性并不理想。

基于 DSSA 的开发继承了软件体系结构的相关优点,采用分而治之的思想,将问题空间划分成不同的领域,对领域应用的整体或部分进行设计,获取领域内一组相关问题的解,从而实现该领域的通用解决方案。DSSA 开发方法主要是针对某一具体领域进行的,缩小了问题的研究与解决范围。实践证明,相对于软件体系结构开发方法而言,基于 DSSA 的开发的可操作性和可行性更强。

(2) 基于 DSSA 的开发方法更高效、更实用:软件体系结构是对算法和数据结构的更高层的抽象,但是在一定程度上,过度抽象化的体系结构将会降低它的指导作用。其原因是过度抽象、宏观的通用架构,将使开发过程变得更加复杂,而且难以实现。基于 DSSA 的开发方法给出了领域共性问题的参考解决方案,降低了体系结构框架设计的复杂性,增加了实用价值。使用 DSSA 开发方法,项目开发人员能够把注意力和精力完全集中在系统的个性差异上,提高了软件的开发效率。

(3) DSSA 开发方法使软件项目投资的成本最小化。

(4) 对领域进行建模,吸纳更多的领域知识,为特定应用的求解提供信息源。

(5) 领域分析过程化,有利于对分析过程进行动态建模,便于 DSSA 的更新与完善。

同一领域的系统需求和功能必然具有显著的共性,其实现也常常是相似的,例如工作流程、评估体系、团队组织、测试计划、集成方案和技术文档等。因此,研究特定领域软件体系结构 DSSA 具有重要的理论意义和实际应用价值。特别地,DSSA 与设计模式和标准化构件技术结合起来,能够以最好的方式来创建特定领域的软件产品。

第5章

Web Services 与 SOA

5.1 Web Services 概述

目前,Internet 已迅速普及并成长为新一代的分布式计算平台,大量的数据资源、计算资源和应用资源部署于此平台之上。而作为一种新兴的 Web 应用模式,Web Services 已经成为分布式计算的主流形式,标志着互联网应用迎来了新的变革。随着 Internet 的快速发展,很多商业机构希望能够把自己的企业运维系统集成到分布式应用环境中,例如在线支付、在线订票和在线购物等。为了实现这一目标,万维网联盟(World Wide Web Consortium,W3C)提出了 Web 服务(Web Services)的概念。Web Services 是 W3C 制定的一套开放和标准的规范,是一种被人们广泛接受的新技术。当应用客户端需要一种 Web 程序时,Web Services 允许自动地通过 Internet,在注册机构中查找分布在 Web 站点上的相关服务,自动与服务进行绑定并进行数据交换,不需要进行人工干预。如果多个 Web 站点提供了相同或相似的功能,在当前 Web Services 出现问题时,可以方便地切换到其他的 Web Services,不影响请求的正常执行。此外,Web Services 本身也可以使用其他的服务,这样可以形成一个链式结构。Web Services 是建立可互操作的分布式应用程序的技术平台,它提供了一系列标准,定义了应用程序如何在 Web 上进行互操作的规范。开发者可以使用自己喜欢的编程语言,在各种不同的操作系统平台上编写 Web Services 应用。与此同时,可扩展标志语言 XML(eXtensible Markup Language)使信息传输摆脱了平台和开发语言的限制,为网络上各种系统的交互提供了一种国际标准。简单对象访问协议(Simple Object Access Protocol,SOAP)为服务请求和消息格式定义了简单的规则,并得到了大量软件开发商和运营商的支持。这些技术的快速发展,为 Web Services 的应用提供了坚实的基础。

W3C 将 Web Services 定义为:Web Services 是为实现跨网络操作而设计的软件系统,提供了相关的操作接口,其他应用可以使用 SOAP 消息,以预先指定的方式与 Web Services 进行交互。Web Services 提供了一种分布式的计算方法,将通过 Intranet 和 Internet 连接的分布式服务器上的应用程序集成在一起。Web Services 建立在许多成熟的技术之上,以 XML 为基础,使用 Web Services 描述语言(Web Services Description Language,WSDL)来表示服务,在注册中心上,通过统一描述、查找和集成协议(Universal Description Discovery and Integration,UDDI)对服务进行发布和查询。各个应用通过通用的 Web 协议和数据格式,例如 HTTP、XML 和简单对象访问协议(Simple Object Access Protocol,SOAP)来访问服务。Web Services 实现的功能可能是响应客户的一个简单请求,也可能是完成一个复杂的业务流程。Web Services 能使应用程序以一种松散耦合的方式组织起来,并实现复杂的交互。

Web Services 的目标是消除语言差异、平台差异、协议差异和数据结构差异,成为不同构件模型和异构系统之间的集成技术。Web Services 独立于开发商、开发平台和编程语言,提供了足够的交互能力,能够适合各种场合的应用需求。此外,对于程序员来说,Web Services 易于实现和发布。Web Services 有两层含义,它首先是一种技术和标准,然后是一种软件和功能。采用软件构件技术,可以让应用系统易于组装,通过网络随时增减构件来调整功能,使系统的开发过程和维护过程更容易实现,同时,可以快速地满足客户需求。另外,Web Services 也是一种通过网络存取的软件构件,使应用程序之间可以通过共同的网络标准来进行交互。

在任何互联网技术应用的场合,都可以部署 Web Services。按照应用的领域不同,Web Services 可以分为面向商务的 Web Services、面向消费者的 Web Services、面向设备的 Web Services 和面向系统的 Web Services。

(1) 面向商务的 Web Services:这种 Web Services 是为企业应用设计的,例如企业内部的 ERP 系统。当系统以 Web Services 形式在网络上发布时,可以使企业内应用集成和企业间众多合作伙伴的系统对接变得更加容易。

(2) 面向消费者的 Web Services:这种 Web Services 是原有的 B2C 网站改造的结果,为面向浏览器的 Web 应用增加了 Web Services 的界面,使第三方的桌面工具能够利用更优秀的用户界面来提供跨越多个 B2C 服务的桌面系统。

(3) 面向设备的 Web Services:通常,这种 Web Services 的使用终端是手持设备和家用电器。在不修改 Web Services 体系架构的前提下,可以将 Web Services 移植到各种终端之上,例如 Palm 和手机等。以 Web Services 为基础框架,智能型的家用电器将真正获得相关标准的支持,从而有更广泛的应用空间。

(4) 面向系统的 Web Services:一些传统意义上的系统服务,例如用户权限认证和系统监控等,如果被移植到 Internet 和 Intranet 上,其作用范围将从单个系统扩展到整个网络。以同一系统服务为基础的不同应用,将在整个 Internet 环境中部署,例如跨国企业的所有在线服务可以使用同一个用户权限认证操作。

Web Services 技术的相关优点主要包括以下几个方面。

(1) 良好的封装性、开放性、维护性和伸缩性:Web Services 是一种部署在网络上的对象,具备良好的封装性。对使用者而言,仅能看到对象所提供的功能列表,而对服务的内部细节,无须做更多了解。服务提供者可以独立调整服务以满足新的应用需求,而使用者可以组合变化的服务来实现新的需求,体现了良好的伸缩性。

(2) 高度的集成性、跨平台性和语言独立性:屏蔽了不同软件平台的差异,无论是CORBA 构件,还是 EJB 构件都可以通过标准协议进行交互,实现了当前环境下的高度集成。Web Services 利用标准的网络协议和 XML 数据格式进行通信,具有良好的适应性和灵活性,任何支持这些网络标准的系统都可以进行 Web Services 请求与调用。

（3）自描述和发现性以及协议通用性：以 SOAP、WSDL 和 UDDI 为基础，提供了一种 Web Services 的自描述和发现机制。计算机能够发现并调用 Web Services，从而实现系统的无缝和动态集成。Web Services 利用标准的 Internet 协议，例如 HTTP、SMTP 和 FTP，解决了基于 Internet 或 Intranet 的分布式计算问题。

（4）协约的规范性：作为 Web Services，对象界面所提供的功能应当使用标准的描述语言进行刻画，这将有利于 Web Services 的发现和调用。

（5）松散的耦合性：Web Services 接口封装了具体的实现细节，只要接口不变，无论服务的实现如何发生改变，都不会影响调用者的使用。

5.2　Web Services 技术

5.2.1　Web Services 体系结构模型

Web Services 把所有的对象都看成是服务，这些服务所发布的 API 为网络中的其他服务所使用。通常，可以从两种不同的角度来分析 Web Services，一是根据功能来划分 Web Services 中的角色，分析角色之间的通信关系，形成 Web Services 体系结构模型；二是根据操作所要达到的目标，制定相应的技术标准，形成 Web Services 协议栈。

Web Services 体系结构模型描述了 3 种角色，包括服务提供者、服务注册中心和服务请求者，定义了 3 种操作，即查找服务、发布服务和绑定服务，同时给出了服务和服务描述两种操作对象。Web Services 请求者与 Web Services 提供者紧密地联系在一起，服务注册中心起到了中介的角色。一个 Web Services 既可以充当服务提供者，也可以作为服务请求者，或者二者兼有。Web Services 体系结构模型如图 5-1 所示，其中的 3 种角色可以描述如下。

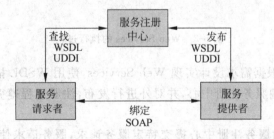

图 5-1　Web Services 体系结构模型

（1）服务请求者：实现服务的查找与调用，请求服务注册中心查找满足特定条件并且可用的 Web Services。然后，服务请求者将与服务提供者绑定，进行实际的服务调用。

（2）服务注册中心：集中存储服务的描述信息，便于服务请求者的查找。服务提供者在服务注册中心注册所能提供的服务。对服务请求者来说，服务绑定的方式有静态绑定和动态绑定两种。静态绑定是指在开发应用程序时，编程人员查询相关的服务描述，获得服务接口信息。动态绑定是指服务请求者在运行过程中从服务注册中心获得 Web Services 信息并动态调用相关的功能。

（3）服务提供者：给出可通过网络访问的软件模块，负责将服务信息发布到服务注册中心,响应服务请求者,提供相应的服务。

Web Services 体系结构的 3 种操作的描述如下。

(1) 发布服务:服务提供者定义了 Web Services 描述,在服务注册中心上发布这些服务描述信息。

(2) 查找服务:服务请求者使用查找服务操作从本地或服务注册中心搜索符合条件的 Web Services 描述,可以通过用户界面提交,也可以由其他 Web Services 发起。

(3) 绑定服务:一旦服务请求者发现合适的 Web Services,将根据服务描述中的相关信息调用相关的服务。

如图 5-2 所示,实现一个完整的 Web Services 过程通常需要以下步骤:

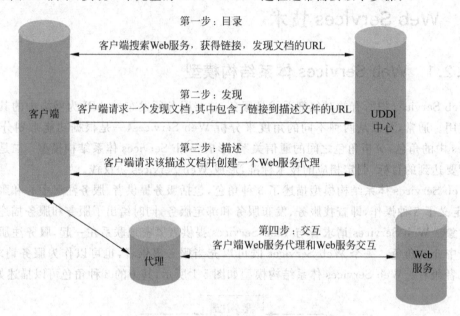

图 5-2　Web Services 的执行过程

(1) 服务提供者根据需求设计实现 Web Services,使用 WSDL 描述服务的相关信息,将服务描述信息提交到服务注册中心,并对外进行发布,注册过程遵循统一描述、查找和集成协议 UDDI。

(2) 服务请求者向服务注册中心提交特定服务请求,服务请求使用 WSDL 进行描述,服务注册中心根据请求查询服务描述信息,为请求者寻找满足要求的服务,查询过程遵循统一描述、查找和集成协议 UDDI。

(3) 服务注册中心找到符合条件的 Web 请求,向服务请求者返回满足条件的 Web Services 描述信息,该描述信息使用 WSDL 来书写,各种支持 Web Services 的节点都能够理解,客户端创建代理,然后执行(4)对应的步骤,否则返回提示信息并结束流程。

(4) 服务请求者根据服务描述信息与服务提供者进行绑定,服务调用请求被封装在 SOAP 协议中,实现 Web Services 调用。

(5) 服务提供者执行相应的 Web Services,将操作结果封装在 SOAP 协议中,返回给服务请求者。

为了通过 Web Services 体系结构模型执行查找服务、注册服务和绑定服务 3 种交互操作,有必要制定一套标准的通信协议体系。Web Services 协议栈结构如图 5-3 所示。

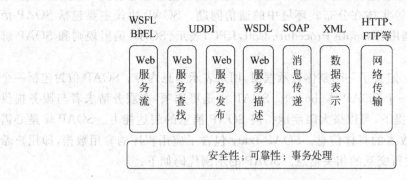

图 5-3　Web Services 协议栈体系结构图

在 Web Services 服务流层中,主要采用 Web 服务流程语言(Web Service Flow Language,WSFL)和业务流程执行语言(Business Process Execution Language,BPEL)将一系列 Web Services 操作连接起来,按照一定的规则来描述事务流程,以完成不同服务的整合。在 Web Services 查找层和发布层,主要使用 UDDI 协议。Web Services 描述层采用 WSDL 表示,利用 XML 将 Web Services 表示为一组服务访问节点。服务使用者可以通过面向文档和面向过程的消息来访问 Web Services。WSDL 以抽象的方式来表示服务操作和消息,同时,将具体协议和消息格式绑定在一起来定义服务访问节点。服务提供者与抽象的服务访问节点关联在一起,以实现 Web Services 的调用。消息传递层利用简单对象访问协议 SOAP 完成服务使用者和服务提供者的绑定。在数据表示层,利用 XML 语言完成数据的刻画和描绘。以上各层的基础为网络传输层,在这一层可以采用各类既有的协议,包括文本传输协议、简单邮件传输协议和文件传输协议等实现传输功能。同时,安全、可靠和事务处理是网络传输层中重点关注的性能。WS-Security 是实现安全 Web Services 的基本构件,能够支持 Kerberos 和 X509 等安全模型。WS-Federation 使企业和组织能够建立一个虚拟的安全区域。WS-Reliable Messaging 确保消息在恶劣环境中也能可靠传递,避免了消息丢失和连接不可靠等问题。同时,Web Services 定义了事务处理规范,针对事务处理采用锁的机制,支持事务的一致性检查及协调操作。

5.2.2　Web Services 工作机制

Web Services 主要采用可扩展标记语言 XML,简单对象访问协议 SOAP,Web Services 描述语言 WSDL,统一描述、查找和集成协议 UDDI,Web Services 流程语言 WSFL 以及业务流程执行语言 BPEL 等核心技术。

XML 是 Web Services 进行数据交换时所采用的标准,同时也是 Web Services 技术的全部规范和技术基础。SOAP、WSDL 和 UDDI 都是使用 XML 进行描述的。XML 独立于程序设计语言和操作平台,具有广泛的应用基础。目前,XML 已经成为一种数据定义标准以及数据表示和交换规范。

SOAP 是以 XML 为基础,独立于编程语言和操作平台,交换结构化信息的轻量级协议,也是服务使用者和服务提供者共同遵循的消息格式。利用 SOAP 协议,用户可以相互交换结构化的和预先定义好的信息,能实现异构环境下的应用程序交互。利用 SOAP 协议,服务请求对象可以对服务提供对象实施远程方法调用,可以在多个对等实体之间传输 XML 数据,解决了对等实体在分布式环境中的通信问题。SOAP 协议主要包括 SOAP 信封、SOAP 远程过程调用(Remote Procedure Call,RPC)表示、SOAP 编码规则和 SOAP 绑定 4 个部分。

(1) SOAP 信封:定义了一个整体表示框架,用来表示消息内容。SOAP 信封包括一个 SOAP 头(header)和一个 SOAP 体(body)。SOAP 头是可选项,在服务请求者与服务提供者尚未达成一致的前提下,可以最大限度地扩展 SOAP 消息的表达能力。SOAP 体是必需的,包含了传输给接收者的具体信息。SOAP Body 包含了应用程序的专用数据,即用户希望与 Web Services 进行交互的相关信息。SOAP 的示例代码如下:

```
< SOAP - ENV:Envelope
xmlns:SOAP - ENV = "http://schemas.xmlsoap.org/soap/envelope/">
  < SOAP - ENV:Header/>
  < SOAP - ENV:Body >
      < forum:getRefinedTopicCountRequest
xmlns:forum = "http://www.example.com/ws//schema/messages">
          < forum:startDate > 2013 - 03 - 01 </forum:startDate >
          < forum:endDate > 2013 - 03 - 31 </forum:endDate >
      </forum:getRefinedTopicCountRequest >
  </ SOAP - ENV:Body >
</ SOAP - ENV:Envelope >
```

(2) SOAP RPC 表示:定义了远程过程调用和应答的相关协定。当实施基于 SOAP 协议的远程过程调用时,RPC 及其响应都是通过 SOAP Body 元素进行传送的。通常使用 HTTP 作为 SOAP 协议的绑定协议。SOAP 协议通过 HTTP 传送目标对象的 URI 地址,HTTP 中的请求 URI 就是需要调用的目标 SOAP 节点的 URI 地址。

(3) SOAP 编码规则:定义了所传输数据类型的通用标准,包括程序语言、数据库和半结构化数据中不同类型系统的所有公共特性。

(4) SOAP 绑定:定义了一种使用底层传输协议来完成 SOAP 消息交换的约定。

随着通信协议和消息格式在 Web 中的标准化,以某种格式化的方法描述通信变得越来越重要,其实现的可能性也越来越大。用 WSDL 定义的一套 XML 语法描述的网络服务方式满足了这种需求。WSDL 把网络服务定义成一个能交换消息的通信端点集,为分布式系统提供了"在线问题解答"。

一个 WSDL 文档将服务定义为一个网络端点或端口的集合。在 WSDL 中,端点及消息的抽象定义与它们具体的网络实现和参数格式绑定是分离的,这样就可以重用以下抽象定义:消息,需要交换数据的抽象描述;端口类型,操作的抽象集合。并且可以针对一个特定端口类型的具体协议和数据格式规范构成一个可重用的绑定,将一个端口定义成网络地址以及可重用绑定的连接,将端口的集合定义为服务。一个完整的 WSDL 包括以下元素。

(1) 类型:使用某种类型系统(如 XSD)定义数据类型。

(2) 消息:通信数据抽象的类型定义。

(3) 操作:服务所支持动作的抽象描述。

(4) 端口类型:一个操作的抽象集合,该操作由一个或多个端点支持。

（5）绑定：针对一个特定端口类型的具体协议规范和数据格式规范。

（6）端口：一个单一的端点，定义成一个绑定和一个网络地址的连接。

（7）服务：相关端点的集合。

一个 WSDL 文件的示例如图 5-4 所示。

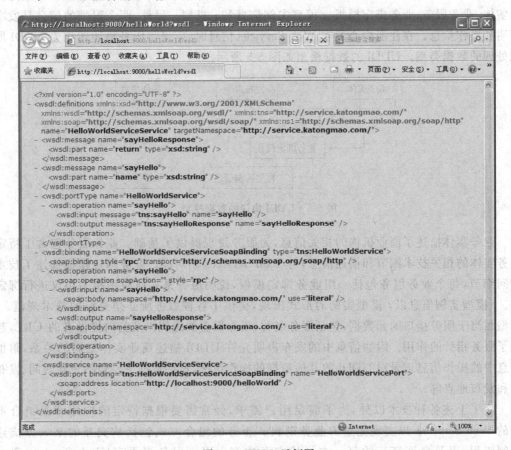

图 5-4　WSDL 示例图

UDDI 是一套 Web 服务信息注册标准规范，信息注册中心通过实现这套规范开放各个 Web Services 的注册和查询服务。UDDI 的核心组件是业务注册，它使用一个 XML 文档来描述企业及其提供的相应服务。从概念上来说，UDDI 业务注册所提供的信息主要包含以下 3 个部分。

（1）白页：包括地址、联系方法和企业标识。

（2）黄页：包括基于标准分类法的行业类别。

（3）绿页：包括该企业所提供的 Web 服务的技术信息，其形式可能是一些指向文件地址或 URL 的指示器，而这些文件地址或 URL 是为服务发现机制存在的。

所有 UDDI 注册信息都存储在 UDDI 信息注册中心，通过使用 UDDI 提供的注册服务，企业可以注册希望被其他企业发现的 Web Services。企业可以通过 UDDI 商业注册中心的 Web 界面，或使用实现了 UDDI 编程 API 的工具，将信息加入到 UDDI 信息注册中心。UDDI 注册信息由多个根节点组成，相互之间按一定的复制规则进行数据同步，在逻辑上体现出集中的特性,而在物理上则体现出分布的特性。当一个企业在 UDDI 商业注册中心的一个实例中实施注册后,其注册信息会被自动复制到其他 UDDI 根节点,于是就能被任何希望使用这些 Web Services 的用户发现。

在 UDDI 中定义了 5 种基本数据结构和两个附加信息。这 5 种基本数据结构分别是业务实体、业务服务、业务绑定模板、t 模型实例信息和 t 模型。另外,两个附带的信息是发布声明和操作信息。在注册中心发布 Web Services 信息时,应该将服务描述转化为 UDDI 所能处理的数据类型。UDDI 的数据模型如图 5-5 所示。

图 5-5　UDDI 协议的数据模型

业务实体描述了商业机构的相关信息,为服务发现提供了基础。业务服务包含了特定业务实体的相关技术细节和描述信息,与 Web Services 相对应。业务绑定模板描述了技术访问细节,每个业务服务包括一组业务绑定模板,说明服务是如何使用相关协议进行绑定的。t 模型实例信息以 t 模型实例的形式出现,提供了各种服务所必须遵循的技术规范。t 模型相当于服务接口的元数据,包括服务名称、发布服务的组织以及指向提供者的 URL,起到了服务指针的作用。附加信息中的发布声明允许 UDDI 描述商业实体之间的关系,附加信息中的操作信息记录对 UDDI 的其他数据的操作情况,这些数据主要包括更新时间、发布者和发布地点等。

除了上述各种技术以外,为了满足用户需求,经常需要根据特定的应用背景组合不同的 Web Services,以实现完整的业务逻辑。服务的组合方式包括从交互的某一方描述控制流程,以及允许交互的每一方描述交互内容。Web 服务流语言(Web Services Flow Language,WSFL)是一种符合 XML 语法规则的流程描述语言,由 IBM 公司提出。其作用是整合 Web Services,以定义服务执行顺序。WSFL 用于解决商务流程建模问题,可以描述 Web Services 在工作流中的交互过程,能够处理服务之间的通信问题。在描述复合 Web Services 时,WSFL 主要采用两种模型,即流模型和全局模型。流模型描述了子 Web Services 的执行顺序,全局模型刻画了子 Web Services 的交互情况。业务流程执行语言(Business Process Execution Language,BPEL)是一种用于描述面向服务的工作流,将一组 Web Services 连接起来,按照特定的规则执行,以实现 Web Services 的整合。BPEL 是专门为组合 Web Services 制定的一套规范标准。从本质上来说,BPEL 是 IBM 的 WSFL 和 Microsoft 的 XLANG 相结合的产物,同时摒弃了复杂烦琐的部分,形成了一种较为自然的和抽象的商业活动描述语言。BPEL 所指定的业务流程是可执行的,在 BPEL 环境下也是可移植的。在 BPEL 的业务流中,可以调用其他 BPEL 子流程来创建新的业务流程。

5.3 SOA

5.3.1 SOA 概述

软件业从最初的面向过程、面向对象,到后来的面向构件、面向集成,直到现在的面向服务,经历了一条类似螺旋上升曲线的发展过程。自 20 世纪 70 年代提出"软件危机",诞生了软件工程学科以来,软件业为了彻底摆脱软件系统开发泥潭,一直没有放弃努力。在经典软件工程理论中,不管是瀑布方法还是原型方法,都是从需求分析做起,一步一步构建起形形色色的软件系统。不过,需求变更像一个挥之不去的阴影,时刻伴随着系统左右。几乎每一个实际应用系统的开发人员都经历了在系统进入开发阶段、测试阶段,甚至上线阶段遭遇各种需求变更的痛苦。而 SOA 是一场革命,其实质就是将系统模型与系统实现分离。同时,在激烈的市场竞争和 IT 技术发展的驱动下,企业的经营理念开始朝着实时型管理模式转变。具备实时反应能力的企业对信息系统的整合提出了前所未有的高要求,其原因是分散的系统将影响其市场应变能力。对于大型企业而言,整合现有系统、解决新的需求是一项巨大的工程。在维持企业正常工作环境的同时,还必须兼顾新、旧系统的融合,解决分支机构之间的信息沟通。面对这些问题,需要一个能够真正化解难题的设计手段,把处于分散的且难以集成的软件和硬件整合起来。面向服务体系结构(Service Oriented Architecture,SOA)就是在这种背景下出现的,SOA 被誉为下一代 Web Services 的基础框架,已经成为计算机信息领域的一个新的发展方向。

SOA 并不是一个新概念,曾经有人将 CORBA 和 DCOM 等构件模型看成 SOA 的前身。当时的软件发展水平和信息化程度还不足以支撑这样的概念走进实质性应用阶段。直到 21 世纪初,SOA 的技术实现手段渐渐成熟之后,在 Oracle、HP 等软件巨头的推动下,SOA 得以慢慢流行起来。Gartner 为 SOA 描述的远景目标是实现实时企业(Real-Time Enterprise,RTE)。Gartner 公司在 1996 年首次提出了 SOA 的概念,不过 SOA 依然没有一个统一的、被业内同行普遍认可的定义,不同企业和个人对 SOA 有着不同的理解,大致上可分为狭义和广义两大类定义:

(1) 狭义上认为 SOA 是一种架构风格,是以基于服务、IT 与业务对齐作为原则的 IT 架构方式。

(2) 广义上把 SOA 看作是包括编程模型、运行环境和方法论等在内的一系列企业应用解决方案和企业环境,而不仅仅是一种架构风格。SOA 覆盖了软件开发的整个生命周期,包括软件建模、开发、整合、部署、运行等环节。

关于 SOA,可以从不同的视角进行理解。从程序员的角度来看,SOA 是一种全新的开发技术,是一种新的构件模型,例如 Web Services。从体系结构设计师的角度来看,SOA 是一种新的设计模式和方法学。从业务分析员的角度来看,SOA 是一种基于行业标准的应用服务。由于至今 SOA 还没有一个公认的定义,许多组织从不同角度和不同侧面对 SOA 进行了描述,较为经典的定义包括以下几项:

IBM 将 SOA 定义为一个构件模型,通过服务之间定义良好的接口和契约,将应用程序的不同功能单元联系起来。接口采用中立方式进行定义,应该独立于实现服务的硬件平台、操作系统和编程语言。这使得各种系统中的服务可以以一种统一和通用的方式来进行交互。

World Wide Web Consortium 将 SOA 定义为一套可以被调用的组件,用户可以发布并查找其接口描述。

Gartner 将 SOA 描述为客户端/服务器的软件设计方法。一项应用是由软件服务和软件服务使用者组成的。SOA 与通用的客户端/服务器模型的不同之处在于,它更强调构件的松散耦合关系,使用独立的标准接口。

除了著名的公司、国际组织以外,许多专业的行业网站和论坛也对 SOA 给出了各自不同的定义,例如:

Everware-CBDI(http://www.cbdiforum.com/)将 SOA 定义为策略、实践和框架。通过 SOA,可以调用、发布和发现服务,使用单一的和标准的接口将服务从具体实现中抽象出来,按照与服务消费者相关的粒度将应用程序功能作为服务集合提供给用户。

Web Services and Service-Oriented Architectures(http://www.service-architecture.com)将 SOA 定义为本质上是服务的集合。服务之间进行相互通信,这种通信可能是简单的数据传送,也可能是两个或多个服务协调进行某些活动。在服务之间,需要某些方法来进行连接。所谓服务就是精确定义、封装完善和独立于所处环境的函数。

Looselycoupled(http://looselycoupled.com)将 SOA 定义为按需连接资源的系统。在 SOA 中,资源作为可通过标准方法访问的独立服务,提供给网络中的其他成员。与传统系统结构相比,SOA 规定了资源之间更为灵活和松散的耦合关系。

本书认为 SOA 是一个组件模型,它将应用程序的不同功能单元(即服务部分)通过服务间定义良好的接口和契约联系起来。接口采用中立的方式定义,独立于具体实现服务的硬件平台、操作系统和编程语言。这使得构建在这样的系统中的服务可以使用统一和标准的方式进行通信。这种具有中立接口的定义,即没有强制绑定到特定的实现上的特征被称为服务之间的松耦合。SOA 的工作原理图如图 5-6 所示。

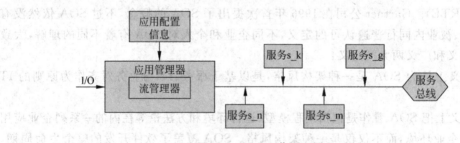

图 5-6　SOA 工作原理图

从这个定义中,用户可以看到下面两点:

(1) SOA 是一种软件系统架构,而不是一种计算机语言,也不是一种具体的技术,更不是一种产品。从这个角度上来说,它其实更像一种架构模式,是一种理念,是人们面向应用服务的解决方案。

(2) 服务是整个 SOA 实现的核心。SOA 的基本元素是服务。SOA 指定了一组实体(服务提供者、服务消费者、服务注册表、服务条款、服务代理和服务契约),这些实体详细说明如何提供和消费服务。遵循 SOA 观点的系统必须要有服务,这些服务是可互操作的、独立的、模块化的、位置明确的、松耦合的,并且可以通过网络查找其地址。

下面对 SOA 相关的实体加以说明。服务是一个自包含的、无状态的实体,可以由多个构件组成。它通过事先定义的界面响应服务请求,它也可以执行编辑和处理事务等离散性任务。服务本身并不依赖于其他函数和过程的状态,用什么技术实现服务,并不在其定义中加以限制。服务提供者提供符合契约的服务,并将它们发布到服务代理。服务请求者也称服务使用者,它发现并调用其他的软件服务来提供商业解决方案。从概念上来说,SOA 本质上是将网络、传输协议和安全细节留给特定的实现来处理。服务请求者通常称为客户端,不过它也可以是终端用户应用程序或其他服务。服务代理者作为储存库、电话黄页或票据交换所,产生由服务提供者发布的软件接口。这 3 种 SOA 参与者,即服务提供者、服务代理者以及服务请求者,执行 3 个基本操作,即发布、查找和绑定相互作用。服务提供者向服务代理者发布服务。服务请求者通过服务代理者查找所需的服务,并绑定到这些服务上。服务提供者和服务请求者之间可以交互。其中,所谓服务的无状态,是指服务不依赖于任何事先设定的条件,是与状态无关的。在 SOA 中,一个服务不会依赖于其他服务的状态,它们从客户端接受服务请求。因为服务是无状态的,它们可以被编排和序列化成多个序列(有时还采用流水线机制),以执行商业逻辑。编排指的是序列化服务并提供数据处理逻辑,但不包括数据的展现功能。

从概念上讲,SOA 中有 3 个主要的抽象级别。

(1) 操作:代表单个逻辑工作单元(LUW)的事务。执行操作通常会导致读、写或修改一个或多个持久性数据。SOA 操作可以直接与面向对象的方法相比,它们都有特定的结构化接口,并且返回结构化的响应。与方法类似,特定操作的执行可能涉及调用附加的操作。

(2) 服务:代表操作的逻辑分组。服务可以分层,以降低耦合度和复杂性。一个服务的粒度(Granularity)大小也与系统的性能息息相关。粒度太小,会增加服务间互操作通信的开销;粒度太大,又会影响服务面对需求变化的敏捷性。

(3) 业务流程:业务流程是为了实现特定的业务目标而执行的一组长期运行的动作或者活动。业务流程通常包括多个业务调用。在 SOA 中,业务流程包括依据一组业务规则按照有序序列执行的一系列操作。从建模的观点来看,由此带来的挑战是如何描述设计良好的操作、服务和流程抽象的特征,以及如何系统地构造它们。这些涉及服务建模、特征抽取的问题已经成为现阶段人们关注的焦点。

基于上面的讨论,我们给出 SOA 中与服务有关的一些特征。

(1) 服务的封装:服务的封装指将服务封装成用于业务流程的可重用构件的应用程序函数。它提供信息或简化业务数据从一个有效的、一致的状态向另一个状态的转变。封装隐藏了复杂性。服务的 API 保持不变,使得用户远离具体实施上的变更。

(2) 服务的重用:服务的可重用性设计显著地降低了成本。为了实现可重用性,服务只工作在特定处理过程的上下文中,独立于底层实现和客户需求的变更。

(3) 服务的互操作:其中的互操作并不是一个新的概念,在 CORBA、DCOM 中就已经采用过互操作技术。在 SOA 中,通过服务之间既定的通信协议进行互操作,主要有同步和异步两种通信机制。SOA 提供服务的互操作特性更有利于其在多种场合被重用。

(4) 服务是自治的功能实体:服务是由构件组成的组合模块,是自包含和模块化的。SOA 非常强调架构中提供服务的功能实体的完全独立自主的能力。传统的构件技术,如

. NET Remoting、EJB、COM 和 CORBA,都需要有一个宿主或者服务端来存放和管理这些功能实体,当宿主运行结束时,这些构件的寿命也会随之结束。这样,当宿主本身或者其他功能部分出现问题的时候,在该宿主上运行的其他应用服务就会受到影响。

SOA 非常强调实体自我管理和恢复能力,常见的用来进行自我恢复的技术,例如事务处理、消息队列、冗余部署和集群系统在 SOA 中都起到至关重要的作用。

(5) 服务之间的松耦合:服务请求者到服务提供者的绑定与服务之间应该是松耦合的。这就意味着,服务请求者不知道提供者实现的技术细节,例如程序设计语言、部署平台等。服务请求者往往通过消息调用操作、请求消息和响应,而不是通过使用 API 和文件格式。

这个松耦合使会话一端的软件可以在不影响另一端的情况下发生改变,前提是消息模式保持不变。在一个极端的情况下,服务提供者可以将以前基于遗留代码(如 COBOL)的实现完全用基于 Java 语言的新代码取代,同时又不对服务请求者造成任何影响。这种情况是真实的,只要新代码支持相同的通信协议即可。

(6) 服务是位置透明的:服务是针对业务需求设计的,需要反映需求的变化,即所谓的敏捷(Agility)设计。如果想真正实现业务与服务的分离,必须使得服务的设计和部署对用户来说是完全透明的。也就是说,用户完全不必知道响应自己需求的服务的位置,甚至不必知道哪一个具体的服务参与了响应。

针对 SOA 的架构特性,它又具有以下 4 个显著的特征。

(1) 可重用:一个服务创建后能用于多个应用和业务流程。

(2) 松耦合:服务请求者到服务提供者的绑定与服务之间应该是松耦合的。因此,服务请求者不需要知道服务提供者实现的技术细节,例如程序语言、底层平台等。

(3) 明确定义的接口:服务交互必须是明确定义的。WSDL 用于描述服务请求者所要求的绑定到服务提供者的细节。WSDL 不包括服务实现的任何技术细节,服务请求者不知道也不关心服务究竟是由哪种程序设计语言编写的。

(4) 无状态的服务设计:服务应该是独立的、自包含的请求,在实现时它不需要获取从一个请求到另一个请求的信息或状态。服务不应该依赖于其他服务的上下文和状态。当产生依赖时,它们可以定义成通用业务流程、函数和数据模型。

(5) 基于开放的标准:当前 SOA 的实现形式是 Web Services,基于的是公开的 W3C 及其他公认标准。采用第一代 Web 服务定义的 SOAP、WSDL 和 UDDI 以及采用 REST 的第二代 Web 服务都可以实现 SOA。

SOA 的目标是最大限度地重用现有服务,以提高 IT 的适应能力和利用效率。SOA 要求相关技术人员在开发新应用时,首先考虑重用现有服务,在设计新系统时,应该考虑在将来可能会被重用。面向服务体系结构的分析与设计是面向对象技术的扩展和补充,是一种在更大范围内对软件系统进行建模的方法。

现在,基于 SOA 的软件开发已经被行业广泛采纳,那么一种架构形式具备了哪些特点才属于真正的 SOA? 从模块化系统开发的角度观察,不难发现,SOA 中的方法具有以下特点。

(1) 可分解性:如果一种方法有助于把一个软件问题分解为若干个较简单的子问题,并用一个简单的结构将这些子问题连接起来,而且能够独立地对各个子问题做进一步分解,那么该方法就满足可分解性。

（2）可组合性：如果一种方法，由它生产出的软件元素，在未来可在不同于最初被开发的环境中通过彼此自由组合的方式来产生新的系统，那么该方法就满足可组合性。

（3）可理解性：如果一种方法，由它生产出的软件，读者无须了解其他模块（或最多只需研究少许其他模块）便可了解每一个模块，那么该方法就满足可理解性。

（4）连续性：如果一种方法，在由它得到的软件架构中，功能规格上的微小改动只会引起一个（或少量）模块的变化，那么该方法就满足连续性。

（5）保护性：如果一种方法，在由它得到的架构中，一个模块在运行时出现异常条件不会影响到该模块之外（或最多只蔓延到少数周边模块），那么该方法就满足保护性。

（6）自查性：如果一个方法，由它得到的架构提供了"允许在运行时查询并检查模块结构及模块间通信结构"的机制，那么该方法就满足自查性。

（7）远程性：如果一个方法，由它得到的架构提供了"允许托管于不同物理环境下的不同模块与之进行模块通信"的机制，那么该方法就满足远程性。

（8）异步性：如果一个方法，由它得到的架构满足模块被调用时不被立即响应的条件，那么该方法就满足异步性。换言之，它假定网络或被调用模块有延迟。

（9）面向文档：如果一个方法，在由它得到的架构中，内部模块间的通信消息均是明确定义且互相知道的，而且各调用之间不存在隐式的状态共享，那么该方法就是面向文档的。

（10）标准化的协议信封：如果一个方法，由它得到的架构要求所有模块通信都共用一种通用信封消息格式，那么该方法就满足标准协议信封。

（11）分散式管理：如果一个方法，由它得到的架构不需要对所有模块进行集中管理，那么该方法就符合分散式管理。

SOA 作为一种架构形式，其任务是建立以服务为中心的业务模型，从而对用户需求做出快速、灵活的响应。在这种体系结构中，所有的功能都被定义为独立的服务。服务带有明确定义的可调用接口，并且以定义好的顺序来调用这些服务以形成业务流程，实现系统的逻辑功能。同时，SOA 也是人们面向应用服务的解决方案。SOA 的基本元素是服务，服务是整个 SOA 实现的核心。遵循 SOA 架构的系统必须要有服务，这些服务是可互操作的、独立的、模块化的、位置明确的和松散耦合的。SOA 通过服务的重复利用，提高了资源的使用效率，简化了应用程序的定制与开发。对于用户来说，服务位置是透明的，用户完全不必知道响应自己请求的服务在什么位置，甚至不必知道具体是哪一个服务参与了响应。当一个地方停电或服务中断时，可以将服务请求转发到另一个完全不同的地点去运行该服务的其他实例，从而使用户免受影响。所有服务都是独立的，它们就像"黑匣子"一样运行。客户端既不知道也不关心它们是如何执行相关功能操作的，而仅仅关心它们是否返回了预期结果。从体系结构层面上看，服务调用到底是本地的还是远程的，采用了何种互连模式和协议都是无关紧要的。

SOA 的优点表现在以下方面：

（1）具有良好的平台无关性、可适应性和可扩展性。

（2）技术与业务对齐，具有更好的集成效果、更好的定价和销售模式。

（3）减少系统耦合，提高系统的复用粒度，降低开发成本。

（4）使企业的信息化建设真正以业务为核心，业务人员根据需求编排服务，而不必考虑技术细节。

SOA 的缺点与问题表现在以下方面：

(1) 降低了系统的性能。

(2) 服务的划分和编排困难。

(3) 如果选择的接口标准有问题，会带来系统的额外开销，并因此而最终导致整个系统不稳定性的增加。

(4) 对 IT 硬件资源并没有重用。

(5) 目前，主流实现方式接口很多，从而比较松散、脆弱。

(6) 目前，主流实现方式只局限于不带界面的服务共享。从业务角度思考，能共享的应该不仅仅局限在服务层面。

用户在设计 SOA 时，应该重点注意以下几个问题。

(1) 互连协作：面向服务体系结构强调的就是互连协作，这意味着服务必须提供通过某种数据格式和协议可以访问的接口，这些数据格式和协议应该是被所有可能要求服务的客户所认同的。

(2) 动态定位和使用：服务必须能够被动态定位，这意味着需要使用第三方机制来查找服务。

(3) 消息传递是基于文本的：通常，在面向服务体系结构中使用 XML 来描述消息。因此，在不同服务之间可以一次性地传送大量信息，而且消息可以非常容易地通过宿主机上的防火墙。

在理解 SOA 和 Web Services 的关系上，用户经常会发生混淆，有一点需要明确的是，SOA 不是 Web Services。在 2003 年 4 月的 Gartner 报告中，Yefim V. Natis 就这个问题做出解释："Web 服务是技术规范，而 SOA 是设计原则。特别是 Web 服务中的 WSDL，是一个 SOA 配套的接口定义标准。这是 Web 服务和 SOA 的根本联系"。从本质上来说，SOA 是一种架构模式，而 Web 服务是利用一组标准实现的服务，所以 Web 服务是实现 SOA 的方式之一。SOA 和 Web Services 是两个不同层面上的问题，前者属于概念模型，主要面向商业应用，后者则是实现模式，主要面向技术规范。SOA 所表示的是一个概念模型，在这个模型中，松散耦合的应用可以被描述、发布和调用。SOA 本质上是一种将软件组织在一起的抽象概念，依赖于 XML 和 Web Services 等更加具体的实现技术。此外，SOA 还需要安全机制、策略管理和消息可靠传递保障的支持，从而更有效地工作。同时，用户还可以通过分布式事务处理和分布式状态管理来进一步改善 SOA 的性能。Web Services 是一组协议所定义的框架结构，提供了不同系统之间松散耦合的编程框架。大家可以认为，Web Services 是 SOA 的一个特定实现，而 SOA 作为一个概念模型，将网络、传输协议和安全等具体细节遗留给特定实现。通常，人们使用 Web Services 实现 SOA。采用 Web Services 实现 SOA 的好处是，人们可以实现一个中立平台来获得服务，这一点随着软件厂商和运营商对越来越多的 Web 服务规范的支持而变得越来越明显。Web Services 是一种非常适合实现面向服务体系结构的技术。从本质上说，Web Services 是自描述和模块化的应用程序，将业务逻辑分解为服务，这些服务可以在 Internet 上发布、查找和调用。以 XML 为基础，Web Services 能够在不同平台上，使用不同语言，利用不同协议，来开发松散耦合的应用程序构件。这使得业务应用程序的发布更加容易，所有的人在不同时间、不同地点和不同平台上都可以访问这些服务。尽管 Web Services 是实现 SOA 的最好方式,但是 SOA 的实现并不仅仅局限于 Web Services。如果服务是使用 WSDL 对其接口进行描述的,同时采用 XML 来描述其通信协议,这些服务也可以被用来实现 SOA。例如,CORBA 和 IBM 的 MQ 就可以利用 WSDL 的新特性来参与 SOA 的实现过程。值得一提的是,Web Services 不仅能够用于实现 SOA,还能够用于实现非 SOA 的框架结构。

SOA 及其思想不仅可以用于企业级的软件开发,在嵌入式等领域同样适用。Service-Oriented Device Architecture (SODA),即"面向服务的设备架构",它是一个由 IBM 和美国 Florida 大学发起的倡议和联盟。通过引入 SOA 的编程模型,来规范和简化智能设备与企业应用的集成。SODA 致力于充分利用嵌入式系统和 IT 领域已有的标准,为智能设备与 SOA 技术的融合提供一个标准平台。SODA 的目标是让软件开发者能够像用 SOA 技术进行 IT 业务集成一样,在远程医疗、军事以及 RFID 等物联网系统中实现与传感器和执行设备的集成。具体来说,SODA 提供标准接口,把硬件设备功能转换成与硬件无关的可调用的软件服务,并实现以下目标:

(1) 实现应用集成商与设备和传感器制造商的无缝对接。

(2) 实现"一次集成,到处部署",即"Integrate once,deploy everywhere",使用户专注于整体应用方案而不是陷于设备连接方面的工作。

(3) 在应用与众多设备协议之间建立一个通用接口,形成统一的数据交换标准。

(4) 作为一个中间件平台,为众多行业应用提供应用支持。

5.3.2　IBM SOA 解决方案

SOA 无论在企业级业务流程改造领域,还是在针对下一代互联网技术的研发领域都展示出至关重要的作用。所以在理论研究的基础上,一些软件巨头对 SOA 进一步探索、扩展和实现,并为其提供了多种产品集合加以支持。IBM 公司在相关领域已经成为业界的典型代表,下面对其在 SOA 方面的研究成果进行介绍。

IBM 提出的 SOA 解决方案是一种以业务为中心的 IT 架构方案,可以将企业的各个业务作为彼此连接的以及可重复的业务任务或服务进行整合。这使得构建在各种相似系统中的服务能够以一种统一、通用的方式进行交互。IBM 提出的方案可以帮助企业在 SOA 实施过程的每一个阶段(从部门级项目到企业级计划)发现各种潜在的价值。

IBM SOA Foundation 解决方案堆栈如图 5-7 所示,下面介绍它的 5 个层次(按照从下到上的顺序)。

(1) 可操作系统(Operational Systems):表示现有 IT 资产应该在 SOA 中如何使用。

(2) 服务构件(Service Components):实现服务,可以利用可操作系统层中的一个或多个应用程序来进行。使用者和业务流程并不能直接访问服务构件,而仅能访问服务。现有构件可以在内部重用,或在合适的情况下在 SOA 中使用。

(3) 服务(Services):表示已部署到环境中的服务,这些服务可由发现实体进行治理。

(4) 业务流程(Business Process):表示将业务流程作为服务编排实现的操作构件。

(5) 使用者(Consumers):表示用于访问业务流程、服务和应用程序的通道。

除了解决方案堆栈之外,IBM 还提出了相应的参考模型,如图 5-8 所示。在 IBM SOA Foundation 参考模型中,连接到 Service Integration Services 上的服务类型属于特定域。因

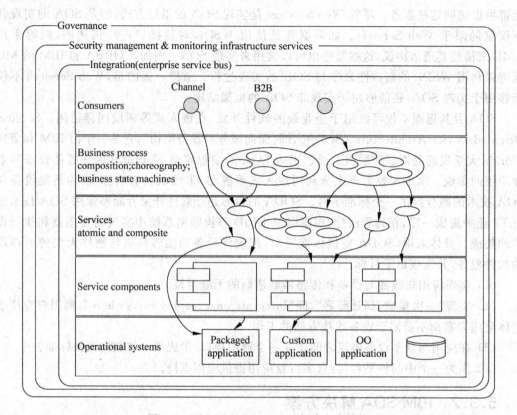

图 5-7　IBM SOA Foundation 解决方案堆栈

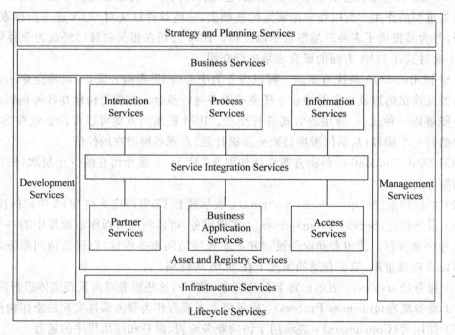

图 5-8　IBM SOA Foundation 参考模型

此,需要给出特定的解决方案,并针对该解决方案给出独一无二的实现。通常来说,特定服务域可以购买,但是需要进行广泛的定制或扩展。IBM SOA Foundation 参考模型中的其他服务类别则属于域无关类别,这些域无关类别包括开发服务、管理服务等,这些服务可以直接用于各种不同的域或解决方案。域无关服务通常被用于计划、开发、支持和管理解决方案中的域特定服务。通常,域无关服务通过购买即可使用,而无须进行相应的扩展。在该模型中,服务集成(Service Integration Services),本质上就是企业服务总线(Enterprise Service Bus,ESB),其核心功能为数据的转换。

除此之外,还有一些其他的服务类别,下面进行介绍。

(1) 中介服务(Mediation Services):这一服务类别在该参考模型中并没有给出,它负责将服务消费者与服务供应商绑定,可以通过解决位置问题实现跨网络请求路由最优化,从而满足业务目标。中介服务通常通过一些有意义的活动增加附加价值,例如日志记录和翻译,以及连通性。

(2) 交互服务(Interaction Services):提供业务设计的表示逻辑,并支持应用程序和终端用户之间的交互。

(3) 进程服务(Process Services):包括各种形式的组成逻辑,特别是业务进程流。

(4) 信息服务(Information Services):提供业务设计的数据逻辑,实现提供业务持久化数据的存取,支持业务数据组成,并提供其自身的子架构来跨组织管理数据流。

(5) 存取服务(Access Services):将遗留应用程序和功能集成到面向服务的架构解决方案。

(6) 安全服务(Secure Services):负责保护免受贯穿整个 SOA 脆弱部分的威胁,主要负责保护服务消费者和服务供应商之间的交互,以及保护所有对该架构有贡献的元素。

(7) 伙伴服务(Partner Services):捕获在业务设计中有直观表现形式的合作伙伴互操作性语义。

(8) 生命周期服务(Lifecycle Services):支持管理 SOA 解决方案生命周期以及贯穿开发和管理从策略到基础架构的所有构成元素。

(9) 资产和注册表服务(Asset and Registry Services):提供资产访问权限,它是整个架构的一部分,包括服务描述、软件服务、策略、文档以及其他业务操作必不可少的资产和构件。

(10) 基础架构服务(Infrastructure Services):提供资源的高效利用,确保操作环境的完善,平衡工作负载以满足服务水平目标,提高系统维护以及安全访问可信业务流程和数据的能力,简化系统整体管理。

(11) 管理服务(Management Services):提供管理工具和度量集以监控服务流和底层系统的健康状况,同时完成资源利用、中断和瓶颈的鉴定,对服务目标加以实现,对管理策略加以执行并进行故障恢复等工作。

(12) 开发服务(Development Services):支持整套架构工具、建模工具、开发工具、视觉构成工具、组装工具、方法论、调试辅助程序、基础架构工具以及构建一个 SOA 解决方案所需的代理。

(13) 战略与规划服务(Strategy and Planning Services):支持创建远景、蓝图以及移交计划,以提高业务成果,同时处理该业务策略的服务,创建一个涵盖服务和 IT 的实现路线图。

（14）业务应用服务（Business Application Services）：实现核心业务逻辑，其实现部分是在一个业务模型中特别创建的。

（15）业务服务（Business Services）：捕获业务功能，作为粗粒度进程服务提供给外部消费者。

IBM SOA Foundation 方案为 SOA 的应用提供了极大的便利，它包括 IBM 提供的一系列已经集成好的，并且基于开放标准的软件集合。这些软件集合支持 SOA 生命周期的每个阶段，包括建模阶段（Model Stage）、组装阶段（Assemble Stage）、部署阶段（Deploy Stage）和管理阶段（Manage Stage），如

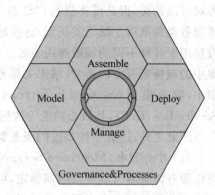

图 5-9   SOA 生命周期

图 5-9 所示。支撑所有这些生命周期阶段的是为 SOA 项目提供了指导和监督功能的各种流程。IBM 软件产品提供了对 SOA 的 Model、Assemble、Deploy、Manage 生命周期的全方位支持，包括 Rational 产品集合通过提供针对 SOA 解决方案和业务流程的建模工具，支持 Model 和 Assemble 阶段，同时提供开发服务；WebSphere 产品集合通过为服务实现、服务客户端和业务流程提供运行时来支持 Deploy 阶段，它还提供产品以支持部署 SOA 解决方案所必需的操作服务；Tivoli 产品集合通过提供服务、解决方案和基础架构的监控和操作管理来支持 Manage 阶段，同时提供管理服务；Lotus 产品集合提供工具将人员和协作入口集成到业务流程中，并且提供交互服务的支持。Information Management 产品集合通过在整个信息供应链中提供信息管理服务以支持 Deploy 阶段。

IBM 软件产品不仅对 SOA 全生命周期提供支持，也对 SOA Foundation 参考模型中的各个服务提供支持。

（1）对于战略与规划服务而言，由 Global Business Service® 的构件业务建模功能提供，可帮助企业有条不紊地检查业务并识别正确的业务构件和服务。由 IBM 提供的面向服务的建模和架构（Service-Oriented Modeling and Architecture，SOMA）方法以及工具可帮助企业识别正确的服务以满足需求。Rational Systems Architect® 和 Rational Focal Point® 可以为基于市场驱动的产品和组合管理提供决策支持系统，而 Rational RequisitePro® 则跟踪业务需求，并将其作为目标以介入服务的开发生命周期。

（2）针对开发服务的工具支持，由 Rational Software Architect® 提供，为 Windows、Linux® 及其他操作系统上的业务服务提供一个开发环境。由 Rational Team Concert® 促进这些环境下的协作开发，同时 Rational ClearCase® 和 ClearQuest® 对自动化地实现更可预测、可管理的软件开发生命周期进行控制。Integration Designer 则帮助 IT 团队创建业务进程流、状态机制和业务规则。

（3）资产和注册表服务由 Rational Asset Manager® 提供，可帮助创建、更改、管理、发现和重用任何类型的开发资产，包括用于 SOA 解决方案的资产。WebSphere Service Registry and Repository® 工具提供注册和位置服务，以支持延迟绑定技术。

（4）企业服务总线由 WebSphere Enterprise Service Bus® 支持，提供一个基本架构实现整个企业级分布式网络的透明互连。它由 WebSphere Message Broker® 扩展，为非 XML

数据类型提供消息转换，同时提供基于消息的集成。WebSphere DataPower SOA®设备可加强和促进 SOA 应用程序，特别是 WebSphere DataPower Integration Appliance XI52®和 WebSphere DataPower XML Accelerator XA35 Appliance®可以有效地完成无负载 Web 服务处理和 XML 处理。

（5）业务应用服务托管于 WebSphere Application Server®。这是一个高度可用的托管环境，可以提供基础 SOA 业务服务的支持 Portal、Business Process Management（BPM）和 ESB 的平台。WebSphere Application Server®支持 SOA、SCA、SIP、Web 2.0 以及 JPA 编程模型。与业务应用服务有关的技术和工具还包括 WebSphere Extended Deployment Compute Grid®，它支持跨事务和批处理范式共享业务逻辑；而 WebSphere Extreme Scale®，它提供分布式缓存要素，具有高度的可扩展性，支持下一代 SOA 和云计算环境。

（6）流程服务由 Business Process Management®支持，它是业务进程的一个主要托管环境，并且由 WebSphere Operation and Decision Management®交付一个业务角色管理系统来控制和管理业务策略和流程，由 WebSphere Business Events®对业务进行检测、评估，以及对基于可控事件模式的业务事件影响效果做出响应。

（7）交互服务由 WebSphere Portal®提供，它也是一个托管环境，用于 SOA 应用程序的用户交互逻辑，允许将接口聚集到一个单一用户页面。同时，Lotus Sametime®为交互服务提供了统一的通信平台，支持业务流程中的服务创新和用户委托。Mashup Center®支持 IT 团队使用动态情景应用程序连接用户与业务服务。

（8）信息服务是由数据仓储和信息集成产品提供的，由 InfoSphere Master Data Management®集中管理贯穿客户、产品和账户域的业务关键型主数据，由 IBM Information Server®为异构、分布式信息提供数据集成平台。Cognos Business Integrator®使 IT 团队可以对任何数据进行探索和交互，并生成完整的时间频谱。

（9）伙伴服务通过 Sterling B2B Integration®和 WebSphere DataPower Appliance®提供，支持通过一个集中的、统一的贸易伙伴和事务管理平台将企业对企业与贸易伙伴集成在一起，实现流程和数据集成。

（10）存取服务由 WebSphere Adapters®支持，为各种遗留信息系统提供适配器。

（11）基础架构服务由 WebSphere Virtual Enterprise®提供，提供应用程序虚拟化技术，以降低成本，增加系统的灵活性、敏捷性、可用性和可靠性。虚拟软件管理各个供应商的中间件和硬件。

（12）管理服务包括安全性和运行时管理。安全性由 Tivoli Identity Manager®、Tivoli Federated Identity Manager®、Tivoli Security Policy Manager®和 Tivoli Access Manager®提供保障。它们提供了一个统一的用户管理、用户信息联合和特权管理。Tivoli Compliance Insight Manager®提供一个自动化的用户安全性标准。WebSphere DataPower XML Security Gateway XS40 and XG45®将 Tivoli 的联合身份、安全性和目录服务集成到 SOA 网络中进行处理。监控、预先配置和自动化则由 Tivoli Composite Application Manager®提供，它是一个集成的产品集。Tivoli Intelligent Orchestrator®为管理和自动化行政管理工作流以及初始化工作流以响应信息系统中的事件提供支持。Tivoli Provisioning Manager®提供了自动化的开发环境实现软件和硬件的预先配置。Tivoli Application Dependency Discovery®提供自动化发现和配置跟踪功能以建立应用程序映射，提供对应用程序复杂性的实时监控。Tivoli Usage and Accounting Manager®评估共享计算资源的使用情况和成本。Tivoli Business Service Manager®为实时服务提供具备可用性、可视性以及智能化的仪表板,同时将关键业务服务进行可视化处理。IBM Systems Director®跨多系统环境,提供针对物理和虚拟系统的平台管理,使其得以简化。

(13) 生命周期服务由 Rational Method Composer®提供,它拥有一个实践库,可为 IT 团队提供定制的但尚未一致的流程指南。Rational Requirements Composer®则提供了视觉和文本技术,帮助在一个协作环境中捕获业务目标和细化需求。Rational Build Forge®对构建和发布流程的活动进行自动化和加速处理。

IBM 不仅针对 SOA 提出了参考模型和系列化的工具,还为 SOA 定义了 5 个切入点,这些切入点均基于实际的客户经验确定。采用这种方式能够帮助企业实现预定义的 SOA 业务解决方案。这些切入点的定义由业务需求(人员、流程、信息切入点)和 IT 需求(连接性、重用切入点)驱动,下面对这 5 个切入点加以描述。

(1) 人员(People):该切入点主要关注用户体验,以帮助用户生成调用和实现更好的协作,从而获得一致的人员与流程交互,提高业务效率。通过使用 SOA,可以创建基于服务的 Portlet 来提高此协作。

(2) 流程(Process):该切入点可以帮助企业了解其业务中发生的情况,从而支持其对现有业务模型进行改进。通过使用 SOA,可以将业务流程转换为可重用且更加灵活的服务,从而改进和优化这些新流程。

(3) 信息(Information):通过使用该切入点,能以统一、可见的方式利用公司中的信息。通过在所有业务领域提供此信息,可以促进企业各个领域的创新工作,从而使企业更具竞争力。通过使用 SOA,用户可以更好地控制信息,而且通过信息与业务流程的结合,可以发现很多有意义的新关系。

(4) 连接性(Connectivity):利用该切入点,可以有效地连接基础设施,从而将企业中的所有人员、流程和信息整合到一起。通过在服务期间以及整个环境中实现灵活的 SOA 连接,可以获取现有业务流程,并在不需要太多工作的情况下,通过其他业务通道提供此流程,甚至还能以安全的方式连接防火墙之外的第三方合作伙伴。

(5) 重用(Reuse):通过 SOA 重用服务切入点,可以充分利用企业中已经存在的服务。通过对现有资源进行构建,可以简化业务流程,在整个企业内确保一致性并缩短开发时间。所有这些方式可以帮助企业节约大量的时间和资金,并减少服务中的功能重复。

在 IBM 解决方案中采用切入点的主要原因是为了帮助客户了解 SOA。与此同时,在采用切入点的基础上还提供了具体的实现细节,以进一步帮助客户的业务团队和 IT 团队。其具体的实现细节需要场景的支持,因为业务部门在设计和实现 SOA 解决方案的过程中经常会遵循多个常见的场景。通过定义这些场景,可以为 IT 团队提供预定义的实施方法,帮助其具体实现 SOA 解决方案。IBM 针对每个场景提供了经过测试和集成的产品,用于实现此场景。因此,用户可以将场景映射到企业业务实施过程中的具体目标和需求,从而提升业务流程的设计和开发效率与质量。下面介绍这些场景。

(1) 服务创建场景:用于创建灵活的基于服务的业务应用程序。新的面向服务的应用程序将业务行为作为服务公开,同时还能重用作为服务公开的业务逻辑。

(2) 服务连接性场景:无论何时何地使用何种工具,都能使用中间层服务网关或总线让各种应用程序访问核心服务集,从而通过无缝的消息和信息流将企业中的人员、流程和信息连接起来。

(3) 交互与协作服务场景:通过多种设备(如浏览器、PC 和移动设备)向用户实体提供一个或一组服务。在交互与协作服务场景中,还可以将这些服务聚合为视图并交付信息,同时在业务流程的上下文中完成整个流程,从而提高人员的工作效率。

(4) 业务流程管理场景:将软件功能和业务专业知识相结合,加速流程改进,并促进业务的创新。

(5) 作为服务的信息场景:该场景可在企业内作为可重用服务访问复杂的异构数据源。

以上 5 个 SOA 切入点与 5 个场景属于一一映射的关系,如图 5-10 所示。例如,重用切入点与服务创建场景相映射,该场景中包括 3 种实现,即启用服务的现有资产、重新创建新服务和调用外部服务。用户可以通过重用切入点进入 SOA,此切入点可以帮助企业对现有服务充分利用。如果在实施过程中,发现缺少主要的 SOA 服务,那么服务创建场景中的重新创建新服务的具体实现可以详细说明如何创建所需要的 SOA 服务。

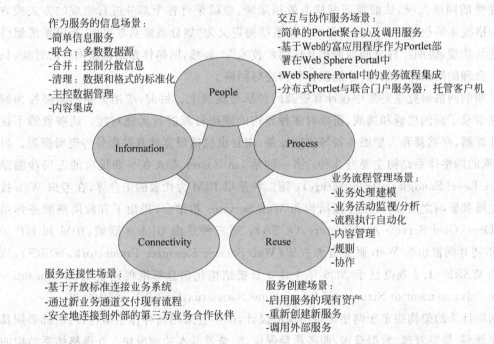

作为服务的信息场景:
-简单信息服务
-联合:多数数据源
-合并:控制分散信息
-清理:数据和格式的标准化
-主控数据管理
-内容集成

交互与协作服务场景:
-简单的Portlet聚合以及调用服务
-基于Web的富应用程序作为Portlet部
 署在Web Sphere Portal中
-Web Sphere Portal中的业务流程集成
-分布式Portlet与联合门户服务器,托管客户机

业务流程管理场景:
-业务处理建模
-业务活动监视/分析
-流程执行自动化
-内容管理
-规则
-协作

服务连接性场景:
-基于开放标准连接业务系统
-通过新业务通道交付现有流程
-安全地连接到外部的第三方业务合作伙伴

服务创建场景:
-启用服务的现有资产
-重新创建新服务
-调用外部服务

图 5-10 SOA 入口点与场景的映射关系及实现

除了上述 5 个场景之外,IBM SOA 解决方案中还包括其他一些场景。

(1) SOA 设计场景:通过一组角色、方法和构件保持业务设计建模和 IT 解决方案设计的一致,以提供一组经过优化的业务流程以及用于集成的服务。

(2) SOA 治理场景:建立并执行 SOA 开发与运行时流程,定义策略、流程和工具来监视服务的归属、用户、使用方式和提供时间。

(3) SOA 安全性和管理场景:IT 服务管理(IT Service Management,ITSM)是一种很重要的服务形式,SOA 安全性和管理场景帮助 ITSM 完成发现、监视、保护、供应、更改和生命周期管理工作。

5.4 网格服务体系结构

5.4.1 网格概述

网格技术在经历了持续发展之后,已经成为一种较为高效的 Internet 计算模式,其目的是在分布、异构和自治的网络环境中实施动态的虚拟组织模式,在内部实现跨自治域的资源共享与协作,有效地满足面向互联网的复杂应用对大规模计算和海量数据处理的需求。网格计算的目标定位于让网络上的所有资源协同工作,服务于不同的网格应用,以实现资源在跨组织应用之间的共享与集成。网格体系结构是关于如何构建网格的技术,它包括两个层次的内涵:一是要标识出网格系统由哪些部分组成,清晰地描述出各个部分的功能、目的和特点;二是要描述网格各个组成部分之间的关系,以及如何将各个部分有机地结合在一起,形成完整的网格系统,从而保证网格有效地运转,也就是将各个部分进行集成的方式或方法。网格技术的权威 Ian Foster 将网格体系结构定义为"划分系统基本组件,指定系统组件的目的与功能,说明组件之间如何相互作用的技术"。显然,网格体系结构是网格的骨架,只有建立合理的网格体系结构,才能设计和构建好网格。

早期的网格研究主要集中在计算资源的共享与集成上。目前,应用资源的多样性为网格研究带来了新的机遇和挑战,需要对多种异构的网络资源进行无缝对接。这些资源不仅包括计算器、存储器和大型服务器等物理设备,而且也包括带宽和软件服务等逻辑资源。目前,主流的网格体系结构主要有 3 种:第一种是 Ian Foster 等人在早期提出的五层沙漏结构(Five-Level Sandglass Architecture);第二种是以 IBM 为代表的工业界,在考虑 Web 技术的发展和影响之后,将五层沙漏结构和 Web Services 相结合,提出了开放网格服务体系结构(Open Grid Service Architecture,OGSA);第三种是由 Globus 联盟、IBM 和 HP 于2004 年初共同提出的 Web 服务资源框架(Web Service Resource Framework,WSRF),该框架的 WSRF v1.2 规范已于 2006 年 4 月 3 日被结构化信息标准促进组织(Organization for the Advancement of Structured Information Standards,OASIS)采纳为标准。

网格计算的架构决定于网格体系结构的设计,但不管采用何种体系结构,网格都必须具备资源管理、信息管理、数据管理、服务质量保证、安全等基本功能模块。在网格体系结构的研究过程中,首先需要确定网格系统到底由哪些基本的功能模块组成,它们之间如何有机地组合,并最终形成一个完整的网格系统。网格建立在现有的 Internet 基础之上,使用 IP 地址、各种网络传输协议和规范作为支持。网格体系结构要考虑到如何向用户提供一个接口,进而通过该接口接受来自用户的请求并发送来自网格的信息。用户可以将所使用的网格看作一个黑盒,不必知道其内部的实现机制。通常,网格系统由一系列基本功能模块协同工作,向用户提供服务,如图 5-11 所示。

网格用户通过用户界面实现与网格之间的信息交互,实现用户作业提交、结果返回等输入/输出功能。网格在提供服务之前要知道哪个资源可以在当前环境下向用户提供服务,这

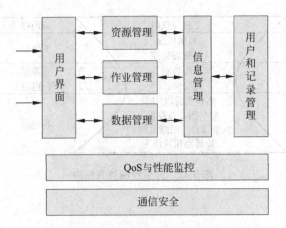

图 5-11 网格基本模块示意图

需要网格中的信息管理模块提供相应的信息。选定合适的资源后,网格需要把该资源分配给用户使用,并对使用过程中的资源进行管理,这些是资源管理功能。网格在提供服务的过程中需要网格数据管理功能模块将远程数据传输到所需节点,在作业运行过程中由作业管理模块提供作业的运行情况汇报。网格的用户及其使用时间和费用等由用户和记录管理模块实现。用户在使用网格的整个过程中都需要服务质量(Quality of Service,QoS)模块提供通信和安全方面的保障,以达到为用户提供安全可靠及高性能的服务目标。

5.4.2　五层沙漏结构

五层沙漏结构由 Ian Foster 提出,是一种具有代表性的,简单的网格体系结构,它对后续产生的网格体系结构影响巨大。五层沙漏结构主要侧重于定性描述而不是定义某些具体协议,从整体上比较容易理解。五层沙漏结构的设计原则使得参与的开销最小化,即使用的基础核心协议比较少,以方便移植,类似于操作系统的内核。此外,五层沙漏结构可以管辖多种资源,允许局部控制,构建高层的和面向特定领域的应用服务,具有广泛的适应性。五层沙漏结构的基本思想是,以协议为中心,强调协议在网格资源共享和互操作中的地位,通过协议实现相关机制,使虚拟组织的用户与资源可以相互协商,建立起共享关系,并进一步管理和开发新的共享关系。

在五层沙漏结构中,根据组成部分与共享资源之间的距离,将操作、管理和使用共享资源的相关功能分散在 5 个不同的层次上,越向下越接近共享物理资源,越向上越是抽象程度更高的逻辑共享资源,不需要关心与底层资源相关的具体实现细节。

五层沙漏体系结构如图 5-12 所示,它由构造层、连接层、资源层、汇聚层和应用层五层组成。这种结构之所以称为沙漏,是由于各层协议的数量分布不均匀。资源层和连接层共同组成瓶颈部分,形成核心层,促进资源共享。在五层沙漏结构中,要能实现上层协议向核心层协议的映射,同时实现核心层协议向下层协议的转换。在所有支持网格计算的地点,核心层协议都能够得到支持,因此,核心层协议的数量不应该太多,这样核心层协议就形成了协议层次结构中的一个瓶颈,便于实现核心层的移植和升级。

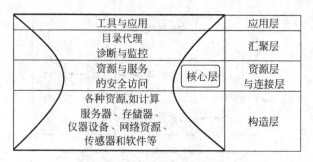

图 5-12　五层沙漏体系结构

1. 构造层

构造层的基本功能是控制局部资源,包括资源的查询机制、发现资源的结构、控制服务质量和资源管理等,同时,向上提供访问这些资源的接口。在构造层中,资源的种类是非常广泛的,例如计算资源、存储系统、目录系统、仪器设备、网络资源和传感器等。构造层资源提供的功能越丰富,构造层资源可以支持的高级共享操作就越多。例如,如果资源层支持提前预约功能,则很容易在高层实现资源的协同调度服务,否则在高层实现这样的服务就会有较大的额外开销。

2. 连接层

连接层的主要功能是实现各个孤立资源之间的安全通信,它定义了核心层的通信协议和认证协议,用于处理网格中的事务。连接层是网格通信和授权控制的核心,各种资源之间的数据交换、授权验证和安全控制都是在这一层实现的。连接层的特点是要求安全便利的通信,通信协议允许构造层中的资源彼此之间进行数据交换,包括传输、路由和命名功能。实际上,这些协议大部分是从 TCP/IP 协议栈中抽取出来的。认证协议建立在通信服务基础之上,提供的功能主要包括单一登录、代理、与局部安全方法的集成和基于用户的信任机制等。

3. 资源层

资源层的基本功能是实现对单个资源的共享。资源层建立在连接层的通信协议和认证协议基础之上,提供了安全初始化、监视、控制资源共享、审计和付费等功能,同时忽略了全局状态和跨分布式资源集合的原子操作。

4. 汇聚层

汇聚层的种类包括通用汇聚层和面向特定问题的汇聚层。汇聚层的主要功能是协调多种共享资源,共同完成某项任务,包括目录服务、资源分配、进度安排、业务代理、资源监视、服务诊断、负载控制、服务发现、安全认证、服务协作、数据复制和计费等。在汇聚层中,协议与服务涉及资源的共性知识,说明了不同资源集合之间是如何相互作用的,但不涉及资源的具体特征。

5. 应用层

应用层是在虚拟组织环境中存在的,由用户的应用程序构成,应用程序调用下层提供的服务,再通过服务调用网格上的共享资源。这些下层提供的服务包括资源管理、数据存取、资源发现等。在每一层,可以将 API 定义为与执行特定活动的服务交换协议信息的具体实现。

5.4.3 OGSA 与 WSRF

开放网格服务体系结构(Open Grid Service Architecture,OGSA),旨在集成分布式异构环境中的各种独立资源,以在动态的虚拟组织中实现资源共享和协同处理。OGSA 以五层沙漏结构为基础,并结合了 Web Services 技术。OGSA 是一种以服务为中心的框架结构,实现了网络服务共享。OGSA 解决了两个重要问题,即标准服务接口的定义和协议的识别。在 OGSA 中,将计算资源、存储资源、带宽资源、应用系统、数据库和仪器设备都表示为遵循统一规范的网络服务。OGSA 吸纳了许多服务标准,例如服务描述语言 WSDL、简单对象访问协议 SOAP、轻目录访问协议 LDAP 和服务探测 WS-Inspection 等,用于定位和调度网络资源并保证它们的安全性。OSGA 采用面向服务的体系结构 SOA,使人们能够充分地利用现有的服务开发技术和开发工具。OSGA 的意义就在于它将网格从科学和工程计算为中心的学术研究领域,扩展到了更为广泛的以分布式系统服务集成为主要特征的社会经济活动领域中。

OGSA 的框架结构如图 5-13 所示,主要包括资源层、Web 服务层、基于架构的网格服务层和网格应用层,它是一种面向服务的体系结构模型。资源层上面是 Web 服务和开放网格服务基础架构(Open Grid Service Infrastructure,OGSI),共同完成底层服务资源的建模任务。在 Web 服务层之上是基于 OGSA 架构的网格服务层,它在 Web 服务和 OGSI 所提供的基础设施之上,致力于定义各种面向网格架构的服务。顶层为网格应用层,由一系列为了满足用户需求而开发的网格应用程序所组成。

图 5-13 OGSA 的框架结构

OGSA 在实现层面包括 Globus 和 Web Services 两大支撑技术。

Globus 是已经被科学和工程计算领域广泛接受的网格技术解决方案。它是一种基于社团的，开放结构、开放源码的服务的集合，也是支持网格和网格应用的软件库。该工具包解决了安全、信息发现、资源管理、数据管理、通信、错误监测以及可移植等问题。与 OGSA 关系密切的 Globus 组件是网格资源分配与管理协议（GRAM）和门卫（Gate Keeper）服务，它们提供了安全可靠的服务创建和管理功能，元目录服务通过软状态注册、数据模型以及局部注册来提供信息发现功能。网格安全架构（Grid Security Infrastructure，GSI）支持单一登录点、代理和信任映射。这些功能提供了面向服务结构的必要元素，但是比 OGSA 中的通用性要小。

除了 Globus 之外，Web Services 是另一种支撑技术，它采用 SOAP、WSDL、UDDI 等协议。Web Services 解决了发现和激活永久服务的问题，但是在网格中有大量的临时服务。因此，OGSA 对 Web Services 进行了扩展，使得它可以支持并动态地创建和删除临时服务实例。在此基础上，OGSA 定义了网格服务（Grid Services）的概念。

网格服务是一种 Web Services，该服务提供了一组接口，这些接口的定义明确并且遵守特定的管理，解决服务发现、服务实例动态创建、命名和生命期管理、服务状态声明和查看、服务数据异步通信以及服务调用错误处理等问题。在 OGSA 中，将一切看作网格服务，因此，网格就是可扩展的网格服务的集合。网格服务的示意图如图 5-14 所示，可以以不同的方式聚集起来满足虚拟组织的需要，虚拟组织自身也可以部分地根据他们操作和共享的服务来定义。简单地说，网格服务＝接口/行为＋服务数据。

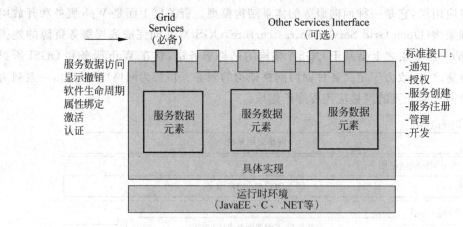

图 5-14　网格服务示意图

在 OGSA 刚提出不久，GGF 及时起草并在 2003 年 6 月推出了开放网格服务基础架构（Open Grid Services Infrastructure，OGSI），且成立了 OGSI 工作组，负责该草案的进一步完善和规范化。OGSI 1.0 版于 2003 年 7 月正式发布，作为 OGSA 核心规范被提出，可以对 OGSA 的主要方面进行具体化和规范化。OGSI 规范通过扩展 WSDL 和 XML Schema 的使用，规定了向网格发送处理请求时所使用的接口，来解决具有状态属性的 Web 服务问题。

OGSI 通过封装资源的状态,将具有状态的资源建模为 Web 服务,这种做法引起了"Web 服务没有状态和实例"的争议。同时,某些 Web 服务的实现不能满足网格服务的动态创建和销毁的需求。OGSI 单个规范中的内容太多,所有接口和操作都与服务数据有关,缺乏通用性,而且 OGSI 规范没有对资源和服务进行区分。OGSI 使用目前的 Web 服务和 XML 工具不能良好地工作,因为它过多地采用了 XML 模式的基本用法和属性等,这可能带来移植性较差的问题。另外,由于 OGSI 过分强调网格服务和 Web 服务的差别,导致了两者之间不能更好地融合在一起。上述原因促使了 Web 服务资源框架(Web Service Resource Framework,WSRF)的出现。

WSRF 采用了与网格服务完全不同的定义:资源是有状态的,而服务是无状态的。为了充分兼容现有的 Web 服务,WSRF 使用 WSDL 1.1 定义 OGSI 中的各项能力,避免对扩展工具的要求,原有的网格服务已经演变成了 Web 服务和资源文档两个部分。推出 WSRF 的目的在于定义一个通用且开放的架构,利用 Web 服务对具有状态属性的资源进行存取,并包含描述状态属性的机制,另外也包含如何将机制延伸至 Web 服务中的方式。

WSRF 作为 OGSA 的最新核心规范,提出了加速网格和 Web 服务融合的思想,以促进科学研究和技术开发的接轨。目前,OGSA 和 WSRF 都处于发展变化之中。2004 年 6 月,发布了 OGSA 1.0 版本,阐述了 OGSA 与 Web 服务标准之间的关系,同时给出了不同的 OGSA 应用实例。WSRF 1.2 也于 2006 年 4 月 3 日被结构化信息标准促进组织 OASIS 所批准。

WSRF 在 OGSA 网格体系结构基础之上,继承了所有 OGSI 方法,包括资源创建、资源定位、资源观察和资源撤销,同时克服了 OGSI 的缺陷和不足。WSRF 提出了比较全面的解决方案,利用现存的 XML、Web 服务标准和 WSDL 规范,采用多方法—多资源手段,使用不同的结构模型来管理网络资源。

基于 WSRF 的网格技术主要由 Web 服务和有状态的资源两个部分组成。对于资源而言,WSRF 采用了与网格服务完全不同的定义:资源是有状态的,而服务是无状态的。有状态的资源是指具有一定生命周期、被一个或者多个 Web 服务访问的和能使用 XML 进行说明的状态数据。有状态的资源在创建之初,就被定义为完整的实体。为了充分兼容现有的 Web 服务,WSRF 使用 WSDL 来定义 OGSI 的各项功能,避免了对扩展工具的要求,使原有的网格服务演变成 Web 服务和资源文档两个部分。WSRF 的目标是,定义一个通用和开放的框架,利用 Web 服务来存取具有状态属性的资源,给出描述状态属性的相关机制,同时说明将该机制延伸到 Web 服务的方法。

WSRF 是一个服务资源的框架,是一系列技术规范的集合,如表 5-1 所示,它包括 WS-Addressing、Web 服务通知(WS-Notification)、Web 服务资源特性(WS-Resource Properties)、Web 服务资源生命周期(WS-Resource Lifetime)、Web 服务可更新引用(WS-Renewable References)、Web 服务基本错误(WS-Base Faults)和 Web 服务服务组(WS-Service Group)等规范。虽然 Web 服务在交互过程中并不维持状态信息,但是在交互过程中必须经常地考虑状态操作。也就是说,通过使用 Web 服务,数据交互得以持久化,Web 服务交互的结果将被保存下来。Web 服务通知规范为 Web 服务提供了消息发布和消息预订功能。

表 5-1   WSRF 技术规范

名称	描述
WS-Resource Lifetime	Web 服务资源的析构机制，包括消息交换，它使请求者可以立即或者通过使用基于时间调度的资源终止机制来销毁 Web 服务资源
WS-Resource Properties	Web 服务资源的定义，以及用于检索、更改和删除 Web 服务资源特性的机制
WS-Renewable References	定义了 WS-Addressing 端点引用的常规装饰（a conventional decoration），该 WS-Addressing 端点引用带有策略信息，用于在端点变为无效的时候重新找回最新版本的端点引用
WS-Service Group	连接异构的通过引用的 Web 服务集合的接口
WS-Base Faults	当 Web 服务消息交换中返回错误的时候所使用的基本错误 XML 类型

(1) WS-Addressing：它是一个用来标准化端点引用的结构。端点引用给出了部署在网络端点上的 Web 服务地址，可以使用 XML 序列化的形式来进行表示，由创建新资源的 Web 服务请求返回。如果 Web 服务内部所包含的寻址或者策略信息变得无效或者过时，Web 服务端点引用，即 Web 服务寻址可以被更新。

(2) Web 服务通知(WS-Notification)：定义了一般的和基于主题的 Web 服务系统，用于实现以 Web 服务资源框架为基础的信息交互。它采用的基本方法是机制和接口，允许客户端订阅感兴趣的主题，例如 Web 服务资源的属性值变化。从 WS-Notification 的角度来看，Web 服务资源框架为表示通知提供了有用的材料。从 Web 服务资源框架的角度来看，WS-Notification 使请求者能够要求被异步地通报资源属性值变化的情况，以扩展 Web 服务资源的效用。

WS-Notification 规范包括 WS-Base Notification、WS-Topics 和 WS-Brokered Notification 共 3 个子规范。

(3) Web 服务资源特性(WS-Resource Properties)：给出了 Web 服务资源的类型定义，该类型定义可以由 Web 服务的接口描述和 XML 资源特性文档组成，并且可以通过 Web 服务消息交换来查询和更改 Web 服务资源的状态。

(4) Web 服务资源生命周期(WS-Resource Lifetime)：定义了 Web 服务资源的析构(Destruct)机制，使请求者可以立即或使用基于时间调度的资源终止方法来销毁 Web 服务资源，它是针对 Web 服务资源生命周期的 3 个重要方面制订的，即 Creation、Identity 和 Destruction，而且指定的资源特性可以被用来检查和检测 Web 服务资源的生存期。

(5) Web 服务可更新引用(WS-Renewable References)：给出了通过某种通知策略来重新获取新引用的相关机制。这些机制可应用于任何端点引用，对于指向 Web 服务资源的端点引用是极其重要的，因为它能够提供持久的和稳定的 Web 服务资源引用，允许同一状态随着时间的推移被重复访问。

(6) Web 服务基本错误(WS-Base Faults)：采用 XML Schema 来定义基本错误类型，给出 Web 服务使用这种错误类型的相关规则。Web 服务应用程序设计人员经常使用他人定义的接口。当每个接口使用不同的约定来表示错误消息时,管理这种应用程序中的错误就会变得非常困难。为了有效地管理错误,用户可以指定 Web 服务错误消息。如果来自不同接口的错误信息都是一致的,请求者理解错误就会变得更加容易了。与此同时,可以开发一种通用的工具来辅助处理错误。

(7) Web 服务服务组(WS-Service Group):为了实现领域的特定目标,定义了一种方法,使 Web 服务和 Web 服务资源聚集组合在一起。为了让请求者能够根据服务组的内容进行有意义的查询,必须以某种方式来限制组内成员的资格。通过使用分类机制来限制成员的资格,其他成员必须使用一组共同的信息来表达查询。WS-Service Group 规范定义了一种方法来表示和管理异构的、可引用的 Web 服务集合。这个规范可以被用来组织 Web 服务,例如构建注册中心,创建 Web 服务资源的共同操作。

基于 OGSA 和 WSRF 的网格平台和规范协议,将最终成为下一代互联网的基础设施,所有应用都将在网格基础平台上得以实施。

相对于 OGSI 而言,WSRF 具有以下优点:

(1) OGSI 的术语和结构让 Web 服务组织感到困惑,因为 OGSI 认为 Web 服务需要很多的支撑资源。通过对消息处理和状态资源进行有效的分离,WSRF 消除了这种困惑,明确了其目标是允许 Web 服务管理和操纵有状态的资源。

(2) 在 OGSI 中,通知接口不支持基于事件的系统和面向消息的中间件所声明的各种功能。WSRF 规范弥补了以上缺陷和不足,从广义角度来理解,状态改变通知机制正是建立在常规的 Web 服务需求基础之上的。

(3) OGSI 规范的规模非常庞大,使读者不能够充分地理解,因此,确定具体任务所需要的组件是一件非常困难的事情。在 WSRF 中,通过分离功能使之简化,扩展了组合的伸缩性。

5.5　Web Services 实现技术

5.5.1　Web Services 的.NET 实现

Web Services 使得一个程序可以透明地调用互联网程序,而不必注意具体的实现细节,只要 Web Services 公开了服务接口,远程客户端就可以调用相应的服务。Web Services 不仅提供了基于 HTTP 协议的组件服务,作为分布式应用程序的发展趋势,它已经成为一种标准。Web Services 表现出比较好的平台无关性,很多语计算机语言都针对 Web Services 开发提供了具体的实现方法。

Visual Studio. NET 是一种通用服务框架,以 XML 为基础,以 Web Services 为核心,辅以其他各种实现技术,旨在充分利用 Internet 上强大的计算资源和丰富的带宽资源来提高用户的工作效率。在 Visual Studio. NET 中,可以使用 VB. NET、VC++. NET 和 C♯.NET 快速创建 Web 应用程序。这些语言都利用了. NET Framework 的强大功能,提供了简化 ASP. NET Web 应用程序和 XML Web Services 开发的关键技术。也就是说,

Web Services 中大多数有难度的基础结构已经成为.NET Framework 的一部分,开发人员无须为实现 SOAP 处理程序和编写复杂的 WSDL 花费时间,只需集中精力设计和构建实际的 Web Services,这也正是使用 Visual Studio.NET 创建 Web Services 的优点所在。

　　.NET Framework 是 Visual Studio.NET 的技术实现基础,为 XML Web Services 和其他应用程序提供了一个高效、安全的开发环境。.NET Framework 是一种用于生成、部署和运行 Web Services 的多语环境,主要包括以下 3 个部分。

　　(1) 公共语言运行库:实际上,在运行和开发组件过程中,公共语言运行库起到了基础性作用。在运行组件时,运行库不仅需要满足该组件对其他组件的依赖关系,而且需要负责内存分配、线程启动、进程停止和安全策略执行等任务。

　　(2) 统一编程类库:.NET Framework 为开发人员提供了面向对象的、分层的和可扩展的类库,统一了完全不同的模型。公共语言运行库与统一编程类库相结合,使跨语言继承、错误处理和调试成为可能,开发人员能够自由地选择它们所需要的语言。

　　(3) ASP.NET:ASP.NET 建立在统一编程类库基础之上,提供了一个 Web 应用程序模型,包含简化 Web 应用程序生成的控件集和结构。在 Visual Studio.NET 环境中,ASP.NET 是用来创建 Web Services 的主要方式。开发人员可以编写自己的业务逻辑,使用 ASP.NET 结构通过 SOAP 来交付 Web Services。

　　下面演示如何在.NET 框架上完成一个简单的 Web Services 项目的开发。完成该开发的一个必要条件是,在开发机上事先安装好 IIS 服务器。如果用户没有合适的 Windows 安装盘,可以从互联网上直接下载 IIS 的安装源,它一般是一个名为 i386 的文件夹。通过控制面板单击到"添加或删除程序",选择"添加/删除 Windows 组件"选项,在对话框中选中"Internet 信息服务(IIS)"复选框,在随后出现的放入 Windows 安装盘的提示对话框中,将 i386 的位置定位到刚刚下载好的 IIS 安装源所对应的文件夹。然后,通过系统的简单提示就可以完成 IIS 的安装。

　　目前,微软公司已经将 Web Services 的相应开发整合到 Windows 通信接口(Windows Communication Foundation,WCF)中。它是.NET 框架的一部分,从.NET Framework 3.0 开始引入,与 Windows Presentation Foundation 及 Windows Workflow Foundation 并称为新一代 Windows 操作系统的三大应用程序开发类库。其使用目的在于应对 SOA 开发的需要,对开发模型统一化,对数据通信提供最基本、最有弹性的支持。

　　开启 Visual Studio 2010,单击"新建项目",在选择项目语言 Visual C♯下的 Web 选项中选择"ASP.NET 空 Web 应用程序"选项,如图 5-15 所示。在随后出现的解决方案资源管理器中右击方案名称,在"添加"下选择"新建项"命令,如图 5-16 所示。然后,在对应的联机模板中选择"Web 服务",如图 5-17 所示,并撰写相应的代码,如图 5-18 所示。由于该案例选择的语言为 C♯语言,代码中的服务提供了两种操作,即 sayHello 与 myServiceAdd,如图 5-19所示,后者能够帮助服务使用者完成数字加法运算。按键盘上的 F5 键运行项目,单击各选项可以看到相应操作的执行效果,如图 5-20、图 5-21 和图 5-22 所示。服务运行时的 URL 地址和端口可以由相应的管理器进行调整,如图 5-23 所示。

图 5-15   新建 ASP. NET 空项目

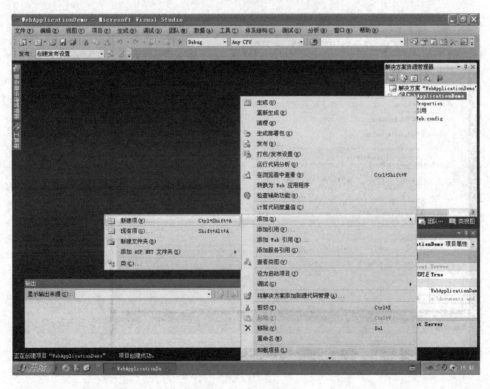

图 5-16   添加新建项

图 5-17　增加 Web 服务

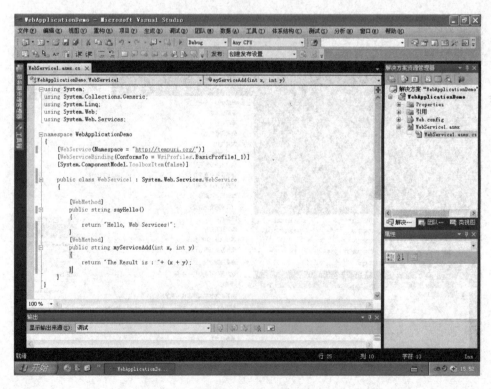

图 5-18　编写代码

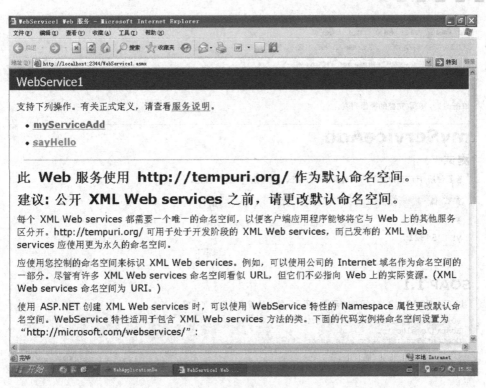

图 5-19 查阅服务

图 5-20 调用 sayHello 服务

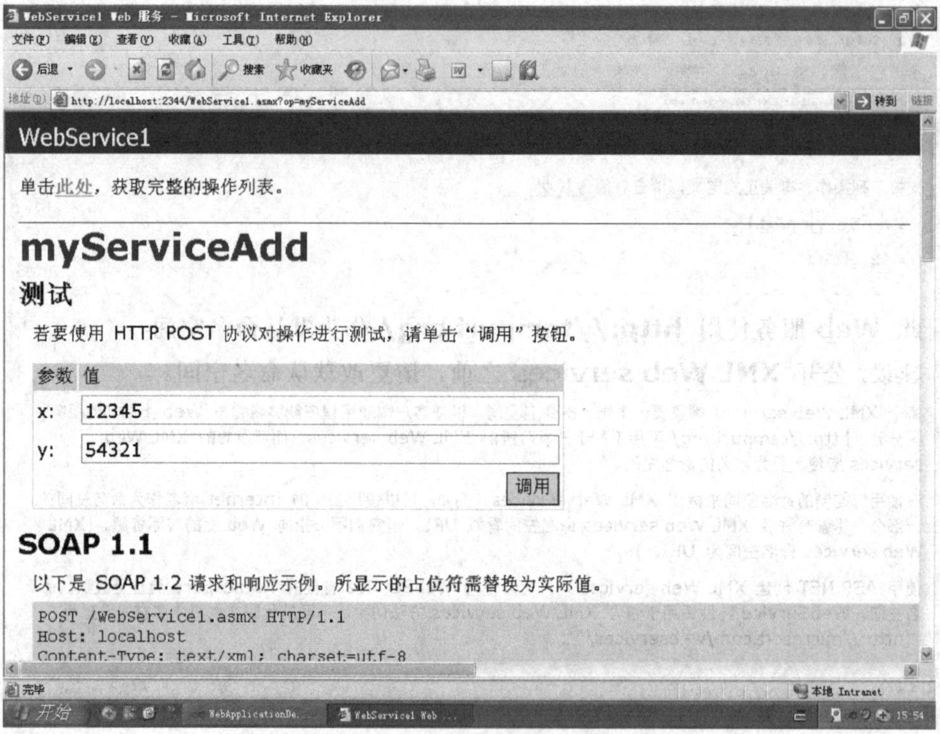

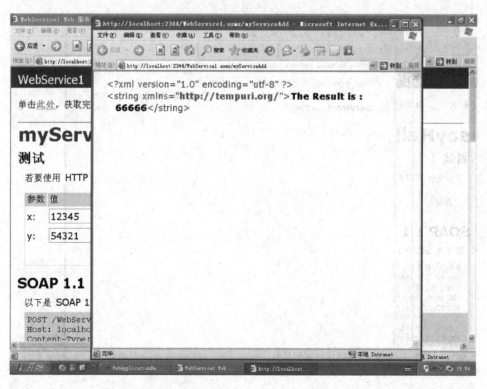

图 5-21　调用 myServiceAdd 服务

图 5-22　使用 myServiceAdd 服务

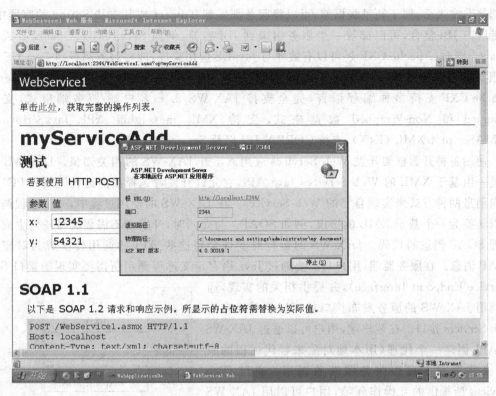

图 5-23　选择端口

5.5.2　Web Services 的 JavaEE 实现

除了.NET 平台之外，在 Java 领域，相应的技术和框架也有很多，例如 Axis(http://
axis.apache.org/)、CXF(http://cxf.apache.org/)等。Web Services 的发展离不开各种技
术的持续发展，例如企业服务总线(Enterprise Service Bus，ESB)。伴随着时间的推移和技
术的发展，企业内部遗留了大量的不同时期由不同软件厂商使用不同技术所实现的应用系
统。通过系统集成和软件复用技术，可以实现原有资源和新资源的协调工作，既保障了系统
的正常运行，又节省了运维费用和开发费用。ESB 与 SOA 息息相关，是一种为实现服务连
接而提供的标准化通信基础结构。ESB 是构建 SOA 解决方案时所使用的基础架构中的关
键部分，由中间件技术来实现。开源项目对 ESB 起到了很好的支撑作用，各种开源项目在
自身发展的过程中也在不断整合。Apache CXF 项目由 ObjectWeb Celtix 和 CodeHaus
XFire 合并成立。ObjectWeb Celtix 是由一个 IONA 公司赞助，于 2005 年成立的开源 Java
ESB 产品，XFire 则是业界知名的 SOAP 堆栈。合并后的 Apache CXF 融合了这两个开源
项目的主要功能，提供了实现 SOA 所需要的核心 ESB 功能框架，包括 SOA 服务创建、服务
路由以及一系列企业级 QoS 功能。

Apache CXF 框架的设计目标可以概括为高性能、高可扩展性以及直观易用。它支持
的标准有：JAX-WS、JSR-181、SAAJ、JAX-RS、SOAP 1.1 和 1.2、WS-I BasicProfile、WS-
Security、WS-Addressing、WS-RM、WS-Policy、WSDL 1.1 以及 MTOM 等。Apache CXF

的部署非常灵活,属于轻量级框架,可以将服务部署到 Tomcat 或其支持 Spring 的容器中。它能够与 JBI 整合,可以部署一个服务引擎到 JBI 容器,例如 ServiceMix、OpenESB 或者 Petals。同时,Apache CXF 还可以有效地与 JavaEE 应用集成,能将服务部署到 Java EE 应用服务器上,例如 Geronimo、JOnAS、JBoss、Oracle WebLogic 以及 IBM WebSphere。Apache CXF 支持多种编程语言,完全支持 JAX-WS 2.x 客户端/服务端模式,支持 Wrapped 和 Non-Wrapped 数据格式,支持 XML messaging API、JavaScript 和 ECMAScript 4 XML (E4X),支持 CORBA、JBI 以及 ServiceMix 等。

使用各种开源框架开发 Web Services 应用离不开 JAX-WS 的相关知识。JAX-WS 规范是一组基于 XML 的 Web Services Java API,它允许开发者选择面向远程调用(RPC)和面向消息两种方式来实现自己的 Web Services。在 JAX-WS 的使用过程中,一个远程调用可以转换为一个基于 XML 的协议,例如 SOAP。与此同时,开发者不需要编写任何生成和处理 SOAP 消息的代码。JAX-WS 的运行时实现会将这些 API 的调用转换成为对应的 SOAP 消息。在服务器端,用户只需要通过 Java 语言定义远程调用所需要实现的接口 SEI (Service Endpoint Interface),并提供相关的实现,通过调用 JAX-WS 的服务发布接口就可以将其发布为 Web Services 接口。在客户端,用户可以通过 JAX-WS 的 API 创建一个代理(用本地对象来替代远程的服务)来实现对于远程服务器端的调用。通过 Web Services 所提供的互操作环境,用户可以用 JAX-WS 轻松地实现 Java 平台与其他编程环境(.NET 等)的互操作,如图 5-24 所示。

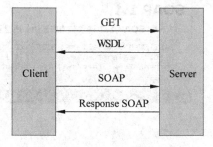

图 5-24 JAX-WS 工作原理图

除了 JAX-WS 之外,还有一种 Web Services 实现,即 JAX-RPC。二者之间的关系可以简单描述为,Sun 公司(在被 Oracle 收购之前)早期的 Web Services 实现是 JAX-RPC 1.1 (JSR 101)。这个实现是基于 Java 的 RPC,并不完全支持 Schema 规范,同时没有对 Binding 和 Parsing 定义标准的实现。JAX-WS 2.0 (JSR 224)是新的 Web Services 协议栈,是一个完全基于标准的实现。在 Binding 层使用了 Java Architecture for XML Binding(JAXB, JSR 222),在 Parsing 层使用了 Streaming API for XML(StAX,JSR 173),同时完全支持 Schema 规范。

从技术实现角度来看,代码优先是传统 Web Services 开发世界中最常见、最容易上手的一种开发模式,也是大多数开发人员喜欢的一种开发模式。其开发过程相对比较简单,迎合了开发人员的惰性。代码驱动 Web Services 构建,是通过相关工具类库(如 Apache CXF 等)直接导出服务类的 Web Services 调用接口,绕过编写数据契约(XSD)及 SOAP 的烦琐过程。如果使用 Spring Framework 进行辅助开发,它同时还提供了很多服务导出器,可以将现有的 Bean 导出基于 RMI 或 HTTP 的远程调用服务。不过,Spring Framework 至今依然没有提供一个直接将 Bean 导出为 Web Services 的导出器,此时用户可以结合第三方 SOAP 开源框架(如 Apache CXF)完成将 Bean 导出为相应的 Web Services 的工作。

下面通过实例演示如何通过 Apache CXF 框架完成一个简单的 Web Services 应用的开发。首先在 Eclipse 中建立一个 Java Project,命名为 cxfdemo1。然后将下载的 CXF 包解压到常用的工作路径下,例如 D\apache-cxf-2.7.3。接着为 cxfdemo1 建立用户自定义类库

mylib，如图 5-25 所示，在自定义类库 mylib 中导入相应的 jar 包。注意，为了今后开发的便利，可以在建立 mylib 库的初始阶段导入 cxf 提供的所有 jar 包，例如 D:\apache-cxf-2.7.3\lib 下的所有包，如图 5-26 所示。

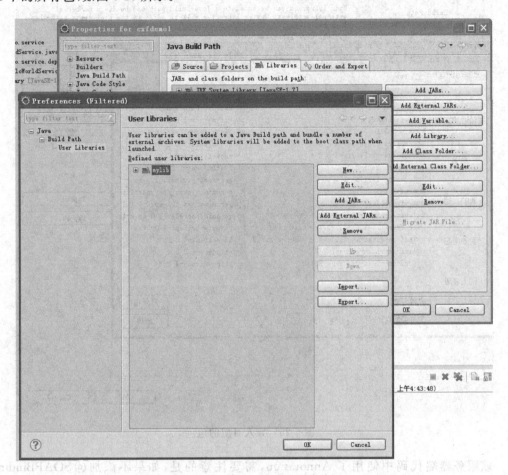

图 5-25　建立用户自定义类库

导入成功后，自定义的类库如图 5-27 所示。

在 src 中建立服务器端类 HelloWorldService，代码如下：

```
package com.katongmao.service;
import javax.jws.WebParam;
import javax.jws.WebService;
import javax.jws.soap.SOAPBinding;
import javax.jws.soap.SOAPBinding.Style;
@WebService
@SOAPBinding(style = Style.RPC)
public class HelloWorldService {
    public String sayHello(@WebParam(name = "name") String name) {
    return name + " Hi, This is Zeus! ";
    }
}
```

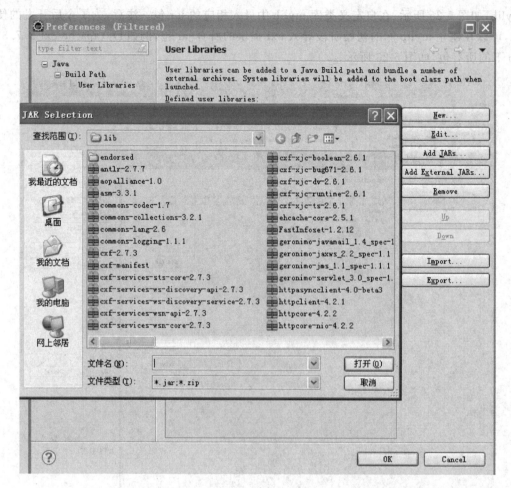

图 5-26　导入对应的包

该服务器端代码中使用了 Annotation，需要注意的是，如果不添加 @ SOAPBinding（style ＝ Style. RPC）注解，将会出现异常"com. sun. xml. internal. ws. model. RuntimeModelerException：runtime modeler error"。因此，建议用户使用的 JDK 版本为 jdk1. 6u17 或以后版本。然后在 src 中建立服务发布类 DeployHelloWorldService，代码如下：

```java
package com.katongmao.service.deploy;
import javax.xml.ws.Endpoint;
import com.katongmao.service.HelloWorldService;
public class DeployHelloWorldService {
    public static void deployService() {
        System.out.println("Server is start");
        HelloWorldService service = new HelloWorldService();
        String address = "http://localhost:9000/helloWorld";
        Endpoint.publish(address, service);
    }
    public static void main(String[] args) throws InterruptedException {
        deployService();                        // 发布 WebService
```

```
        System. out. println("server is ready");
        Thread. sleep(1000 * 600);
        System. out. println("server is exiting");
        System. exit(0);                    // 休眠 600 秒后退出
    }
}
```

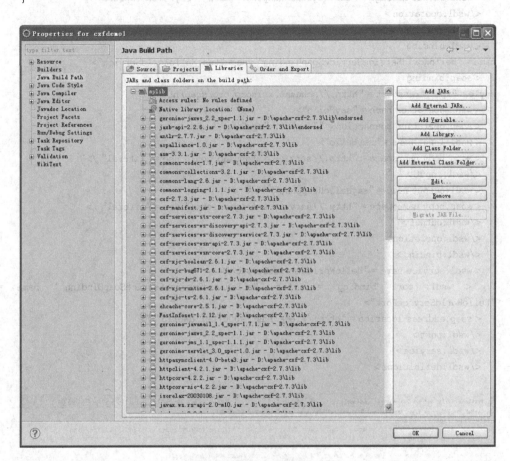

图 5-27　自定义类库示意图

以 Java Application 形式运行 DeployHelloWorldService，将得到类似于如图 5-28 所示的代码，表明服务启动成功。这里的 Thread. sleep(1000 * 600)为服务持续时间，建议将其设置在 3 分钟以上，以便于后续操作。

在浏览器中输入 http://localhost:9000/helloWorld? wsdl，将得到以下 XML 文件：

```
<?xml version = "1.0" encoding = "UTF-8" ?>
< wsdl: definitions xmlns: xsd = " http://www. w3. org/2001/XMLSchema" xmlns: wsdl = " http://
schemas. xmlsoap. org/wsdl/" xmlns:tns = "http://service. katongmao. com/" xmlns:soap = "http://
schemas. xmlsoap. org/wsdl/soap/" xmlns: ns1 = "http://schemas. xmlsoap. org/soap/http" name =
"HelloWorldServiceService" targetNamespace = "http://service. katongmao. com/">
  < wsdl:message name = "sayHelloResponse">
  < wsdl:part name = "return" type = "xsd:string" />
  </wsdl:message >
< wsdl:message name = "sayHello">
```

```
    < wsdl:part name = "name" type = "xsd:string" />
    </wsdl:message>
< wsdl:portType name = "HelloWorldService">
  < wsdl:operation name = "sayHello">
  < wsdl:input message = "tns:sayHello" name = "sayHello" />
  < wsdl:output message = "tns:sayHelloResponse" name = "sayHelloResponse" />
  </wsdl:operation>
  </wsdl:portType>
  < wsdl:binding
name = "HelloWorldServiceServiceSoapBinding" ype = "tns:HelloWorldService">
  < soap:binding
style = "rpc" transport = "http://schemas.xmlsoap.org/soap/http" />
  < wsdl:operation name = "sayHello">
  < soap:operation soapAction = "" style = "rpc" />
  < wsdl:input name = "sayHello">
  < soap:body namespace = "http://service.katongmao.com/" use = "literal" />
  </wsdl:input>
  < wsdl:output name = "sayHelloResponse">
  < soap:body namespace = "http://service.katongmao.com/" use = "literal" />
  </wsdl:output>
  </wsdl:operation>
  </wsdl:binding>
  < wsdl:service name = "HelloWorldServiceService">
    < wsdl: port  binding  = " tns: HelloWorldServiceServiceSoapBinding "  name =
"HelloWorldServicePort">
  < soap:address location = "http://localhost:9000/helloWorld" />
  </wsdl:port>
  </wsdl:service>
  </wsdl:definitions>
```

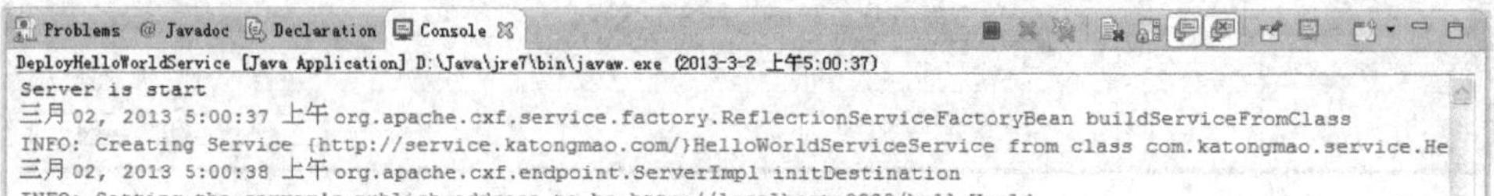

图 5-28　开启服务端

接着定制客户端调用 Web Services 的接口 IHelloWorldService，这个接口中的方法签名和参数信息可以从 WSDI 中的内容看到，代码如下：

```
package com.katongmao.service;
```

```
import javax.jws.WebParam;
import javax.jws.WebService;
@WebService
public interface IHelloWorldService {
    public String sayHello(@WebParam(name = "name") String name);
}
```

最后，编写客户端调用 Web Services 的类 HelloWorldServiceClient，代码如下：

```
package com.katongmao.client;
import org.apache.cxf.jaxws.JaxWsProxyFactoryBean;
import com.katongmao.service.IHelloWorldService;
public class HelloWorldServiceClient {
    public static void main(String[] args) {
        // 调用 Web Services
        JaxWsProxyFactoryBean factory = new JaxWsProxyFactoryBean();
        factory.setServiceClass(IHelloWorldService.class);
        factory.setAddress("http://localhost:9000/helloWorld");
        IHelloWorldService service = (IHelloWorldService) factory.create();
        System.out.println("[result]" + service.sayHello("Hi Katongmao~"));
    }
}
```

运行上述程序的步骤为首先启动服务发布类 DeployHelloWorldService，然后启动客户端类，此时，用户可以看到服务调用成功的效果，如图 5-29 所示。

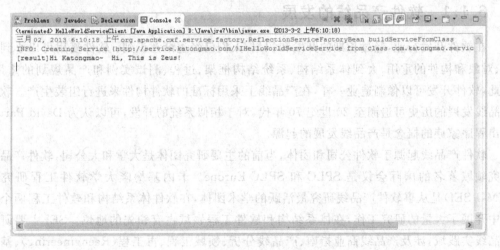

图 5-29　运行客户端

第 6 章 软件产品线技术

软件产品线是一个新兴的、多学科交叉的研究领域,它涉及软件工程、管理技术和商业规划等多个方面,几乎涵盖了软件工程的所有方向,是软件工程领域的理论与实践前沿。目前,软件产品线方法已成为学术界研究的一个热点问题,在软件开发行业中得到了初步的应用。开发实践证明:应用软件产品线方法,能够大幅度地减少开发成本,缩短开发周期,同时提高软件产品的质量。在国际上,软件产品线工程实践已取得了一定的成功,理论研究正处于一个迅速发展时期。在国内,对软件产品线技术的研究和应用也比较广泛。

6.1 软件产品线概述

6.1.1 软件产品线的发展

在软件开发行业,经过长期的开发和积累,人们已经逐渐意识到:软件复用可以小到代码、对象和构件的重用,大到体系结构、系统结构框架、过程、测试实例和产品规划的重用。因此,软件开发可以像制造业一样,在产品线上采用标准的软件构件来进行组装生产。软件产品线发展的历史可追溯至 20 世纪 70 年代,对于相似系统的开发,可以认为 David Parnas 提出程序家族的概念是产品线发展的起源。

软件产品线起源于软件公司和团体,当前的主要研究团体是大学和大公司,软件产品线研究领域著名的国际会议是 SPLC 和 SPLC-Europe。卡内基梅隆大学软件工程研究所 (CMU-SEI)是从事软件产品线研究最活跃的学术团体,在软件体系结构和软件工程两个领域中开展了大量的研究工作,在体系结构和软件工程领域占有领先的地位。SEI 主要研究产品线实践域,涉及产品线商业指南、产品线分析、领域工程、再工程(Reengineering)、基于体系结构的软件开发实践等方面,以实践域研究的方式推动和促进软件产品线方法。

恺撒斯劳腾大学的 Fraunhofer 实验软件研究所致力于推动软件开发技术、方法和工具向工业实践的转化,来帮助公司建立适合其需求的集成开发平台。它的软件产品线组主要研究产品线方法、产品线体系结构、系统化的范围划分和建模等。同时,该研究所还提出了进行再工程的软件产品线体系结构创建和进化方法 Re-Place,能够在一个框架中完成产品线工程活动和再工程活动。

软件产品线的发展在很大程度上得益于军方的资助,美国空军电子系统中心(ESC)、波音公司和飞利浦公司也成功地实践了软件产品线方法,实现了系统化的、大规模的软件复用。美国国防部的两个典型项目：关于基于特定领域软件体系结构的软件开发方法的研究项目 DSSA 和关于过程驱动、特定领域和基于重用的软件开发方法的研究项目 STARS (Software Technology for Adaptable Reliable Systems)。这两个项目在软件体系结构和软件重用两个方面极大地推动了软件产品线的研究和发展，其中，美国的 DARPA 组织启动的可靠自适应系统软件技术项目 STARS 目的是推动应用领域开发模式向软件产品线和基于体系结构的软件工程方法过渡，来提高开发效率和软件系统的质量。STARS 以特定领域的软件重用、软件过程(定义、评估、调整和提高)和软件工程环境 3 个技术领域为研究重点，重视项目的技术转化和实例示范作用。STARS 因参与者众多、影响力巨大而极大地推动了软件产品线研究的快速进展，其主要参与者包括 Boeing 公司、Loral 联合系统公司、Unisys 公司、Loekheed Martin 公司、IBM 公司、Irvine 加利福尼亚大学和卡内基梅隆大学的 SEI 等。

20 世纪 80 年代，出现了产品线历史上一个里程碑的事件，瑞士防务系统供应商 Ce1SiuSTech 公司同时接到了两个订单，分别为军方两艘不同型号的舰艇开发电子火控系统。这两个系统有相似性，也分别具有各自的特点。该公司采用了产品线技术进行开发，开发了 SS2000 产品线，获得巨大成功，此后采用产品线方法为世界各地的海军开发了上百万行的嵌入式舰船指挥和控制系统族。SS2000 产品线的体系结构如图 6-1 所示。

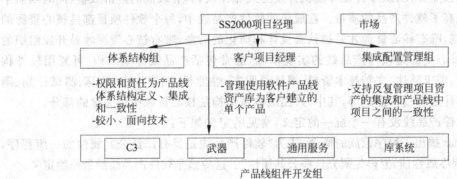

图 6-1　SS2000 产品线体系结构

该产品线中产品的变化性表现在硬件配置、底层的操作系统、船上使用的设备和传感器、人机界面，包括表示语言和其他许多需求上的差异。

使用产品线方法之后，这些系统的开发时间从 9 年降到两年以下，硬件和软件的花费比例从 35∶65 变为 80∶20，软件复用率变为 80%，雇员数量也减少了。

在软件产品的生产过程中，几乎没有普遍适用于各种领域的软件产品线或集成化的软件开发环境。这就如同现代工业自动化产品线的生产方式一样，没有一个通用的产品线可以用来制造各种不同的工业产品。整个工业体系的形成及其工业产品的大规模生产都需要按照行业和领域进行划分，通过定制特定领域专用产品线来实施加工生产。因此，软件产品线只能适用于某一个特定的应用领域，而且仅能适用于特定领域中具有相似需求的一类应用问题。

国内的企业也已将软件产品线技术应用在产品开发中，例如从事软件产品线研究并应用于软件生产领域的东软集团，东软自主研发的 UniEAP 业务基础平台产品，就是一款面向软件产品线开发模式的业务基础平台,它充分体现了面向软件产品线的开发模式,由开发框架、公共构件和方法学组成,通过多层次、结构化的基础架构、组件及相关开发工具,用于支撑应用软件的快速构造、支撑业务开发的全面解决方案。该解决方案的目标是使应用软件的设计与开发人员能够通过构件复用和构件装配等手段,快速完成应用软件的构造。当用户的需求发生变化时,可以将对开发的影响降至最低,最终达到业务专家通过简单的配置就可以满足用户需求的目的。

6.1.2　软件产品线的定义

软件产品线(Software Product Line,SPL)是一组具有共同体系构架和可复用组件的软件系统,它们共同构建支持特定领域内产品开发的软件平台。软件产品线的产品则是根据基本用户需求对产品线架构进行定制,将可复用部分和系统独特部分集成得到。软件产品线方法集中体现一种大规模、大粒度软件复用实践,是软件工程领域中软件体系结构和软件重用技术发展的结果。在利用软件产品线方法构建一个应用系统时,主要的工作是组装和繁衍,而不是创造,其重要的活动是集成而不是编程。

在软件产品线上,按照预先定义的方式从公共的核心资源集中提取相关的构件来组装应用系统,与独立开发、从零开发和随机开发方式相比较,具有较高的经济效益,同时缩短了开发周期,提高了软件产品的质量。在成熟的软件产品线中,每个软件项目都是核心资源的一个简单定制,唯有核心资源才是被认真设计和演化的对象,唯有核心资源才是开发组织的智力财富。核心资源是软件产品线的实现基础,通常包括产品线体系结构、可复用软件构件、领域模型、需求陈述、文档技术资料、规格说明书、性能模型、进度表、预算、测试计划、测试用例、工作计划和过程描述等,其中,产品线体系结构是核心资源中最关键的部分。

目前,软件产品线没有一个统一的定义,常见的定义如下:

(1) Parnas 提出了程序家族的概念,认为"软件产品线是具有广泛公共属性的一组程序,在分析单个程序属性前,值得先研究这些公共属性"。这应该是软件产品线的最原始定义。

(2) Weiss 和 Lai 提出"从项目之间的公共方面出发,预期考虑可变性等因素所设计的程序族就是软件产品线"。

(3) Jane Bosch 提出"软件产品线由一个产品线体系结构,一组可复用构件和由共享的核心资源派生的产品集合构成"。这个观点是从产品线构成的角度来给出的。

(4) Bass、Clements 和 Kazman 认为"软件产品线是在一个公共的软件资源集合基础上建立起来的,共享同一个特性集合的应用系统集"。

(5) Kruege 提出"软件产品线是一种工程技术,利用通用的产品构建方法和一组共享的软件资源来开发功能相似的应用系统"。这个定义强调了软件产品线的工业化生产模式。

(6) Pohl 给出的定义是"软件产品线工程是使用公用平台、大规模定制技术来开发功能密集型系统和软件产品的范型"。该定义关注公用平台的搭建和产品个性化信息的定制。

(7) 卡内基梅隆大学的软件工程研究所给出了软件产品线的经典定义,"软件产品线是一个应用系统的集合,这些产品共享一个公共的、可管理的特征集,这个特征集能够满足选定的市场或任务领域的特定需求。这些系统是遵循预描述方案,在公共的核心资源基础之上开发实现的"。

软件产品线的主要组成部分包括核心资源和软件项目集合。核心资源是领域工程所获得成果的集合,是软件产品线中应用系统构造的前提基础,也有组织将核心资源称为集成开发平台。核心资源包含了软件产品线中所有系统共享的产品线体系结构,以及新设计开发的或者通过对现有系统再工程得到的、需要在整个产品线中进行系统化重用的构件。此外,与产品线体系结构相关的实时性能模型、体系结构评估结果,以及与软件构件相关的测试计划、测试实例、设计文档、需求说明书、领域模型、领域范围定义都属于核心资源。其中,产品线体系结构和构件是软件产品线最核心的部分。

软件产品线的开发有 4 个技术特点:过程驱动、特定领域、技术支持和以架构为中心。与其他软件开发方法相比,选择软件产品线的宏观原因有对产品线及其实现所需的专家知识领域的清楚界定,对产品线的长期远景进行策略性规划。

6.1.3　软件产品线产生的原因

随着软件应用的普及,企业对软件也越来越重视,不断地要求采用软件提高效率,提升技能增强企业竞争力。随着客户的增多,软件企业这时需要面对更多的客户处理共性和个性问题。如何保证低成本、高质量、快速上市等要求就成为了企业竞争力的主要表现之一,而产品线工程方法就是支持这种大范围重用的方法。产品线区别于传统的代码重用,不仅仅是大量使用代码,还包括重用需求、业务等,如图 6-2 所示。

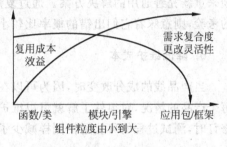

图 6-2　产品线重用

软件产品线工程成为当前软件工程界的研究热点并被广泛应用,总体上来说有以下几个方面的原因:

1. 降低开发成本

采用软件产品线来进行应用系统的开发,可以大大降低费用,其主要原因是开发任务是通过角色的专业化和核心资源的复用来实现的。如果没有产品线,就需要为每个应用系统分别开发、设计、实现、购置和维护软件资源。核心资源在多个不同的应用中进行复用,隐含地降低了每个系统的开发成本。一个平台的资产在多个不同系统中复用时,隐含地降低了每个系统的成本。但是在这些资产能被复用前,需要投资建立这些可复用的资产。也就是说,公司要预先投资建立一个可复用的平台,然后通过复用平台中的资产来降低每个产品的成本。

2. 缩短上市时间

对许多组织来说,降低费用不是采用产品线开发的最主要的推动力。产品成功与否的一个至关重要的因素是上市时间。开发单个产品的上市时间几乎是固定的,但开发产品线的时间是变化的,在产品线开发初期,上市时间较长,因为首先必须开发出公共性的部分。但是当建立公共性部分的初期阶段过去后,产品的上市时间显著减少。

3. 灵活的人员配备

在软件产品线组织内部,所有人都熟悉共享的工具、构件和产品线流程。当人员在组织内进行调配时,就具有更多的灵活性。应用系统可以受益于熟悉产品线的核心资源开发人员。工作人员熟悉共享资源,当他们开发新项目时,只需要很短的学习、适应时间。

4. 更高的可预测性

在软件产品线中,项目开发过程可以共享同一套核心资源、同一体系结构框架、同一个生产计划,以及同一批拥有产品线开发经验的技术人员。目前,核心资源和基础设施已经在多个产品开发过程中得到了验证,有了这些经过反复验证的核心资源和富有产品线开发经验的技术人员,项目负责人将对新产品的成功上市具有更大的信心。

5. 更高的开发质量

核心资源将被应用于多个软件项目的开发过程中,这些项目会从不同的角度来考验这些共享资源。如果软件项目出现问题,将会通过调试来纠正共享资源中的错误。经过长时间的验证,产品线核心资源的错误会越来越少,软件产品线也将拥有更高的品质。此外,产品线体系结构将被应用于多个项目的集成过程中。如果应用系统出现问题,将会以此为反馈来重新完善通用的解决方案。通过复用技术,如果产品线基础设施经过了多个软件项目的考验,则意味着它们出错的概率比较小,产品线所有成员产品的质量将被大大地提高。

6. 降低维护成本

当产品线的成分改变时,因为可以在所有产品中使用,所以维护人员不需要清楚地知道每个产品的情况,对组件了解就可以维护所有的产品,降低了学习工作量。同时,在产品线修订时,测试过程的可复用性同样减少了维护成本。

7. 减少系统设计复杂度

在软件产品线中,共性需求将被广泛地复用,减少出错的概率,降低了系统设计复杂度。

8. 提高成本估计的方便性

产品线的开发机构可以把重心放在市场推广上,对产品的成本估计比较固定、简单,并有较少的风险,因为从产品线架构带来的成本比较固定。

但是,目前软件产品线开发仍然面临着很多问题,主要包括以下方面:

(1) 产品线既要满足领域共性需求,又要设计满足特定产品变化的软件体系结构,同时还要支持产品线体系结构和核心资源的演化,因此,很难找到有效的设计方法和实现技术。

(2) 产品线的前期投资比较大,投资回报的周期比较长,而且失败的风险也比较大。

(3) 难以制定遗留系统向软件产品线迁移的有效策略。

(4) 软件产品线理论还缺少策略化的重用模型和支持系统化重用的发展策略。

(5) 领域范围和技术基础的变更将会导致软件产品线的更新,甚至是完全抛弃已有的产品线,进一步增加了产品线开发的风险。

(6) 软件产品线涉及一个软件企业的多个项目,选择了软件产品线就意味着开发过程要承担由此所带来的诸多风险,在收益和风险之间难以进行权衡。

(7) 核心资源设计的通用性要求可能会导致其质量下降,适用范围缩小。

（8）企业的软件产品线实践经验严重不足。

（9）可能需要对软件开发企业的组织结构和方针政策进行相应的调整。

6.2　软件产品线的工程方法

软件产品线工程是对软件产品线开发过程和技术的系统研究，是软件企业应用和实施软件产品线技术的指南。它定义了产品线开发过程模型，产品线的关键活动、组织结构，以及软件产品线的实施策略和核心技术等内容。

软件产品线最早的生命模型来自STARS，它是软件产品线历史上最经典的模型，如图6-3所示。它将软件产品线的过程分为两个部分：领域工程和应用工程。这两个部分的内部都分为分析、设计与实现3个阶段。STARS是基于领域体系结构的软件开发过程模型，整个模型由两个重叠的软件生命周期复合而成，即领域工程生命周期和应用工程生命周期。在领域工程和应用工程中，又分别有各自的分析过程、设计过程和实现过程。

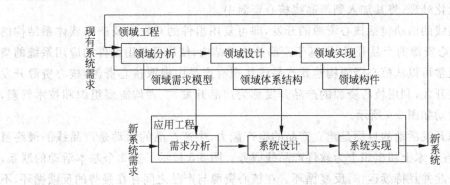

图 6-3　软件产品线的双生命周期模型

其中，领域工程主要针对特定领域应用需求，创建可共享的公共软件体系结构、构件和开发模型。产品线领域工程主要包括领域分析、领域设计和领域实现3个阶段。领域分析是建立领域模型的过程，参照遗留系统、相关技术实现资料、领域专家知识和领域开发规范，对领域共性需求进行识别、收集、组织和描述，综合利用多种领域分析方法来建立领域模型。领域设计是根据领域模型所描述的需求，即领域应用问题的共性需求，为软件产品线设计体系结构和基础设施的过程。同时，领域设计还要满足领域的非功能性需求，例如运行速度、有效负荷、安全性和可靠性等，规划实现需求（实现决策、开发平台和运行环境等）。领域实现是依据领域设计结果来开发产品线核心资源的过程，包括产品线体系结构、软件构件和连接件等。在领域工程中，通过识别给定领域或相似产品的公共结构和特征，开发产品线内产品的公共资源。公共资源不仅包括共享软件组件，还包括文档模板、需求规格说明、测试用例等。在领域分析阶段，首先分析和确定产品线范围，即定义和确定产品和特征属于该产品线。然后，分析产品线内产品需求和特征的公共性和变化性，建立领域模型。在领域设计阶段，根据领域模型设计软件产品线体系结构。最后，在领域实现阶段设计和开发共享组件等软件产品线的公共资源。

应用工程是在领域工程的基础上开发软件项目的过程。在软件产品线中，应用工程包括应用需求分析、应用系统设计和应用系统实现 3 个阶段。在应用需求分析阶段,参照领域需求模型,将实际应用需求划分为领域公共需求和应用特殊需求两部分,同时给出系统需求规格说明书。在应用系统设计阶段,参考领域体系结构,依据系统需求规格说明书来设计应用系统的整体框架。在应用系统实现阶段,按照应用系统的整体框架直接使用领域可重用资源,例如产品线框架和构件等,来实现其中的领域公共需求,同时用定制的构件来实现其中的应用特殊需求。显而易见,应用系统实现阶段是一个重用软件产品线体系结构和构件来自动装配的过程,而不是传统意义上的"数据结构＋算法"的人工编程模式。

如图 6-3 所示,在领域工程和应用工程的相应阶段之间存在着纵向连接线,代表产品线领域工程指导应用工程的实施。应用工程的结果可以反馈给领域工程,促进核心资源的建设,因此,整个软件产品线是一个相互迭代和相互完善的过程。领域工程是一个在较高的抽象层次上,从领域遗留系统中抽取公共的、可重用的核心资源,创建软件产品线,以支持应用开发的过程。应用工程使用领域工程所创建的产品线体系结构和构件资源来开发应用系统,此外,还要根据应用的特殊需求来定制新构件。若新定制的构件具有领域可重用特性,则需要进行泛化处理,将其加入到产品线核心资源中。

软件产品线的活动包括核心资源的开发,即可复用组件的开发以及产品族体系结构的开发;利用核心资源的产品开发,即基于产品族体系结构,使用可复用组件的应用系统的集成和组装。通常可以从核心资源构建新产品或从现有产品中提取核心资源,核心资源开发也称为产品线开发,利用核心资源的产品开发称为产品开发,二者均需要组织和技术管理,这 3 个基本活动如图 6-4 所示。

核心资源开发活动的目标是建立产品的生产能力,生产产品的活动是产品线的最终目的,管理必须在技术上和组织上为软件产品线服务。图 6-5 显示了这 3 个基本活动的联系,三者连接在一起并且持续运作,反复循环。在核心资源与产品之间存在强势的反馈循环,不仅核心资源用于开发产品,而且产品的开发过程又会促进核心资源版本的更新以及新的核心资源的加入。在这种反复的循环当中,核心资源随着新产品的开发而更新;资源的使用情况被跟踪,其结果被反馈到资源开发活动,核心资源的价值通过由核心资源开发出来的产品体现出来,通过对未来产品的需要的考虑,核心资源更为通用。迭代是产品线活动所固有的特征,因此,产品线的运行需要持久的、强有力的、有远见的管理。

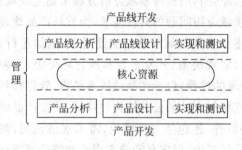

图 6-4　软件产品线基本活动

图 6-5　三大基本活动关系图

(1) 核心资源开发:核心资源开发的目标是创建软件项目批量生产和大粒度复用的基础设施。核心资源开发是软件产品线领域工程中的重要活动,其过程如图 6-6 所示。核心资源开发输入端包括产品约束、框架、生产约束、生产策略和遗留资产清单;输出包括产品线范围、核心资源、生产计划。核心资源开发指根据产品约束条件、风格、模式和框架、开发约束条件、开发策略和已有资源清单,经过多次核心资源开发迭代,不断地获取新的核心资源。核心资源开发活动的输出包括以下内容。

① 产品线范围:关于构成产品线的产品或产品线所包括产品的描述,该描述列举出所有产品的共性和彼此之间的差异,包括产品所提供的功能、性能、运行的平台等。一个产品线要取得成功,其范围必须仔细定义,如果范围过大,产品成员变化太广,核心资产将不能适应其变化,产品线会陷入传统的一次性产品开发模式。如果范围太小,核心资产的通用性可能不足以适应将来的变化,产品线的范围经济效益就不能实现。产品线的范围必须将正确的产品定为目标,一般通过相似产品或系统、当前或预测的市场因素、业务目标几个方面的知识来决定。随着市场条件的变化、组织计划的变化、新机遇的出现,产品线的范围也会随之演进。

② 核心资源:核心资源是产品线中产品生产的基础。核心资源通常包括(但不局限于)构架、可重用软件组件、领域模型、需求、文档、测试用例、工作计划和过程描述等,构架是核心资源集合中的关键。每种核心资源都应和一个附属过程相关联,以指出它将如何被应用到实际产品的开发中。这个过程一般包括利用产品线的共性需求作为基本需求;利用产品线的扩展功能实现变化的需求;如何添加产品线需求之外的任何需求;确认构架所支持的变化和扩展。

③开发计划:开发计划描述了如何利用产品线中的核心资源去开发软件项目。从本质上讲,开发计划是将这些资源"粘"在一起形成应用系统的清单。开发计划描述了整体设计实现方案,说明了如何将单个资源按照预定的方式装配在一起来创建应用系统。开发计划可以是一个详细的过程模型,同时也可以是包含更多指导信息的手册。此外,开发计划还应该包括用于度量组织改进的标准、软件产品线实践的结果,以及为满足这些标准进行数据搜集的措施。开发计划的详细程度将依赖于开发者的背景知识、组织结构、企业文化和系统的适用范围。

核心资源开发需要注意以下内容:

① 核心资源开发所建立产品线的可复用组件集合是建立在业务领域的基础之上,但不仅限于业务领域,可复用的业务开发平台也是核心资源。

② 核心资源开发并不要求比产品开发先期进行,而是可以与产品开发同时进行。

③ 核心资源开发的管理与产品开发的管理应该建立在同一套体系内,而不是各自分开。

(2) 产品开发:产品开发是产品线应用工程中非常重要的活动,其过程如图 6-7 所示。

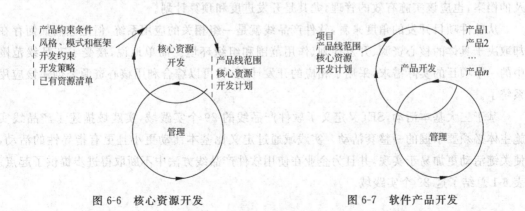

图 6-6　核心资源开发　　　　　　　　图 6-7　软件产品开发

软件产品线的具体产品就是一组具有相似的高层次特性和特异细节的应用软件产品集合,产品开发就是生产应用软件的过程。软件产品线的产品开发是立足于核心资产形成的组件集合进行再开发的过程,核心资源的输出产品线范围界定了同一产品线内产品共有的高层次特性。

产品线的产品开发与单一软件产品的开发相比,更加依赖技术组织管理的支配,同时受到核心资产开发的影响,导致开发过程可能与核心资产的开发过程互相交替。

软件产品开发活动的输入包括以下内容。

① 产品特定需求:通常被表示为领域中一些通用产品描述的变化或增量,也可以表示为产品线需求集合的一个增量,通过比较应用需求与产品线需求模型来获得。

② 产品线范围:指出当前所要开发的软件项目是否可由产品线来实现,指明该项目可由产品线实现的模块。同时,还应该说明应用系统开发依赖于产品线的程度。

③ 用于创建该项目的核心资源。

④ 开发计划:详细描述了如何利用核心资源来设计、实现该软件项目。

(3) 管理:组织管理是软件产品线运作的重要部分,组织管理和技术协调对于软件产品线的成功是至关重要的。技术组织管理的要点在于制定相关产品线规范,调度资源支持规范的实施并监督执行。核心资产开发流程与产品开发流程都应处于管理的监管之下。管理则应反映开发进度的实时状况与资源调度状况,以便开发流程、资源、时间的控制。实际上,产品线工程是在核心资源的基础上,遵循用户的实际需求所开展的一种监督和协调工作。管理必须在技术和组织上为软件产品线提供服务,管理活动的有效性可以通过产品线工作情况和保持产品线的健壮性来进行验证。技术协调负责监视核心资源开发活动和软件项目开发活动,其工作方式为确保核心资源开发人员和软件项目开发人员遵循产品线所定义的标准来开展工作,收集足够的案例来验证领域开发和应用开发的有效性,跟踪进度以保证计划的顺利完成。组织管理必须建立合适的组织机构,确保各组织单位得到充足的资源,例如配备核心资源开发所需的相关技术人员、组织核心资源开发活动、协调软件项目开发中的技术活动、处理好核心资源开发和软件项目开发之间的迭代关系、保证产品线运行通信的畅通,以及从组织方面降低产品线失败的风险等。此外,还需要建立一个实时性的调整计划,以描述应该在何种状态下实施状态变更动作和所对应的相关策略,对于开发活动中所涉及的档案,也应该实施有效的管理,尤其是开发进度和预算计划。

从软件项目开发的角度来看,软件产品线就是一组相关的应用系统,但是它们如何存在却取决于具体的核心资源、开发计划、作用范围和组织环境。简单地说,接受了产品线范围中的一个项目的实际需求,采用了相应的开发计划,就可以综合利用核心资源来创建该应用系统了。

基于三大基本活动,SEI 又定义了软件产品线的 29 个实践域,实践域描述了产品线实施主体必须要掌握的一整套活动。实践域通过定义比基本活动更小且更有指导性的活动,使关键活动更加易于实现,并且为企业在使用软件产品线方法中不断取得进步提供了起点。表 6-1 总结了这 29 个实践域。

表 6-1 软件产品线的 29 个实践域

软 件 工 程	技 术 管 理	组 织 管 理
架构定义	配置管理	建立业务案例
架构评估	数据收集、度量和跟踪	客户接口管理
组件开发	自制、购买、挖掘、委托分析	实施需求获取策略
COTS 利用	过程定义	资金筹备
挖掘现有资产	确定范围	启动和贯彻执行
需求工程	技术规划	市场分析
软件系统集成	技术风险管理	运作
测试	工具支持	组织规划
相关领域		组织风险管理
		确定组织结构
		技术预测
		培训

目前,软件产品线是一种正在成熟的软件工程范型,用于开发同一领域中具有相似需求的应用系统。在软件产品线中,使用基于构件的架构来描述产品线的核心资源并说明其变化点。一个产品线可以为多个软件项目服务,使其共享一个基础架构。在一个特定领域中,基础架构是支持一组具有相似应用需求的领域模型和参考架构,这一基础架构经常被称为产品线体系结构(Product Line Architecture,PLA)。描述产品线体系结构的最好手段就是框架。框架是一个可复用的和已经部分实现的软件制品。框架能够被扩展实例化,以生成特定的应用系统。在产品线体系结构中,框架是最大粒度的复用单元,一个 PLA 可以包含一个框架,也可以包括多个框架。框架是由构件、构件之间的连接、约束、设计模式和扩展点组成。框架封装了复杂的业务流程、约束条件、触发动作、通用构件以及连接件,能够降低软件产品线的复杂性。框架可以被运用到软件产品线生命周期的各个阶段,例如早期的体系结构高层抽象和后期的通用构件代码实现都能够使用框架。在软件产品线中,框架能够被重用,是一种很好的复用方式。同时,框架也促进了产品线的推广应用,克服了现有产品线方法所存在的抽象有余和实现不足的缺点。软件产品线工程与其他复用技术相比,主要存在以下两方面的差异:

(1) 软件产品线工程涉及一系列具有相似应用需求的软件产品。一个软件产品线一般支持多个软件项目的开发工作,每个项目都有自己的版本和生命周期。软件产品的演化要放在产品线上下文中去考虑,软件产品线的演化会影响到所有的公用架构和可复用构件。

(2) 软件项目开发是以公共核心资源为基础来进行的,产品线中每一个产品的创建都充分地利用了其他项目在分析阶段、设计阶段、编码阶段、计划阶段和培训阶段所取得的相关成果,和仅重用程序代码不同,其复用对象的范围和粒度都大大地扩大了。

国内第一条具有代表性的软件产品线是北京大学开发的青鸟生产线,青鸟工程是针对我国软件产业基础建设的现状而开展实施的,其目标是研发具有自主版权的软件工程环境,为软件产业提供相关的基础设施、软件工具、开发平台和集成环境,完善软件工业化生产的基本手段,促进手工作坊式开发向计算机辅助开发的转变,以提高系统开发效率。实际上,青鸟软件生产线是一套软件工业化生产系统,是一种基于构件—体系结构的软件开发技术,也是一个构件综合集成平台。青鸟软件生产线为具有相似需求的应用问题提供了整体解决方案，推进了软件工业化生产，促进了软件产业的规模化发展。

青鸟软件生产线将开发组织划分为 3 个不同的车间，即应用架构提取车间、软件构件生产车间以及基于构件—架构复用的应用集成组装车间，从而实现了软件企业内部的合理分工，促进了应用系统的工业化生产。青鸟软件生产线的活动主要包括：领域工程、应用工程、标准规范的制定以及质量保证等。青鸟软件生产线的概念模型如图 6-8 所示。

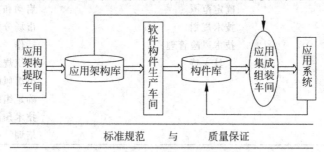

图 6-8 青鸟软件生产线模型

在青鸟软件生产线中，将开发人员分成 3 种，即构件和架构生产者、构件和架构管理者以及构件和架构复用者。这 3 种角色各自完成不同的任务，构件和架构生产者负责构件、架构的开发设计；构件和架构管理者负责构件、架构的分类管理工作；构件和架构复用者负责进行基于构件—架构的软件开发过程，包括构件查询、构件理解、对构件进行适应性修改、架构查询、架构理解、对架构进行适应性修改以及根据应用架构来组装构件等。前两种角色进行领域工程开发活动，后一种角色进行应用工程开发活动。

6.3 软件产品线体系结构

软件产品线体系结构指一个软件开发组织为一组相关应用或产品建立的公共体系结构。鉴于产品线软件开发在提高软件生产率和质量、缩短开发时间、降低总开发成本中的重要作用，产品线体系结构又是软件产品线核心资源中最主要的部分之一，面向独立软件系统的软件体系结构设计方法并不完全适用于软件产品线体系结构的设计，因为它们一般没有考虑产品线中不同产品之间的共性和个性问题。产品线体系结构的重要性是显而易见的，软件的复杂度正以惊人的速度增长，对于软件开发和维护的成本必须进行严格控制。产品线体系结构可以使软件开发组织将总成本均摊到产品线的多个产品的设计开发中，从而充分地降低整体成本、有效地提高软件生产率。

软件产品线体系结构作为产品线中所有产品共享的体系结构和各个产品的体系结构的导出基础，必须在软件产品线体系结构中对允许进行的变化进行显式的说明和限定，这样，最终的实例化结果才能既保持领域共性，又能满足特定产品的需求。

从软件重用角度看，软件产品线主要通过两种方式进行软件资源的重用：适应性重用和组合性重用。适应性重用将一个大框架作为不变部分，可在框架内各个独立的变化点进行调整。应用维护常采用这种方法，往往是面向特定应用且不灵活。组合性重用比适应性重用更难，组合性重用把小组件作为不变部分，变化的功能由将组件连接起来的粘合代码或组合工具实现,需要开发大量组件,成本昂贵但比较灵活。软件体系结构可作为重用软件组件的集成机制。在适应性重用中,体系结构可以显示软件的哪些部分可以修改,这对系统维护人员尤其重要。在组合性重用中,体系结构将限制重用组件的安排,并影响到系统的规模和扩展性。体系结构通过影响软件重用可以帮助降低整体成本,在一个合适的体系结构中使用经过验证的组件可以使应用开发提高质量并降低风险。体系结构能够发挥作用的前提是应用必须以体系结构为基础建立,这样可以更容易地保证每个组件在不同产品中的可重用性。

软件产品线体系结构可分为共性部分和个性部分,共性部分是产品线中所有产品在体系结构上共享的部分,是不可改变的;个性部分指产品线体系结构可以变化的部分。另外,用户还要在个性部分中划分出动态部分,以适应体系结构在产品投入运行后可能发生的变化,个性部分指在产品创建时可以确定的部分。产品线体系结构的设计目的就是尽量扩展产品线中所有产品共享的共性部分,同时提供一个尽量灵活的体系结构变化机制。产品线体系结构的设计主要需考虑以下因产品线的特殊性而出现的变化需求:

(1) 产品线的产品有着不同的质量属性。例如一个产品需要高度安全但运算速度要求低,另一产品可能需要运算速度快但对安全没有特别要求,产品线体系结构需要足够灵活来支持两个产品。

(2) 产品之间的差异可能体现在各个方面。例如行为、质量属性、平台和中间件技术、网络、物理配置、规模等,产品线体系结构需要对这些差异进行处理。

(3) 产品线有多种技术支持体系结构的变化。例如,采用构造时对组件、子系统的参数组合进行设置来适应产品间变化,但该方法假设所有的变化都是可预测的,并且所有变化在组件的代码中都要实现,每一组参数组合对应一个产品的实现,这在实践中并不都是可行的,某些参数组合也会产生语义无效或范围超出的问题。在面向对象系统中,可以用继承和动态绑定等面向对象技术将类设计为在不同的产品中能对变化点进行不同的说明实现。面向对象框架是这类技术的集中体现。用户也可以在变化点用组件替换来实现所希望的变化,这实际上是一种组件组合方式的变形。

Mikael 和 Jan Boseh 对软件产品线体系结构个性的实现机制总结如下。

(1) 继承:用于对象方法在产品中的不同实现和扩展。

(2) 扩展和扩展点:通过增加行为和功能扩展组件的某些部分。

(3) 参数化:用于组件的行为特征可以抽象并在组件构造时可确定的情况,如宏定义和模板都是参数化方法。

(4) 配置和模块互连语言:用于定义系统构造结构、组件的选择方式和结果。

(5) 自动生成:用更高级的语言来定义组件的特征,并自动生成相应的组件。

(6) 编译时不同实现的选择:用于组件的变化可以通过选择不同代码段实现的情况。

还有一些其他的方法,Nokia 在设计软件产品线体系结构时采用一个需求定义的层次结构来辅助体系结构设计师对体系结构需要支持的变化及其在产品线中被使用的广泛程度进行理解和控制。该层次结构由设计目标和设计决策(用盒子表示)组成,每个盒子都标有表示目标重要性和决策认可程度的向量,供设计人员最终决策时使用。PhiliPs 研究室在他们的医疗图形产品线中使用了服务组件框架,以一种通过黑盒框架插接不同组件的方式来实现产品线体系结构的变化。

产品线体系结构是产品线核心资源的早期的主要部分,在产品线的生命周期中,产品线体系结构应该保持相对小和缓慢的变化,以便在生命周期中尽量保持一致。产品线体系结构要明确定义核心资源库中的软件组件集合及其相关文档。在各个产品的应用工程中,产品线体系结构被用来导出产品的体系结构。此时,如果用户发现有新的变化点或者产品线体系结构不能满足的需求模式,需要将这些信息反馈给产品线体系结构设计师,由他们决定是否对产品线体系结构进行修改并实施。

产品线体系结构的设计有两种方式:使用标准体系结构和体系结构定制。作为标准,会有众多的软件开发组织遵循它,开发各自的应用或者为该体系结构提供基础组件和应用开发的辅助工具等。采用标准体系结构作为产品线的软件体系结构,可以获得第三方软件开发组织的支持、有效地缩短开发时间、提高产品的可靠性和与同类系统的可集成性等。所以,如果产品线所在领域有相应的体系结构标准,应该尽量遵循它。

在宏观体系结构上,对标准的遵循比较容易,下面以层次体系结构为例进行介绍:

(1) 为适应应用的规模增大、复杂度提高,软件技术不断发展,相继出现了中间件技术、软件产品线等。应用的宏观体系结构自然地形成了"硬件—网络与操作系统—中间件平台—领域核心资源—应用"这样一个层次软件体系结构。

(2) 层次体系结构风格是一个使产品和产品线具有良好的可移植性的结构,产品和产品线经过最小的修改即可移植到一个新的平台上。这里的平台包括硬件平台、操作系统、网络系统、中间件环境等。如果产品线中的产品需要运行在不同的平台上,或者整个产品线也有可能移植到一个新的平台上,层次体系结构是产品线体系结构最好的选择。

产品线体系结构设计面临的主要困难和问题如下。

(1) 没有熟练的体系结构设计师:体系结构的设计还是一个不成熟的领域,设计更多地依靠设计师的经验而不是已经规范定义的规则、惯例和模式集合,尤其在某个特定的应用领域该问题可能更严重。

(2) 参数化问题:参数化是一个支持产品线体系结构变化的有效方法,但要注意参数化过度易使系统难于使用和理解,参数化过少又会限制系统的变化能力。过早的参数绑定易使变化困难,绑定过晚(运行时刻的动态绑定)易导致性能降低。

(3) 用户必须有良好的领域分析和产品规划基础做保证,对技术发展趋势要做出准确预测,还要注意吸取相关领域的教训。

(4) 其他问题还有软件开发、管理和市场人员组织的管理和文化对基于软件体系结构开发的适应程度;支持工具较少;产品线体系结构设计师和产品开发者之间的沟通等。

6.4　软件产品线的开发过程

6.4.1　软件产品线的建立方式

选择软件产品线方法需要对产品线及其实现所需的专家知识领域界定清楚,对产品线的长期远景进行了策略性的规划。因此,要想成功实施软件产品线,必须考虑以下几个主要因素:

(1) 对该领域具备长期和深厚的经验。

(2) 一个用于构建产品的优良的核心资源库。

（3）优良的产品线体系结构。

（4）优良的管理（软件资源、人员组织、过程）支持。

考虑到以上因素，软件产品线的建立需要希望使用软件产品线方法的软件组织有意识地、明显地努力才有可能成功。软件产品线的建立通常有 4 种方式，其划分依据有以下两个：

（1）该组织是用进化方式还是革命方式引入产品线开发过程。

（2）该组织是基于现有产品还是开发全新的产品线。

4 种方式的基本特征如表 6-2 所示。

表 6-2　软件产品线建立方式的基本特征

	进 化 方 式	革 命 方 式
基于现有产品集	基于现有产品体系结构开发产品线的体系结构 以进化现有组件的方式一次开发一个产品线组件	产品线核心资源的开发基于现有产品集的需求和可预测的、将来需求的超集
全新产品线	产品线核心资源随产品新成员的需求而进化	开发满足所有预期产品线成员需求的产品线核心资源

1. 将现有产品进化为产品线

该方式在基于现有产品体系结构设计的产品线体系结构的基础上，将特定产品的组件逐步地、越来越多地转化为产品线的共用组件，从基于产品的方法慢慢地转化为基于产品线的软件开发。其主要优点是通过对投资—回报周期的分解、对现有系统进化的维持使产品线方法的实施风险降到了最小，但完成产品线核心资源的总周期和总投资都比使用革命方式要大。

2. 用软件产品线替代现有产品集

该方式基本停止现有产品的开发，所有努力直接针对软件产品线的核心资源开发。遗留系统只有在符合体系结构和组件需求的情况下，才可以和新的组件协作。这种方式的目标是开发一个不受现有产品集存在问题限制的、全新的平台。其总周期和总投资较进化方式要少，但因为重要需求的变化导致的初始投资报废的风险加大。另外，基于核心资源的第一个产品面世的时间将会推后。现有产品集中软/硬件结合的紧密程度，以及不同产品在硬件方面的需求的差异，也是产品线开发采用进化还是革命方式的决策依据。对于软/硬件结合密切且硬件需求差异大的现有产品集，因无法满足产品线方法对软/硬件同步的需求，只能采用革命方式替代现有产品集。

3. 全新软件产品线的进化

当一个软件组织进入一个全新的领域要开发该领域的一系列新产品时，同样也有进化和革命两种方式，进化方式将每一个新产品的需求与产品线核心资源进行协调。其优点是先期投资少，风险较小，第一个产品面世时间早。另外，因为是进入一个全新的领域，进化方式可以减少和简化因经验不足造成的初始阶段错误的修正代价。缺点是已有的产品线核心资源会影响新产品的需求协调，使成本加大。

4. 全新软件产品线的开发

对于该方式,体系结构设计师和工程师首先要得到产品线所有可能的需求,然后基于这个需求超集来设计和开发产品线核心资源,第一个产品在产品线核心资源全部完成之后才开始构造。其优点是一旦产品线核心资源完成后,新产品的开发速度将非常快,总成本也将减少。缺点是对新领域的需求很难做到全面和正确,使得核心资源不能像预期的那样支持新产品的开发。

6.4.2　软件产品线的需求分析

需求是对系统要做什么、系统必须如何工作、系统要表现出的特性、系统必须具备的质量以及系统及其开发必须满足的约束等内容的一种描述。产品线需求定义了产品线中的产品及其特性,是涵盖整个系列共同特性的需求。产品线需求分析对于产品线开发有着重要意义,在产品线开发过程中,需求分析被认为是第一阶段的产品,它包括需求的收集、分析、建模以及需求规格说明。面向独立软件系统的需求分析并不适于软件产品线需求分析,因为它们一般没有考虑产品线中不同产品之间的共性和个性问题。产品线需求分析确定了产品线需求与特定产品需求之间的变化点,这种变化点为业务用例活动提供了一个输入,从而可以更加严格地评估将这个产品作为产品线的一部分进行开发所需要的成本。产品线需求分析除了要捕获功能需求外,还要捕获与质量属性相关的需求,例如性能需求、可靠性需求和安全性需求等。产品线需求分析为产品线架构奠定了基础,产品线架构必须同时适应需求中确定的共性和变化,同时确保其他核心资源支持预期的变化。

在软件产品线中,产品线需求是作为软件产品线核心资源中的重要和可重用资源,并且产品线需求应该与只针对产品某个子集所提出的需求分开进行描述。整条产品线通用的需求由很多变化点组成,这些变化点同样也可以用来创建产品特有的需求,这些变化点可能很小,但可能很重要。与单个产品的需求分析相比,产品线的需求分析具有以下特点。

(1) 需求抽取:需求抽取是一个发现、评审、文档化以及理解用户需求和系统约束的过程。产品线的需求抽取必须明确捕获产品线整个可以预知的生命周期中所有的变化,这就意味着所涉及的相关人员的人数可能比单个产品的需求抽取时要多,应该包括领域专家、市场专家以及其他人员。

(2) 需求分析:需求分析是一个提炼用户需求和系统约束的过程。产品线的需求分析将产品线范围作为它的一个输入,产品不可能存在于产品线上下文之外,它包括对产品线内所有产品公共性和变化性的描述,公共部分包含所有产品公共功能和特征,可直接复用于产品需求,变化部分表示不同产品的独特性。需求分析必须能够找出共性和标识差异。

(3) 需求规格说明:需求规格说明是一个清晰而严格地文档化用户需求和系统约束的过程。产品线的需求规格说明应包括整个产品线的需求和特定产品的需求,给定任何一个系统,都可以将它与需求规格说明进行比较,从而确定这个系统是否符合条件。也就是说,这个系统是否符合了所有规格说明中提到的共同特性以及所允许的需求变化的组合。

(4) 需求确认:需求确认是一个保证系统需求完整、正确、一致和清晰的过程。产品线的需求确认是分阶段出现的,首先必须确认整条产品线的需求,然后,随着每个产品的生产或者更新,必须对产品特有的需求进行确认,但是整条产品线的需求必须再次确认以确保它对该产品有用。

软件产品线需求分析包括以下方法。

1. 采用领域分析技术

软件产品线是一种基于架构的软件复用技术,它的理论基础是通过识别给定领域或相似产品的公共结构和特征,开发产品线内的公共资源,而要开发的产品都将通过对这个核心资源的剪裁、扩充来构建,因此分析和理解相关领域是产品线需求分析的第一步。产品线开发强调获取和描述覆盖多个系统的共性和个性,即在收集领域知识时需找出该领域中系统间的共性和差异,同时考虑预期的需求变化、技术演化、限制条件等因素,最终获得一组具有足够可复用性的领域需求,并对其抽象形成领域模型。采用领域分析技术可以用来扩展需求抽取的范围,为预期的变更做出定义和规划,以及确定产品线中产品的最基本的共性和变化,领域分析技术还可以用来支持构造健壮的产品线构架。其中一项技术是面向特征的领域分析(Feature-Oriented Domain Analysis,FODA),该技术已被加入产品线需求工程的新方法之中。它强调用户在领域应用中普遍期望的特征的共性和个性,FODA 创建的领域模型描述了与其他领域的关系、领域的共性和个性,以及领域中应用程序的行为。产品线需求分析通过将传统的基于对象的分析和 FODA 特征建模与相关人员视图建模技术相结合,完成产品线需求的抽取、分析、描述和确认。其中,特征建模有助于识别和分析产品线的共性和变化,并且为需求规格说明提供了一种自然的表达方式,而相关人员视图建模为需求的抽取提供了完整性保证。

2. 建立需求模型

软件产品线需求建模是软件产品线需求分析的关键活动之一,其质量将直接影响和决定整个产品线的质量和成败。软件产品线需求建模包括对产品线内所有产品公共性和变化性的描述。公共性是所有产品的公共功能和特征,决定产品线体系架构。变化性是产品的独特特征和功能,约束和限定预期的产品线体系架构变化。产品线需求建模必须能够同时支持两个级别的建模:领域需求建模和软件需求建模。领域需求描述领域内一组产品的需求,由领域专家通过分析市场需求和对领域内的产品需求归纳抽象获得。领域需求建模必须要有明确的建模元素清楚表示属于产品线的公共特征和变化特征。软件需求建模则是针对单个产品的需求,通过对领域需求的参数化、实例化等方法获得。由于市场需求变更以及新产品加入等原因,领域需求将随着时间不断演化,需要增加新的需求和特征,以及对原有需求和特征进行修改。因此,需求模型必须易于改变,以支持领域需求和软件需求的演化。软件产品线需求建模产生的需求模型主要用于客户、领域专家、系统分析师等之间的沟通,因此,它必须能够清楚、准确地表达产品线需求,并易于阅读和理解。产品线需求建模通常采用自然语言、图形或两者混合方法进行需求建模。自然语言具有充足的柔性,能够适用于多种情况需求建模。相对于自然语言,图形方式则更容易识别和确认,应作为自然语言描述的有益补充,共同提供需求的完整描述。

在特定应用领域中,软件产品线领域需求建模过程主要包括 5 个阶段:领域范围定义、领域需求收集、领域需求分析、领域需求层次划分和领域需求规格说明,如图 6-9 所示。用户根据实际需要,可对整个需求建模过程进行裁剪,例如对一些规模较小的软件产品线可以省略其中的领域需求层次划分阶段。

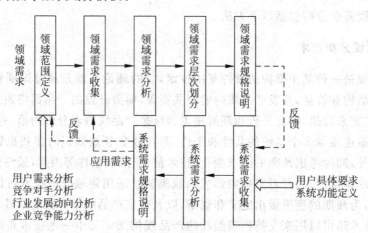

图 6-9　软件产品线需求建模过程

（1）领域范围定义：领域范围定义是需求过程中的一项重要的活动，确定了产品线的共性特征和变化因素。产品线领域范围定义的参照信息主要包括用户需求调研、分析竞争对手、分析行业发展动向、分析企业竞争能力。在确定了产品线领域范围之后，就在一定程度上明确了核心资源的开发需求。产品线领域范围不是一成不变的，一个新项目、一次技术变革、一个重要的用户需求和竞争对手的新特性都可能引发产品线领域范围定义的变更，但这种变化需要经过一定时间的调整。

（2）领域需求收集：其主要任务是在产品线领域范围内收集应用的原始需求，可以借鉴传统的需求获取方法，但是必须做适当的修改，使其面向整个软件产品线。首先，根据产品线领域范围定义确定目标用户，对目标用户的需求进行整理；然后，分析同类应用系统的功能，对相关技术资料进行加工提取，以获取共性的领域知识。通过以上两种方法，可以得到产品线领域需求描述。通常，产品线领域需求描述会很详细，并且存在着大量重复和相似的内容。根据产品线领域范围定义和领域知识，去掉需求描述中重复和相似的内容，使其保持唯一性，去重的原则是使其覆盖更多的领域问题和优先考虑高频出现的应用问题。

（3）领域需求分析：产品线领域需求收集为产品线领域需求分析提供了原始资料。产品线领域需求分析的任务是寻找产品线领域需求描述中的公共特性和变化特性，这往往依赖于领域专家的知识与经验，因此，存在着一定的主观性。

（4）领域需求层次划分：领域需求层次划分是针对变化特性所做的进一步分析处理，用户根据实际情况，可对该阶段进行取舍。如果产品线领域范围定义较广，那么就要求进一步明确该范围的共性需求和可变需求，这主要通过对需求进行层次划分来实现。

软件产品线具有一定的层次关系，这种层次性决定了产品线需求也应该具有对应的层次结构。高抽象层次产品线具有较大粒度的可重用核心资源，拥有的核心资源可以被复用到所有成员产品中。低抽象层次产品线有更多的可复用核心资源，具有更强的实例化能力。

从纵向上看，需求层次表现为软件产品线的结构组织。分析产品线领域需求，获取所需的核心资源，使用共性原子需求集合来进行表示。在产品线的某个具体范围内，除了拥有共同的核心资源之外，还可能具有额外的公共特性，必须在自己的范围内做进一步的分析，提取这些额外的公共特性。这些额外的公共特性将作为产品线核心资源中的变化成分,在具体的应用环境中通过实例化来定制系统框架。

(5) 领域需求规格说明:产品线领域需求规格说明文档可以按照系统构成方式来进行组织,把分属不同维度的原子需求按其服务的系统或构件进行划分,以形成需求规格说明书。

(6) 系统需求收集:应用需求分析人员,通过与客户进行多次交流提取用户的实际需要,比较同类应用系统来定义所要开发的具体功能。

(7) 系统需求分析:应用需求分析人员,参照产品线领域需求规格说明,分析用户的具体要求和系统功能定义,将系统需求分解为一系列的原子需求。

(8) 系统需求规格说明:收集分解得到的原子需求,按照系统构成方式来进行组织,形成应用系统的需求规格说明文档,为设计、实现和测试过程提供依据。

3. 运用用例建模和变更用例建模

运用用例建模技术,同时加上变化点可用来捕获和描述产品线需求中的共性和变化。一个变化点就是用例中变化出现的位置。变化点以变量的形式捕获,用于描述变化的上下文和变化模式,该机制包括继承、使用、扩展以及参数化,支持捕获和描述用例中不同的变化类型。变更用例建模技术可以用来明确标识和捕获系统中预期的变更,并且最终将这些变更清楚地加入到设计中,以增强系统长期的健壮性。变更用例就是描述系统潜在的未来需求的用例,它们与现有系统的用例相互联系,并且在这些将来的需求被采用时生效,变更用例的引入使得设计人员可以为预期的变更进行规划,从而提供更有效的适应性。

6.4.3　软件产品线的开发

产品线开发的目标是为产品家族提供产品核心资源。产品线开发可看作是由产品线分析、产品线设计和产品线实现3个步骤组成的。一旦相关制品和其他必要的资产可用时,这些活动是交互的并且是并行的,而不是串行的,并且可以采用任意的次序。

1. 产品线分析

产品线分析包含产品线定义、问题空间和解空间的划定、业务案例分析和范围评价。产品线定义、待解决问题陈述、问题域模型、待开发产品的需求、产品线需求说明、业务案例模型、产品线范围说明这些制品,它们共同组成了产品线说明书。产品线分析应当与其他产品线和产品开发活动并发进行以维护和更新这些制品。例如,产品线说明书要响应产品线设计和开发中的请求,并做出变化。其活动和相关制品如图6-10所示。

产品线定义描述产品线期待解决的问题和为了解决这些问题应该制造的产品。问题域划定工作的目的是识别和选择产品线将要解决的问题。它可以制造一个问题域模型,并且刻画出产品线将解决的问题的陈述。问题域模型可以用来支持候选问题和特征的选择,以及问题陈述的书写。

解空间划定与问题空间划定类似,不同之处是制造产品线的需求并且拟定产品需求。产品线的需求为所有将制造的产品定义公共和可变需求。它们定义产品家族的成员如何解决问题域中的问题。独立产品的需求可以通过协商来定义,并且在协商者之间提供一个契

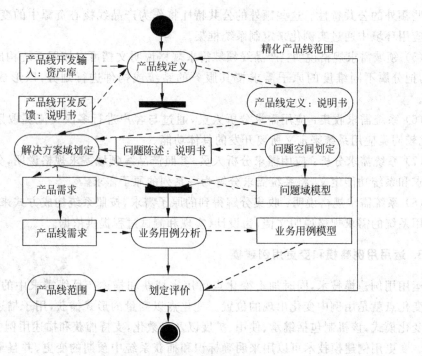

图 6-10　产品线分析活动图

约。对于产品线的需求，这个方法同样是正确的。除描述需求之外，解空间划定为每一个可变属性定义变化的参数，指出什么时候，如何和由谁来在产品开发中说明。这些参数由下面的性质来定义：绑定时间定义需求什么时间说明；绑定方式定义需求如何说明，以及已有的需求如何改变。用于说明需求的信息，例如资产位置或者策略值，都被称为需求绑定。绑定角色定义由谁来说明需求，例如产品线拥有者、产品线开发者、产品拥有者、产品开发者、第三方或者终端用户。

2. 产品线设计

其目的是确定产品线如何开发产品。产品线设计包括产品线体系结构的开发和映射，以及产品开发过程的定义和自动化。如图 6-11 所示，它制造了一个产品线体系结构和一个从产品线的需求到体系结构的映射，以及一个说明书和产品开发过程自动化的计划。产品线设计应当和其他产品线与产品开发活动并发执行来维护和丰富这些制品。例如，需求实现可以在产品线实现过程中进行校订，或者在实现组件相应产品开发反馈时进行校订。

产品线的体系结构和单个产品的体系结构是相似的，大多数单独产品的体系结构已经足够抽象，从而可以有各种各样的实现方式。一个单独产品的体系结构只能产生一个单独输出，而产品线体系结构必须能够满足产品家族中成员之间的变化。

3. 产品线实现

其目的是提供产品线体系结构需要的实现资产和过程自动化所需要的过程资产。产品线实现包含实现资产、过程资产提供和打包，它制造实现资产和过程资产，并且能够修改产品线体系结构和产品开发过程，其活动如图 6-12 所示。实现资产提供了以下几种方式：从供应商处购买、独立开发、从已有产品中重构或者委托外部开发团体开发。每一个组件都附带合同、设计和用户文档、测试用例、工具和用于二次产品开发过程中定制和应用的组件的过程描述。这些资产一起被打包、存储、版本更新、维护和增强。产品线体系结构中的变化点是通过组装和配置组件实现的。细粒度的变化点可以通过使用关联、聚合、继承、代理、参数化和包含等方式实现。中等粒度的变化点可以通过适配、装饰、中继、观察等方式实现。粗粒度的变化点可以通过组装实现，设计模式和架构模式支持所有这些机制。

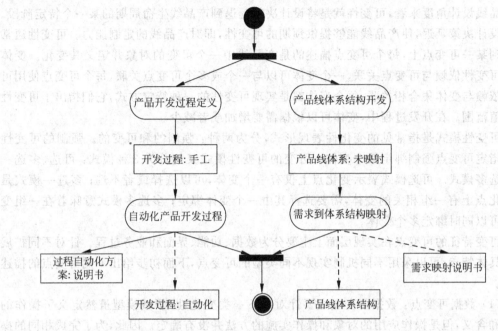

图 6-11　产品线设计

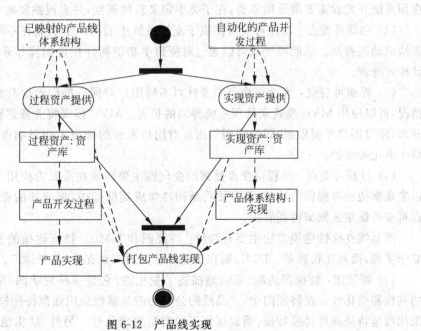

图 6-12　产品线实现

6.4.4　软件产品线的可变性管理

软件产品线由一组相似的软件产品组成,这些产品具有大量的公共性,也有其变化性,明确识别和管理公共性与变化性是软件产品线工程的核心问题。在产品开发过程中,可变性必须明确地定义、表达、开发、实现和不断地完善,它必须是可管理的。可变性管理应该在早期范围界定时开始,它与所有核心资产相关。可变性是指产品线中各个成员之间的差异,从产品线设计角度来看,可变性就是将设计决策延退到产品线生命周期的某一个特定阶段。通过设计决策延迟,使产品线能够提供预期的可变性,即对产品线的定制能力。可变性通常关联到某一可变点上,每个可变点描述的是产品线中一个可变的对象并定义其变化。变体使用可变性依赖与可变点关联,一个变体可以与一个或多个可变点关联,每个可变点使用可变性依赖与变体集合相关联,每个变体都是实现可变性的一种特定方式,它们指出了可变性的取值范围。在开发过程中,变体可以根据需要增加或者减少。

可变性模式是指常见的变化性表现形式,分为两种:强制的和可变的。强制的可变性模式指定可变点强制绑定某个变体。可变的可变性模式又细分为 3 种模式:可选、多选一和多选多模式。可选模式表示变化点上仅有一个变体,可以选择或者不选;多选一模式是指变化点上有一组相关的变体,需要选择其中一个变体绑定;多选多模式意味着在一组变体中可以同时绑定多个变体。

可变特征的可变点在实现层面上主要分为数据、功能、界面和业务过程。针对不同扩展点的具体特点,可以采用不同机制实现不同类型的可变点,下面初步给出不同可变点的描述方法。

(1) 数据可变点:数据可变点主要针对以下一类变化性,领域模型虽然定义了操作的名称和含义,但是操作应用的对象和操作实施的方法并没有确定。因此,为了完成相同的操作需要不同的属性支持,这种情况下需要设置抽象类,抽象类中定义了通用的属性和操作,应用系统开发者需要继承抽象类,在子类中定义新的属性,并实现抽象类中的抽象函数。

(2) 功能可变点:功能可变点侧重于支持系统中的同一个功能在不同环境下不同实现方法的动态替换。功能可变点可以通过对框架中功能构件接口的操作来实现,一般使用设计模式处理。

(3) 界面可变点:界面可变点主要针对不同用户对同一操作界面有着不同风格要求的情况,可以使用 MVC 模式来处理系统界面的扩展。MVC 模式将业务逻辑和用户界面分离开来,使得用户界面做到"即插即用",而且对用户界面的修改不会影响业务逻辑,使得系统易于演化和维护。

(4) 过程可变点:过程可变点处理的变化性主要体现在需要为应用系统开发新的构件以实现框架没有提供的功能,而且要将新构件集成到框架中,形成新的业务过程,过程可变点可变特征集成框架得到解决。

产品线变化性建模方法主要有两种:特征图和 UML。特征建模的主要优点在于其独立于实现,而且比较简单。UML 则在工业界有大量工具支持,易于推广。

(1) 特征图:特征图清晰、简洁地描述了变化性,它是一种树状图,采用节点标识领域的共性和变化性。在特征图中,产品线的公共功能与属性采用强制特征描述,产品线变化性采用可选特征或可替换特征,明确区别不同类型的变化性。另外,结构也隐含信赖关系,即子特征的存在意味着其父特征的存在。特征图的不足在于只支持有限的变化性约束关系，如不能描述两个变化特征之间的互斥和共存等约束关系。另外，特征图没有被广泛接受，缺乏工具支持。

（2）UML描述：UML本身并不能直接描述产品线的可变性，但通过扩展UML可以支持产品线变化性。可变性需求建模采用扩展的用例模型，可变性使用在产品线中重用的可选用例表示。根据产品需求矩阵和用例需求矩阵添加角色和用例，并根据每个角色和用例在产品线中的特性，分别用不同的方式标识出其共性和可变性，然后正确地表达它们之间的语义约束关系。其整个过程可分为以下4个步骤：

① 根据产品需求矩阵和用例需求矩阵得到初始用例模型。分析用例模型中的角色和用例在领域中的特性，对每个产品都会出现的角色和用例，直接提取到领域用例模型中；对于在部分产品出现的角色和用例，则用可变角色和可变用例标识。

② 根据用例矩阵，修改用例模型。考虑领域产品中可选的角色和用例，用可变性表示，并详细说明可变性存在的条件。

③ 描述可选用例场景，找出并描述可选用该场景中可变性的依赖关系以及可变性约束关系。

④ 用基本的泛化、包含、扩展关系或扩充的可变性依赖—约束关系来刻画用例间的关联，构建基于UML用例的可变性模型。

目前，有很多种软件产品线可变性的实现技术，例如预处理指令、参数化思想、软件配置等，特别是面向对象和面向切面技术的结合。

（1）预处理指令：编译器将源程序转换为目标程序前，将调用预处理程序，按照预处理指令对源文件进行处理。目前主要的预处理程序有3种方式，即文件引入、宏替代和条件编译。支持有限的可替换的可变性，如预先定义的、小粒度的、源代码级别的可变性。预处理指令也可以和配置管理技术结合，实现大粒度的可变性。预处理指令主要的不足在于并不是所有的编程语言都支持。

（2）参数化思想：参数化编程思想是将可复用的软件表示为一个参数化的组件，该组件的行为由其设定的参数值决定。参数化的类（或者函数）其类型在实例化时被确定。参数化思想避免了围绕一组可变点集中设计决策时的代码复制，它能使数据类型和对象类灵活化，典型的参数化实例是堆栈，堆栈所保存元素的类型由一个参数设置。在C++中采用模板技术支持参数化。参数化思想可以很容易地提高软件产品线中的复用性，也可以很容易对设计决策进行回溯，然而通过定义参数集中代码是一项很复杂的工作。

（3）连接库技术：连接库技术分为静态连接库和动态连接库两种。静态连接库技术包含一组不同的外部函数，经编译可以链接到应用中，可以有不同的实现，这些实现解决不同的变化性，应用配置管理工具选择不同的库实现。动态连接库是在运行态加载的库，有助于实现可变性。当被加载时，操作系统解析所有方法的地址，加载动态连接库到应用的地址空间，可通过在不同动态连接库实现不同的变体，支持可变性。

（4）配置技术：配置是一种粗粒度的可变性实现技术，采用不同的源文件实现不同的变体，通过配置工具去选择这些可选实现。当产品线公共代码和产品特殊代码相互分离时，配置支持产品级别的可变性，即配置工具能够从代码库中选择适当的组件构成特定产品。在组件级别，配置也可以用于选择适当的组件实现。

6.4.5　软件产品线的测试

同软件测试一样,产品线测试覆盖了产品线工程的整个生命周期。它以产品线核心资源为测试对象,以构件测试技术为支撑,来实施测试工作。由于测试要考虑产品线的所有成员产品,因此,产品线测试比单独的产品测试要复杂得多。软件产品线工程的成功展示了复用技术的有效性,同时,也为产品线的有效测试提供了新的解决思路,即在测试产品线时,应该扩展复用对象的范围,使其涵盖所有的测试配置,例如测试用例、测试脚本和测试计划等。在应用工程中,通过复用领域工程中的测试资源来实现有效测试的目标。因此,产品线测试的关键在于重用测试用例,而不是测试产品线中的每一个应用系统。

在测试软件产品线时,测试的主要对象是产品线的核心资源,包括构件测试和架构测试。构件测试为产品线测试提供了技术支持,同时,也为架构测试提供了可集成的软件单元。通常,构件具有数量大、内部信息隐藏、演化速度快和松散耦合等特点,这给构件测试带来了很大的困难。因此,在测试构件时,验证构件的可变点就成为测试工作的重点。利用面向对象测试技术及其自动化测试工具可以对构件进行有效的测试。在绝大多数情况下,构件采用面向对象技术来描述和实现。传统的面向对象测试技术经过改造之后,就可以直接用来测试产品线的构件资源。架构测试的任务是检验产品线体系结构设计的合理性。由于体系结构描述总是概括的和抽象的,因此,架构测试需要通过阅读校验体系结构说明书来实现。需求分析人员、系统设计人员、体系结构设计师和相关技术实现人员通过阅读产品线体系结构说明书,经过反复的讨论来寻找设计方案中的缺陷,并对其进行修改和完善。从这一角度上看,软件产品线的开发活动和测试活动应该是彼此重合的。架构测试结果可以作为反馈,启动新一轮的产品线开发活动,以完善产品线体系结构。此外,根据产品线体系结构来组装构件,开发原型系统,通过测试原型系统来评价产品线体系结构的合理性。

虽然目前已经有很多成熟的软件测试工具,但是产品线和架构测试缺乏有效的工具支持。通常,软件测试工具可以用于测试产品线,但它们只适用于单元测试这样低级别的测试工作。在测试软件产品线时,需要精确的和完备的测试工具。测试工具应该对可重用的测试资源进行有效的管理。测试工具支持应该从测试执行和测试结果分析扩展到集成产品线测试的全过程。目前,赫尔辛基大学已经开发出一套软件产品线测试工具 RITA。RITA 的目标是建立一个覆盖所有领域的产品线测试支持工具,但是,它目前仅有部分功能被实现。

6.4.6　软件产品线设计实例

下面以网管系统产品线开发为例,介绍一下软件产品线开发过程中的分析和设计过程。网管系统具有功能要求基本一致、管理领域范围定义清晰、易获得公共功能特征集合等特点,比较适合进行产品线工程开发。

1. 产品线分析

根据网管系统的功能需求,针对网管系统产品线设计中所涉及问题的公共和可变属性,建立网络管理领域的问题域特征模型,如图 6-13 所示。其中,必选特征表示必须选择的特征,例如产品线必须包含网管功能、管理对象、采集等特征。可选特征代表某些特征可以备选,例如产品线可选性能管理和故障管理特征。互斥子特征与子特征的区别是必须在子特征中做出选择,例如语言选择 C++,就不能选择 Java。

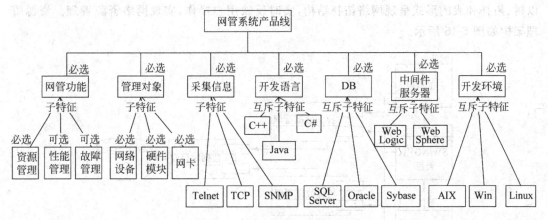

图 6-13　网管系统产品线特征模型

特征模型表明网络管理软件产品线的公共特征为网络管理的基本功能,例如网络资源管理子系统、故障管理子系统和安全管理子系统。可变特征为针对不同网络类型的应用模型,例如不同网络类型的应用模型、不同网管人员的管理工具及用户个性化的需求等。产品线应提供系统功能框架接口、集成网络资源管理、配置管理、性能管理、故障管理、安全管理、用户登录服务、产品线工具集、功能框架定制工具及 API 等核心资源。

2．产品线体系结构

针对网管软件的通用管理功能和可变性,考虑系统实现环境和应遵循的标准等因素,定义如图 6-14 所示的网管软件产品线体系结构,采用分层体系结构风格设计。

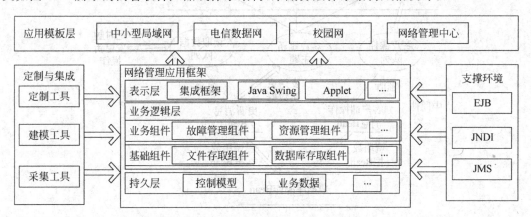

图 6-14　网络系统产品线体系结构

3．产品线公共应用框架设计

网管应用框架主要实现网络管理的几大基本功能,包括资源管理、故障管理、安全管理,这些功能是网络管理软件产品线的公共特征,应用框架应实现通用的性能和配置管理工具,对用户角色及其权限进行管理。可变的特征均根据特定需求，通过集成框架集成到系统中。

（1）资源管理：架构设计采用 MVC 设计模式，遵循 JavaEE 多层体系结构。其主界面以树、拓扑和表的形式呈现网络拓扑结构，实时反映用户操作，实现网络资源管理。资源管理架构如图 6-15 所示。

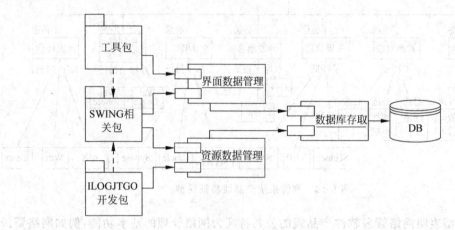

图 6-15　资源管理架构图

（2）故障管理：故障管理系统能为运营商提供一套完整的告警处理功能，网管维护人员可以方便、及时并且有选择地监视和处理各级网关的告警，实现故障管理。故障管理架构如图 6-16 所示。

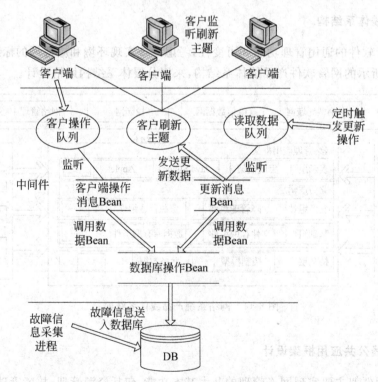

图 6-16　故障管理架构图

（3）安全管理：安全管理功能是网络管理软件产品线的重要核心资产，网管软件的最终用户可划分为普通用户和管理员两类角色，角色不同，看到的用户接口会有所差异。安全管理的功能是提供一个认证服务器，对不同的登录用户鉴别其合法性和角色，根据不同的角色加载不同的组件，其架构如图 6-17 所示。

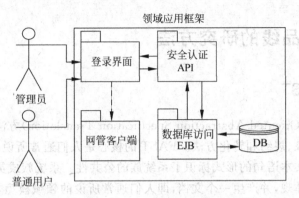

图 6-17　安全管理架构图

4. 产品线可变特征应用框架设计

集成框架通过定义公共的组件接口标准，将该标准写入定义好的 XML（Extensible Markup Language）文件中，所有实现该接口标准的组件耦合在一起，将组件以菜单功能的形式集成到图形用户接口中，实现对业务过程的扩展。

集成框架的接口标准在 XML 文件中定义，除定义想要集成的组件位置外，还要定义组件的执行入口。组件有以下 4 种文件：任意操作系统平台下的可执行文件、任意 JAR 文件、任意 Java 编译后文件、任意原始的 Java 类文件。如图 6-18 所示的文件内容给出了典型的组件标准格式。每个网络管理人员可以绑定不同的业务需求或新功能，当有可变需求需要绑定时，用户可使用应用框架中的新建菜单功能添加新的菜单。

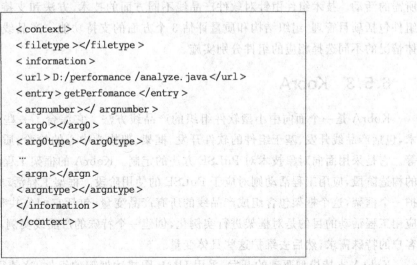

图 6-18　可集成组件标准格式

网管产品线核心资源分成网络管理公共应用框架核心资源和可变特征集成框架核心资源,其中,公共应用框架核心资源是经过对网络管理领域进行系统分析后归纳出的系统共性,实现了对于网络管理软件系统级别的重用,在系统级别对软件进行重用,保证了软件的质量,延长了软件的生命周期,缩短了开发周期,降低了软件开发的成本。

6.5 软件产品线的研究方法

6.5.1 FAST

FAST(Family-Oriented Abstraction Specification Translation)方法是贝尔实验室提出的面向产品线的抽象、规约和转化方法。FAST 的核心是人们通常所说的公共性分析活动,该活动依照通用的文本语句的形式标识了系统族的公共性。系统族成员之间的不同之处也以相似的文本形式体现,并产生一个文档,即人们通常所说的领域模型,该模型刻画了产品线中的公共性与变化性。

FAST 实际上是一个包含领域鉴定、领域工程和应用工程的反复迭代的面向过程的产品线开发方法。其中,领域鉴定用于确认软件产品线开发的商业价值。领域工程由领域分析和领域实现组成,主要负责领域定义、开发应用建模语言、开发应用工程环境和应用程序生成方法。应用工程则利用领域工程产生的应用工程环境和方法构建产品,并且将其反馈信息送回领域工程,以便对领域分析和应用工程环境做出必要的调整。

6.5.2 PuLSE

PuLSE (Product Line Software Engineering)是德国 IESE 开发的一个软件产品线框架,它支持整个生命周期的构造、使用和演化。PuLSE 主要由 3 个部分组成,即配置发布阶段、支持组件和技术组件。配置发布阶段给出产品线生命周期的逻辑阶段,指出建立产品线所需的活动。技术组件由针对软件产品线不同方面的技术、方法和支持工具等组成。支持组件包括项目管理、组织结构和质量评估 3 个方面的支持功能。产品线实施者可以根据具体情况的不同选择相应的组件分别实施。

6.5.3 KobrA

KobrA 是一个面向中小型软件组织的产品线方法。它综合了一些先进的软件工程技术,包括产品线开发、基于组件的软件开发、框架、架构为中心的检验、质量建模和过程建模等。它是采用面向对象技术对 PuLSE 方法的定制。KobrA 的框架工程活动对应于 PuLSE 的构造阶段,应用工程活动则对应于 PuLSE 的使用阶段。框架工程活动的目的是创建和维护一个框架,这个框架包含组成产品线的所有产品变量,包括它们公共和独特的特征信息。应用工程活动的目的是对框架进行实例化,创建一个特殊的产品线实例,通过裁剪满足不同客户的特殊需求,然后去维护这些具体变量。

KobrA 支持模型驱动的开发,采用 UML 图描述框架的组件,这使得 KobrA 组件是独立于实现的。组件规约包含结构模型、行为模型、功能模型和决策模型 4 个模型。其中,结构、行为、功能模型描述了通常的组件规约,决策模型包含有关不同应用模型变更的信息,且描述了组件的不同变量。

6.6 软件产品线的演化

从整体来看,软件产品线的发展过程有 3 个阶段:开发阶段、配置分发阶段和演化阶段。引起产品线体系结构演化的原因与引起任何其他系统演化的原因一样:产品线与技术变化的协调、现有问题的改正、新功能的增加、对现有功能的重组以允许更多的变化等。产品线的演化包括产品线核心资源的演化、产品的演化和产品的版本升级。这样在整个产品线中就出现了核心资源的新旧版本、产品的新旧版本和新产品等。它们之间的协调是产品线演化的主要研究问题。在小型软件开发组织中,一般使用同步演化维护的方式,设立专门的人员和小组监控技术的变化和新产品的创建,并对产品线的体系结构和核心资源进行维护,因产品线中的产品数量相对较少,产品线演化代价比较小,另外,技术人员在产品线和产品组之间的流动也使得同步的维护较容易。在大中型软件开发组织中,则需要有更谨慎、更规范的做法。如果不对核心资源进行更新以反映最新产品的需求变化,就只能在产品中创建相应资源的变体,而核心资源自此就不再适应这类需求,新产品和产品线体系结构、核心资源之间就会产生"漂移(drift)"。这样发展下去,核心资源就渐渐失去了可重用性,维护成本加大,产品线的好处也失去了。产品线演化同样会造成问题,例如需要开发产品的新版本时,作为基础的核心资源已经有了新版本。此时若仍然使用原来的老版本核心资源显然对产品的改动要少、成本要低,但以后会产生核心资源多版本维护问题以及该产品与核心资源之间的"漂移"问题。为了维护一致性,应该采用新版本核心资源。同样,对于软件产品线开发的组织者来说,产品厂商总是不停地推出新版本的组件,令人烦恼的是,是否、怎样和什么时候将这些新版本组件融入系统。

在此推荐使用以下方法:在开发新产品或产品的新版本时,使用核心资源的最新版本,已有产品并不追随核心资源的演化。核心资源则要不断演化,以反映创建新产品和开发产品的新版本时反馈回来的需要核心资源调整配合的新需求。当然,用户也要防止对产品线体系结构和设计的过大、过早的演化,以免发生太多组件不做修改就无法使用的情况。保持产品的将来版本和产品线核心资源之间的同步是防止产品线退化最基本的要求。传统的产品演化一般通过用后续的新版本产品来满足新的需求。近年来,出现了一种新的产品演化方式——运行时演化。已交付给用户的系统和产品可以用新的组件或现有组件的新版本来升级。一个产品的所有实例的组件的版本配置并不完全相同,每一个实例都有一个独立的组件版本配置。

6.7 软件产品线在 ERP 开发中的应用

ERP(Enterprise Resource Planning)指企业资源计划系统,它是建立在信息技术基础之上,以系统化的管理思想为指导,为企业决策层及员工提供决策运行手段的管理平台。ERP 主要是突破企业自身范围的限制,把信息集成的范围扩大到企业的上、下游,管理整个供需链。ERP 体现了当今世界先进的企业管理理论,并提供了企业信息化集成的最佳方案。

随着经济全球化和全球信息化进程的加快,企业竞争模式在不断地发展和变化,电子商务技术的成熟、企业与客户和供应商时空距离的缩短、全球性资源优化配置等,都对 ERP 系统提出了新的要求。企业迫切需要一种将各种单独的信息化系统组合到一起的信息化策略。软件产品线方法使软件开发简单明了,通过核心资产库中的组件封装了特征的实现,通过对核心资产的选取和组装生产出特定软件产品,大大缩短了软件开发的周期和成本,所开发的软件既体现了软件产品的通用性,同时又兼顾了产品的特性,适应性强又便于后期维护。

将软件产品线技术应用于 ERP 系统开发彻底改革了 ERP 系统开发的落后方式,从手工编码方式转向为基于软件产品线的开发模式,快速搭建 ERP 系统,使得 ERP 的产品质量得到保证,缩短了开发周期,节约了开发成本与实施成本以及后期维护成本,并可以根据市场预期对 ERP 系统进行及时的调整。另外,还提高了 ERP 系统的适应能力,从技术上解决了 ERP 系统实施失败率高的问题。

6.7.1 ERP 库存管理子系统设计案例

这里以库存管理子系统的开发为例,介绍应用软件产品线的 ERP 系统开发框架的使用。遵循开发框架的开发步骤,首先确立库存系统的需求分析,如图 6-19 和图 6-20所示,分别表示了整体业务流程和库存业务流程。

图 6-19　整体业务流程

根据业务需求,确定各业务流程的基本用例和基本功能,通过业务建模平台在核心资源中选择相应的业务过程模型、功能模型以及相应的说明规则;针对核心资源中没有涉及的模型进行个性开发,并根据实际情况对核心资源中的业务模型库进行更新;分析通过组件管理平台和构架开发平台在组件库和构架库中选取能够满足库存管理系统业务功能的组件和构架。在此以产品单为例进行介绍,如表 6-3 所示,显示了货物单功能的实现所需要的组件情况。

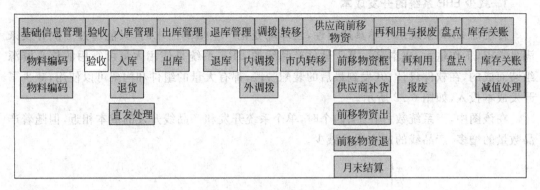

图 6-20 库存业务流程

表 6-3 产品单组件类

组 件 名 称	输 入 接 口	输 出 接 口
Customer EJB	客户编号(CustomerID)	客户名称(CustomerName)
Product EJB	产品编号(ProductID)	产品名称(ProductName)
		产品型号(ProductType)
		产品价格(ProductPrice)
Orders EJB	订单编号(OrderID)	客户编号(CustomerID)
		产品编号(ProductID)
		订购日期(OrderDate)
OrderItems EJB	订单条目编号(OrderItemsID)	客户编号(CustomerID)
	订单编号(OrderID)	产品编号(ProductID)
		交货日期(DeliverDate)
Pricer EJB	订单编号(OrderID)	订单价格(OrderPrice)

然后,选取组件和构架之后进行组件和构架的装配。在这一过程中主要确定组件和构架之间的关系,使之能够共同协作完成某一功能。图 6-21 显示了产品单各个组件的装配关系。

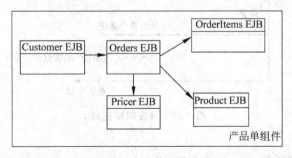

图 6-21 产品装配关系图

最后,在装备完库存系统之后应进行详细测试。通过对库存管理系统的开发,验证基于软件产品线的 ERP 系统开发框架的实用性和可行性,通过对系统工作量的统计,做出以下分析。

1. 减少 ERP 系统的开发成本

传统的 ERP 系统由于不具适应性，当环境变化产生新的需求时，只能通过二次开发来满足需求，工作量大，成本高。基于软件产品线的 ERP 系统是使用大量可复用的核心资源组装而成的，在软件设计、开发到最后的装配阶段，都有大量的组件和构架可以使用，减少了开发成本投入，如图 6-22 所示。

在该图中，当系统数目在三、四个时，单个系统开发和产品线开发的成本相近，但随着产品数量的增多，产品线的成本明显减少。

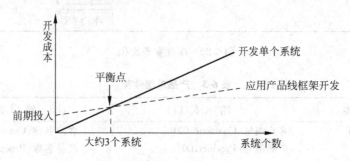

图 6-22　开发成本比较

2. 提高 ERP 系统的开发速度

对于传统的 ERP 开发方式，大家比较熟悉，其所有的代码都要重新开发，因此，整个开发流程的大部分工作是写代码。

应用软件产品线的 ERP 系统开发是通过核心资源的组装来形成应用系统的，这种开发方式创造性地提出了"设计即是编码"，通过在核心资源管理平台搜索到的模型、组件和框架的复用得到 ERP 系统，以实现系统的业务逻辑，减少了组件的开发时间，搜索到的可用模型、组件和框架越多，越能大幅度提高 ERP 系统的开发效率，如图 6-23 所示。

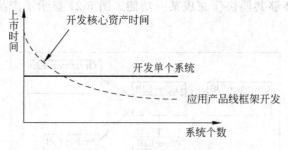

图 6-23　开发时间比较

3. 通过复用提高质量

产品线中的核心资源通过复用在多个产品中经过验证，意味着它们出错的几率较小，这样能提高所有产品的质量。

6.7.2 应用软件产品线的 ERP 产业链模式案例——零售业模式

基于软件产品线的大规模定制开发引起了 ERP 产业链组织模式的创新,在 ERP 产业链的制造业模式中,系统集成商虽然也承担了零售商的服务职能,但从总体上看,每条供应链都是围绕某一产品线展开的,为用户提供一对一的服务。在此以阿里软件为例进行说明,相对于长期服务大型企业的传统软件厂商,阿里巴巴集团对中小企业的需求更为了解。根据中小企业的商业模式、客户需求、用户水平以及使用习惯,阿里软件提出了软件超市的经营模式。

阿里软件一改传统的"一户一实施"的软件交付模式,通过软件互联平台(Alisoft SaaS Platform),为中小企业用户提供一对多的在线软件和服务。软件互联平台是阿里软件搭建的一个软件超市大卖场,它一方面为软件开发商提供了一个便捷的软件交付渠道;另一方面为用户提供了一个"即需即买"的一站式软件应用渠道。参考阿里软件白皮书 2008,图 6-24 展示了软件互联平台的商业生态圈。阿里软件互联平台的革新在于打破了过去软件厂商间互相封闭的黑匣子,网罗大批软件开发商,使他们之间能够互相连接;用户则可以根据需要订制,不必要为软件升级、硬件支持能力烦恼。

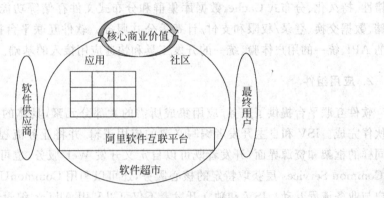

图 6-24 阿里软件的商业模式

阿里软件的产品线策略是全面外包,为中小企业提供全面的企业应用软件,除了自己完成软件互联平台的开发和少量应用组件的开发外,实施全面外包的产品线策略,即对于众多的独立软件开发商(Independent Software Vendors,ISV),阿里巴巴将其重新定义为专注于软件开发而外包软件、推广软件的供应商,完成基于软件互联平台的应用组件的开发。

1. 软件互联平台

如图 6-25 所示,软件互联平台是整个产品线的核心部分,它既是不同软件产品的集成平台,又是直接面对用户的服务平台。作为一个开放平台,软件互联平台可以接入不同类型、不同行业的应用软件、商业工具和服务,并支持对软件的业务整合或应用关联,从而为中小用户提供全面的软件服务。

软件互联平台为最终用户、ISV、独立开发者、运营商提供了一个开发和运行环境,并将所有的服务组件统一集成到一个单一、灵活、Multi-Tennant 的分布式环境中。这些服务组件涵盖中小企业的商务应用、管理应用、通信应用、服务应用、行业应用等,并且提供业务流

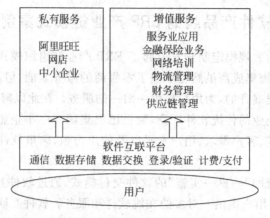

图 6-25　软件互联平台和应用组件

程管理、数据存储/转换、业务伙伴集成、商业信息的订阅和发布、消息代理、决策支持和用户交互等内容。软件互联平台是业界领先的基于 JavaEE 的应用服务集群,它提供了异构系统集成的关键基础结构,并提供整套接入方案,其中包括服务组件框架、安全性、事务管理、容错性、持久化、分布式 Cache、数据库集群和分布式文件存储等功能,同时提供通信、数据存储、数据交换、登录/权限和支付/计费等公共服务。软件互联平台提供了统一的数据、统一的 API、统一的用户体验、统一的开发工具和快速应用接入的基础。

2. 应用组件

软件互联平台提供了服务/应用集成所需的大部分元素,具体的应用组件则由 ISV 合作伙伴完成。ISV 和自主开发者编写必要的应用逻辑,并将业务流程展现给最终用户。利用同样的框架和资源界面,开发者既可以自定义开发 Web 服务,也可以访问 Core Services & Common Services 层获取特定的核心服务,还可以利用 CommonUI 和 Portal 资源,实现客户与业务流程互动。ISV 和独立开发者不仅可以利用 AliTag 编辑器创建数据项表格,而且能够利用 PMB(Page Message Bus)实现页面组协调和跨多个 Web 页面的信息流交互,还能利用 AliTag 的静态资源自定义功能实现 Web 界面定制,提升用户体验。软件互联平台上的软件分为 3 种,一是工具型软件,解决个人在工作中遇到的问题,例如名片管理、文档管理;二是协同型工具,用于同事之间沟通,例如合作管理、进销存管理;三是企业管理系统软件,将企业甚至企业上、下游"打通"来管理,完成全面的 ERP 软件功能。目前,已经上线的软件组件多为工具型软件,例如网络电话、网络传真服务、网络硬盘和网上冲印,以及电子信息服务的服务,协同工具和企业管理系统软件正在开发和补充当中。

第7章 软件演化

随着技术的进步和外界环境的不断变化,软件系统会逐渐老化,不再适应用户和环境的需要而变成遗留系统。因此,充分有效地利用这些有用资源,对遗留系统进行持续改造使之能满足客户的需要变得十分重要。软件演化就是指对遗留软件系统在其生命周期中不断维护,不断完善的系统动力学行为。

7.1 软件演化概述

7.1.1 软件演化的基本概念

"演化"这个术语一般是指在软件中逐步改变属性或特征,这一个或多个属性的变化过程导致了新的属性的出现,或者在某种意义上,导致了相关的改善。通常,变化是为了去适应一类元素,使得软件能够在一个变化的环境中维护或改进自身的各种特征。这个变化也许会使软件更有用或更有意义,或者在一定意义上增加它们的价值。同时,演化也会移除那些不再适用的内容。

经过多年的观察研究,人们发现引起软件变化的原因是多方面的,例如系统需求的改变、基础设施的变化、功能需求的增加、新功能的引入、高性能算法的发现、技术环境因素的变化、系统框架的更改、软件缺陷的修复和运行环境的变更等,这些原因无一不要求软件系统应该具有较强的演化能力,使之能够快速地适应外界环境变化的需求,以减少软件维护的代价。引起软件演化的因素比较多而且也比较复杂,所以正确地理解和控制软件演化过程就显得十分困难。

在软件系统的生命周期内,演化主要包括需求的更新、功能的增强、缺陷的修正以及运行环境的改变等。这些变化都要求软件演化以进行适应,实现软件从一种状态进化为另一种状态。软件的演化能力主要体现在以下方面。

(1) 可分析性:具有良好演化能力的软件应该容易进行分析,以便可以快速地确定需要进行修改的部分。

(2) 可修改性:具有良好演化能力的软件应该可以方便、容易地进行修改。

(3) 稳定性:具有良好演化能力的软件应该具有避免由于修改而造成不良后果的能力。

(4) 可测试性:验证一个软件演化后修改有效的能力。

20 世纪 70 年代初,以 Lehman 为代表的研究学者开始进行软件演化的研究,经过长期的探索和积累,形成了有关系统演化的一整套理论体系。软件演化是人们对现实世界的不断认识、不断抽象和不断积累的过程,最终将所得到的本质认识和抽象描述施加于软件系统,使之能够正确地反映现实世界并能够解决现存的客观问题。

依据 Lehman 的解释,软件是对现实世界的模拟,软件运行的结果为客观问题提供了解释。在开发过程中,对现实世界中的客观问题进行抽象,获取问题的规约描述,然后实现该问题的规约。当软件发生演化时,首先根据外部环境变化,对问题的规约进行修正,即规约演化,然后对软件系统进行演化。

同时,以对软件演化数十年的研究为基础,Lehman 定义了 E-型程序这种计算机程序,用来解决实际应用领域中的一些问题。以 E-型程序的定义为基础,Lehman 提出了软件演化的八条规律:

(1) 必须频繁地变化以适应要求;

(2) 软件的复杂度不断地增长;

(3) 通过自我调节以符合产品需求和过程特性;

(4) 在软件的生命周期中保持一定的组织稳定性;

(5) 不同的版本之间保持一定的连贯性;

(6) 功能持续地增加;

(7) 在没有严格的维护和适应性修改的情况下会出现质量衰退;

(8) 是一个反馈系统。

软件演化是一个工程过程,在成功地将遗留系统演化成为一个新系统的过程中必须遵循一系列活动,如图 7-1 所示,这些活动包括以下方面。

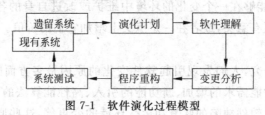

图 7-1   软件演化过程模型

(1) 演化计划:对遗留系统进行可行性研究,掌握工作范围及所花代价,进行成本预算和软件演化计划。

(2) 软件理解:对遗留系统的内部结构进行分析,用来识别系统组件及其相互关系,产生系统的另一种表示形式或更高层的抽象。

(3) 需求变更分析:遗留系统的产生往往是由于用户需求改变所致的,因此必须对用户的前后需求进行对比分析,找出其中的差异。

(4) 程序重构:对遗留系统的程序进行重构使之能适应用户的当前需要。

(5) 系统测试:对改造后的部件和整个系统进行测试,以检查出其中的错误和不足之处。

7.1.2   软件演化和软件维护

传统的软件生命周期模型中,一旦将软件产品交付使用,就进入了软件维护阶段。为了修改软件存在的错误、完善应用或适应新的需求而进行的软件维护是软件整个生命周期中耗时最长、代价最大的阶段。

软件维护和软件演化既相互联系又有本质的区别：

（1）从软件的生命周期角度看，软件维护发生于软件产品交付之后，而软件演化贯穿于软件系统的整个生命周期中。

（2）从对变化的反应角度看，软件维护是消极的，往往在变化发生时才考虑如何应对，而软件演化是积极的应对变化，有相应的演化策略和演化规则作为支撑，能够快速解决应对变化的问题。

（3）从粒度角度分析，软件维护往往是局部的、较小粒度的变化，一般不会改变软件的结构；而软件演化是代码、对象其至体系结构等较大粒度的变化。

（4）从开发角度分析，传统软件开发很少考虑将来的软件变化；软件演化则在软件开发的早期，其至从需求分析阶段就开始考虑将来可能出现的变化。

从上述比较可以看出，软件演化关注软件在整个生命周期中所发生的变化，这种变化是软件向前发展的一个过程，主要体现在软件功能的不断完善。而软件维护只关注软件交付后，在维护期内所发生的变化。可以说，软件维护是软件演化的一个特定阶段的活动，软件演化包含了软件维护时对软件所做的修改。两者的关系如图 7-2 所示。

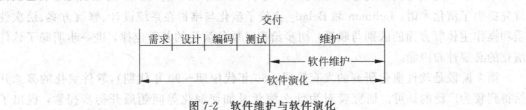

图 7-2 软件维护与软件演化

7.1.3 软件演化和软件再工程

随着使用时间的增长，修复软件故障所花费的时间远远超出了预想。因此，需要对整个软件进行重建，使它具有更多的功能，更好的性能，这个过程就是软件再工程。

再工程的主要目的是为遗留系统转化为可演化系统提供一条现实可行的途径。再工程是一个工程过程，它将逆向工程、重构和正向工程组合起来，将现存系统重新构造为新的形式。再工程的过程包括决策分析、系统理解和系统演化 3 个子过程。

当实施软件的再工程时，软件理解是再工程的基础和前提。而对于软件过程来说，在需要对软件过程进行再工程时，必须全面地理解该软件过程，这也是开展软件过程再工程的首要条件。

软件再工程与软件演化之间的关系可以归结为：软件再工程是软件演化特定阶段中的活动，是软件演化的组成部分。

7.1.4 软件演化和软件复用

软件演化的过程，也是通过修改软件的组成成分适应变化的过程。在这一过程中，通常会尽可能复用系统已有的部分，降低演化的成本和代价。因此支持软件演化的技术通常也包含了软件复用的部分技术，如基于构件的开发、构件复用技术等。与软件复用一样，软件演化也可能发生在时间、平台、应用 3 个维上。

（1）时间维：软件以以前的软件版本作为新版本的基础，适应新需求，加入新功能，不断向前演化。

（2）平台维：软件以某平台上的软件为基础，修改其和运行平台相关的部分，运行在新的平台上，适应环境变化。

（3）应用维：特定领域的软件演化后应用于相近的应用领域。

尽管软件演化和软件复用具有以上共同特性，但它们研究问题的出发点和手段以及目的都是不同的。软件复用的目的是避免软件开发的重复劳动，提高软件开发的质量和效率。而软件演化着眼于整个软件的生命周期，研究如何在较低的开发代价的情况下延长软件的生命周期，提高软件适应改变的能力。

7.1.5　软件演化的发展及现状

纵观软件演化技术的发展过程，从 20 世纪 60 年代提出软件演化概念至今，可以认为其经历了 3 个阶段。

第 1 阶段是软件演化概念形成阶段（60 年代～80 年代中期），该阶段 Halpern 和 Couch 首先提出了演化术语；Lehman 和 Belady 比较了演化与维护在系统设计、修改方案、层次性质和操作主体等方面的区别与联系，初步给出了软件演化的若干定律，进一步明确了软件演化的必要性和内涵。

第 2 阶段是软件演化研究的发育阶段（80 年代中期～90 年代期），软件演化的概念开始得到较为广泛的认可。研究者对为什么演化及如何演化等问题展开初步探索，提出了 Bohem 螺旋模型、Bennet 分段模型等演化过程模型，并且在程序语言、体系结构等层面开始考虑对演化的支持。这一阶段工作规模较小，演化动作缺乏组织性、目标单一。

第 3 阶段是软件演化研究的跃升阶段（90 年代后期至今），主要研究探索大规模软件的演化，特别是部署在开放网络环境中、提供持续服务的大规模分布式软件系统的演化。其中具有明显里程碑意义的工作是 Oreizy 等提出的基于体系结构的在线演化方法，在其基础上衍生出了 ArchStudio、PKUAS、Artemis、OSGi、Fractal 和 Archware 等演化使能平台以及 CASA、MADAM、K-Component、Rainbow 和 MDB 等利用软件系统运行时可改变能力来实现演化的可信演化系统。软件演化是一个年轻的领域，它的关注点甚至基础概念都在不断变化，其实现技术还不成熟，仍需要深入研究。

7.2　软件演化的分类

7.2.1　从总体划分

从总体来看，软件演化主要包括静态演化（Static Evolution）和动态演化（Dynamic Evolution）。

1. 静态演化

静态演化是指软件在停机状态下的演化。首先对需求变化进行分析，锁定软件更新的范围,然后实施系统升级。在停机状态下,系统的维护和二次开发就是一种典型的软件静态演化。此外,在软件开发过程中,如果对当前结果不满意,则回退重复以前的步骤,这本身也是软件的一次静态演化。其优点是不用考虑运行状态的迁移,同时也没有活动的进程需要处理。然而停止一个应用程序就意味着中断它提供的服务,造成软件暂时失效。

2. 动态演化

动态演化是指软件在执行期间的演化。相对于静态演化而言,动态演化过程具有持续可用的显著优点,软件不会存在暂时的失效。但由于涉及状态迁移等问题,比静态演化更为错综复杂,包括动态更新、增加和删除构件,动态配置系统结构等问题,从技术角度来说比静态演化更难实现。

7.2.2 从演化的时机划分

从演化的时机来看,软件演化主要包括设计时演化、运行前演化、有限制的运行时演化和动态演化。

1. 设计时演化

设计时演化是目前在软件开发实践中,应用最广泛的演化形式。设计时演化在软件编译前,通过修改软件的设计、源代码、重新编译、部署系统来适应变化。目前有多种技术来提高软件的设计时演化能力,如基于构件的开发、基于软件框架的开发、设计模式等。

2. 运行前演化

运行前演化是指在软件编译之后、运行之前进行的演化行为。运行前演化需要编译后的软件系统包含足够的系统运行时信息。

3. 有限制的运行时演化

这类演化通常规定了演化的具体条件,可以进行一些规定好的演化操作。

4. 动态演化

动态演化是一种比较有意义的演化行为,也是最复杂的演化行为。动态演化是指在软件系统运行时,根据应用需要和环境变化动态地进行软件维护和更新。动态演化对于未来软件的发展具有重要意义。

显而易见,设计时演化是静态演化,运行时演化是一种典型的动态演化,而装载期间的演化既可以被看作是静态演化也可以看作是动态演化,取决于它怎样被平台或提供者使用。事实上,如果是用于装载类和代码,那么装载期演化就是静态演化,因为它其实是类的映射,而实际装载代码并没有改变;另一种可能是增加一个层,允许在运行时动态的装载代码和卸载旧的版本,这样,通过连续的版本来更换代码,最后实现系统的演化,变更本身也可以被认为是动态的演化机制。

7.2.3 从实现方式和粒度划分

从实现方式和粒度上看,软件演化主要包括基于过程和函数的软件演化、面向对象的软件演化、基于构件的软件演化和基于体系结构的软件演化。

1. 基于过程和函数的软件演化

早期的动态链接库 DLL 的动态加载就是以 DLL 为基础的函数层的软件演化。DLL 的调用方式可以分为加载时的隐含调用和运行时刻的显式调用。加载时的隐含调用由编译系统来完成对 DLL 的加载和卸载工作,属于软件静态演化。运行时的显式调用则是由编程者使用 API 函数来加载 DLL 和卸载 DLL,以实现调用 DLL 的目的。相对于隐含调用而言,显式调用的实现方法较为复杂。在编制大型应用程序时,显式调用是一种被经常采用的较为灵活的 DLL 调用方法。在设计 DLL 时,应为软件系统提供一定的可扩展性,以实现软件的演化。

此外,Mark 给出了一个名为 PODUS(Procedure-Oriented Dynamic Updating System)的原型系统。在这个原型系统中,程序的更新是通过载入新版本的程序,用过程的新版本来替换旧版本。同时,在运行时将当前的捆绑改为新版本的捆绑来实现的。Hicks 利用动态补丁实现了一种类型安全的动态升级,动态补丁包含将被升级的代码和新版本的代码,补丁是自动生成的,使用了动态链接技术。Duggan 利用系统的反射特性,在运行时刻动态地增加或修改过程,从而实现软件的动态升级。其中,反射性是指软件系统推理和操作自身的能力。计算反射性是指:在运行过程中,系统对自身进行的计算和控制行为。反射系统是一个特殊的计算系统,指以自身为目标系统的元系统。通常,一个反射系统具有两层结构,一层负责对系统的问题域建模并对其进行推理、计算和操纵,以解决该领域中的问题;另一层负责对系统自身建模并进行推理、计算和操纵,从而能够自动地或在特定要求下改变系统的配置,使之适应外部环境的变化。

2. 面向对象的软件演化

在面向对象语言出现之后,许多研究学者开始考虑利用面向对象技术来提高软件系统的演化能力。面向对象语言是从现实世界中客观存在的对象出发来构造应用系统的,提高人们表达客观世界的抽象层次,使得开发的软件产品具有更好的构造性。对象是某一功能的定义与实现,封装了对象的所有属性和相关方法。类是一类具有相似属性的对象的抽象,利用对象和类的相关特性,在软件升级时,可以将系统修改局限于某个或某几个类中,以提高演化的效率。在面向对象的软件演化中,对象的动态演化是人们经常关注的一个话题。

可以进行动态演化的对象应该具备以下几个特征。

(1) 在系统运行的时候,对象允许被重新配置。

(2) 使用反射、元数据及元对象协议来实现对象的动态更新。

(3) 状态迁移:在对象动态演化中,被替换对象的相关状态信息应该迁移到新对象上,其中,相关信息可以为属性和当前运行状态,从而保持系统运行的持续性和稳定性。

(4) 参照透明:即被替换的对象不必告诉它的使用者,例如在客户机—服务器(Client-Server)模式中,服务器 Server 的更新对客户机 Client 保持透明。

（5）动态调整不涉及实现代码，可直接在运行实例中修改应用系统。

（6）相互引用的问题：对象之间往往存在着某种相互依赖的关系，在对象动态演化中，这种依赖关系可能会导致其他对象的替换，同时还会影响对象替换的顺序。因此，在设计时，应该分析所有可能发生的情况，从而进行相应的处理。

在面向对象技术中，类层次的动态演化是最具代表性的一种方法，这种方法的原理为在代理机制下，实现类的动态替换。在设计软件系统时，可以为对象提供一个代理对象，在运行软件时，任何访问该对象的操作都必须通过代理对象完成。在调用实际对象之前或之后，可以使用代理来做一些调用预处理和收尾处理工作。调用预处理可以实现类版本的判别、对象的替换和执行对象的调用等操作。当一个对象调用另一个对象时，代理对象首先取得调用请求信息，然后识别被调用对象的类版本是否更新，若已更新则重新装载该类并替换被调用对象。在替换对象时，代理获取旧版本对象的状态并传递给新版本对象，以保证对象替换前后状态的一致性。最后完成新版本对象的行为调用，保证对象替换的引用一致性。类层次的动态演化是程序代码级的一种软件演化方法，可以为构件层次的演化提供技术支持。

通常，面向对象的演化技术与所使用的开发语言密切相关。Java 语言使用了动态类的概念，并通过修改标准 Java 虚拟机，增加相应动态类载入器，在升级前先检查类型的正确性。这种方法需要用户安装修改过的 JVM，违背了 Java 语言的"编写一次、到处运行"的原则。Orso 给出了一种基于代理类的方法，提供了名为 DUSC（Dynamic Updating through Swapping of Classes）的工具，以允许在运行时增加、替换和删除一个 Java 类，并且不需要改动 JVM。

3. 基于构件的软件演化

在传统的结构化开发过程中，软件演化的代价随着软件演化发生时间的推移而呈指数增加。在基于软件构架和构件的工程化开发方法中，软件系统按功能划分为构件，构件之间协调工作完成整个系统的功能。从耦合度看，构件之间耦合度非常低，从而软件演化的代价也比较低。从复用的粒度来讲，软件构件要比对象大得多，更易于复用，而且也更易于演化。研究基于构件的软件演化方法，可以使人们更好地理解和处理软件的更新问题，因此，面向构件的演化研究越来越被人们关注。

构件作为特定的功能单位，主要包括信息、行为和接口 3 个部分。其中，信息保存在构件的内部，描述构件的内部状态变量，例如构件是否处于就绪、构件待处理事务的名称等，构件在实现其功能时将维护这些信息；行为是构件所能实现的功能；接口是构件对外的功能表现，包括构件的对外属性和方法调用，构件间只能通过接口实现交互。这 3 个部分的演化总称为构件的演化，本质上是在现有构件的基础上对构件进行一定的修改，以满足系统的需求。具体来说，接口演化通过修改构件的接口实现，包括增加、减少、替换原有的构件接口等。单一的接口演化是指不修改构件内部行为，只修改构件提供的接口，如改变接口参数类型等。信息演化就是给构件增加新的信息，如构件内部新的状态信息。功能演化则是在保持构件对外接口不变的情况下，修改构件内部具体功能实现，如改变构件内部的实现逻辑。通常，基于构件的软件演化与系统框架有着十分密切的关系。Janssens 对生产者—消费者风格中的构件替换问题进行了深入研究，提出了构件安全状态机制，其含义是在重新配置构件时，应该尽量减少该构件与其他构件之间的冲突，同时要求在替换时尽量降低对编程者的约束。

4. 基于体系结构的软件演化

其研究和实践旨在将一个系统的框架结构进行显式化表示,使软件开发者能够从更高的抽象层次上去处理设计问题,例如全局组织和控制结构、功能到计算元素的分配,以及计算元素之间的高层交互等。另外,软件体系结构能使开发者从软件的总体结构入手,将系统分解为构件和构件之间的交互关系,可以在较高的抽象层次上指导和验证构件的组装过程,提供一种自顶向下和基于构件的开发方法,为构件组装提供有力的支持,使软件的构造性和演化性得到进一步提高。软件体系结构是软件生命周期的早期产品,着重解决系统的结构和需求向实现平坦过渡的问题,是开发、集成、测试和维护阶段的基础。因此,需要从宏观的角度来刻画软件演化问题,一种行之有效的手段就是从软件体系结构出发来把握整个系统的更新问题。

从系统是否运行的角度出发,基于体系结构的软件演化分为软件体系结构静态演化和软件体系结构动态演化。

(1) 软件体系结构静态演化:指在停止运行的状态下进行基于体系结构的软件演化。这时演化的基本活动为删除构件、增加构件、修改构件、合并构件和分解构件。从表面上看,软件体系结构的静态演化是对构件进行增加、替换和删除操作,其实,这种变化包含了一系列连带和波及效应,主要体现在变化的构件和连接件与其他相关联的构件和连接件的重新组合与调整。静态演化阶段为维护的复杂性和代价分析提供依据,对于软件的所有扩充和修改都需要依据体系结构的指导来完成,从而保持整体设计的合理性和性能的可分析性。即以现有体系结构为基础,掌握需要进行的系统变动,在系统范围内进行综合考虑,有助于确定系统维护的最佳方案,更好地控制软件质量和更新成本。

(2) 软件体系结构动态演化:要求框架结构模型在具有刻画静态结构特性的能力的同时,还应具有描述构件状态变化和构件之间通过连接件的相互作用等动态特性的能力。所以需要将构件之间的相互作用与约束细化为构件与连接件之间的相互作用与约束。软件体系结构的动态演化分析要比静态演化分析复杂很多,建立框架结构的动态演化过程模型是动态分析的关键。然而从不动点转移的角度来看,软件体系结构静态演化实质上是动态演化的子过程。

从系统框架发生变化的时间角度来看,动态软件体系结构演化的阶段如下。

(1) 设计时的体系结构演化:随着用户对系统的理解不断深入,对系统的整体框架会越来越清晰,这个变化就是一个体系结构设计方案不断完善的过程。在这一阶段,由于系统框架还没有与之相对应的实现代码。因此,这个阶段的演化相对简单并且易于理解。

(2) 运行前的体系结构演化:这个阶段框架各部分所对应的代码已经被编译到软件系统中,系统还处于没有开始运行的状态,因此这个阶段的软件体系结构更新不需要考虑系统的状态信息,所以演化过程相对比较简单,大致表现在重新编译框架中变化部分的代码和对构件元素进行重新配置。在整个开发过程中,这种演化经常发生。

(3) 安全运行模式下的体系结构演化:这种演化方式又称受限运行演化,表示系统运行在安全模式下,即系统的运行要受到一定条件的约束和限制。在该状态下,软件体系结构的演化不会破坏系统的稳定性和一致性,只是演化的程度要受到限制。此外,还需要提供保存系统框架信息和动态演化的相关机制。

（4）运行时刻的体系结构演化：在系统运行过程中，框架演化通常与构件演化密切相关。在演化过程中，需要检查系统的状态，包括系统的全局状态和演化构件的内部状态，以保证系统的完整性和约束性不被破坏，使演化后的系统能够正常地运行。相对于前面几种演化方式来说，运行时刻的体系结构演化是最复杂的，除了要求系统提供保存当前的框架信息和动态演化机制以外，还要求具备演化一致性检查功能。

软件体系结构对系统演化的意义体现在以下方面：

（1）体系结构的设计有助于系统开发人员充分考虑将来可能发生的演化。

（2）将软件系统的体系结构显式化，提高软件系统的可构造性，从而更加易于软件的演化。

（3）在应用系统中，软件体系结构以一类实体被显性地表示出来，被整个运行环境所共享，可以作为整个系统运行的基础。在运行时刻，体系结构相关信息的改变可以触发和驱动系统自身的动态调整，也就是说，系统自身的动态调整可以在体系结构的抽象层面上体现出来。

（4）体系结构充分地刻画了当前系统层次，描述了构件及其相互关系和整个软件系统的框架，这是软件演化阶段可以充分利用的信息。

（5）在设计系统的框架结构时，通常将相关协同逻辑从计算部件中分离出来，进行显式地、集中地表示，同时，解除系统部件之间的直接耦合，这有助于系统的动态调整。

7.2.4 从演化的复杂程度划分

按演化的复杂程度上看，可以将软件产品族的演化分为单体演化和全局演化。

1. 单体演化

单体演化指产品族中某个实体（产品、框架、构件）的演化只影响自身，并不需要通过其他实体的演化来配合就能达到目标要求的演化。例如，产品自身的配置参数的调整优化、框架结构的简单调整、构件内部 BUG 的修正或者性能的提高，并且这种修正和提高对外部是透明的。

2. 全局演化

全局演化指产品族中某个实体（产品、框架、构件）的演化不只影响自身，并且需要通过其他实体的演化来配合才能达到目标要求的演化。例如，产品自身的某个性能的提高，必须通过提高某个构件的性能来完成，所以要先使构件库中对应的构件演化出性能更高的构件，然后在产品中用性能更高的这个版本的构件来代替原来版本的构件，在替换的同时该产品自然演化成新的性能更高的版本并将产品自身添加到产品谱系树中，并且是原版本产品的子节点。

7.3 静态演化

静态演化是目前在软件开发实践中应用最广泛的演化形式。静态演化在软件交付前，通过修改软件的设计、源代码，重新编译、部署系统来适应变化。目前有多种技术用来提高软件的静态演化能力，如设计模式、基于构件的开发、重构等。

7.3.1 静态演化技术分析

静态演化可以是一种更正代码错误的简单变更,也可以是更正设计方案的重大调整;可以是对描述错误所作的较大范围的修改,还可以是针对新需求所作的重大完善。在进行静态演化时,首先根据用户的需求变动,开发新功能模块或更新已有的功能模块,然后编译链接生成新应用系统,最后部署更新后的软件系统,如上进行的设计阶段的软件更新就是一种典型的静态演化。在需求分析结束之后,软件工程人员即获得系统需求规格说明书。设计人员针对需求规格说明书所列举的功能,通过分解数据流和分解系统功能,制订概要设计说明书,进而撰写详细设计说明书。这个过程不是一次完成的,而是要经过多次迭代。当发现需求分析结果不正确时,需要和用户进行反复的交流,来完善需求规格说明书,进而改进概要设计说明书和详细设计说明书,从而完成一次静态演化。

静态演化技术的优点是在更新过程中,不需要考虑系统的状态迁移和活动线程问题。缺点是停止应用程序意味着停止系统所提供的相关服务,也就是使软件暂时失效。在软件项目交付使用之后,静态演化就成为一般意义上的软件维护。目前,有 3 种不同的软件维护方法,即更正性维护、适应性维护和完善性维护。维护主要包括变更分析、版本规划、系统实现和系统交付等活动。

软件静态演化是在更新系统时所做的一系列活动,它是一个不断循环的过程,是正向工程和逆向工程的统一。软件静态演化包括以下内容。

(1) 软件理解:查阅软件文档,分析系统内部结构,识别系统组成元素及其之间的相互关系,提取系统的抽象表示形式。

(2) 需求变更分析:软件的静态演化往往是由于用户需求变化、系统运行出错和运行环境发生改变所导致的,必须对需求规格说明书进行分析和对比,找出其中的差异点。

(3) 演化计划:对原系统进行分析,确定更新范围和所花费的代价,制定更新成本和演化计划。

(4) 系统重构:根据演化计划对原软件系统进行重构,使之能够适应当前的需求。

(5) 系统测试:对更新后的软件元素和整个系统进行测试,以查出其中的错误和不足之处。

软件静态演化的过程模型如图 7-3 所示。

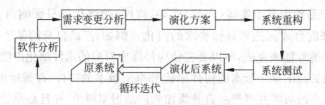

图 7-3 静态演化过程模型

经过一次循环迭代之后,原系统就更新为新系统。在某些情况下,循环迭代过程可能要持续多次,以获取满足用户需求和适应环境要求的新系统。

在使用静态演化方法的时候,用户还要遵循以下原则。

(1) 一个时刻只戴一顶帽子:Kent Beck 把重构和增加功能比喻为两顶帽子。如果使用重构开发软件,要把开发时间分给两种不同的活动,即增加功能和重构。增加功能时,不应该改变任何已经存在的代码,只是在增加新功能。重构时,不应该增加任何新功能,只是在重构代码。在软件开发过程中,可能会发现自己经常变换帽子。

(2) 保持可观察行为:保持代码的可观察行为不变称为重构的安全性。单元测试是检验重构安全性非常方便而且有效的方法。

(3) 逐步前进:每一步总是做很少的工作。如果一次做了太多的修改,那么有可能介入很多的错误,代码将难以调试。如果这时发现修改并不正确,要想返回到原来的状态将比较困难。如果按照小步前进的方式去做重构,那么出错的机会可能就很小。

(4) 三次法则:Don Roberts 提出何时该重构的直观依据,第一次做某件事时直接做了,第二次做类似的事情会产生反感,但还是做了,第三次再做类似的事情,就应该重构。

在软件交付之后,静态演化(软件维护)就成为软件变更的一个常规过程。变更可以是一种更正代码错误的简单变更,也可以是更正设计错误的较大范围的变更,还可以是对描述错误进行修正或提供新需求这样的重大改进。通常有 3 种不同的软件维护,即改正性维护、适应性维护和完善性维护。维护过程一般包括变更分析、版本规划、系统实现和向客户交付系统等活动。在面向对象技术中,使用子类型方法来扩展程序,它适合于软件静态演化和重用代码。子类型化一个类意味着保留父类同样的参数和方法并尽可能地增加新的参数和方法。重载(在子类中重定义一个方法)并结合多态性作为主要的演化机制。实际上,建立类的新版本,最简单的机制是创建它的子类,然后重载需要变更的方法,最后,使用多态性调用新创建的方法。在基于构件的软件技术中,构件采取接口和实现相分离技术,构件之间只能通过接口进行通信,这使得具有兼容接口的不同构件实现可以相互取代,从而成为软件静态演化的一条途径。

7.3.2　设计模式对静态演化的支持

设计模式是对经过实践检验的、好的设计经验的提炼和总结,强调了在特定环境下对反复出现的设计问题的一个软件解,侧重于解决软件设计中存在的具体问题。

设计模式解决的核心问题与静态演化是一致的,即要解决软件如何适应变化的问题。各种设计模式实际上都从不同侧面封装了变化,有效地提高了软件的静态演化能力。表 7-1 列出了部分设计模式和它们所封装的变化。

表 7-1　设计模式对静态演化的支持

变　化	设　计　模　式
实现算法	Visitor、Strategy
用户接口对象操作	Command
对象接口	Adapter
对象实现	Bridge
对象之间的交互	Mediator、Facade、Proxy
对象创建过程	Abstract Factory、Factory Method、Prototype
对象结构建立过程	Builder
遍历算法	Composite Iterator
对象行为	State、Decorator
操作执行过程	Template
对象依赖关系	Publish-Subscribe

7.3.3 重构技术对静态演化的支持

Martin Fowler 把重构定义为两种形式：一种是名词形式，在不改变程序可观察行为的前提下，对程序内部结构改善的过程，目的是使它更易于理解，并且能够更廉价地进行改善；另一种是动词形式，通过应用一系列对代码进行处理的手段和步骤，重新构造一个软件。重构不仅限于整理代码，它提供了一种更高效且受控的代码整理技术。它提供了一系列的重构准则，根据这些重构准则可以去除重复，简化复杂逻辑和澄清模糊的代码。并且通过对代码的"批判"改进其设计。这种改进可能很小，小到只是一个变量名；也可能很大，大到整个框架的重新设计。一切取决于项目的实际。重构的目的是使软件更容易被理解和修改。重构不同于提升软件的性能，后者往往构造巧妙的代码以减少程序的运行时间，但往往使得程序更难于理解。

重构的目的是使原有的代码更加清晰，结构更加合理。通过重构保证当需求改变，需要对代码进行修改时，或者需要增加一个新的模块时，所有的工作能够顺利地进行。不可否认，重构有时牺牲了代码的执行效率，但对于给整个系统带来的好处，这些牺牲往往是值得的。重构不会改变软件的"可观察行为"，可以在软件内部对软件做很多修改，但必须对软件"可观察行为"只造成很小的变化，或者甚至不造成变化。也就是说，重构不能改变原有软件的功能，并且要保证软件的正确性不受破坏。任何用户，不论最终用户或者是程序员，都不知道已有的东西已经发生了变化。

当程序中存在以下特征时，应该对程序进行演化，即重构。

(1) 重复的代码：如果相同的程序结构出现多于一次，设法将它们合二为一。

(2) 冗赘类：如果一个 class 没有价值，它就应该消失。

(3) 过长的函数：拥有短函数的对象会更易于复用。

(4) 过于庞大的类：如果想利用单一 class 做太多事情，其内往往会出现太多变量。

(5) 过长的参数列表：太长的参数列难以理解，太多参数会造成前后不一致、不易使用，而且一旦需要更多数据，就不得不修改它。如果将对象传递给函数，大多数修改都将没必要，可能只需增加一两条请求，就能得到更多的数据。

(6) 发散式变化：如果某个 class 经常因为不同的原因在不同的方向上发生变化，那么应该将这个对象分解，这样每个对象就可以只因一种变化而需要修改。

(7) 散弹式修改：如果每遇到某种变化，都必须在不同的 class 内做出许多小修改以响应，应把需要修改的代码放进同一个 class。

(8) 数据泥团：对于总是绑在一起出现的数据应该放进属于它们自己的对象中。

(9) switch 语句：switch 语句的问题在于重复，大家常会发现同样的 switch 语句散布于不同的地点。大多数时候，一看到 switch 语句就应该考虑用多态来替换它。

(10) 平行继承体系：在某些情况下，每当为某个 class 增加一个 subclass，必须也为另一个 class 相应增加一个 subclass。这个时候，让一个继承体系的实例引用另一个继承体系的实例。

(11) 临时值域：如果一个 class 复杂算法需要几个变量，由于实现者不希望传递一长串参数，于是把这些参数都放进值域中，但这些值域在其他情况下却会让人迷惑，这时应该把这些变量和相关函数提炼到一个独立的 class 中。

（12）过度耦合的消息链：理论上可以重构消息链上的任何一个对象。但通常更好的选择是，先观察消息链最终得到的对象是用来做什么的，看看能否把使用该对象的代码提炼到一个独立函数中，再把这个函数推入消息链。

7.3.4　静态演化应用实例

针对典型的 MIS 系统——库存系统进行分析，说明在此系统的材料出库单模块的实现代码上进行静态演化的方法和过程。

1. 系统说明

首先对库存系统进行整体说明，了解系统体系结构及模块间的关系。该库存管理系统通过对商品的入库、出库进行管理，清晰地反映出每一笔材料元件入库和出库的情况，并通过报表查询和打印统计汇总情况。该系统主要分为以下几个功能，功能结构如图 7-4 所示。

（1）基础信息管理：主要负责公司档案管理、员工档案管理、供应商档案管理、商品信息管理。

（2）库存管理：主要分为库存查询、材料入库单、材料出库单、库存商品、保管账等功能。

（3）系统管理：主要分为用户管理、权限管理、密码更改等功能。

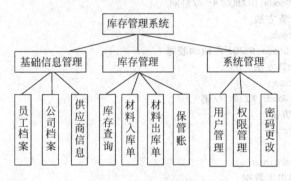

图 7-4　系统功能结构

其中，材料出库单模块计算每一个子公司所领取的材料金额并打印报表（statement（）方法）。程序的输入变量为领取了哪些材料元件、领取的数量，程序会根据领取数量和材料元件计算出费用。目前，材料元件主要分为垫圈、耐油胶绳和销 3 种，费用会随着材料元件的种类和领取的数量有所不同。3 种材料元件的费用计算方式如下。

① 垫圈：如果数量小于 20，则费用＝单价＊数量；如果数量不小于 20，则多出来的数量每个按原单价的 50％计算。

② 耐油胶绳：费用＝单价＊数量。

③ 销：如果数量小于 30，则费用＝单价＊数量；如果数量不小于 30，则多出来的数量每个按单价的 40％计算。

2. 代码分析

该模块代码部分的主要类为 Goods、Fetch、Customer。这些类之间的关系如图 7-5

所示。

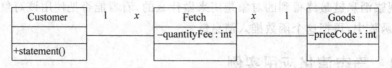

图 7-5 实例类 UML 图

演化前的模块的关键代码如下：

```
class Customer{
    public string statement(){
        double totalAmout = 0;                      //总费用金额
        int frequentFeePoints = 0;
        Enumeration Fetchs = Fetchs.elements();
        String result = "Fetch Record for " + getName() + "\n";
        While(Fetchs.hasMoreElements()){
            double thisAmount = 0;
            Fetch each = (Fetch) Fetchs.nextElement();  //取得每一笔出库记录
            //根据材料元件类型取得出库价格
          switch(each.getGoods().getPriceCode())
          {  case Goods.DIANQUAN: //垫圈
                计算方法
                break;
             case Goods.NYJQ: //耐油胶绳
                计算方法
                break;
             case Goods.XIAO: //销
                计算方法
                break;
          }
        frequentFeePoints++;
        //显示当前出库数据
        result += "\t" + each.getGoods().getTitle() + "\t" +
        string.valueOf(thisAmount) + "\n";
        totalAmount += thisAmount;
        }
        //结尾打印
        result += "Amount owed is " + String.valueOf(totalAmount) + "\n";
        result += "You earned" + String.valueOf(frequentFeePoints) + "frequent fee points";
        return result;
        }
    }
```

从静态演化角度分析，上段程序不符合面向对象思想。Customer 类中的 statement()
方法聚合性太低,因为它做了很多应该由其他类完成的事情。即便如此,这个程序还是能够
正常工作。编译器不会在乎代码设计的好坏。但是当准备修改系统的时候,需要程序员来
完成这项工作,如果程序设计的非常难以修改,在修改的过程中就容易犯错,从而引
入 BUG。

在程序开发过程后,用户的需求有所变化,主要体现以下方面:用户希望以 HTML 格式打印报表,这样可以在网页上显示,而现在的代码无法打印 HTML 报表,此时可以编写一个全新的 htmlStatement(),把 statement 方法中的代码复制过去;其次,如果计费标准发生变化,这时候必须同时修改 statement()和 htmlStatement(),并确保两处的修改一致,当后续还要修改的时候,剪贴就会出现问题;用户希望改变材料元件的分类规则,但是还没有决定怎么改。为了应付演变后两种变化,必须对 statement()做出修改,但是目前的 statement()很难进行修改,因此需要对 statement()进行静态演化,使其能更好地适应变化。

3. 系统静态演化

由于系统采用面向对象的开发方法,针对之前对系统类的分析所存在的问题,对系统的静态演化主要针对类的演化,从类内演化和类间演化两个方面进行演化。

(1) 类内演化:提炼计算一笔材料元件费用的函数,找出上述程序的逻辑冗余并运用提炼函数方法对程序进行演化。本实例的一个明显的逻辑冗余就是 switch 语句,把它提炼到独立函数中。在提炼函数之前需要找到和要提炼函数中交互的变量,来确定提炼后的函数的参数和局部变量。这里面的变量是 each 和 thisAmount,前者不被修改,后者会被修改。因此,each 作为新函数的参数,thisAmount 作为返回值。提炼的函数中的变量名要更有实际意义,所以把变量名 each 改为 aFetch,把 thisAmount 变为 result。演化后提炼出的函数的代码如下:

```
private double amountFor(Fetch aFetch){
double result = 0;
switch(aFetch.getGoods().getPriceCode()){
case Goods.DIANQUAN: //垫圈
result += 2;
if( aFetch.getQuantityFee()>2)
result += (aFetch.getQuantityFee() - 2) * 1.5;
break;
case Goods.NYJQ: //耐油胶绳
//计算方法
break;
case Goods.XIAOS:
//计算方法
break;
}
return result;
}
```

寻找会员积分代码中的临时变量,这里再一次用到 each,可以当作参数传入新函数中。演化后提炼出的函数的代码如下:

```
int getFrequentFeePoints()
{
if( (getGoods().getPriceCode() == Goods.NYJQ) && getQuantityFee()>1)
    return 2;
else
    return 1;
}
```

此时类之间的关系如图 7-6 所示。

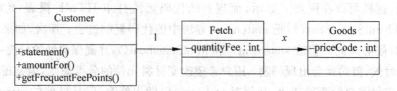

图 7-6　提炼函数后的 UML 图

用查询函数取代临时变量,临时变量只在自己所属的函数中有效,它们会使函数变得冗长而复杂。现在程序中有 totalAmount 和 frequentFeePoints 两个临时变量,这两个变量都是用来从 Customer 对象相关的 Fetch 对象中获得的某个总量。在这里用查询函数来取代这两个临时变量,以查询函数 getTotalCharge( )取代 totalAmount,以查询函数 getTotalFrequentFeePoints()取代 frequentFeePoints(代码省略),Customer 类内的任何代码都可以调用这些查询函数。如果系统的其他地方需要这些信息,用户也可以轻松地将这些查询函数加入到 Customer 类的接口中。如果没有这些查询函数,其他函数就必须了解 Fetch 类,并自行建立循环,在一个复杂系统中,这将使程序的编写难度和维护难度大大增加。此时,类之间的关系如图 7-7 所示。

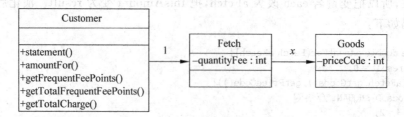

图 7-7　取代临时变量后的 UML 图

针对 HTML 格式报表打印与原有的打印方式是不同的。这里要根据重构的两项帽子的原则:脱下重构的帽子,戴上添加功能的帽子。编写 HTML 格式报表打印的函数 htmlStatement。

(2) 类之间的演化过程:在类之间迁移函数 amountFor 这个函数使用的都是 Fetch 类中的信息,却没有来自 Customer 类的信息,因此应该把 amountFor 函数迁移到 Fetch 类之中。getFrequentFeePoints 函数也应该被移到 Fetch 类中。此时,类之间的关系如图 7-8 所示。

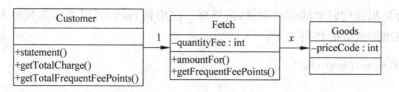

图 7-8　迁移函数后的 UML 图

至此,通过静态演化后的程序适应变化的能力较演化前大大提高了,这主要体现在两个方面:第一,要修改任何与价格有关的行为都会容易许多;第二,修改材料元件的分类规则的行为也会容易许多。

7.4 　动态演化

　　动态演化是指在软件运行期间对其功能和体系结构所做的更新。因为,越来越多的软件需要在运行时刻对系统进行更新,即在不对软件进行重新编译和重新加载的前提下,为用户提供定制和扩展功能的能力。为了支持软件的动态演化,人们在编程语言和工作机制方面做了大量的研究。对于一些要求连续运行的系统,停止系统运行将带来重大的损失,例如当对一个中心通信交换设备和公用的服务系统进行演化时,不能进行停机更新,而必须切换到备用系统上,以确保相关服务仍然可用。一个企业级系统在设计之初不可能完全估计到高峰期准确的访问量,多数情况下该系统在各个时间段内的访问量差别很大。而系统在高峰期如果不能进行自适应调整,则很可能面临崩溃的结果。用户需求在系统使用中产生,用户在系统开发的前期是不可能将需求完全描述清楚的,他们会在系统使用中随时间和习惯的变化改变系统的服务方式。对于一个没有动态演化能力的系统来说,如果需求经常改变,请维护人员的成本太高。另外,对于一般的商业应用软件,如果具有运行时动态修改的特性,将使用户在不需要重新编译系统的前提下,就可以定制和扩充功能,这将会大大地提高系统的自适应性和敏捷性,从而延长软件生命周期,加强企业的竞争能力。可见,软件的这种在运行时进行更新,即动态演化的能力是极其重要的。目前,软件动态演化得到了学术界和工业界的高度重视,正成为软件工程研究领域中的一个热点问题。

　　软件动态演化可以分为两种类型:预设的和非预设的。在 Web 环境中,软件系统需要处理多种类型的信息,因此它们常被设计成可动态下载并安装插件以处理当前所面临的新类型信息。在分布式 Web 应用系统中,也经常需要增减内部处理节点的数目,以适应多变的负载。这些动态变化的因素是软件设计者能够预先想到的,可实现为系统的固有功能,这就是预设的软件动态演化。此外,在某些情况下,对系统配置进行修改和调整是直到软件投入运行以后才能确定的,这就要求系统能够处理在原始设计中没有完全预料到的新需求,这就是非预设的软件动态演化。在这种情况下,一般需要关闭整个系统,重新开发、重新装入并重新启动系统。然而,为了进行局部的修改而关闭整个应用系统,在某些情况下,是不允许的(例如航空管制领域中的应用系统)或者代价太高。在处理非预设的动态演化时,往往事先对更新所涉及的构件的接口进行通用化处理,以便于演化。同时,在演化过程中,需要人工介入。在不关闭整个系统的前提下,精心设计的动态演化技术可以修改系统的结构配置,并尽量使未受影响的部分继续工作,以提高系统的可用度。

　　引起软件演化的原因是多方面的,如基础设施的改变、功能需求的增加、高性能算法的发现、技术环境因素的变化等。所以,对软件演化进行理解和控制显得比较复杂而且困难。软件动态演化涉及以下 4 个方面:

　　(1) 变更什么,变更的对象和粒度大小以及变更的结果。

　　(2) 变更的时序属性,什么时候变更,变更的频度和历史。

　　(3) 变更发生的地点以及由谁触发变更。

　　(4) 如何变更,包括变更的类型、过程和方法。

　　其中,核心问题是第 4 个方面,在软件动态演化的过程中,应该具备一定的方法和机制来保证和维护应用的正确性,这包含以下几层意思。

(1) 能够预先推导变更的结果及其影响范围:在发生软件变更之前,对变更之后软件是否适应了需求?变更后的软件是否符合应用约束?软件的全局性属性(如安全性、可靠性)是否受到影响?影响的结果有多大?都应该有合适的机制进行自动的预测和评估,并决定是否进行软件演化。

(2) 具有灵活的演化策略定义和处理机制:综合考虑和协调动态演化的诸多因素,给出动态配置的完整方案,不仅能表示和处理预设的演化,也能应对非预设的演化。

(3) 对于软件组成成员构件的替换,能够保证替换前后成员的外部行为的一致性:因为软件系统的各部分构件相互协作和相互通信,软件的一个构件的功能执行可能需要其他构件的配合来完成,每一个构件都对和它进行协作的构件有一个期望的交互方式和行为约束。这意味着在替换构件时,不仅要使得它们的接口保持兼容,而且它们的可观察的外部行为也要保持一致性。

一次完整的动态演化过程分为 3 个阶段,即动态演化触发、动态演化策略生成、动态演化执行。图 7-9 所示为动态演化的过程示意图。

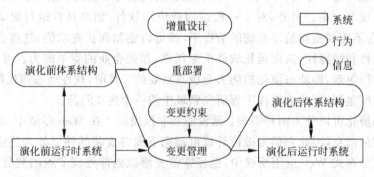

图 7-9 动态演化的过程

为实现系统功能更新或 QoS 管理,动态演化被触发。触发动态演化的主体可能是系统设计师,在某些自适应系统中,也可能是系统本身。在实际应用中,更普遍的情况是人与系统一起决定是否触发以及如何触发动态演化。无论以何种模式触发动态演化,都将生成对动态演化具体内容的描述。基本动态演化内容包括构件的删除、添加、替换、迁移,连接件的建立、删除、重定向,以及构件属性设置等。

7.4.1 动态演化技术分析

目前有多种实现动态演化的技术途径,例如基于动态类的动态演化、基于中间件的动态演化、基于构件的动态演化、基于体系结构描述语言的动态演化、基于过程的动态演化、基于动态装载库的动态演化、基于硬件的动态演化和基于体系结构的动态演化。

1. 基于动态类的动态演化

动态类是指类的实现在软件运行过程中可以动态改变,可以在类级别上引入新的功能、修改已有的程序错误。为了支持类的实现动态可变,要求实现和接口分离,所有实现(通常是一个动态链接库或 Java 类)符合一个统一的接口,作为和客户交流的媒介,接口在编译时定义,并在系统运行期间始终保持不变。

动态类的实现有两种情况:新实现一个类或者更新一个已存在的类,或引入了新类,给出了原类的新实现版本。这个新类必须由预定义的接口派生而来,新类的实现成为新类的第一个实现版本,这意味着动态类不仅可以实现代码的动态演化,在一定程度上也可以实现类型的动态演化。在更新已存在的动态类时,其根本问题是如何处理已经存在的旧类的实例。因为在引入动态类的新实现的时候,系统中可能会存在旧类的对象。

目前,有3种处理策略来解决前面提到的问题:

(1)冻结策略:系统等待已存在的旧版本的对象被客户释放。在所有旧类的对象被销毁前,禁止创建旧类的新对象。在释放旧类的对象之后,系统开始使用动态类新的实现来创建对象,同时撤销动态类旧的实现,以节省内存空间。

(2)重建策略:系统使用新的动态类实现重新创建所有旧对象,同时复制原有对象的状态信息到新对象。

(3)共存策略:旧对象和基于新实现的对象共存,但以后的对象创建使用新的动态类实现,旧对象随着系统的运行自行消失,所有旧对象被释放后,旧的动态类实现被释放。目前,在大多数情况下,"共存"策略可以满足实际应用需求,是一种最简单和最快捷的方法。

为了实现动态类,需要一个代理,代理负责维护动态类的所有实现的列表,以及实现的外部存储位置。代理监控所有发送给接口的功能请求,并将请求转发给最新的实现版本,如果最新的实现版本没有加载,则根据已经注册的外部存储位置加载实现,存储位置可以是本地文件系统,也可以是远程网络服务器,以方便实现软件版本的集中管理。图7-10所示为基于代理的动态类实现机制。

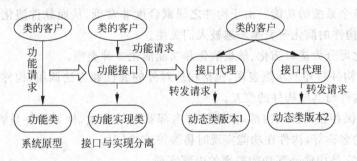

图7-10 代理机制下的动态类实现

2. 基于中间件的动态演化

编程语言层面上的动态演化仅局限于函数、类方法和对象等小粒度模块的替换,只支持预设的有限变更,变更主要由事件触发。为了实现更大粒度模块的替换,可以对构件进行标准化处理,依靠中间件平台所提供的基础设施,使系统在构件层次上的动态演化成为可能。通常,中间件为运行构件的动态替换和升级提供了相关实现机制,主要包括命名服务、反射技术和动态适配等。

命名服务机制是给构件实例命名,方便客户使用名称来获取构件实例。在引用工业化标准构件EJB和CORBA时,都可以通过中间件平台的命名服务机制来实现。

反射技术是软件的一种自我描述和自我推理,它提供了系统关于自身行为表示的一种有效手段。这种表示可以被检查和调整，并且与它所描述的系统行为是因果相联的。所谓的因果相联，就是对自我描述的改动将立即反映到系统的实际状态和行为中，反之亦然。将反射技术引入中间件能够以可控的方式在开放平台的内部实现，从而提高中间件的定制能力和运行时的适应能力。

反射式中间件是一种通过开放内部实现细节以获取更高灵活性的中间件。具体地说，通过引入反射技术，以一种受限的方式访问和操纵中间件运行时的内部状态和行为。系统的反射性是指系统能够提供对自身状态和行为的自我描述，并且系统的实际状态和行为始终与自我描述保持一致，即自我描述的改变能够立刻反映到系统的实际状态和行为中，而系统的实际状态和行为改变也能够立即在自我描述中反映出来。通常情况下，一个反射系统定义了一个层次化的反射体系，其包括一个基层和一个或多个元层。工作在基层中的实体执行系统的正常业务功能，而工作在元层中的实体负责建立和维护系统的自述。

在动态适配机制中，比较著名的是 CORBA 所给出的动态服务接口，它主要包括动态调用接口（Dynamic Invocation Interface，DII）和动态骨架接口（Dynamic Skeleton Interface，DSI）。动态调用接口支持客户请求的动态调用，动态骨架接口支持将请求动态地指派给相对应的构件。构件化技术使软件具有良好的构造性，提高了演化粒度。中间件为基于构件的动态演化技术提供了坚实的基础设施和方便的操作界面。

3. 基于构件的动态演化

在传统的结构化开发过程中，软件演化的代价随着软件演化发生时间的推移而呈指数增加。在基于软件构架和构件的工程化开发方法中，软件系统按功能划分为构件，构件之间协调工作完成整个系统的功能。由于构件之间耦合度非常低，从而软件演化的代价也比较低。因此，面向构件的演化研究越来越被人们关注。

构件的演化可分为接口演化、信息演化和功能演化 3 种类型。

（1）接口：构件对外的功能表现，包括构件对外的属性和方法调用，构件能够而且只能通过接口实现构件与其他构件的交互。

（2）信息：保存在构件的内部，描述构件内部状态的变量，例如构件是否处于就绪、构件待处理事务的名称等，构件在功能实现时将维护这些信息。

（3）功能：它是构件外部功能表现的内部实现。

这 3 种演化统称为构件的演化，构件的演化本质上是在现有构件的基础上，对构件进行一定的修改，以满足系统的需求。具体来说，接口演化通过修改构件的接口实现，包括增加、减少、替换原有的构件接口等。单一的接口演化指不修改构件内部行为，只修改构件提供的接口，例如改变接口参数类型等。信息演化就是给构件增加新的信息，例如构件内部新的状态信息。功能演化则是在保持构件对外接口不变的情况下，修改构件内部具体功能实现，例如改变构件内部的实现逻辑。

4. 基于体系结构描述语言的动态演化

体系结构描述语言通常可以描述系统的拓扑结构，不涉及任何构件的自身信息。体系结构描述语言中包含了动态描述的成分，可以通过描述语言来定义构件之间是如何进行交互操作的、构件是如何被替换的，以此来实现动态演化。

5. 基于过程的动态演化

基于过程的动态演化形式化地描述了系统在运行时的状态,并且建立了系统的状态机模型。在状态机模型中,系统的演化依据状态的迁移来进行。这种方法的优势在于形式化地描述了动态演化过程,更加适用于编程语言层面的演化。

6. 基于动态装载库的动态演化

在编程语言中引入相关机制来支持软件系统的动态演化,例如可以将代码加到正在运行的程序中来实现动态装载,还可以在不进行重新编译的情况下,采用延迟绑定技术来实现类和对象的绑定。Java Hotswap 允许在运行时改变方法,当一个方法被终止时,可以使用这个方法的新版本来替代旧版本。

7. 基于硬件的动态演化

基于硬件的动态演化指使用多个冗余的硬件设备来进行软件的动态升级服务。当主设备上的软件需要升级时,启动从设备上的系统替代主设备运行,主设备停止运行,升级后恢复。

8. 基于体系结构模型的动态演化

这类方法通过建立一个体系结构模型,并使用这个模型来控制构件行为,控制结构改变和行为演化。通常,这类方法总是会选择一个领域,与领域建模方法相结合来建立体系结构模型,典型的模型包括 CHEM 和 K-Components 等。Dowling 设计了 K-Component 框架元模型。

7.4.2 动态软件体系结构

早期的基于软件体系结构的研究主要集中在描述系统的静态表现形式上,系统的架构被认为是比较稳定的,在系统的整个生命周期中不易发生变化,系统的演化主要集中在构件的演化上。但是,随着系统规模的扩大和对软件演化能力要求的日益提高,在体系结构的层次上考虑演化问题变得越来越重要。由于软件体系结构的静态描述方法缺乏动态更新机制,所以很难用来分析及描述实时、不间断运行的系统。随着网络的迅速普及和新兴软件技术的快速发展,例如 Agent、网格计算、普适计算和移动计算等,开发者开始对系统的框架结构提出更高的要求,例如框架的扩展问题、框架的复用问题和框架的适应问题等。现在,由于软件体系结构静态描述方法已经不能适应越来越多的运行时所发生的系统需求变更,学者提出了动态软件体系结构(Dynamic Software Architecture,DSA)。

许多学者和技术实现人员提出动态软件体系结构的概念,动态软件体系结构是指在运行时刻会发生变化的系统框架结构。与通常意义上的软件体系结构相比,DSA 的特殊之处在于系统的框架结构可以随外界环境的变化进行动态调整。DSA 的动态性是指在运行时刻,由于需求、技术、环境和分布等因素的变化,框架结构会发生改变。DSA 允许系统在运行过程中对其体系结构进行修改,这主要是通过其框架结构的动态演化来实现的。

通常,实现软件动态演化的基本原理是在应用系统中,以一类有状态、有行为和可操作的实体来显式地表示框架结构,这些实体可以被整个运行环境所共享,作为系统运行的依据和基础。在运行时刻,体系结构相关信息的改变可以触发和驱动系统自身的动态调整。除此以外,系统自身所做的动态调整也可以反馈到体系结构这一抽象层面上来。在软件框架上,通过引入运行时体系结构信息,实现了体系结构的动态演化,同时使相关协同逻辑从计算部件中分离出来,进行显式地、集中地表达,这也符合关注分离的原则。另外,解除了构件之间的直接耦合,有助于系统框架的动态调整。

动态演化的实现要比静态演化复杂得多,因此,系统应该提供实现框架动态演化的相关功能。首先,系统需要提供保存当前软件体系结构信息(例如拓扑结构、构件状态和构件数目等)的功能。其次,为了实施动态演化,还需要设置监控管理机制,监控系统是否有需求变化,当发现有需求变化时,应该能够判断出可否实施演化、何时演化以及演化的范围,同时生成演化策略。此外,还应该提供相关机制,以保证演化操作的原子性,即在动态变化过程中,如果其中的某一操作失败了,则整个操作集都要被撤销,从而避免系统出现不稳定的状态。

DSA 实施动态演化的步骤如下:

(1) 捕捉并分析需求变化。

(2) 生成体系结构演化策略。

(3) 根据演化策略,实施软件体系结构的演化。

(4) 演化后的评估与检测。

运行时软件的演化过程应该遵循以下原则:不破坏体系结构的正确性、一致性和完整性。此处,正确性、一致性和完整性是软件体系结构能否实施动态更新的先决条件。同时,为便于演化后的维护,还需要进一步考虑演化过程的可追溯性。

正确性是指更新后的系统仍然是稳定的。在更新后的系统中,开始执行的实例不会出错,更新前正在执行的实例转换到更新后的系统中也能保证一致。

一致性是指在动态更新之后,原系统中正在执行的实例能够成功地转换到新系统中继续执行,并保证转换后的执行过程不会出现错误,这种特性就是所谓的一致性。一致性共有4 层含义:体系结构规约与系统实现是一致的,即运行时对系统的修改应该及时地反映到规约中,以保证体系结构规约不会过时;系统内部状态是一致的,正在修改的部分不应被其他用户和模块更改;系统行为是一致的,例如在管道/过滤器体系结构风格中,如果增加一个过滤器,则需要保证该过滤器的输入和输出与相连的管道要求一致;体系结构风格是一致的,演化前后的体系结构风格应该保持不变,或者演化为当前风格的衍生风格。

完整性是指动态演化不破坏体系结构规约中的约束,例如限制与某构件相连的构件数目为1,在演化过程中,如果删除了与之相连的原有构件,或者为它增加了一个相连的新构件,都会导致系统出错。同时,完整性还意味着演化前后的系统状态不会丢失,否则系统将变得不安全,甚至不能正确运行。

可追溯性是指传统的体系结构描述语言(Architecture Description Language,ADL)可以将一个抽象层次很高的 ADL 规约逐步精化为具体的可直接实现的 ADL 规约。在精化过程中,通过形式化的验证来保证每一步都是符合要求的,满足可追溯性。对于动态体系结构,这是远远不够的,可追溯性应该被延伸到运行时刻,保证系统的任何一次修改都会被验证。这样,既有利于软件的维护,又为进一步演化提供了分析依据。

为了保证动态演化过程是一致的、完整的、正确的和可追溯的,设计过程应该满足以下要求。

（1）系统结构描述语法的完整性：描述语法的完整性可以让设计者通过语法检测来发现更新后的框架结构中所存在的问题。

（2）数据的连贯性：删除一个构件，可能导致后续构件的输入不连贯，此时，可以通过增加相关机制来提供后续构件的输入，或者删除输入数据不连贯的后续构件。

（3）语义的正确性：在框架结构发生变化后，语义的正确性可以保证系统仍然能够正确地执行。如果简单地将原系统中刚执行过的进程转换到更新后的系统中，则可能会导致错误。因此，更新时需要保证系统语义的正确性。

（4）更新失败的原子性：如果一个动态更新操作执行失败或者被取消，则该更新不能继续执行。为了保证系统的正确性，必须撤销这个更新所执行的一切服务，并恢复该更新对数据所做的操作，以保证更新失败的原子性。

（5）数据的正确性：为了实现数据恢复，每次更新数据都要保存数据日志。

基于体系结构的软件动态性分为 3 个级别，其中，最低级别称为交互动态性，仅仅要求固定结构中的动态数据交流；第二级别允许结构的修改，即构件和连接件实例的创建、增加和删除，被称为结构动态性；第三级别称为体系动态性，允许软件体系结构的基本构造的变动，即结构可以被重定义，例如新的构件类型的定义。以这个标准衡量，目前基于体系结构的动态演化研究一般仅支持发生在第二个层次上的动态性。如果要全面地支持体系层次上的动态性，必须解决以下问题：

（1）动态体系结构规约的形式语义：不仅需要提供体系结构动态演化的描述方法，而且需要给出描述方法的形式语义，从而能够支持体系结构动态演化的分析和仿真。

（2）以体系结构为中心的软件框架和模型：在这样的框架和模型中，软件体系结构不仅在软件构造过程中起着主导作用，而且在最终的软件制品中以显性实体形式存在。进一步地，在最终的软件制品中，以显性实体形式存在的软件体系结构必须作为一个在运行时刻有状态、有行为、可操作的实体，准确描述目标系统的真实状态与行为，软件体系结构的改变能够直接导致运行系统的相应变化。这样的软件体系结构称为运行时软件体系结构（RSA）。

（3）具有灵活的演化计划和处理机制：综合考虑和协调动态演化的诸多因素，给出动态配置的完整方案，不仅能表示和处理预设的演化，也能应对非预设的演化。

（4）对于体系结构元素的替换，不仅要使它们的接口保持兼容，而且要保证替换前后外部行为的一致性。

（5）良好的运行平台支持：这样的平台提供控制变更过程的手段，动态演化的全过程都可以得到监视和控制，保障演化完整进行，提供对变更前后状态进行切换的机制，以维持运行期间上下文的一致性。

CBDA（Component Based Dynamic Architecture）即所谓的基于构件的动态体系结构模型，它是一种典型的动态更新框架，结构如图 7-11 所示。CBDA 模型支持系统的动态更新，主要包括应用层、中间层和体系结构层。

应用层处于底层，包括构件连接、构件接口和执行 3 个部分。构件连接定义了构件与连接件之间的关联关系；构件接口说明了构件所提供的相关服务，例如消息、操作和变量等。在应用层中，可以添加新构件、删除或更新已有的构件。

中间层包括连接件配置、构件配置、构件描述及执行 4 个部分。连接件配置管理连接件

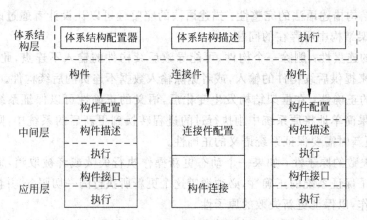

图 7-11　CBDA 的三层结构模型

和接口通信；构件配置管理构件的所有行为；构件描述则说明构件的内部结构、行为、功能和版本信息。在中间层中，可以添加版本控制机制和不同的构件装载方法。

体系结构层位于最上层，用于控制和管理整个框架结构，包括体系结构配置器、体系结构描述和执行 3 个部分。体系结构描述说明了构件和它们所关联的连接件，阐述了体系结构层的功能行为；体系结构配置器控制整个分布式系统的执行，管理配置层。在体系结构层中，可以扩展更新机制，修改系统的拓扑结构，更新构件到处理元素之间的映射关系。

在每一层中都有一个执行部分，其功能是执行相应层次的功能操作。在更新 CBDA 模型时，需要孤立所涉及的软件元素。在更新执行之前，应该保证所涉及的构件停止发送功能请求，并且在开始更新之前，连接件的请求队列为空。

静态软件体系结构缺乏必要的动态更新机制，很难分析和处理长期运行并具有特殊使命的系统，例如金融系统、航空航天系统、交通系统和通信系统等。动态体系结构主要研究软件由于特殊需要必须在连续运营情况下的体系结构变化与支撑平台，可以有效地解决这一问题。在第十六届世界计算机大会上，Perry 曾经提出软件体系结构的 3 个重要研究课题，即体系结构风格、体系结构连接件和 DSA，再次说明了研究 DSA 的重要性。

目前，DSA 正受到学者和技术人员的广泛重视，部分成果已经在工程开发中得到应用。与静态体系结构相比，研究 DSA 的意义如下。

(1) 减少系统开发的费用和风险：在以任务和安全性为主的系统中，如果使用动态软件体系结构，那么运行时改变框架结构可以减少由此带来的成本开销。因为不需要离线更新，从而降低了风险代价。

(2) 提供自定义功能和可扩展功能：动态软件体系结构为用户提供了更新服务，以实现系统属性的动态修改。通过定制在线扩展系统的框架结构，具有动态演化能力的软件能够即时地改变系统与用户之间的交互方式。

另外，针对软件体系结构设计时演化方面，一些研究者希望在设计阶段考虑系统运行时的变化并将其记录在设计文档中，例如 Darwin、XADL、XML。这种软件体系结构拥有丰富的语义信息，为在软件系统设计阶段捕获系统的动态特性提供了形式模型和自动化支持。目前，国内外有不少学者研究基于 XML 的软件体系结构，也提出了各自的基于 XML 的软件体系结构描述语言。许多人将 XML 文件与传统的文档联系在一起，但是 XML 的弹性使其有能力去描述非文档信息模型,其中一个重要的应用就是用作体系结构描述语言 ADL。另外,因为 XML 标准已经迅速且广泛地在全球展开,许多大公司纷纷表示要对 XML 进行支持,所以 XML 意图消除 ADL 无法统一的局面,使现在及将来的应用可以操作、查找、表现、存储这些 XML 模型,并且在软件环境和软件工具经常变换的情况下仍然保持可用性和重用性。

下面以实例说明为解决遗留软件中大量采用的普通数据文件不足的问题,充分利用 XML 文件模型自身的优点以及 XML 在开源软件和商用软件业界获得的广泛支持,提出了一个采用 XML 的遗留软件演化解决方案。该解决方案的结构如图 7-12 所示。

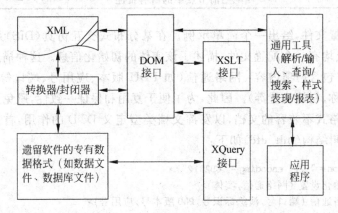

图 7-12　XML 解决方案结构图

该解决方案的主要组成部分包括 DOM、XQuery 和 XSLT,分别提供了标准的 XML 文档的解析、查询和样式表现接口,这里主要介绍 XQuery。XML 为了实现互操作性,必须有一致的语法在各种类型的应用程序中对 XML 文档进行查询,这就是 XML 查询语言(XQuery)。从最简单的层次来说,XML 文档的查询可以被认为是对 XML 文档内容的查询。更进一步来说,它可以被认为是一种返回 XML 文档信息的方法。从这个意义上来说,XQuery 与结构化查询语言(SQL)类似。基于模板匹配技术,XQuery 能完成下列操作:从大型 XML 文档中抽取数据,以及对多个 XML 文档进行查询,并合并所得结果;在不同的文档类型定义(Document Type Definition,DTD)之间转换、翻译 XML 数据。XQuery 不同于 SQL,除了支持通常的按照名称、属性进行条件匹配以外,更为重要和方便的是,XQuery 还采用 XML 路径语言(XPath),支持路径表达式形式的层次查询。下面举例说明,XQuery 常用的查询匹配模板如表 7-2 所示。

表 7-2　常用的 XQuery 查询匹配模板

匹 配 模 板	含　　义
eName	匹配名称为 eName 的所有元素
eName1│eName2	匹配名称为 eName1 或者 eName2 的所有元素
eName1/eName2	匹配名称为 eName1 并且是 eName2 子元素的所有元素
eName1//eName2	匹配名称为 eName1 并且是 eName2 的后代的所有元素
@aName	匹配属性为 aName 的所有元素

匹配模板	含　义
*	匹配所有元素
@*	匹配所有属性
eName1[eName2]	匹配名称为 eName1 并且包含子元素 eName2 的所有元素
eName[@aName]	匹配名称为 eName 并且属性 aName 的所有元素
.	匹配当前正在处理的节点
..	匹配当前正在处理的节点的父节点
Comment()	匹配当前节点中的所有批注

　　下面结合配置文件,给出一个简单示例。在某分布式交互仿真(DIS)系统中有近百个节点,每一个节点均有一个配置文件,描述了该实体的初始化信息。这种描述信息具有共同的逻辑结构,主要包含两项内容:网络通信(如 PDU 版本、应用号、端口等)以及实体属性(如兵力标识、名称、初始位置等)。因此,为了便于复用和保证一致性,避免开发人员为个人方便而随意编写格式不兼容的文档,以发挥文档类型定义 DTD 的作用,首先定义 DTD,节点配置文件的逻辑结构(init.dtd)如下:

```
<? XML  version = "1.0" encoding = "GB2312"?>
<!ELEMENT 初始化设置 (网络通信,实体)>
<!ELEMENT 网络通信 (端口号,演练标识号,PDU 版本号,应用号)>
<!ELEMENT 端口号 (#PCDATA)>
<!ELEMENT 演练标识号 (#PCDATA)>
<!ELEMENT PDU 版本号 (#PCDATA)>
<!ELEMENT 应用号 (#PCDATA)>
<!ELEMENT 实体 (名称,三项标识符,初始位置)>
<!ELEMENT 名称 (#PCDATA)>
<!ELEMENT 三项标识符 (实体标识, 场所标识,应用标识)>
<!ELEMENT 实体标识 (#PCDATA)>
<!ELEMENT 场所标识 (#PCDATA)>
<!ELEMENT 应用标识 (#PCDATA)>
<!ELEMENT 初始位置 (经度,纬度,高度)>
<!ELEMENT 经度 (数值,单位)>
<!ELEMENT 数值 (#PCDATA)>
<!ELEMENT 单位 (#PCDATA)>
<!ELEMENT 纬度 (数值,单位)>
<!ELEMENT 高度 (数值,单位)>
```

其中的一个 XML 节点配置文件(init. XML)如下:

```
<? XMLversion = "1.0" encoding = "GB2312" standalone = "no"?>
<!DOCTYPE 初始化设置 SYSTEM "init.dtd">
<初始化设置>
 <网络通信>
        <端口号> 7506 </端口号>
        <演练标识号> 1 </演练标识号>
        < PDU 版本号> 5 </PDU 版本号>
       <应用号> 2 </应用号>
    </网络通信>
```

```
<实体>
    <名称>连长指挥车</名称>
    <三项标识符>
        <实体标识> 2600 </实体标识>
    <! -- 场所标识为 4,指仿真中心 -->
        <场所标识> 4 </场所标识>
    <! -- 应用标识为 100,指第一百次演练 -->
        <应用标识> 100 </应用标识>
    </三项标识符>
    <初始位置>
        <经度>
            <数值> 119.289 </数值>
            <单位>度</单位>
        </经度>
        <纬度>
            <数值> 25.9465 </数值>
            <单位>度</单位>
        </纬度>
        <高度>
            <数值> 200.5 </数值>
            <单位>米</单位>
        </高度>
    </初始位置>
    </实体>
</初始化设置>
```

通过 XQuery,很容易得到该节点的网络通信端口号为 7506,实体标识号为 2600。所需要的查询模板,对于端口号,可以是"初始化设置//端口号",或者是"初始化设置/网络通信/端口号";对于实体标识号,可以是"初始化设置//实体标识",或者是"初始化设置/实体/三项标识符/实体标识"。而且,两者的查询在顺序上并没有什么要求。

基于 XML 的遗留软件演化解决方案具有一些优点:带有自描述、可扩展、富含语义特征的标记,使得数据的含义十分直观。若是标记的含义还不够明确和充分,可自由注释,而不会影响文档的解析。用户在 DTD 的帮助下可以创建出更加规范、容错和智能的文档,具有标准、统一、通用的解析、查询和样式显示接口,避免了特定的文档格式的限制,以及接口程序的重复开发和分发,提高了开发效率。

7.4.3 软件的并行性演化

随着计算机应用领域的不断增加,软件系统被用于解决越来越复杂的问题,以至于不能及时地给予响应,提高软件系统的执行效率是解决问题的一个主要途径。提高执行效率的方法主要有系统优化、系统并行化等。系统并行化是利用并行编程技术对系统进行并行化,它使软件系统从串行计算平台转移并适应并行计算平台,是一种进化行为,所以系统并行化也就是系统并行性演化。

软件的并行性演化也成为一个主要的研究方向,它主要实现了串行执行到并行执行的转化,并从单个处理器的硬件平台转移到多个处理器的硬件平台。软件的并行性演化的前身是串行代码的向量化。自 20 世纪 60 年代,研究人员就开始对串行程序的向量化进行了研究,到了 90 年代,大量的向量化系统不断出现,例如 Rice 大学的 PFC、Maryland 的 Tiny、Stanfoul 的 SUIF 等。我国在自动并行化方面也取得了很大的进展,如 AFT 自动并行化系统、TIPS 交互式并行化系统。利用这些系统可以把一个串行程序转化成一个可以并行执行的程序,大大减少了由于对于源程序进行理解和重新架构所需要的工作任务和时间。但是这些系统都是在对源程序进行依赖性分析的基础上才进行并行化的。

串行程序的并行化主要包含了两个主要方面,一个是串行程序的依赖性分析;另一个是程序的并行性转化。串行程序的依赖性分析利用词法和语法等分析技术,找出源程序中代码间的依赖关系,从而挖掘出可以并行化的代码片段并为并行化提供转化依据。并行化根据依赖性分析的结果,将可以并行执行的代码片段转化成并行执行的语句序列,生成可以并行执行的程序。因此,源程序的依赖性分析是串行程序并行化的一个重要基础,没有源程序的依赖性分析并行化就没有理论依据,使并行化的程序不可信赖,甚至产生一个输出错误结果的并行程序。

7.4.4　动态演化的解决方案

随着 Internet 的快速发展,出现了许多新型的应用程序和服务,例如网上购物、网上股票交易和新闻资讯服务等。同时也出现了一些新型网络基础架构,例如主动网络技术。目前,解决软件动态更新问题已经成为业界研究的热点问题,并且已经有了一些解决方案。

1. 基于硬件冗余的解决方案

基于硬件冗余的解决方案是在保持当前系统正常运行的前提下,在另外一台机器上加载新的软件系统,然后将系统切换到新机器上。Visa 公司使用 21 台大型机来运行连接有 5000 万根线的处理系统,这个系统平均每年更新 20 000 次,但是只有 0.5% 的时间是停机的。这是通过关闭系统中的部分机器,接着更新其中的软件,然后重新启动这部分系统,最后进行系统切换实现的。负责飞机间的通信系统 ACARS 用一台路由器传递消息,而路由器由一台主机和一台副机组成。主机负责所有发送和接收信息工作,而且定时地将所有的状态信息发送给副机。当系统需要更新时,新的软件被安装到副机上,然后主机和副机交换角色,由原来的副机负责发送和接收消息,下一次的软件更新将发生在原来的主机上。

基于硬件冗余的解决方案的优点是非常高效,而且当容错系统发生错误时可以切换到备用冗余部分,确保了服务可用。但通常来说,这种方式成本比较大,而且由于演化以整个应用软件为粒度,演化过程耗费的时间较长。

2. 基于 C2 体系结构的解决方案

C2 是一种基于分层结构,事件驱动的软件构架风格。C2 构架中的基本元素是构件和连接器。每个构件定义了一个顶端接口和一个底端接口,通过这两个接口连接到构架中。构件的顶端接口用于发出请求、接收结果,底端接口则用于接收请求、发出结果。在这种结构下,构架中构件的增加、删除、重组更加简单、方便。每个连接器也定义了顶端接口和底端接口,接口的数量与连接在其上的构件和连接器的数量有关,有利于实现在运行时的动态绑定。构件之间不存在直接的通信手段。构架中各元素(构件,连接器)之间的通信只有通过连接器传递消息来实现。如图7-13所示,处于低层的构件向高层的构件发出服务请求消息,消息经由连接器送到相应的构件,处理完成后由该构件将结果信息经连接器送到低层相应的构件。

在C2风格中,连接器以独立实体的形式存在(许多构架风格都不具备这一特性)。连接器将各个构件连接起来并充当它们交互的中间件,从而将构件的接

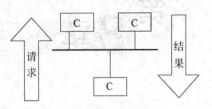

图7-13 构件间的服务请求

口需求与功能需求相分离。这样,在构架的演化中对演化的处理策略、演化部分的隔离及演化的一致性维护都可以通过连接器来实现。C2风格的一些特点决定了它对软件演化的良好支持:在C2风格中,构件不能直接引用,所有的构件都是通过连接器来相互通信的,减少了构件之间的依赖性,分离了构件的计算部分和通信部分。C2风格中的拓扑约束有利于构架的动态变化。在C2风格中,每个构件有一个顶部接口和一个底部接口,极大地简化了构件的增加、删除、替换、重新组合。C2风格中的连接器以独立的实体存在,构件之间的通信通过它以消息的传递来实现。C2风格中的连接器也有顶部接口和底部接口,但接口数量是不确定的,由连接在它上面的构件和连接器的数量决定,能够实现运行时的动态绑定。C2风格的这些特点减少了构件之间的相互依赖性,有利于实现系统构架的变化,对系统的动态演化提供了很大程度的支持。

3. 基于图的解决方案

这类方案通过定义图的拓扑结构来描述软件体系结构和体系结构风格,动态性则体现为图的重写。

例如面向"图"的分布式Web应用软件系统架构技术,利用严格定义的"图"作为描述分布式Web应用软件体系结构的基本手段,并用图上的操作来支持系统体系结构的动态重配置。这种以图来表示的软件体系结构不仅是高层的抽象描述,同时也是具体的可操作的对象实体,有助于提高体系结构与最终实现之间的可追溯性。该对象存在于具体的系统实现中,充当了两个关键的角色:

(1)沟通各分布的计算构件之间的通信中间件。

(2)整个应用的体系结构框架。

通过在系统实现中显式地使用表述体系结构的对象,整个系统获得了类似自反射中间件的能力,从而为支持体系结构的动态重配置提供了便利。

基于图的体系结构将分布式系统抽象为一个无向图或有向图,便于对分布式系统进行理论分析和形式模型的研究。但由于分布式系统的各个节点需要维护一个全局拓扑结构图,在系统规模增大的情况下,图的维护变得相当困难。并且,基于图的体系结构在进行动态演化时,需要对图的整体拓扑结构进行变换,包括图的状态信息的转换,当系统规模增大时,动态演化的复杂程度和代价都相当大,使得这一结构难以适应Internet的动态广域计算环境。

第8章

软件体系结构评估

软件体系结构自提出以来,日益受到软件研究者和实践者的关注,并发展成为控制软件复杂性、提高软件系统质量、支持软件开发和复用的重要手段之一。软件体系结构在系统开发早期阶段构建,其设计直接影响后续整个开发过程的各个阶段,体系结构的设计不当不仅会直接影响系统的质量属性,甚至还会引起巨大的经济风险。对于构建各种复杂、庞大的系统而言,选择一个适当的软件体系结构是至关重要的一步,而针对软件体系结构进行合理的、科学的分析与评估是决定软件体系结构的选取是否符合需求的首要前提。

对软件体系结构评估是通过对系统体系结构的分析(即对其组成要素、要素之间的联系的分析)来评估该体系结构的质量属性。通过对软件体系结构的质量属性的评估,在系统没有实际开发出来之前,可以预测其系统的质量属性和开发属性,及时对设计的软件体系结构进行修改,对若干备用体系结构方案进行选择。因此,对软件体系结构的正确评估对保证其软件产品的质量和软件开发过程管理意义重大。

8.1 软件体系结构评估概述

软件体系结构评估是对系统的某些值得关心的属性(性能、可修改性、可靠性等)进行评价和判断。评估的目的是为了识别体系结构设计中潜在的风险,在系统被构建之前预测它的质量,并不需要精确的评估结果,通过分

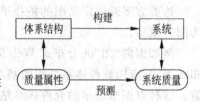

图 8-1 软件体系结构评估

析体系结构对系统质量的主要影响,进而提出改进。同时,验证系统的质量需求在设计中是否得到了体现,预测系统的质量并帮助开发人员进行设计决策,具体关系如图 8-1 所示。

8.1.1 软件体系结构分析和评估的基本术语

1. 质量属性

质量属性是一个组件或一个系统的非功能性特征,它刻画特定上下文质量的元素,例如性能、安全性、可移植性、功能等。其中每个属性都不是绝对量,它们的相关性直接与给定的情形联系在一起。软件质量在 IEEE 1061 中被定义为"它体现了软件拥有所期望的属性组合的程度"。在 ISO 中被定义为"一组固有特性满足要求的程度"。但是这些仅仅只是其一般性的定义,要对软件质量做出更加确切的定义,必须明确什么是软件的"一组固有质量

要素"。

ISO/IEC 9126-1 定义了一个软件质量模型。依照这个模型，软件的质量要素分为两个层次，第一层要素共 6 个，分别是效率、功能性、维护性、可移植性、可靠性、可使用性。第二层要素共 21 个，分别是时间经济性、资源经济性、完全性、正确性、安全性、兼容性、互用性、可修改性、可扩充性、可测试性、硬件独立性、软件独立性、可安装性、可复用性、无缺陷性、容错性、可用性、可理解性、易学习性、可操作性、易沟通性。这两个层次要素之间的关系是效率包括时间经济性和资源经济性；功能性包括完全性、正确性、安全性、兼容性、互用性；维护性包括可修改性、可扩充性、可测试性；可移植性包括硬件独立性、软件独立性、可安装性、可复用性；可靠性包括无缺陷性、容错性、可用性；可使用性包括可理解性、易学习性、可操作性、易沟通性。

其中，评估所关注的质量属性中的性能指系统的响应能力，即要经过多长时间才能对某个事件做出响应，或者在某段事件内系统所能处理的事件的个数，经常用单位时间内所处理事务的数量或系统完成某个事务处理所需的时间来对性能进行定量的表示。性能测试经常要使用基准测试程序（用于测量性能指标的特定事务集或工作量环境）。可靠性是软件系统在应用或系统错误面前，在意外或错误使用的情况下维持软件系统的功能特性的基本能力。可靠性通常用平均失效等待时间（MTTF）和平均失效间隔时间（MTBF）来衡量。在失效率为常数和修复时间很短的情况下，MTTF 和 MTBF 几乎相等。可靠性中的容错性是指在错误发生时确保系统的行为正确，并进行内部修复。例如在一个分布式软件系统中失去了一个与远程构件的连接，接着恢复了连接，在修复这样的错误后，系统可以重新或重复执行进程间的操作。健壮性是指保护应用程序不受错误使用和错误输入的影响，在遇到意外错误事件时确保应用系统处于已经定义好的状态。可用性是指系统能够正常运行的时间比例，经常用两次故障之间的时间长度或在出现故障时系统能够恢复正常的速度来表示。安全性是指系统在向合法用户提供服务的同时能够阻止非授权用户使用的企图或拒绝服务的能力，安全性是根据系统可能受到的安全威胁的类型来分类的，可划分为机密性、完整性、不可否认性及可控性等特性。其中，机密性保证信息不泄露给未授权的用户、实体或过程；完整性保证信息的完整和准确，防止信息被非法修改；可控性保证对信息的传播及内容具有控制的能力，防止被非法者使用。可修改性指能够快速地以较高的性能价格比对系统进行变更的能力，通常以某些具体的变更为基准，通过考察这些变更的代价衡量可修改性。功能性是指系统能完成所期望工作的能力，一项任务的完成需要系统中许多或大多数构件的相互协作。可变性是指体系结构经扩充或变更成为新体系结构的能力，这种新体系结构应该符合预先定义的规则，在某些具体方面不同于原有的体系结构。当要将某个体系结构作为一系列相关产品（例如软件产品线）的基础时，可变性是很重要的。可集成性是指系统能与其他系统协作的程度。互操作性作为系统组成部分的软件不是独立存在的，经常与其他系统或自身环境相互作用。为了支持互操作性，软件体系结构必须为外部可视的功能特性和数据结构提供精心设计的软件入口。程序和用其他编程语言编写的软件系统的交互作用就是互操作性的问题，这种互操作性也会影响应用的软件体系结构。

2. 体系结构评估的参与者

对于高质量的评估，体系结构相关人员的积极参与是绝对必要的。软件体系结构评估的质量在相当程度上依赖于相关人员的能力水平,设计师或设计团队必须在评估现场。

(1) 风险承担者(Stakeholders):在该体系结构及根据该体系结构开发的系统中有些是既得利益的人,有些是开发小组成员,例如编程人员、集成人员、测试人员和维护人员。比较特殊的是项目决策者,包括体系结构设计师、组件设计人员和项目管理人员,如表 8-1 所示。

(2) 评估小组:负责组织评估并对评估结果进行分析。组成人员通常为评估小组负责人、评估负责人、场景书记员、进展书记员、计时员、过程观察员、过程监督者和提问者。

表 8-1 风险承担者列表

生产者(Producers)	软件体系结构设计师、开发者、维护者、集成者、测试者、标准专家、效率工程师、安全专家、项目经理、产品线经理
客户(Consumers)	客户、终端用户、应用系统构造者(基于产品线体系结构)、任务专家/计划者(mission specialist/planner)
服务者(Servicers)	系统管理员、网络管理员、服务代理
和系统有接口的其他人员	领域(或团体)代表、系统设计师、设备专家

3. 场景

场景是对风险承担者与系统进行交互的简短描述,按照 R. Kazmam 的解释,场景是"用户、开发者和其他相关方对系统应用的期望和不期望的简明描述",这些期望和不期望的反映观点,代表了有关各方对系统质量属性的要求。场景分为直接场景和间接场景两种,其中,直接场景在设计体系结构到系统构造的过程中使用,它代表系统的外部视角和观点,而间接场景在对现有体系结构进行改变和演化过程中使用。场景应用广泛,是软件体系结构分析评价中常用的一种技术,由用户、外部激励等初始化,而且已被认为是一种用于需求提取,特别是系统操作提取的技术。同时,场景还是一种用于比较设计方案的方法。但是,场景还没有成为质量分析的工具,正是利用了这一点,用场景来描述对用户或系统很重要的每一个质量属性的特定实例,通过分析如何满足每个场景所要求的约束来分析软件的体系结构。场景用来简要描述系统预期的或所希望的使用方式,它适合描述系统中的任何角色,包括操作员、系统设计人员、修改人员、系统管理员和其他人员。场景包括系统中的事件和触发该事件的特定激励。在评估过程中,使用场景可以将模糊的、不适用于分析的质量属性需求描述转换为具体的、易于理解的描述形式。

在体系结构评估中,一般采用激励(Stimulus)、环境(Environment)和响应(Response)3个方面对场景进行描述。激励是场景中解释或者描述风险承担者怎样引发和系统交互的部分,例如用户可能会激发某个功能,单击某个功能键,维护人员可能会针对需求做出某些更改。环境描述的是激励发生时的情况,例如当前系统处于何种状态、网络是否阻塞等。响应是指系统如何通过体系结构对激励做出反应,例如用户需求是否得到满足,系统配置项被修改后是否取得成功等。

4. 评估技术

在体系结构层次上有两类评估技术:询问和度量。本书讨论的评估方法至少采用了这两种技术中的一种,或是两种技术的结合。

（1）询问技术：用于生成一个体系结构将要问到的质量问题,可用于任何质量属性,并可用于对开发中任何状态的任何部分进行调查。询问技术包括场景、调查表、检查列表。调查表是通用的、可运用于所有软件体系结构的一组问题;而检查列表则是对同处于一个领域的多个系统进行评估,积累了大量经验后所得出的一组详细的问题。

（2）度量技术：采用某种工具对体系结构进行度量。它主要用于解答质量属性的具体问题,并限于特定的软件体系结构,因此,与询问技术的广泛使用有所不同。另外,度量技术还要求所评估的软件体系结构已经有了设计或实现的产品,这也与询问技术不同。度量技术通常包括指标、模拟、原型和经验。两种技术都是事先准备好的,由评估人员用于搞清软件开发中反复出现的问题。而场景比起上述两种技术,能更具体地描述问题。

8.1.2　软件体系结构评估的时机

体系结构评估的时机对于评估效果起着关键作用,具体如下：

（1）一般情况下,体系结构评估是在软件体系结构确定之后,具体实现之前进行评估。

（2）对于迭代或增量生命周期模型,是在最近一次开发周期中进行评估的。

（3）通用情况下,在软件体系结构生命周期的任何阶段都可以进行评估。

（4）后期,软件体系结构已经确定,并且实现已完成后进行评估。此时机适用于评估遗留系统,目的在于理解遗留系统的体系结构,以及能否满足要求的系统属性。

总之,进行评估的合适时机应该选在开发小组开始制定依赖于体系结构的决策时,并且修改这些决策的代价应该超过体系结构评估的代价。

8.1.3　软件体系结构评估的必要性

对软件体系结构评估是通过对系统体系结构的分析(即对其组成要素、要素之间的联系的分析)来评估该体系结构的质量属性。通过对软件体系结构的质量属性进行评估,在系统没有实际开发出来之前,可以预测其系统的质量属性、开发属性,及时对设计的软件体系结构进行修改,对若干备用体系结构方案进行选择。因此,对软件体系结构的正确评估对保证其软件产品的质量和软件开发过程管理是极其必要的,对体系结构评估的必要性有以下三点：

（1）通过对软件体系结构的评估,及时对软件体系结构进行修正,保证软件开发成功。

（2）通过对软件体系结构的评估,选择最优的软件体系结构,优化软件开发进程,从而提高软件产品的质量。

（3）通过建立一个统一的评估体系,来刻画经典软件体系结构的属性,实现软件体系结构的选择和复用。

8.2　软件体系结构的主要评估方法

体系结构评估方法可以通过分析体系结构设计所产生的模型、预测系统的质量属性并界定潜在的风险。从精度上看,体系结构评估方法可以分为两大类：一类是基于形式化方法、数学模型和模拟技术,得出量化的分析结果;另一类是基于调查问卷、场景分析、检查表等手段,侧重得出关于软件体系结构可维护性、可演化性、可复用性等难以量化的质量属性。对于前一类分析方法,典型的研究包括基于进程代数、CHAM(Chemical Abstraction Machine)、有穷状态自动机、LTS(Label Transition Systems)等,分析软件体系结构模型中是否包含死锁、基于排队论模型分析体系结构模型的性能、基于马尔科夫模型分析系统的有效性等;第二类方法是软件体系结构分析方法的主流,该类方法更强调体系结构扩展方法(针对复杂场景的扩展 SAAMCS、针对可复用性的扩展 ESAAMI 和 SAAMER)、体系结构权衡分析方法 ATAM、基于场景的体系结构工程方法 SBAR、体系结构层次软件可维护性预测方法 ALPSM 以及体系结构评估模型 SAEM 等。该类方法各有利弊,它们的差异体现在分析技术的选择、支持质量属性的种类、参与者的参与程度等。对这些方法的选用需要根据实际领域的应用情况来决定,也取决于实际参与人员的经验。

目前,已有的一些软件体系结构评估方式采取与具备丰富经验的体系结构设计人员交流的形式,进而获取他们对软件体系结构评估方面的意见。一些方式针对代码的质量进行度量和测评,自底向上推测软件体系结构的质量属性。还有一些方式把对系统的质量需求转换为一系列与系统的交互活动,分析软件体系结构对这一系列交互活动的支持程度。相应地把软件体系结构的分析与评估方式归纳为三大类,包括基于问卷调查或检查表的软件体系结构评估方式、基于场景的软件体系结构评估方式以及基于度量和预测的软件体系结构评估方式。

1. 基于问卷调查或检查表的软件体系结构评估方式

SEI 的软件风险评估过程采用这一方式。问卷调查是一系列可以应用到各种体系结构评估的相关问题,其中,有些问题可能涉及体系结构的设计决策;有些问题涉及体系结构的文档,例如体系结构的形式化描述采用何种技术;有的问题针对体系结构描述本身的一些细节问题,例如系统的核心功能是否与用户界面分开。检验表相对于调查问卷更加注重细节和具体化,它们更趋向于检验某些特定的质量属性。例如,对实时系统的性能进行检验时,会问到系统针对某一个请求的响应速度,并且是否反复多次地将同样的数据写入同一块硬盘区域。这一类评估方式比较自由灵活,可评估多种质量属性,也可以在软件体系结构设计的多个阶段进行。不过由于评估的结果在很大程度上取决于评估者的主观判断,因此,不同的评估者可能会产生不同甚至相反的结果,而且受限于评估者对领域的熟悉程度,是否有丰富的相关经验也成为评估结果能否准确说明问题的重要因素。尽管基于问卷调查与检查表的评估方式相对比较主观,但由于系统相关人员的经验和知识是评估软件体系结构的重要信息来源,因此,它目前仍然是完成软件体系结构分析与质量评估的重要途径之一。

2. 基于场景的软件体系结构评估方式

基于场景的方式由 SEI 首先提出并应用在 SAAM 和 ATAM 中。目前,很多体系结构评估方法都采用场景作为基本技术。这些体系结构评估方法分析软件体系结构对场景,也就是对系统的使用或修改活动的支持程度,从而判断该体系结构对这一场景所代表的质量需求的满足程度。例如,用一系列对系统的修改来反映系统在可修改性方面的需求,用一系列攻击性操作来刻画系统在安全性方面的需求等。这一评估方式考虑包括系统的开发人员、维护人员、最终用户、管理人员、测试人员等在内的所有和系统相关的人员对质量的要求。基于场景的评估方式涉及的基本活动包括确定应用领域的功能以及建立各结构之间的映射关系,设计用于体现待评估质量属性的场景以及分析软件体系结构对场景的支持程度。

多数软件质量属性非常复杂,无法用简单的尺度来度量,而且质量属性不是处于隔离状态,必须在一定的上下文环境中才能做出对质量属性有意义的评价。利用场景技术则可以具体化评估的目标,代替对质量属性的空洞描述,使对软件体系结构的测试成为可能。所以,场景对于评估具有非常关键的作用,整个评估过程是论证软件体系结构对关键场景的支持程度。基于场景的软件体系结构评估方式具有以下重要的特征:场景是这类评估方法中不可缺少的输入信息,场景的设计和选择是评估成功与否的关键因素;这类评估是人工智力密集型劳动,评估质量在很大程度上取决于人的经验和技术。

3. 基于度量和预测的软件体系结构评估方式

度量是指对软件制品的某一属性赋予数值,例如代码行数、方法调用层数、组件个数等。传统的度量研究主要针对代码这一级别,但目前已经出现一些针对高层设计的度量方案,软件体系结构度量即是其中之一。代码度量和代码质量之间存在着重要的联系,软件体系结构度量应该也能够作为评判质量的重要依据。

基于度量的评估技术一般会涉及3个基本活动:首先需要建立质量属性和度量之间的映射原则,即确定如何从度量结果推出系统具有何种质量属性,然后从软件体系结构文档中获取度量信息,最后根据映射原则分析推导出系统的某些质量属性。

因此,基于度量的评估方式提供更为客观和量化的质量评估。这一评估方式需要在软件体系结构的设计基本完成以后才能进行,而且需要评估者十分了解待评估的体系结构,否则不能获取准确的度量。自动的软件体系结构度量获取工具能在一定程度上简化评估的难度。

在3种评估方式中,基于问卷调查和检查表的评估方式以及基于度量的评估方式适合通用或者特定领域系统使用,而基于场景的评估方式只适用于特定领域系统使用。除基于度量的评估方式较为客观以外,其他两种方式都比较主观,并且基于度量的评估方式要求评估者对待评估的体系结构以及将使用的领域非常熟悉。对上述3种评估方式的比较如表8-2所示。

表 8-2　软件体系结构评估方式的比较

方式 比较项	问卷调查或检查表		基于场景	基于度量
	问卷调查	检查表		
通用性	通用	特定领域	特定系统	通用或特定领域
对评估者的要求程度	对被评估体系结构简单了解	无要求	要求评估者对被评估体系结构比较熟悉	要求评估者对被评估体系结构精确掌握
实施阶段	早	中	中	中
客观性	主观		比较主观	比较客观
评估内容	架构特性、过程		架构特性	架构特性

8.3 基于场景的软件体系结构评估方法

基于场景的评估方法是一类研究广泛、技术成熟、分支众多的软件体系结构评估方法。本节介绍了基于场景的软件体系结构分析方法(SAAM)及扩展方法、软件体系结构折中分析方法(ATAM)、基于场景的其他方法,针对这些评估方法的特征,从软件体系结构描述、特定目标、质量属性、评估技术等方面进行阐述和比较。

8.3.1 SAAM

基于场景的体系结构分析方法(Scenario-based Architecture Analysis Method,SAAM)是卡内基梅隆大学软件工程研究所的 Kazman 等人在 1983 年提出的一种针对非功能质量属性的软件体系结构分析方法,是一种相对简单的软件体系结构评估方法。它最初用来分析软件体系结构的可修改性,后来实践证明该方法不仅能对可移植性、可修改性、可扩充性、可集成性等质量属性及系统功能进行快速评估,还能对性能、可靠性等其他质量属性进行启发式评估,SAAM 是最早形成文档并得到广泛使用的软件体系结构分析方法。

(1) 特定目标:SAAM 的目标是对描述应用程序属性的文档验证基本的体系结构假设和原则。此外,该分析方法有利于评估体系结构固有的风险。SAAM 指导对体系结构的检查,使其主要关注潜在的问题点,例如需求冲突,或仅从某一参与者的观点出发的不全面的系统设计。SAAM 不仅能够评估体系结构对于特定系统需求的使用能力,还能被用来比较不同的体系结构。

(2) 评估技术:SAAM 所使用的评估技术是场景技术,场景代表了描述体系结构属性的基础,描述了各种系统必须支持的活动和将发生的变化。

(3) 质量属性:SAAM 方法把任何形式的质量属性都具体化为场景,可修改性是SAAM 分析的主要质量属性。

(4) 风险承担者:SAAM 协调不同参与者感兴趣的方面作为后续决策的基础,提供了对体系结构的公共理解。

(5) 体系结构描述:SAAM 方法用于体系结构的最后阶段,早于详细设计,体系结构的描述形式应被所有参与者理解。功能、结构和分配被定义为描述体系结构的 3 个主要方面,功能就是系统所要完成的任务。在描述结构时,为了在一个共同的层次上理解和比较不同的体系结构,使用一个小而简单的词汇集。所提供的体系结构应当包括一个静态表示(系统计算、数据构件、数据和控制连接)和一个动态表示(系统随时间怎么变化)。从功能到结构的分配指出了领域功能是怎样被软件实现的。

(6) 方法活动:SAAM 的主要输入是问题描述、需求说明和体系结构描述。图 8-2 描绘了 SAAM 分析活动的相关输入及评估过程。

SAAM 的评估包括 6 个活动。

(1) 场景的形成:通过集体讨论,风险承担者提出反映自己需求的场景。

(2) 软件体系结构(SA)的描述:SAAM 定义了功能、结构和分配 3 个视角来描述 SA。功能指示系统做了些什么,结构由组件和组件间的连接组成,从功能到结构的分配则描述了域上的功能是如何在软件结构中实现的,场景的形成与 SA 的描述通常是相互促进的,并且需要重复进行。

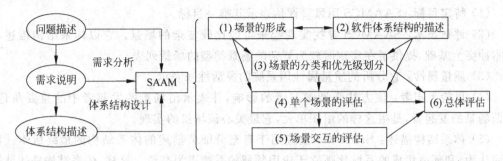

图 8-2 SAAM 的输入与评估过程

(3) 场景的分类:在分析过程中要确定一个场景是否需要修改该体系结构。不需要修改的场景称为直接场景,需要修改的场景称为间接场景。另外,需要对场景设置优先级,以保证在评估的有限时间内考虑最重要的场景。

(4) 单个场景的评估:主要针对间接场景,列出为支持该场景所需要的对体系结构做出的修改,并估计这些修改的代价。对于直接场景,只需清楚体系结构是如何实现这些场景的即可。

(5) 场景交互的评估:两个或多个间接场景要求更改体系结构的同一个组件称为场景交互。对场景交互的评估,能够暴露设计中的功能分配问题。

(6) 总体评估:按照相对重要性为每个场景及场景交互设置一个权值,根据权值得出总体评价。

SAAM 具有以下几个特性:

(1) SAAM 用一种易于理解的、合乎语法规则的形式描述体系结构,体现系统的计算组件、数据组件及其他组件之间的关系,对场景生成一个关于特定体系结构的场景描述列表。通过对场景交互进行分析,能得出系统中所有场景对系统组件产生影响的列表,最后对场景以及场景之间的交互做一个总体的权衡和评估。

(2) SAAM 不考虑知识库的可复用性问题。

(3) SAAM 是一种成熟的方法,已被应用到众多系统中,例如空中交通管制、财政管理、电信、嵌入式音频系统、修正控制系统(WRCS)、根据上下文查找关键词系统(KWIC)等。

(4) SAAM 对体系结构的描述采用自然语言或其他形式的表示方法,SAAM 所采用的场景能够分别支持对体系结构的静态结构分析和动态分析。

(5) SAAM 有两个主要的缺陷,一是没有提供体系结构质量属性的清晰度量,二是评估过程依赖于专家经验,所以它只适于对软件体系结构进行简单评估。

在 SAAM 基础上,研究人员不断进行扩展,研发出更多用于体系结构分析与评估的方法,例如 SAAMCS 和 SAAMER。

8.3.2 SAAMCS

SAAMCS(SAAM Founder on Complex Scenarios)认为场景的复杂度是风险评估中最

重要的因素。SAAMCS 对 SAAM 的扩展主要有两个方面,一方面是寻找场景的方式;另一方面是评估它们的影响。目前,该方法已经在商业信息系统的应用中得到了检验。

(1) 特定目标:SAAMCS 用风险评估表示其唯一目标。

(2) 评估技术:SAAMCS 寻找实现起来可能比较复杂的场景。它以体系结构描述和版本冲突为基础,提供了在实现时较为复杂的场景类型的场景列表。

(3) 质量属性:它分析的质量属性用系统的灵活性来表示。

(4) 风险承担者:该方法强调参与者的影响,并表示出场景的发起者中的重要角色。所谓场景的发起者,是指这样的组织单元,它最关心该场景的实现。

(5) 体系结构描述:SAAMCS 被应用于有充分细节描述的体系结构的最终版本。该方法认为,和环境集成的系统比孤立于应用领域的系统更为高级。这样,体系结构描述就被分为宏体系结构和微体系结构。

(6) 方法活动:SAAMCS 的输入和活动如图 8-3 所示。在场景开发中,定义了一个二维的框架图(5 类复杂场景,4 种修改来源),它可以为发现复杂场景提供帮助。修改来源包括功能需求、质量需求、外部构件、技术环境。5 个复杂场景的分类分别是对有外部影响的系统的调整,对影响系统的环境的调整,对宏体系结构和微体系结构的调整,对引入版本冲突的调整。在场景效果评估方面,SAMMCS 引入并使用了度量装置来表达场景的效果。所定义的装置包括场景复杂度的 3 种因素:4 个层次的场景效果(没有效果;影响一个构件;影响多个构件;影响体系结构),信息系统所包括的所有者的数量,4 个层次的版本冲突(不同版本没有问题;不理想但并非不能使用;出现与配置管理相关的混乱;出现冲突)。

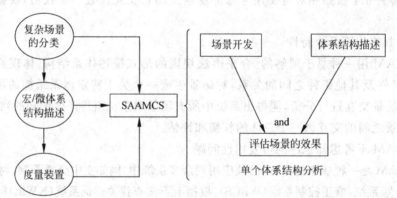

图 8-3 SAAMCS 的输入和活动

SAAMER(SAAM for Evolution and Reusability)是对 SAAM 的另一种扩展,它更好地解决了一个系统应该怎样支持每一个质量属性,识别系统可维护性和可修改性的风险级别以及怎样完成系统升级等问题,并重点关注演化和复用这两个特定的软件质量属性。SAAMER 认为静态视图、动态视图、映射视图和资源体系结构视图至关重要。静态视图集成并扩展了 SAAM,以处理系统组件、功能与组件间连接的分类和泛化,这些扩展有助于用户对修改系统时所要付出的代价和努力进行评估。动态视图适用于行为方面的评估,验证控制和通信能否按照所期望的方式进行处理。组件和功能之间的映射能够揭示出系统的聚集和耦合。在风险承担者方面,SAAMER 与 SAAM 类似,此外还考虑了两种信息来源,即需求变动和领域专家的经验。SAAMER 提供了对分析过程很有用的活动框架,该框架包括搜集参与者、软件体系结构、质量和场景方面的信息,对可用的制造物进行建模、分析、评估,后两个活动类似于 SAAM。但是在 SAAMER 的场景开发阶段,它为何时停止场景的生成提供了一个实用的方案。SAAMER 评估方法现已在电信软件系统开发中得以应用。

8.3.3　ATAM

体系结构权衡分析法 ATAM(Architecture Trade of Analysis Method)是 SEI 于 2000 年在 SAAM 方法基础上提出的,它考虑了可修改性、性能、可靠性和安全性等多种质量属性,并能确定这些相互制约属性之间的折中点。SAAM 考查的是软件体系结构单独的质量属性,而 ATAM 提供从多个竞争的质量属性方面来理解软件体系结构的方法。使用 ATAM 用户不仅能看到体系结构对于特定质量目标的满足情况,还能认识到在多个质量目标间权衡的必要性。ATAM 关注如何从商业目标获取体系结构的质量属性目标。

(1)特定目标:ATAM 的目标是在考虑多个相互影响的质量属性的情况下,从原则上提供一种理解软件体系结构的能力的方法。对于特定的软件体系结构,在开发系统之前,可以使用 ATAM 方法确定多个质量属性之间的折中的必要性。

(2)质量属性:ATAM 方法分析多个相互竞争的质量属性。在开始时,考虑的是系统的可修改性、安全性、性能和可用性。

(3)风险承担者:在与场景、需求收集有关的活动中,ATAM 方法需要所有系统相关人员参与。当然,这也包括软件体系结构设计者。

(4)体系结构描述:体系结构空间受到历史遗留系统、互操作性和以前失败的项目约束,在 5 个基本结构的基础上进行体系结构描述,这 5 个结构是从 Kruchten 的"4+1"视图派生而来的,其中的逻辑视图被分为功能结构和代码结构。这些结构加上它们之间适当的映射可以描述一个体系结构,同时需要几个不同的视图,其中,动态视图显示系统怎样通信,系统视图显示软件和硬件之间的分配关系,源视图显示构件和系统怎样组成对象。通常用一组消息顺序图显示运行时的交互和场景,对体系结构描述加以注解。ATAM 方法被用于体系结构设计中,或被另一组分析人员用于检查最终版本的体系结构。

(5)评估技术:用户可以将 ATAM 方法视为一个框架,该框架依赖于质量属性,可以使用不同的分析技术。它集成了多个优秀的单一理论模型,其中,每一个理论模型都能够高效、实用地处理属性。

另一种评估技术是场景。ATAM 用调查表来收集影响软件体系结构质量属性的要素,描述质量属性的特征,并将场景分为 3 类,其中,用例包括对系统典型的使用,用于获取信息;增长场景覆盖系统预期变更以及可能对系统造成更大负荷的变更;探测场景从不同角度探测系统的特性,有助于提高场景的完整性并对体系结构的风险决策提供支持。

场景评估技术中有一个三元的场景角色,有助于把含混不清、非定量化的需求和约束用具体的术语表达出来。ATAM 通过理解体系结构方法来分析一个体系结构。体系结构方法是设计师在设计过程中采用何种体系结构风格的决策,它体现了实现系统的质量属性目标的策略。在 ATAM 中,基于属性的体系结构风格(Attribute-Based Architecture Style, ABAS)有助于将体系结构风格的概念转换为基于特定质量属性模型的推理。在对质量属性构造了一个精确分析模型时要进行分析,定性的启发式分析方法就是这种分析的粗粒度的版本。现在对每种属性的分类体系是 ATAM 方法的另一个基础。这些分类体系有助于确保属性的覆盖,并提供提出启发式问题的基本原则。ATAM 还适用于筛选问题,它把推理导向使之关注体系结构更为重要的部分,起到了限制进行详细审查的体系结构的部分大小的作用。提出这些问题比立即构造定量的属性模型更为实际,它们抓住了更为严格和形式化的分析中的典型问题的本质。

ATAM 评估方法包括 4 个部分,分为 9 个步骤:

1. 表述

表述部分包括 3 个步骤,分别为 ATAM 方法表述、商业动机表述、软件体系结构表述。

ATAM 方法表述的责任人为评估负责人,其活动为向评估参与者介绍 ATAM 方法并回答问题,具体活动内容如下:

(1) 评估步骤介绍。

(2) 用于获取信息或分析的技巧,例如效用树的生成、基于体系结构方法的获取和分析、对场景的集体讨论及优先级的划分。

(3) 评估的结果,即所得出的场景及其优先级,用于理解和评估体系结构的问题、描述体系结构的动机需求并给出带优先级的效用树、所确定的体系结构评估方法、所发现的有风险决策、无风险决策、敏感点和权衡点等。

ATAM 方法表述的目的是使参与者对该方法形成正确的预期。

商业动机表述的责任人为项目发言人(项目经理或系统客户),活动主要为阐述系统的商业目标,其活动内容如下:

(1) 系统最重要的功能。

(2) 技术、管理、政治、经济方面的任何相关限制。

(3) 与项目相关的商业目标和上下文。

(4) 主要的风险承担者。

(5) 体系结构的驱动因素,即促使形成该体系结构的主要质量属性目标。

商业动机表述的目的是说明采用该架构的主要因素,例如高可用性、极高的安全性或推向市场的时机。

软件体系结构表述的责任人为体系结构设计师,活动主要对体系结构做出描述,其活动内容如下:

(1) 技术约束条件,例如要使用的操作系统、硬件、中间件之类的约束。

(2) 该系统必须要与之交互的其他系统。

(3) 用于满足质量属性的体系结构方法。

(4) 对最重要的用例场景及生长场景的介绍。

软件体系结构表述的目的是重点强调该架构是怎样适应商业动机的。

2. 调查分析

调查分析部分包括 3 个步骤，分别为确定软件架构的方法、生成质量属性效用树、分析软件架构方法，此部分的责任人为软件架构设计师。

其中，确定软件架构的方法的具体活动包括确定所用的体系结构方法，但不进行分析；生成质量属性效用树的具体活动包括生成质量属性效用树，以详细的根节点为效用，一直细分到位于叶子节点的质量属性场景，质量属性场景的优先级用高(H)、中(M)、低(L)描述，不必精确。

根据生成质量属性效用树得到的高优先级场景，能够得出应对这一场景的体系结构方法并对其进行分析，要得到的结果如下：

(1) 与效用树中每个高优先级的场景相关的体系结构方法或决策。

(2) 与每个体系结构方法相联系的待分析问题。

(3) 体系结构设计师对问题的解答。

(4) 有风险决策、无风险决策、敏感点和权衡点的确认。

调查分析的目的是确定架构上有风险决策、无风险决策、敏感点、权衡点等。

3. 测试

测试部分包括两个步骤，分别为集体讨论并确定场景的优先级、分析软件体系结构方法。其中，集体讨论并确定场景的优先级是根据所有风险承担者的意见形成更大的场景集合，具体活动包括以下方面。

(1) 用例场景：描述风险承担者对系统使用情况的期望。

(2) 生长场景：描述期望体系结构能在较短时间内允许的扩充与更改。

(3) 探察场景：描述系统生长的极端情况，即体系结构在某些更改的重压的情况。

用户需要注意的是，最初的效用树是由体系结构设计师和关键开发人员创建的，之后在对场景进行集体讨论的过程和设置优先级的过程中，有很多风险承担者参与其中。与最初的效用树相比，两者之间的不匹配可以揭露体系结构设计师未曾注意到的方面，从而使风险承担者可以发现体系结构中的重大风险。

分析软件体系结构方法是对调查分析中相应步骤的重复，使用的是在集体讨论并确定场景的优先级这一步中得到的高优先级场景，这些场景被认为是迄今为止所做分析的测试案例。

4. 形成报告

形成报告即对评估结果的表述。此部分的责任人为评估小组，其根据在 ATAM 评估期间得到的信息，例如方法、场景、针对质量属性的问题、效用树、有风险决策、无风险决策、敏感点、权衡点等，向与会的风险承担者报告评估结果。其中，ATAM 评估结果中相对重要的部分如下：

(1) 已经编写了文档的架构方法。

(2) 若干场景及其优先级。

(3) 基于质量属性的若干问题。

（4）效用树。

（5）所发现的有风险决策。

（6）编写文档的无风险决策。

（7）所发现的敏感点和权衡点。

ATAM 的主要活动阶段包括场景和需求收集、体系结构视图和场景实现、属性模型构造和分析、折中处理。图 8-4 描述了上面介绍的 4 个部分及与每个部分相关的步骤，还描述了体系结构设计和分析改进中可能存在的迭代。

图 8-4　ATAM 分析评估过程

ATAM 通过用调查表来收集影响软件体系结构质量属性的要素，描述质量属性的特征，尽管 9 个步骤按编号排列，但并不一定严格遵照这种瀑布模型，评估人员可以在 9 个步骤中进行跳转和迭代。ATAM 能针对性能、实用性、安全性和可修改性这些质量属性，在系统开发之前对其重要性进行评价和折中。当评估活动结束后，将评估的结果与需求作对比，如果系统预期行为与需求充分接近，设计者就可以继续进行更高级别的设计或实现；如果分析发现了问题，就对所设计的软件结构、模型或需求进行修改，从而开始迭代过程。

在 ATAM 中，体系结构设计师采用 5 个基本结构来描述软件体系结构，即来源于 Kruchten 的"4+1"视图，只是将逻辑视图分成了功能结构和代码结构，并且加上这些结构之间适当的映射关系。同时根据需要，还要采用其他的视图，其中动态视图表明系统如何通信；系统视图表明软件是如何分配到硬件的；源视图表明组件和系统如何组成了对象。

通过生成质量属性效用树，将商业驱动因素以场景的形式转换成具体的质量属性需求，并对这些质量属性场景设置相对优先级。前面提到 ATAM 评估步骤的调查分析部分中的分析体系结构方法，将确定的体系结构方法与生成效用树得到的质量属性需求联系起来进行分析，从而确认与效用树中最高优先级质量属性相联系的体系结构方法，生成针对特定质量属性的提问，并且确认有风险决策、无风险决策、敏感点和权衡点。效用树的示例如图 8-5 所示，效用树的输出结果对质量属性需求的优先级加以确定，为 ATAM 后续评估内容提供指导意见。其中，效用树的根节点为"效用"，代表了系统的整体质量，效用树的二级节点为各个质量属性，效用树的三级节点用文字说明，用字母 H、M、L 标识质量属性的优先级及其相应的实现难度。

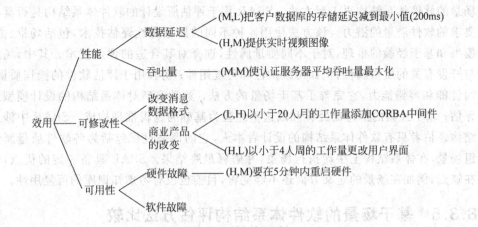

图 8-5　效用树示例

8.3.4　基于场景的其他评估方法

除了 SAAM 及其扩展形式和 ATAM 以外,还有很多其他的基于场景的软件体系结构评估方法,下面分别进行介绍。

1. ALPSM

ALPSM(Architecture Level Prediction of Software Maintenance)方法是 Bengtsson 和 Bosch 提出的体系结构层次预测系统可维护性的一种方法。ALPSM 定义了可维护性框架,即一组表示维护任务的变更场景。一个场景描述系统中可能发生的一个或一系列动作,场景的变更描述一个具体的维护任务。ALPSM 以场景变更的规模作为可维护性的预测因子,通过场景变更所需的维护代价分析体系结构可维护性。AL PSM 方法结合设计经验和历史数据对可维护性框架进行验证,并且有效地引入变更,预测系统的可维护性。该方法的缺点是具有一些不确定性,例如不确定怎样验证可维护性框架具有代表性。

2. ALMA

由于软件 50%～70% 的成本都用于软件的演化,因此,可修改性的设计和分析对于减少软件的成本具有重要的意义。Bengtsson 等人在 2004 年提出基于预测的软件体系可修改性的分析方法 ALMA(Architecture Level Modifiability Analysis)。该方法基于可维护性成本预测和风险评估等度量指标,通过对变更场景的构建、评价来进行可修改性的分析。假设变更规模为最主要的可修改性成本因素,构造了一个修改性预测模型。ALMA 方法引入了定量的度量指标,支持从风险评估、成本预测、体系结构选择等多个角度评估体系结构的可修改性,并提供了场景构建的停止准则。ALMA 方法的缺点是缺少对结果准确性的判断和风险评估完整性的判断。

3. SBAR

SBAR(Scenario Based Architecture Reengineering)方法是 Bengtsson 和 Bosch 提出的

基于场景的软件体系结构再工程方法。SBAR 用于评估所设计的软件体系结构是否具有达到所要求的软件质量的潜力。该方法使用 4 种不同的质量属性评估技术，包括场景、仿真、数学模型和基于经验的推理，对于不同质量属性，选择对其合适的评估技术。其中，场景被用于与开发有关的质量属性，例如可维护性和可复用性；仿真用于评估软件的操作质量，例如时间性能和容错能力，它完善了基于场景的方法；数学模型对体系结构的设计模型进行静态评估；基于经验的推理由经验和以这些经验为基础的逻辑推理构成。SBAR 中涉及的体系结构评估者只有软件体系结构的设计者本人，它的评估过程包括为各软件质量属性定义一组场景，在体系结构上手动执行场景，并解释最终结果。SBAR 具备一定的优点，但是也存在缺点，例如在场景的定义方面还不够完善，目前也没有考虑知识库的可复用性。

8.3.5　基于场景的软件体系结构评估方法比较

随着软件体系结构分析与评估技术的发展，各种评估方法不断产生，它们在应用过程中具有不同的侧重点。为了能够在工程实践中有效地利用这些评估方法，对不同方法在多个方面加以比较显得尤为必要。

基于场景的各种体系结构评估方法各有侧重点，针对不同质量属性的评估需求分别用于不同的领域。表 8-3 详细描述了基于场景的一些典型软件体系结构分析与评估方法，并从目标、可评估的质量属性、对体系结构的描述、采用的评估技术、必备的风险承担者及方法验证等方面进行对比。

表 8-3　基于场景的典型软件体系结构分析与评估方法比较

方法　方面	SAAM	SAAMCS	SAAMER	ATAM	ALPSM	SBAR	ALMA
评估活动（个）	6	3	4	9	6	3	5
目标	风险定义、合适性分析	预测相对适用性风险	评估体系结构重用和进化	敏感点和权衡点分析	可维护性分析	按照需求的质量属性评估体系结构	变化冲突分析、预测维护工作
评估技术	基于场景的功能性和变化分析	复杂场景	信息模型、场景	问卷、度量结合使用	场景	多个技术	依赖于分析目标
质量属性	可修改性	适用性、可维护性	复用、进化	多个属性	可维护性	多种属性	可维护性
描述	逻辑和模块化观点	微观和宏观的体系结构设计	静态、图示、动态的观点	过程、数据流、物理的和模块化观点	没有特殊要求	一个被执行的体系结构	独立的体系结构描述和符号使用
风险承担者	所有	主要	设计者、管理者、最终用户	所有	设计者、分析者、评估者	设计者	不同的活动不同的承担者
方法验证	多领域	商业信息系统	转换系统	不断验证中	特定领域系统	软件系统	不同领域

对软件体系结构评估方法 SAAM 和 ATAM 进行比较,在具体的实际运用中,两种方法又有各自不同的特点。首先,场景的生成方式有所不同,ATAM 在具体评估过程中将场景分为 3 类,能够暴露当前设计的边界或极限,显示可能隐含的假设,即弄清这些更改的影响。在场景的具体使用中,评估小组请风险承担者对三类场景进行集体讨论,根据风险承担者的意见将代表相同行为或相同质量属性的场景进行合并,确定其中若干个场景,最后通过投票的方式来确定这些场景的优先级别。ATAM 建立在 SAAM 的基础上,借助效用树将风险承担者的商业目标转换成质量属性需求,再转换为代表自己商业目标的场景。ATAM 通过不同质量属性之间的交互及依赖关系,寻求不同质量属性之间的折中机制,同时改进了体系结构的相关文档。ATAM 是目前被验证有效并广泛使用的一种体系结构评估方法,尽管 ATAM 揭示了体系结构如何满足特定的质量目标,而且具备提供质量属性如何交互(即如何在它们之间做出权衡)的功能,但这些设计决策会影响软件的整个生命周期,并且软件在实现后很难修改这些决策的影响。SAAM 与 ATAM 相比较,是一种相对简单的软件体系结构评估方法,进行培训和准备的工作量较少。尽管 SAAM 评估步骤及细节较少,但是涉及的内容相对较多,在评估中没有提供体系结构质量属性的清晰度量,评估过程过于依赖专家经验,总体评估时还需根据场景对系统功能的相对重要性设置权重。确定权重的设置具有很强的主观性,故 SAAM 方法适用于体系结构的粗糙评估,用于一边设计一边评估软件体系结构的软件开发过程。

不同的方法有各自的特点,适合不同的环境。从另一个角度来说,可以将某些方法结合起来使用,从而获得更好的评估效果。例如,SAAM 评估方法仅应用于 SA 的最终版本,并且需要所有风险承担者的参加;而 ALPSM 方法只需要设计师,并且可以在设计过程中反复使用,耗用的资源和时间较少。对于体系结构评估而言,风险承担者的参与不仅能够促进他们之间的交流,还能加深对系统质量属性的了解。因此,将 SAAM 与 ALPSM 结合起来是一个很好的途径。不同的评估技术结合使用也能改进现存的评估方法。现有的评估方法很多是基于场景的,也有基于特定质量属性的,可以将基于场景的评估技术与质量属性的特定分析技术相结合。ATAM 方法就综合了多种评估技术,因而具有分析的通用性和灵活性,可用于对任何质量属性的评估。

8.3.6 基于场景的评估应用实例

1. SAAM 评估实例

本实例针对上下文查找关键词系统(KWIC)的功能实现,采用 SAAM 方法对共享内存解决方案和抽象数据类型解决方案进行评估。

(1)系统基本功能描述:输入一些句子,系统把这些句子中的词语重新组合成新的句子,然后按照字母顺序输出,例如以下输入与输出。

输入:software architecture evaluation

输出:architecture evaluation software

evaluation architecture software

...

(2)角色:

① 最终用户:提出修改 KWIC 程序,使之成为一个增量方式而不是批处理方式。这个程序版本一次接收一个句子,产生一个所有置换的字母列表;提出修改 KWIC 程序,使之能

删除在句子前段的噪声单词。

② 开发人员：提出改变句子的内部表示，例如压缩与解压；提出改变中间数据结构的内部表示，例如可直接存储置换后的句子，也可存储转换后的词语的地址。

(3)体系结构描述：

① 共享内存的解决方案：共享内存的解决方案如图 8-6 所示。该体系结构中有一个全局存储区域，被称为 Sentences，用来存储所有输入的句子。其执行顺序是输入例程→读入句子→存储句子→循环转换例程转换句子→字母例程按字母顺序排列句子→输出例程输出句子。当需要时，主程序传递控制信息给不同的例程。

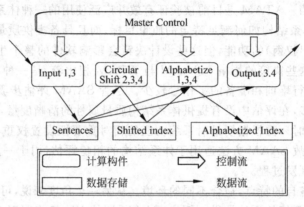

图 8-6　共享内存的解决方案

② 抽象数据类型解决方案。抽象数据类型 ADT（Abstract Data Type）解决方案如图 8-7 所示，其中，每个功能都隐藏和保护其内部数据表示，提供专门的存取函数作为唯一的存储、检索和查询数据的方式。ADT Sentence 有两个函数，分别是 Set 和 GetNext，分别用来增加和检索句子；ADT Shifted Sentences 提供了函数 Setup 和 GetNext，分别用来建立句子的循环置换和检索置换后的句子。

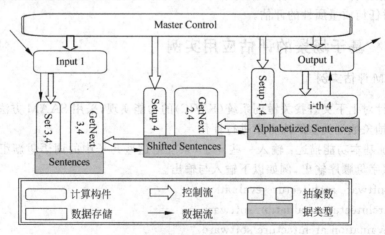

图 8-7　抽象数据类型解决方案

ADT Shifted Sentences 使用 ADT Sentence 的 GetNext 函数来重新存储输入的句子。ADT Alphabetized Sentences 提供了一个 Setup 函数和一个 i-th 函数，Setup 函数重复调用

Shifted Sentences 的 GetNext 函数,用来检索已经存储的所有行并进行排序,i-th 函数根据参数 i,从存储队列中返回第 i 个句子。

(4)体系结构评估:依次考虑每个场景对体系结构进行评估,选择用来评估的所有场景都是间接场景,这些场景不能被待评估的体系结构直接执行,因此,评估依赖于体系结构的某些修改。

① 场景 1:第一个场景是从批处理模式转移到增量模式,即不是把所有的句子都输入完后再进行一次性的处理,而是一次只处理一个句子。对于共享内存解决方案而言,这需要修改 Input 例程,使之在读入一个句子后让出控制权,同时也要修改 Master Control 主控程序,因为子例程不再是按顺序一个只调用一次,而是一个迭代调用的过程。另外,还要修改 Alphabetized 例程,因为使用增量模式后会涉及插入排序的问题。假设 Circular Shift 例程一次只处理一个句子,且输出函数只要被调用就可以输出。

对于 ADT 解决方案而言,Input 函数需要修改,使之在被调用时一次只输入一行。假设 Sentence 在存储了输入之后放弃控制权,则无须改变。假设当 Shifted Sentences 被调用时能请求和转换所有可获得的句子,这样,该例程也无须改变。在共享内存解决方案中,Alphabetized Sentences 必须修改。

综上所述,对于第一个场景而言,两个待评估的体系结构受到的影响是等价的。

② 场景 2:第二个场景要求删除句子中的"噪声"单词。无论是在共享内存解决方案中还是在 ADT 解决方案中,这种需求均可通过修改转换函数很容易地实现。在共享内存体系结构中修改 Circular Shift 函数,在 ADT 体系结构中修改 Shifted Sentences 函数。因为在这两种体系结构中转换函数都是局部的,且噪声单词的删除不会影响句子的内部表示,所以,对于这两种体系结构而言,这种修改是等价的。

③ 场景 3:第 3 个场景要求改变句子的内部表示,例如从一个未压缩的表示转换到一个压缩的表示。在共享内存体系结构中,所有函数共享一个公用的表示,因此除了中控函数 Master Control 以外,所有函数都受到该场景的影响。在 ADT 体系结构中,输入句子的内部表示 Sentence 提供缓冲。因此,就第 3 个场景而言,ADT 体系结构比共享内存体系结构要好。

④ 场景 4:第 4 个场景要求改变中间数据结构的内部表示。对于共享内存体系结构,需要修改 Circular Shift、Alphabetized 和 Output 例程。对于 ADT 体系结构,需要修改 ADT Shifted Sentences 和 Alphabetized Sentences。因此,ADT 体系结构解决方案所受的影响的构件数量要比共享内体系结构解决方案的少。

通过以上分析可以得出以下评估结果,如表 8-4 所示。

表 8-4 评估结果

	场景 1	场景 2	场景 3	场景 4	比较
共享内存体系结构	0	0	—	—	
ADT 体系结构	0	0	+	+	+

其中,"0"表示对于该场景而言两个体系结构是等价的,"+"表示对于该场景而言两个体系结构中较好的,"—"表示相对差的。在实际评估中,还需要设置场景的优先级。如果功能的增加是风险承担者最关心的问题,那么这两个体系结构是待等价的(例如场景 2)。如

果句子的内部表示的修改是风险承担者最关心的问题(例如场景 3),那么 ADT 体系结构显然是要首选的。

使用 SAAM 方法评估系统的结果通常是容易理解,容易解释,而且和不同的需求目标联系在一起。开发人员、维护人员、用户和管理人员会找到对他们关心的问题的直接回答,只要这些问题是以场景的方式提出的。

SAAM 最初提出的目的是针对同一问题的不同体系结构设计做比较。在许多实例研究中,不同领域的专家根据领域自身的特点和需要提出若干场景来指导评估小组评估软件系统特定方面的性能。对于同一系统,如果提出的场景不同,评估出来的结果也将是不同的。

2. SAAMCS 评估实例

本实例针对通信公司选号系统进行体系结构层次的可修改性分析估计,采用基于场景的评估方法,采用了 SAAM 的扩展评估方法 SAAMCS,在成本计算模型和开发技术上借鉴了其他评估技术,例如 ALPSM、ALMA 等。

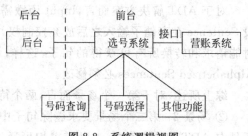

图 8-8　系统逻辑视图

该系统分为前台和后台,前台采用 B/S 结构,界面用 JSP 开发,数据库为 SQL Server 2005。后台采用 C/S 结构,用 C#开发,与通信公司内部营账系统实现对接,实现号码的实时删除。营账系统通过内部局域网,每 3 分钟向该系统服务器传递一次数据,该数据为 3 分钟内开户号码的一些基本信息,后台结构程序每 3 分钟读取文件,读入数据库,实现号码的自动删除。图 8-8 为该系统的逻辑视图。

(1) 场景形成:按照系统体系结构描述,考虑各类风险承担者,按照角色划分从功能、需求、环境等方面列出会产生变化的场景,如表 8-5 所示。

表 8-5　按角色划分的评估场景列表

角　色	场　景
用户	① 美化界面
	② 添加亲情号码选择功能
	③ 特定号码选择添加多个文本框,一次可选多种情况
开发人员	① 手机短信确认,实现二次登录
	② 实现摄像头摄取图像获取身份验证功能
	③不同号段显示不同颜色
系统维护人员	① 修改日志管理,方便查看日志
	② 添加数据库定期自动备份功能
	③ 添加统计功能
系统管理人员	① 更换 Web 服务器和数据库,提高速度
	② 修改版本,使各号段号码均能使用该系统
	③ 实现号码分级,除靓号外,号码再细分 3 级
	④ 提高系统自动销号实时性
	⑤ 实现号码与业务的自动捆绑

（2）场景分析：针对表 8-5 提出的场景，按照角色分类运用基于场景的分析方法对不同场景进行分析评估。

① 针对用户提出的美化界面，可以根据系统的功能特点进行相应美化，在技术上可行，但整个系统功能复杂，界面繁多，如果进行全面修改，工作量大，属于复杂场景。添加亲情号选择模块属于需求修改，可以根据用户需求对亲情号码的定义进行添加，它的修改会引起后台的修改，后台需要对这种选择方式进行支持和添加维护。一方面对于特定号码添加多个文本框方便选择，修改部件以方便在前台的界面修改，另一方面对于特定查询模块的查询类需要修改，可在原来方法的基础上进行修改添加，但是更好的办法是运用类的继承实现所需功能。

② 针对开发人员提出的部分场景，逐一分析评估。其中，手机短信确认，实现二次登录，需要与移动公司合作，使用短信网关，与移动公司的网络进行互联，属于多所有者的复杂场景。对于使用摄像头获取身份验证，相对于现在普遍使用的身份证验证，有肖像权等诸多法律问题，不易实现，属于复杂场景，如果实现将是系统的一个风险所在。不同号段的号码以不同颜色显示需要修改所有显示查询结果的页面，在系统中特定选号、随意选号、个性选号等模块的结果都需要修改。同时，对于号段的判断也要添加类，用接口实现它。

③ 针对系统维护人员，系统日志管理的修改需要对前台重要记录及后台的重要操作进行监控，在原有的基础上进行修改问题不大。对于添加数据库自动备份功能也属于独立模块，不对其他模块有影响。添加统计功能需求属于需求变化场景，对于管理人员对放号情况的掌握很有好处，比较重要，根据风险承担者的需求可以实现修改，有一定的工作量。

④ 针对系统管理人员，为了提高系统性能和选号速度，需要更换 Web 服务器和数据库，这是技术环境因素，它的修改将影响服务器上的其他系统，需要与其他系统的所有者进行协商，不容易修改，是一个复杂场景。号码实现分级与原有系统最初的体系结构产生冲突，影响体系结构，基本上不能实现，如果要实现，需要重新设计系统的体系结构及具体实现。提高系统自动销号的实时性要求与营账系统实现无缝对接，传递开户号码无时延性，此变化场景的实现需要与营账系统的技术员交流协商，修改其他系统的构件，属于多所有者的问题。实现号码与业务的自动捆绑需要与移动公司的规定及业务相关，不仅仅是系统问题，是不可行的。

（3）评估结果：与相应风险承担者讨论，结合以上分析过程，确定单个场景的权重。表 8-6 列出了部分变化场景权重，根据不同场景的权重，利用 SAAMCS 方法中的计算模型可以计算出平均场景的成本，把每一个变化场景对系统的修改和添加进行分开计算，在计算和的时候，由于不包括复杂场景，添加部分的成本乘以 1/2。这里只给出了量化的表示说明评估结果，对于具体的计算模型和计算不详细说明。

表 8-6　变化场景权重及修改成本计算

变 化 场 景	权　重	影　　响	
		修改内容	添加内容
美化界面	0.0615	20% * 8kLOC + 5 * kLOC + ··· =5kLOC	0
添加亲情号码选择功能	0.0825	0	3kLOC

续表

变化场景	权　重	影　响	
		修改内容	添加内容
不同号段以不同颜色显示	0.0055	5% * 6kLOC + 6 * 10kLOC + … = 1.5kLOC	0
修改日志管理,方便查看日志	0.0350	15% * 20kLOC + 80% * 10kLOC = 11kLOC	10kLOC
实现号码分级	0.0125	5% * 6kLOC = 0.3kLOC	0
…	…	…	…
总　　计	1.000	0.0615 * 5k + 0.0055 * 1.5k + 0.035 * 11k + 0.0125 * 0.3k ≈ 705LOC/场景	0.0825 * 3k + 0.0350 * 10k ≈ 598LOC/场景
		705 + 598 * 50% = 1004LOC/场景	

　　复杂场景分析结果如表 8-7 所示,场景评估结果用一系列宏体系结构和微体系结构的尺寸进行表示。其中,被考虑的因素包括场景效果,信息系统所包括的所有者的数量和版本冲突。其中,场景效果分为 4 个级别:①没有影响;②影响一个构件;③影响多个构件;④影响体系结构。版本冲突也有 4 个刻度:①不同版本没有问题;② 不理想但并非不能使用;③ 出现与配置管理相关的混乱;④ 出现冲突。多所有者存在用"√"表示,不存在用"×"表示。根据分析结果显示,对于场景"手机短信确认,实现二次登录"和"更换 Web 服务器和数据库,提高速度"以及"提高系统自动销号实时性"都涉及多所有者问题,需要与其他系统的所有者进行协商,属于复杂场景,如果要实现,需要承担额外的风险。实现号码分级与系统最初设计的体系结构冲突,基本上不能实现,如果一定要实现,需要重新设计体系结构,具有很大的风险。

表 8-7　复杂场景评估结果

变化场景	角色	宏观体系结构			微观体系结构		
		效果	多所有者	版本冲突	效果	多所有者	版本冲突
手机短信确认	开发人员	②	√	①	②	×	①
更换 Web 服务器	管理人员	①	√	①	①	×	①
提高自动销号实时性	管理人员	②	√	①	②	√	①
实现号码分级	管理人员	①	×	①	④	×	①

3. ATAM 评估实例

　　本实例针对基于 B/S 的商务网站架构采用 ATAM 评估方法进行评估,该系统的功能是为商家与客户提供实时交易的平台,以下是按 ATAM 方法对系统进行评估的详细过程。

　　(1) 系统的架构描述如图 8-9 所示。

图 8-9　系统 B/S 架构

（2）质量属性与采用的方案描述如表 8-8 所示。

表 8-8 质量属性与方案

目 标	实 现 方 式	采用的方案
性能	用户访问系统必须在规定时间内做出响应，如果由于网络等原因不能及时反应，应提出警告	限制访问队列大小，缓冲池技术
易用性	用户对系统的应用能正确、及时地反馈	支持用户主动
安全性	并发操作时，保证数据的排他性	锁
	保证角色的安全性，在程序中进行授权检查的安全性机制	身份验证、授权、验证码
	Spring 框架采用 AOP 实现权限拦截，通过对 Spring Bean 的封装机制实现了一个案例框架	AOP、安全框架
可用性	当系统试图超出限制范围来进行查询和订购时必须进行错误检测，中止错误操作	异常检测
	采用 Java EE 系统提供可用的事务服务，提供内建故障恢复机制	内建故障恢复机制
模块性	针对松耦合高内聚的原则，将系统划分为多个模块	模块化
可维护性	有日志	日志记录
	可扩展	XML 配置方式
可修改性	有变更时，系统在预计时间内完成	局部化修改，防止连锁反应
可测试性	在完成系统开发的一个增量后，可对软件进行测试	输入/输出

质量属性效用树示例如表 8-9 所示。

表 8-9 质量属性效用树

质量属性	属性求精	场景编号	场 景
性能	响应时间	P_{01}	系统处于高峰时，保证登录的每个用户的查询或请求响应时间在 10s 以内（H，H）
	吞吐量	P_{02}	系统可保证 5000 个用户同时在线操作（H，M）
易用性	及时反馈性	Y_{01}	系统发生错误或运行时间较长时，应为用户提供有意义的反馈（H，M）
安全性	机密性	S_{01}	用户只有权力查看本人的交易记录，管理员不能查看用户隐私（H，M）
	封闭性	S_{02}	外网用户不能直接访问及修改数据库（H，M）
可用性	备份与恢复	U_{01}	备份时间短且在用户访问少时进行，系统崩溃能在 1 个小时内恢复（H，H）
	硬件更换	U_{02}	硬件发故障时可更换（H，L）
模块性	模块职责明确	M_{01}	系统-子系统-模块-子模块（H，M）
	接口清晰	M_{02}	模块之间通过接口通信，实现平台无关性（H，L）
可测试性	类的测试	T_{01}	每个类及其函数都应该单独测试，以验证其正确性（M，L）
	功能模块测试	T_{02}	对与系统功能相对应的模块进行测试，以保证业务的完备性（H，M）
	系统性能测试	T_{03}	对系统进行压力测试，验证能否达到预计访问量（H，M）
可修改性	功能扩展	K_{01}	如增加货品预定功能，能在一天内完成，不影响其他功能（M，M）
	界面修改	K_{02}	易于修改（M，M）
可移植性		R_{01}	系统在新的操作系统或数据库可正常运行（H，L）

（3）质量场景的构架分析：在质量属性效用树中，对场景的优先级进行了划分，其中，标注为(H,H)的场景是最重要也是最难的，主要对这样的场景进行分析。在质量属性效用树的表格中，仅在性能和可用性这两个质量属性下发现标注有(H,H)的场景，下面根据系统的体系结构和实现质量属性所采用的方案分别给出这些重要场景的构架方法分析过程，如表 8-10 和表 8-11 所示。其中，S_n、R_n、T_n(n 代表数字)等表示场景在不同构架决策的各个方面产生的问题点，需要进一步分析并提出解决方案。

表 8-10　性能 P_{01} 场景分析

场景号：P_{01}	场景：系统访问量达到高峰			
属性	性能			
环境	系统处于高峰访问时期			
刺激	用户请求访问			
响应	良好响应请求			
构架决策	敏感点	权衡点	有风险决策	无风险决策
超出限制访问量的请放在等待队列中	S_1		R_1	
缓存	S_2		R_2	
每个 IP 一次中允许发一个请求		T_1	R_3	
数据库连接池	S_3			N_1
推理	① 由于系统部署时采用单个服务器，无法满足大量用户同时访问系统 ② 单个服务器缓存有限 ③ 避免用户的恶意攻击，便可降低系统可用性			

表 8-11　可用性 U_{01} 场景分析

场景号：U_{01}	场景：系统备份与恢复			
属性	可用性			
环境	系统发生错误			
刺激	用户进行恢复			
响应	尽快恢复并对用户提供有意义的反馈			
构架决策	敏感点	权衡点	有风险决策	无风险决策
系统备份	S_4		R_4	
故障恢复	S_5		R_5	
推理	① 频繁备份会影响正常业务处理，存在一定的风险 ② 单服务器机制会发生单点失效的问题，系统恢复时间长，风险大			

（4）问题分析：在前面对系统结构的描述中，系统采用基于 B/S 的分层结构，部署在一台应用服务器上，这种结构有它独特的优点。但经过架构方法的分析，特别是对系统的关键质量属性和优先级最高的质量属性场景的分析，发现系统在上述场景下会出现以下问题：性能方面，在非常多的用户并发操作的情况下，单服务器系统将不能对用户的请求做出及时的响应，严重情况下服务器还会崩溃；可用性方面，在仅有的一台应用服务器出现故障或者崩溃的情况下，用户将不能访问系统，故障恢复需要花费较长的时间。

（5）系统架构改进：考虑到使用商务系统的用户数目非常庞大，造成用户对系统的访问请求数目和对系统进行业务操作的请求数目也非常庞大，改进后的系统采用多层分布式结构，如图 8-10 所示。

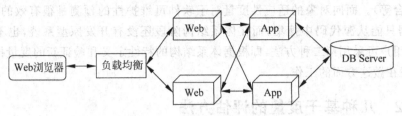

图 8-10　改进的系统架构

该结构使用 Web 服务器集群和应用服务器集群来实现，这种集群机制支持动态负载平衡（Load Balance）和容错机制，可以将用户的请求以及对用户请求的处理分发到负载低的服务器中，非常适合具有并发用户数多、服务地点分散等特点的结构，有较高的稳定性，能有效地避免由于访问流量过多导致服务器瘫痪以及整个系统因为某台服务器崩溃而彻底瘫痪。

8.4　基于度量的软件体系结构评估方法

在对体系结构的分析和评估中，大多采用基于场景的技术，这种技术具有很大的不确定性，应用度量技术可以对体系结构进行定量的分析。度量对于所有科学领域的进步都是至关重要的。在软件工程领域中，软件的度量和预测技术是保证软件质量的重要技术之一。软件体系结构作为软件开发过程中的一个早期的设计模型，如果能够度量并预测未来软件产品的质量，那么其预测的结果可以及时给出设计缺陷，这对于减少开发风险和提高软件质量是非常重要的。

8.4.1　度量

软件质量直接影响软件的使用与维护，了解软件产品的质量状态是项目质量得以保证的基础。对软件质量给出一个客观的、科学的定义并予以量化，对评价和控制软件产品质量是十分必要的。它是高层进行决策的基础，也为软件的改进提供了支持。度量是一个依据清楚定义的规则，将数字或符号赋给现实世界中实体的属性的过程。度量技术是软件质量的定量反映，能够帮助量化软件系统适应的程度，根本目的是为了对个体和系统进行评估或对未来发展进行预测。只有通过度量，软件工程才可以进入科学的阶段。

度量是指为软件产品的某一属性所赋予的数值，例如代码行数、方法调用层数、构件个数等。传统的度量研究主要针对代码，但近年来也出现了一些针对高层设计的度量，软件体系结构度量即是其中之一。代码度量和代码质量之间存在着重要的联系，类似地，软件体系结构度量应该能够作为评判质量的重要的依据。赫尔辛基大学提出的基于模式挖掘的面向对象软件体系结构度量技术、Karlskrona 和 Ronneby 提出的基于面向对象度量的软件体系结构可维护性评估、西弗吉尼亚大学提出的软件体系结构度量方法等都在这方面进行了探索,提出了一些可操作的具体方案,这类评估方式称为基于度量的评估方式。

度量包括质量属性的度量选择、度量的规模和一组度量方法。用户可以采用两种方法适应现有的度量技术,例如采用在设计和代码级经验证有效的面向对象指标(如动态复杂性、动态耦合等)。面向对象的适应性度量对于软件可维护性的预测是很有效的,因为度量所需的数据只能从源代码中搜集,而在体系结构阶段还没有开发原型系统,也不存在源代码。因此,用户可采用第二种方法,即根据体系结构的特性定义和验证新的度量指标,目前,一些学者正在做这方面的工作。

8.4.2 几种基于度量的评估方法

软件体系结构的度量是对软件中间产品的度量,可以更加精确地描述软件体系结构的各种特征,并通过预测发现软件设计中存在的问题。通过对多种基于度量和预测评估方法进行分析和比较,该类方法具有以下重要特征:

(1) 这些方法的基本思路是将传统的度量和预测技术应用在软件体系结构层次。

(2) 度量技术需要软件体系结构提供比较细粒度的信息,对模型的要求比较严格。

(3) 利用度量描述对软件体系结构模型的内部特征(如复杂性、内聚度、耦合性等)进行测量。

(4) 利用这些度量作为预测指标,对某些软件的外部质量(如可维护性、可演化性、可靠性等)进行预测,但由于预测模型构造困难,所以这些预测一般只作为一种辅助评估的手段。下面介绍几种基于度量的评估方法:

1. GQM 方法

GQM(Goal Question Metric)方法是一种用于定义新的度量的很好的技术,它的主要活动是根据目的、观点和环境定义目标,确定与目标相关的代表属性的问卷,就提出的每个问题给出解答。这里的目的是与体系结构评价分析和最终产品的质量预测相关的。观点主要依赖于评价的目标和与之密切相关的评价人员的角色(开发人员、用户、管理人员和维护人员等)。

此方法的优点在于能保证度量计划和数据收集的充分性、一致性和完整性。度量程序的设计者(即度量分析人员)必须获取大量的信息及它们之间的相互依赖关系。为了保证测量集合是充分的、一致的和完整的,分析人员需要精确地了解为什么度量这些属性,有什么隐含的前提,以及应用什么模型来利用测量数据。它可以帮助用户管理度量计划的复杂度,但是可度量的属性数目众多,针对各属性可进行的测量数也相应攀升,度量计划的复杂度无疑会增加。此外,为使某个属性得到充分度量,所选的途径也依赖于度量的目标。如果没有一个目标驱动的架构,度量计划很快就会失控。如果没有一个捕获属性之间的相互依赖关系的机制,对度量计划的任何变更都很容易引起不一致性。此外,它还能帮助软件组织对度量和改进的目标在一个共同理解的结构基础上进行讨论,并最终形成一致意见。反过来,这也使组织能够定义在组织中得到广泛接受的度量和模型。

2. 层次分析法

在软件体系结构评估量化方式中,AHP(Analytic Hierarchy Process)是多种体系结构评估度量方法的基础理论。AHP 在 20 世纪 70 年代由美国运筹学家 T. L. Saaty 提出,它是对定性问题进行定量分析的一种简便、灵活而又实用的多准则决策方法。

AHP 的特点是把复杂问题中的各种因素通过划分为相互联系的有序层次,使之条理化,并在一般情况下通过两两对比,根据一定客观现实的主观判断结构,把专家意见和分析者的客观判断结果直接、有效地结合起来,将一定层次上的元素的某些重要性进行定量描述,之后利用数学方法计算反映每一层次元素的相对重要性次序的权值,并最后通过所有层次之间的总排序计算所有元素的相对权重及对权重进行排序。该方法可以把定性分析与定量计算相结合,并对各种决策因素进行处理,而且该方法的使用过程较为简单,已经在包括软件体系结构分析与评估、能源系统分析、城市规划、经济管理、科研评估等很多领域得到广泛的重视与应用。

层次分析法对问题域的分析、度量一般分为以下 5 个步骤:

(1) 通过对系统的深刻认识,确定该系统的总目标,得出规划决策所涉及的范围、所要采取的措施方案和政策,以及实现目标的准则、策略和各种约束条件等,并对分析过程中将使用的多种信息加以广泛收集。

(2) 建立一个多层次的递阶结构,按目标的不同、实现功能的差异,将系统分为几个等级层次。

(3) 确定以上递阶结构中相邻层次元素间的相关程度,通过构造比较判断矩阵及矩阵运算的数学方法,确定对于上一层次的某个元素而言,本层次中与其相关的元素的重要性排序,即相对权值。

(4) 计算各层元素对系统目标的合成权重,进行总排序,以确定递阶结构图中底层各个元素的重要程度。

(5) 根据分析计算结果,考虑相应的决策。

在现实生活中,AHP 的理念经常被大众采用。例如,某人打算选购一台电冰箱,他对 6 种不同类型的电冰箱进行了解后,在决定购买哪一款时,往往因为存在许多不可直接比较的因素,购买者会首先选取一些指标进行考察。假设这些指标包括电冰箱的容量、制冷级别、价格、型式、耗电量、外界信誉、售后服务 7 项。之后,购买者再考虑各种型号电冰箱在上述指标中的优劣排序,并借助这种排序做出选购决策。在决策时,由于 6 种电冰箱对于指标的优劣排序通常是不一致的,因此,决策者首先要对这 7 个指标的相对重要程度做出估计,给出一种排序,然后把 6 款电冰箱分别对每一个指标的排序权重找出来,之后把这些信息数据加以综合,得到针对总目标,即购买电冰箱的排序权重。这个权重向量将帮助购买者最终决定购买哪一款冰箱。

3. 多体系结构整体评估

多体系结构整体评估的目的是为了在多个体系结构方案中选择一个最适合预定项目的方案。它的评估方法和评估结果不同于单体系结构的整体评估,更侧重于体系结构之间的比较,可以采用可度量的分数值法进行评估,其评估过程如下:

(1) 定义待评估的各体系结构的指标集合,首先,指标的选择基于待评估的若干种体系结构具备可比较的原则,也就是选出的指标对这几种体系结构都有评估的意义,有可比的差异。

（2）对选定的指标进行评估,此步骤通常采用基于场景的评估方法,根据同一指标设计多个场景,考察不同体系结构对场景中相同激励的响应情况。根据不同的响应情况,给予不同体系结构在该指标下的分值,指标的分值不同反映不同体系结构对该指标的差异。一般在这一步中,评估者定义一个规定,即分值越高,该体系结构对指标反映的性能越好。分值的划分可以根据经验或者要评估体系结构的差异程度来决定。

（3）生成多个体系结构的评估矩阵,对多个体系结构的整体评估的结果以评估矩阵的形式进行保存。评估矩阵的行表示一个体系结构的多个指标的评估分值,列表示多个体系结构的同一个指标的评估分值。

度量技术和场景技术的结合应用也是提高软件体系结构分析与评估效果的有效途径之一。例如,在软件体系结构层次,可靠性风险分析方法 ALRRA 为了进行可靠性风险分析,研究了两类度量：一类是与软件体系结构动态复杂性相关的一组度量,包括构件的操作复杂度、连接件的输出耦合度;另一类是与故障相关的一组度量,包括构件和连接件的故障模式、故障严重性级别。通过复杂性度量和故障严重性级别可以计算可靠性风险因子。通过构造 CDG 图,不仅能够定量地分析出体系结构存在的风险,而且能够分析出某些组件风险的变化对整个体系结构的影响,进而识别体系结构中的关键组件。而在 ALPSM 和 ALMA 方法中,仅采用了场景技术,分析的过程和结果大多依赖于分析人员的经验,具有很大的不确定性。应用基于度量的体系结构评估方式,一方面可以对应用软件产品的度量指标加以改进;另一方面能够帮助用户构造新的度量指标,以适应体系结构变动过程中所需的各种特性。

基于场景的评估方法适用范围较广,无须专用的软件体系结构描述语言,通常评估软件体系结构特定的一个或几个质量属性,例如可修改性、可维护性、安全性、性能、风险等。这类方法的主要问题在于评估是定性的,主观性强,评估结果依赖于场景的选择、场景对要评估质量属性的相关性以及对结果的解释,而且这类方法也没有明确规定确保进行评估的最小的场景数量。基于度量的方法提供了比较客观和量化的软件体系结构评估,这类方法的关键在于设计可以反映体系结构质量属性的度量以及从软件体系结构的文档中准确地采集度量信息。但是,若不能客观、详细、全面地描述软件体系结构,就不能得到准确、有效的度量结果;另外,在软件设计阶段越早取得度量值,就越能有效地指导体系结构的设计和系统的开发。

8.4.3　面向对象软件体系结构的度量技术

由于面向对象开发范型被人们普遍认为能很好地保证系统的可复用性以及降低维护时的开销,越来越多的系统,特别是大型系统,都采用面向对象的体系结构,以获得更大的灵活性,从而降低升级和维护的开销。赫尔辛基大学采用了基于度量的方式进行了这方面的研究。该技术从系统的设计文档 UML 图中获取信息,结合度量模型和识别出来的设计模式来评价和预测系统的性能、复杂度和易理解性等质量属性。该技术所采用的度量模型考虑了较为全面的类信息和类间的关系。同时,设计模式对软件质量的影响也被考虑在内,研究者希望通过识别设计模式对质量进行预测。

MAISA 度量工具是面向对象体系结构度量技术的辅助工具,其功能是根据从 UML 图中获得的信息计算度量值,其体系结构如图 8-11 所示。MAISA 本身并不能识别 UML,它需要借助于外部 CASE 工具从 UML 中获得信息,然后从生成的 Prolog 和 FAMIX 文件中读取信息并进行度量计算。目前,MAISA 还称不上是一个十分完善的工具,它只能以文本的方式提供度量结果,还不能实现计划中的性能估计、模式识别和基于模式的质量预测等功能。不过 MAISA 在进一步的完善中,大家可以预想它将是一个十分有用的工具。

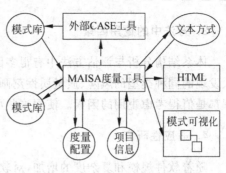

图 8-11 MAISA 体系结构

目前,该技术已经成功应用到诺基亚(NOKIA)公司 DX200 交换系统的呼叫控制软件体系结构设计中。

8.5 软件体系结构评估存在的问题与现状

软件体系结构是决定软件系统成败的重要因素之一。近几年来,软件体系结构的研究成为软件工程发展的一个热门研究领域,在软件体系结构分析与评估方法方面取得了一定的进展,提出了很多方法和支持工具,但是还存在一些问题,其在未来拥有广阔的发展空间。

1. 不同方法的结合

不同的体系结构分析与评估方法具有各自的特点和适用范围,将不同的方法进行结合,汲取不同技术的优点,能够获得更好的评估效果。例如将 SAAM 与 ALPSM 结合,使风险承担者参与促进他们之间的交流,加深对系统质量属性的了解;将 ATAM 方法和 CBAM (Cost Benefit Analysis Method)方法结合,综合两种方法的特点,提供对经济风险的分析和折中;将基于场景的评估技术与其他的特定分析技术(例如实时的分析方法 RMA(Rate Monotonic Analysis))相结合,都是很好的途径。

2. 风险评估的研究

体系结构评估的目的是分析体系结构,定义潜在的风险,在软件系统正式开发前预测它的质量。关于潜在的风险定义,上述评估方法基本都是利用改变场景和场景交互来揭示体系结构中的潜在问题域。在评估一个系统对场景的响应时,可修改的程度可以用来表示可度量的风险。场景的复杂性也是风险评估的一个重要因素,需要进行的改变和领域专家的经验也可作为系统为了进化或重用支持风险标准的系统可修改性程度。风险决策利用可探测的场景进行优化。降低潜在的风险也可通过分析属性交互获得,可采用可重复的分析方法将风险降低到可接受的标准。高风险可通过仿真、模型或原型系统进行分析。QFD (Quality Function Deployment)是一个可以被考虑采用的技术,它被 SAAMER 和 SAEM 方法采用。这种技术在形式化表示内部质量属性与质量特征或子特征之间的关系的过程中是非常有用的,因为这个过程必须被作为特定的应用领域、开发过程和体系结构描述语言来研究。

3. 方法中的重用因素

体系结构分析与评估方法中有很多因素是可以重用的,类似系统中经常出现的场景、多次发现的同种类型的风险、质量属性刻画以及评估时提出的问题等,专家的经验、现有知识库都是值得考虑重用的因素。使用这些可重用的因素,能够提高评估工作的效率。

4. 适应性研究

随着软件规模和复杂度的增加,对软件的适应性提出了很高的要求。适应性与软件的扩展性、修改性、动态特性有密切关系。适应性是指当软件生存环境发生变化时软件实体的结构或行为可以随之改变并满足新环境需要的特性。作为体系结构质量特征的一个方面,适应性具有一定的特殊性,目前对适应性体系结构分析与评估的研究还很不完善,缺少定性和定量的度量指标和系统的评估方法。环境变化是产生适应性问题的根源,而变化的不可预知性增大了适应性软件设计的困难,研究软件生存环境和生存环境系统,分析其中的可变因素,将与适应性相关的特征映射成质量属性度量指标,是进行适应性研究可以采用的途径之一。

第 9 章

软件设计原则与模式

随着大型系统的构建日益复杂,人们在软件开发过程中的设计、实现与维护等阶段对软件复用性的要求也越来越高。设计一个质量良好的企业级软件系统往往存在较大难度,软件工程师必须通过需求分析获取需求规格说明书,并从中挖掘对象、分类归纳、设计相应的接口,同时整理出系统功能列表及非功能列表以生成系统用例图,并辅以合理的委托关系。通常,软件架构师的设计方案是针对当前系统需求具体进行的,但从长期的系统运行与升级、维护角度来看,设计本身应该拥有适应需求延伸的能力。好的系统设计可以避免重复设计带来的项目进度拖期、时间滞后和成本提高等问题。目前,已经有很多软件设计原则、设计理论和设计方法被提出,用于在不同粒度提高构件的复用程度。在这一过程中,人们对软件开发过程中出现的某些相似问题的解决方案以及经验进行总结,提出设计模式的概念。在软件开发中引入设计模式,可以方便地复用成功的设计思想以及合理的体系结构,有效提高软件开发效率,提升系统的可扩展能力。本章简要介绍常用的软件设计模式,通过案例分析使用设计模式的必要性,同时介绍设计过程中所遵循的软件设计原则、设计模式的分类。相关案例的描述及设计模式的使用方式将使用 Java 语言和 UML 加以说明。

9.1 模式概述

在工程领域中,人们归纳总结前人在软件设计、开发过程中得到的经验,并收集整理成可以有效利用的模型,来方便在现行的和未来的软件开发中进行使用,这些有意义的模型和模型中所表现出的设计理念就是设计模式(Design Pattern)。设计模式本质上是一套被反复使用的、能够被大部分设计师和程序员所理解的、经过分类的、代码级别的设计经验的总结。利用设计模式,人们可以复用成功的方案并提出合理的软件体系结构。

美国建筑理论家 Christopher Alexander 最早提出模式概念。Alexander 提到"每一个模式描述了一个在我们身边一再发生的问题,它告诉我们这个问题的解的关键,以使得你能够多次利用这个解,而不需要再一次去求解它。"他试图找到一种结构化的可复用的方法,以便在设计过程中捕捉建筑物的基本要素,从而降低被求解问题的复杂度。由于受从事的行业限制,Alexander 提到的模式属于建筑领域的范畴,不过将这一思想应用在软件设计领域中也同样可行。软件设计人员在程序设计、编写过程中采用合理的设计模式,可以减少对项目案例进行重新思考和设计的时间,按照从各种解决方案中得到的经验,将现有问题归类,通过模仿和改造经典设计方案来达到对现有问题的正确设计,并减少编码量。软件设计领域的先驱——Erich Gamma 等人撰写的《设计模式》一书总结出常见的 23 种设计模式并逐一分类。不过,设计模式的数量并不仅限于此,凡是在软件实施过程中体现出的有价值的设计理念都可以在适当分类后归结为一种模式。从这一意义上讲,各种有效的算法及其实现通常都属于设计模式的范畴。设计模式提供了一种提炼子系统、构件或者它们之间关系的纲要设计。设计模式描述了普遍存在于相互通信的构件中重复出现的结构,这种结构解决了在一定的软件开发背景下具有一般性的设计问题。

9.1.1　模式的应用背景

　　首先给出一个关于游戏开发的案例,以便于用户更好地理解使用设计模式的必要性。某软件公司的主营业务是为手机用户设计并使用 Java 语言开发一款在 Android 平台上运行的类似于"愤怒的小鸟"的弹射飞行模拟游戏。在商业设计和开发的第一个阶段中,主要为玩家设计红色小鸟(RedBird)和蓝色小鸟(BlueBird)两款弹射物(Projectile)的弹射飞行、自身显示和击中被撞击物显示的效果,游戏中涉及的相关功能在 fly()以及 display()方法中加以实现。按照通常的设计方式,由于这两种弹射物的飞行轨迹都是抛物线,抛物线轨迹中每一个点的横/纵坐标的权值以及自身的图形显示都是通过读取系统配置文件,根据配置文件中的权值信息及路径信息获取相应外部资源文件来完成。所以,红色小鸟和蓝色小鸟的自身显示、弹射飞行以及相关撞击效果的显示方法的方法体相同,可以建立统一的父类 Projectiles 来表示各种弹射物,并在 Projectiles 中声明、实现 fly()和 display()方法。根据以上的设计思想,软件公司的设计师提出了如图 9-1 所示的 UML 设计图。

　　在父类中设计方法并由其全部子类加以继承,那么所有子类就都具备了同样的功能,这是面向对象理论中较为常用的一种设计思路。

　　随着公司业务进一步扩展以及游戏用户群的需求变更,在商业设计和开发的第二个阶段中,要求增加一个新的弹射物——奖品球(BonusBall),它也是游戏中的道具。其设计目的是为了奖励在游戏中连续通过若干关卡或者额外缴费购买了道具的用户。销售道具的游戏设计策略是移动计算项目开发中,为软件开发商和运营商带来商业利润的一种普遍方式。此时,如果遵循原有设计方案将出现一个问题:子类 BonusBall 同样需要继承父类 Projectiles 中的所有方法,但按照游戏设计的策略,奖品球的飞行轨迹不再是抛物线而是直线,这样可以降低用户通过较难关卡的难度,以提升特定用户群的游戏体验性。因此,公司设计师重写 BonusBall 子类的 fly()方法,把方法体的飞行曲线轨迹从抛物线更新为直线,如图 9-2 所示。

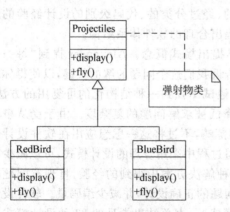

图 9-1　系统原有方案

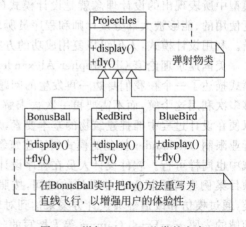

图 9-2　增加 BonusBall 类的方案

在开发中可以通过重写方法体的方式来更新来自同一个父类但却与其他子类有着不同特征的类的功能。

在实际开发中,需求的变更往往是无止境的,新的问题将会不断涌现:使用者要求公司不断推陈出新,增加普通弹射物的得分功能。同时,因为道具是购买的物品,为了达到游戏的公平性,所以道具击中被撞击物不得分。那么,各种道具和普通弹射物都继承自Projectiles 类,而像奖励球这样的道具类却存在带有空方法体的 getMark()方法。此时,将各种道具的 getMark()方法都重写置空,将给系统的扩展和维护带来很大的不便,并增加成本。针对业务的需要,公司设计师设计一个接口 GetMarkBehavior,在接口内定义 getMark()方法,如图 9-3 所示。

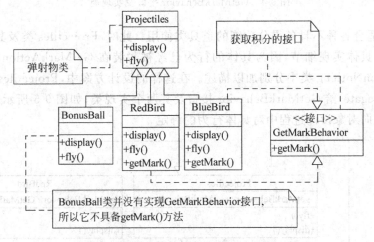

图 9-3　增加 GetMarkBehavior 接口的方案

这样,当某个普通弹射物类需要具备得分功能的时候,它只需实现该接口就可以达到目的,而其他道具类不用实现该接口。Java 语言规定接口只能定义方法名称,方法体的编写要在它的实现类中具体完成。按此设计,RedBird 类和 BlueBird 类要在各自的类体内编写具有同样内容的 getMark()方法的方法体,同时每一个拥有得分功能的 Projectiles 类的普通弹射物子类都要在自己的类体内重新编写一次 getMark()方法的方法体。因此,接口并没有成为该项目设计的最终方案,反而增添了新的麻烦:拥有得分功能的普通弹射物的种类也会随着需求不断增加,如果对需求变更之后增加数十个,甚至更多的能够得分的普通弹射物的 getMark()方法填写一次具有同样内容的方法体,那么软件实施中将发生代码复制现象。所以,在该案例中使用接口无法完成代码的复用。这意味着,程序员无论何时修改某个行为,他都必须沿接口的实现和类的继承路线向下追踪,针对各个实现类和子类进行修改,此时一不小心就会造成新的错误。

为了提高代码的复用性,并易于系统进一步扩展,根据现有问题的特点,公司设计师把系统开发中因为需求变更而容易发生变化的部分取出并加以封装,以区分于系统中的其他稳定部分。即针对 GetMarkBehavior 接口设计了两个实现类:GetMarkActionHappen 类和 GetMarkActionNothing 类,如图 9-4 所示。

在 GetMarkActionHappen 类中具体定义了 getMark()方法的方法体,适用于所有具备得分功能的弹射物类使用。在 GetMarkActionNothing 类中将 getMark()方法的方法体设

图 9-4　GetMarkBehavior 接口及实现类

置为空,这将适合各种不具备得分功能的道具类使用。此时,Projectiles 类及其子类都不需要知道行为的具体实现细节,因为具体的行为已经被封装在 GetMarkActionHappen 类和 GetMarkActionNothing 类中分别加以描述。在这样的设计方案中,Projectiles 类的得分行为被委托(Delegate)给 GetMarkBehavior 接口及其两个实现类,如图 9-5 所示,委托机制可以有效避免面向对象设计过程中对具体行为的绑定。

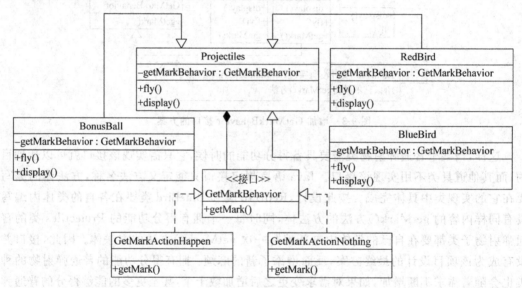

图 9-5　最终设计方案

在采用委托机制的同时,为 Projectiles 类增加一个成员变量,它的数据类型是 GetMarkBehavior 类型,变量名称为 getMarkBehavior。在后续应用中,它的所有子类只需进行相应的接口回调就能正确调用各自需要的拥有不同功能的 getMark()方法。RedBird 和 BlueBird 等拥有得分功能的类调用 GetMarkActionHappen 类中的 getMark()方法,而 BonusBall 等不具备得分功能的类调用 GetMarkActionNothing 类中的 getMark()方法,即空方法体。

RedBird 和 BlueBird 等普通弹射物类的实例使用以下代码:

```
GetMarkBehavior getMarkBehavior = new GetMarkActionHappen();
```

```
getMarkBehavior.getMark ();
//拥有得分的功能,而具体行为已经在 GetMarkActionHappen 类中进行定义
```

BonusBall 等道具类的实例使用以下代码:

```
GetMarkBehavior getMarkBehavior = new GetMarkActionNothing();
getMarkBehavior.getMark ();
//不产生得分的行为,因为 GetMarkActionNothing 类中将 getMark()方法体设置为空
```

该项目设计过程在初始阶段简单地继承一个父类的全部行为,之后使用接口提高封装性,最后采用封装、接口实现类和委托的形式完成全部设计。人们不断地在软件开发中积累经验、总结教训,做到更高程度的复用,努力提升系统的可扩展性和可维护性,这个过程正是软件设计模式思想的产生过程。在上面的案例中,公司设计师的最后方案中使用的设计模式称为策略模式,它使得 getMark()方法这样的算法部分被独立出来。如果有多个这样的方法,例如考虑为不同道具类增添不同的 fly()方法体,就会形成算法族,它们在使用策略模式的情况下能够不随外界使用者的变化而发生变化。像 Projectiles 及其子类 RedBird 和 BlueBird、BonusBall 等这些算法的使用者一般被称为客户。

9.1.2　模式的发展过程

1987 年,Kent Beck 和 Ward Cunningham 利用面向对象语言 Smalltalk 设计了一系列用户界面。在此期间,他们用 Alexander 的理论描述了 5 个模式,并指导 Smalltalk 初级程序员使用这些模式,同时发表论文 *Using Pattern Languages for Object-Oriented Programs*。该论文的发表,标志着软件领域第一次系统地引入了模式的思想。由于应用规模较小以及这些模式本身的局限性,并未引起业界的广泛重视。

从 1990~1992 年,Erich Gamma、Richard Helm、Ralph Johnson 和 John Vlissides 合作开展设计模式的研究和分类编制工作,Erich Gamma 在其博士论文中对现有的设计模式进行了归纳与总结,并将其应用到图形用户界面应用程序框架"ET++",为推动模式尤其是设计模式的发展起到了开创性的作用。上述四人于 1995 年出版了专著 *Design Patterns*: *Elements of Reusable Object-Oriented Software*,收录了 23 种常用的设计模式。该书成为软件及相关行业推崇的经典书籍,自此,设计模式被软件界广泛应用在软件需求分析、设计、实施、重构和架构搭建中。同时,1991 年,Jim Coplien 出版了书籍 *Advanced C++ Programming Styles and Idioms*。书中针对 C++的习惯用法的描述采用了面向对象的设计模式,受 C++语言在当时的流行程度影响,模式的概念及使用深入人心,受到面向对象程序设计者和程序员的极大关注。在这之后,更多的概念和思想被不断提出。1996 年,Martin Fowler 的 *Analysis Pattern*: *Reusable Object Models* 一书提出了分析设计模式的概念。分析设计模式从软件工程的角度,通过领域分析中得出的可以复用的领域知识与经验来帮助用户解决面向对象分析领域中的建模问题。同年,Michael Akroyd 发表了名为 *Anti-patterns*: *Vaccinations against Object Misuse* 的论文,提出了反模式(Antipatterns)的概念。反模式指出了导致软件质量低劣和项目失败的不好的设计概念、技术路线和实践工作,并提出了软件重组方案。无论设计模式还是分析模式都总结了成功的经验和技术,而反模式从相反的角度看问题,找出失败的原因并加以讨论和改进,这代表了模式思想发展的另一

个方向。进入 21 世纪，Frank Buschmann、Regine Meunier、Hans Rohnert、Peter Sommerlad 和 Michael Stal 在 2000 年出版了专著 *Pattern-Oriented Achitecture：Concurrent and Networked Object*。在分布式计算已经成为主流计算形式的今天，它提出适应并发和分布式网络计算的模式，关注软件体系结构在该模式下的变化。这是模式研究随时代发展产生的另一个分支，并获得了广泛的应用。近些年来，随着企业级应用复杂度的升高，更多支持分布式应用的分布式模式以及支持软件过程的过程模式被提出，它们都极大地丰富了模式的内涵，并为软件模式的发展指明了方向。

9.1.3　模式的刻画

模式可以从多个侧面进行刻画，主要包括以下内容。

(1) 模式名称：每一个模式都有自己的名称，模式的名称使得我们可以讨论我们的设计。

(2) 问题域：在面向对象的系统设计过程中反复出现的特定场合，它促使我们采用某个模式。

(3) 解决方案：针对上述问题的解决方案，其内容给出了设计的各个组成部分，以及它们之间的关系、职责划分和协作方式。

(4) 模式别名：一个模式可以有超过一个以上的名称，除通用名称之外的别名可以在模式的表述中加以注明。

(5) 模式的适用性：模式适用于哪些情况以及模式应用的背景等。

(6) 模式结构：使用类图或者交互图对模式进行阐述，用于刻画模式的静态结构和动态结构。

(7) 角色：该部分提供一份模式用到的类或者接口的清单以及它们在设计下扮演的角色。

(8) 协作：描述在此模式下，类、接口之间的互动。

(9) 效果：采用该模式对软件系统其他部分的影响，例如对系统的扩展性、可移植性等。这其中也包括负面影响，即使用本模式后的结果、副作用与可能出现的折中(Tradeoff)。

(10) 实现：该部分描述实现模式的部分方案、实现模式的可能技术，或者建议实现模式的方法。

(11) 案例：利用例子简略描绘如何运用计算机程序语言实现某一种模式。

(12) 已知应用：业界已知的实际范例。

(13) 相关模式：该部分包括模式与其他类似模式的关系、对照以及说明。

9.1.4　模式的分类

由于设计模式相关概念的广泛流行，人们会使用"设计模式"一词来指明所有直接处理软件的架构、设计、程序实现的任何种类的模式。不过，很多软件设计师在一定研究的基础上做出更加细致的划分，指出模式分为 3 个层次，即架构模式(Architectural Pattern)、设计模式(Design Pattern)和代码模式或成例(Coding Pattern 或 Idiom)。

3 种不同模式之间的区别在于它们各自的抽象层次和具体层次。架构模式是一个系统层面的高层次策略，涉及大粒度的构件以及在系统搭建中的综合考虑，架构模式使用的合理与否会影响最终的总体布局和框架性结构。设计模式是中等尺度的结构性策略，它实现了一些大粒度构件的行为和它们之间的关系，定义出子系统或构件的微观结构。代码模式是特定的范例以及关于特定语言的程序编写技巧，它在程序撰写中的运用会影响一个中等粒度构件的内部、外部的结构或行为的底层细节，但不会影响一个部件或子系统等中等粒度构件的结构，更不会影响系统的总体布局和大粒度框架。代码模式是较低层次的模式，与编程语言密切相关。它描述怎样利用一个特定编程语言的特点来实现一个构件的某些特定方面或关系，常见的代码模式包括双检锁（Double Check Locking）等模式。

设计模式被划分成不同的种类，在 Erich Gamma 等人的《设计模式》一书中总结出 3 种常用的类型，共 23 种设计模式。

（1）创建型设计模式：如工厂方法（Factory Method）模式、抽象工厂（Abstract Factory）模式、原型（Prototype）模式、建造（Builder）模式和单例（Singleton）模式等。

（2）结构型设计模式：如合成（Composite）模式、代理（Proxy）模式、装饰（Decorator）模式、门面（Facade）模式、桥梁（Bridge）模式、享元（Flyweight）模式和适配器（Adapter）模式等。

（3）行为型设计模式：如模板方法（Template Method）模式、迭代子（Iterator）模式、观察者（Observer）模式、备忘录（Memento）模式、责任链（Chain of Responsibility）模式、命令（Command）模式、状态（State）模式、中介者（Mediator）模式、访问者（Visitor）模式、策略（Strategy）模式和解释器（Interpreter）模式等。

除了这 3 种经典类型外，在实际使用过程中还有很多其他的衍生类型，例如，相对于单例设计模式而言，还有多例设计模式，用户在系统设计领域还会遇到一定数量的并发设计模式。另外，各个层面的模式往往会交叉使用，例如，设计模式在特定编程语言的实现过程中常常会用到代码模式。一个常见的情况是，单例（Singleton）模式的实现过程中经常会涉及双检锁（Double Check Locking）模式等。

架构模式描述软件系统设计的高层次策略，它提供一些事先定义好的子系统，指定它们的责任，并给出把它们组织在一起的法则和指南，软件架构师有的时候把这种架构模式称为系统模式。一个架构模式常常可以分解成很多个设计模式的联合使用。显然，MVC 模式属于架构模式，它是策略模式、中介者模式、合成模式以及观察者模式综合运用的结果。架构模式可以帮助软件架构师合理地划分系统层次，为分布式系统的开发提供完整的架构设计，提高用户和系统之间的人机交互能力，支持应用系统适应技术与软件功能需求的不断变化。

9.1.5 MVC 架构模式

MVC 模式是"Model-View-Controller"的缩写，中文译为"模式—视图—控制器"。MVC 模式把一个应用系统的输入、处理、输出流程按照 Model、View、Controller 的方式进行分离，使得应用系统被划分成模型层、视图层和控制层，如图 9-6 所示。MVC 模式最早是施乐（Xerox）公司在 20 世纪 80 年代为面向对象程序语言 Smalltalk-80 发明的一种模式，至今已被甲骨文、微软、IBM、EMC、SAP 等很多著名企业的软件平台所实现，广泛应用于包括政府、企业信息化建设等多种领域系统的开发建设。MVC 模式是一种架构模式，它的搭建需要多种设计模式协作完成。视图部分可以采用合成设计模式，视图和模型之间的关系可以采用观察者设计模式，控制器控制视图的显示，可以采用策略设计模式，模型通常可以采用中介者设计模式。包括各种 JavaEE 轻量级框架在内的一系列常用 Web 开发框架都对 MVC 架构模式进行了实现。例如，在常用于表现层开发的 Struts2 框架中，通过拦截器、Action、值栈/OGNL(Object Graph Notation Language)、结果类型和结果视图技术 5 个核心组件对 MVC 加以实现。视图则通过结果类型和结果视图技术实现，模型通过 Action 实现，控制器部分通过拦截器实现，值栈和 OGNL 提供了公共的线程和链接，并使得不同组件可以相互集成。经过这种设计，其工作流程可以简单描述为：在客户端浏览器发送一个请求之后，Dispatcher Filter 根据请求调用合适的 Action，Interceptors 自动对请求应用通用功能完成验证，回调 Action 的 execute() 方法，该方法根据请求的参数来执行一定的操作。Action 的 execute() 方法的处理结果信息将被响应到浏览器中，如图 9-7 所示。

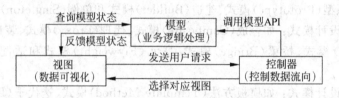

图 9-6 MVC 架构模式

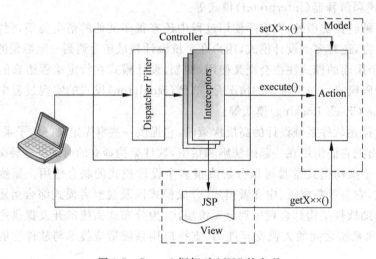

图 9-7 Struts2 框架对 MVC 的实现

外部事件的激励促使控制器改变视图或模型。当控制器改变模型数据或者属性的时候，所有相关的具有依赖性的视图均自动更新，如果控制器改变了视图，视图会从相应的模型中获取数据来重构自己。

模型一般指针对业务流程和状态的处理以及业务规则的制定。业务流程的处理过程对其他层来说是黑盒操作，模型接收来自视图层的请求数据，并返回最终的处理结果。业务模型的设计是应用 MVC 架构模式的核心部分，例如，JavaEE 规范中的 EJB 模型就是一个典型例子。EJB 从应用技术实现的角度使得设计者可以充分利用现有的构件,专注于业务模型的设计。MVC 架构模式并没有提供模型的设计方法,而只是告诉设计者应该组织管理这些模型,以便模型的重构和提高复用性。业务模型还包括一个很重要的部分,即数据模型。数据模型主要指实体对象的数据保存,即持续化。例如,将一张订单保存到数据库,之后从数据库获取订单,可以将这个模型单独列出,所有相关的数据库操作在该模型中完成。

视图代表用户交互界面,通常用于表单交互。对于 Web 应用来说,视图可以认为是由各种脚本语言以及其他客户端技术实现的 Web 页面。随着应用规模的提升,视图的处理过程也愈加变得复杂。在一个应用的使用过程中,可能需要很多不同的视图,MVC 架构模式对其操作一般指对视图上的数据进行采集以及对用户请求的处理,而不包括针对业务流程的处理。业务流程的处理交给模型处理。例如,一个订单的视图只接收来自模型的数据并显示给用户,以及将用户界面的输入数据和请求传递给控制器和模型层。

控制器的作用是选择合适的模型,并且选择合适的视图。它可以被看作是一个接收用户请求,将模型与视图匹配在一起,共同完成用户请求的分发器。控制器并不做任何数据处理。例如,用户填写一个表单并单击提交按钮之后,控制器接收请求,但并不处理业务信息。它只把用户的信息传递给模型,告诉模型做什么,选择符合要求的视图返回给用户。这使得一个模型可能对应多个视图,一个视图也可能对应多个模型。模型、视图与控制器的分离,使得用户通过某个视图的控制器改变了模型的数据,所有依赖于这些数据的视图都应反映出这些变化。因此,无论何时发生了何种数据变化,控制器都会将变化通知给所有的视图,导致显示的更新。这实际上是一种模型的变化传播机制。

MVC 使得一个应用被分离为三层,有时改变其中的一层就能满足应用的改变。例如,一个应用的业务流程或者业务规则的改变只需改动模型这一层的内容。控制器的出现也让程序设计变得更加简便,给定一些可复用的模型和视图,控制器可以根据用户的需求选择模型进行处理,然后选择视图将处理结果显示给用户,并可以根据用户请求权限对请求进行分级处理。MVC 架构模式还有利于软件的工程化管理。由于不同的层各司其职,每一层的应用角度虽然不同,但却具有某些相同的特征,因此可以通过工具自动生成批量代码。同时,MVC 具备多个视图对应一个模型的功能,以应对客户多变的需求。例如,订单模型可能有本地系统的订单,或者网上订单,甚至其他系统的订单,但对于订单的处理都是一样的,也就是说订单的处理是一致的。按 MVC 架构模式,通过一个订单模型和多个视图的结构即可解决该问题。模型返回的数据不带任何显示格式,因而这些模型也可直接以接口形式体现,如此设计可以减少程序开发过程中的代码复用,即减少代码的维护成本。

除了上述的优点,MVC 架构模式也有不足之处,体现在以下 3 个方面:

(1) MVC 架构模式把对系统的开发划分成多个层面,这给单元测试、集成测试、系统测试等工作增加了一些工作量,相应地,针对多个层面的管理文档也必然会增加。

(2) 如果离开控制器,视图单独存在的意义并不大,反之亦然。依据模型操作接口的不同,视图可能需要多次调用才能获得足够的显示数据,而对数据库中并不经常变化的数据进行不必要的频繁访问,也会降低系统的性能。

(3) 由于 MVC 不具备明确的定义,因此,用户对 MVC 完全理解并不很容易。使用 MVC 需要较为精密的策划过程,由于它的内部原理比较复杂,所以用户需要花费一些时间去思考应用流程。上述内容导致使用 MVC 架构模式会增加系统在结构和实现方面的复杂性。对于简单系统而言,如果严格遵循 MVC 规则,模型、视图与控制器的分离必然会增加结构的复杂性,并产生很多的更新操作,降低运行效率。

MVC 架构模式多应用于大型企业级系统的设计与开发过程中,这些系统往往具有较高复杂性、用户需求多变和后期维护工作比较繁冗的特点。MVC 不适合小型系统的开发,甚至对于部分中等规模系统的开发也不适合。假设开发者有能力应付使用 MVC 架构模式所带来的额外工作和系统复杂度的提升,MVC 将使未来生成的系统在软件健壮性、代码复用和体系结构等方面获得较大的提高。

9.1.6 模式与框架的关系

框架是一组相互协作的类和接口,对于某些领域的应用,框架形成了一种可复用的设计。模式是一类问题的解决域,框架可以利用模式来解决客观存在的问题。框架是软件项目开发过程中提取特定领域软件的共性部分所形成的,不同领域的软件项目有着不同的框架类型。框架的作用在总结共性部分,使代码在此领域内新项目的开发过程中不需要被重新编写,而只需要在框架的基础上进行一些开发和调整便可满足需求。对于软件开发过程而言,框架的使用会提高软件质量、降低成本、缩短开发周期、降低工作强度以及增加效益,从而形成一种良性循环。

模式是处理受限的特定设计方面的有用构造块,对于软件体系结构而言,模式的一个重要目标就是用已经定义的属性进行特定软件体系结构的构造。软件体系结构中并没有针对特定问题的具体解决方案,特定软件体系结构的创建依然只能凭直觉,模式的产生填补了软件体系结构在这一方面的欠缺。同时,设计模式以及由设计模式进行合理组合形成的架构模式还可以帮助设计人员构建同构与异构软件体系结构。

框架和模式存在着显著的区别,主要表现在二者提供的内容和应用领域不同。

(1) 从应用领域上分,框架给出的是整体应用的体系结构,而模式则给出了单一架构、设计和编码问题的解决方案,并且这个方案可在不同的应用程序或者框架中进行应用。

(2) 从内容上分,模式仅是一个单纯的设计思想,这种思想可以被不同语言以不同方式加以实现,而框架则是设计和代码的混合体,编程者可以用各种方式对框架进行扩展,进而形成完整的应用。

(3) 模式是一种设计理念,框架是一种含有设计的具体实现,理念要比实现更容易移植。框架一旦加工成形,虽然还没有构成完整的应用,但是以其为基础进行应用的开发通常会受制于框架所用的实现环境,而模式与具体计算机语言无关,可以在更广泛的领域环境中加以使用。

根据以上阐述,假如把一种软件体系结构比作一种建筑风格,例如巴洛克建筑风格,那么架构模式就可以理解成是如何构建具备这一类风格建筑的全局建设思路和建设理念,而设计模式就是搭建符合该风格建筑的局域构件的建设思路和建设理念。框架等于是事先按照一定的设计模式指定的思路搭建好的半成品,它有塑钢窗、门框、主梁,而且还可以像搭建的积木一样"移来移去",让很多房屋建设者反复使用。软件编码过程类似于房屋建设者为这些空的门框、窗框安装门和窗户,之后框架就被填充起来。不同类别的建筑半成品按照指定的某种建筑模式进行组合,最终形成了符合巴洛克风格的建筑。在软件设计领域中进行类比,即符合某种软件体系结构风格的系统以设计模式作为纲要,在填写由框架预置的接口,并实现了具体的功能之后被最终搭建起来。

9.2 软件设计原则

目前,软件开发人员已经越来越注意设计模式的使用。前人总结了一系列的软件设计原则,这些原则是软件设计领域中的高层理论,而设计模式对这些抽象的概念和表述加以具体化,形成了软件设计领域中的中层理论,从而为具体的程序设计创造了条件,达到了提高代码复用和系统可维护性的目的。下面简要介绍几个基本的软件设计原则。

9.2.1 开闭原则

开闭原则(Open-Closed Principle,OCP)被称为面向对象设计的"基石",它是面向对象设计中至关重要的原则之一。

1988 年,Bertrand Meyer 在他的著作 *Object Oriented Software Construction* 中提出了开闭原则"Software entities should be opened for extension but closed for modification",即"一个软件实体应当对扩展开发,对修改关闭"。用户在设计一个模块的时候,应当使这个模块可以在不修改的前提下被扩展。换而言之,应当可以在不必修改源代码的情况下改变这个模块的行为,在保持系统一定稳定性的基础上对系统进行扩展。

满足开闭原则的软件系统的优越性如下:

(1) 已有的软件模块,特别是最重要的抽象层模块不能再修改,从而提高软件系统的稳定性和延续性。

(2) 通过扩展已有的软件系统,可以提供新的行为,以满足对软件的新需求,使软件系统在不断满足变化的新需求的同时还具有一定的适应性和灵活性。

实现开闭原则的关键在于抽象,把系统所有可能的行为抽象成一个抽象层。这个抽象层规定出所有的具体实现类必须提供的方法的特征。系统设计的抽象层,要能够预见所有可能的扩展,从而使得在任何扩展情况下,系统的抽象层不需要再做修改;同时,由于可以从抽象层导出一个或多个新的具体类的实现,可以改变系统的行为,对于可变的部分,系统设计对扩展是开放的。在软件开发过程中提倡"需求导向",这就要求设计师在设计过程中要非常清楚地了解用户的需求,判定需求中所包含的可能的变化,从而明确在什么情况下使用开闭原则。

关于系统可变的部分,还有一个更具体的对可变性封装原则(Principle of Encapsulation of Variation,EVP),它从软件工程实现的角度对开闭原则进行了进一步解释。EVP 要求用户在做系统设计的时候,对系统所有可能发生变化的部分进行评估和分类,对每一个可变的因素都单独进行封装。在实际开发过程中,在设计开始阶段就罗列出系统所有可能的行为,并把这些行为加入到抽象层是不太可能的,这么做也不合理。另外,在设计开始阶段,对所有的可变因素进行预计和封装也不太现实,很难做到。所以,开闭原则描绘的只是一种理想情况,在现实开发中很难完全实现,各种方法的抽取也是在不断进行的开发过程中逐步完成。用户只能将某些构件,在某种程度上设计为符合开闭原则的要求,如果希望完成针对软件系统的功能扩展,可以通过继承、重载或者委托等手段实现。同时,在

第 9 章开始的关于模式产生必然性的案例中使用了接口,它对修改是封闭的,而对具体的实现是开放的,可以根据实际的需要提供不同的实现,所以接口的使用符合开闭原则。

使用开闭原则时,用户要注意以下事项:

(1) 实现开闭原则的关键是利用接口或抽象类抽象出系统的抽象层。抽象层不能改变,要利用实现层进行扩展。

(2) 以抽象类为继承树的根,具体类是功能的体现者,不是用来继承的,更不能从工具类进行继承。

(3) 抽象类要拥有尽可能多的共同代码,同时拥有尽可能少的数据。

(4) 将条件转移语句改写成多态性的重构行为应当遵循开闭原则。

(5) 策略模式是对开闭原则的最佳体现,同时工厂模式、建造模式、桥接模式、门面模式、中介者模式、访问者模式和迭代子模式等对开闭原则也有所体现。

(6) 继承是用来封装可变性的,一般的继承层次不要超过两层。

(7) 注意控制封装的粒度,不要将两种可变性封装到一起。

(8) 将可变的元素封装,以防止改变扩散到整个应用。

开闭原则是面向对象实施过程的终极目标,后续的其他设计原则都可以看作是对开闭原则的具体实现探索。虽然不可能做到百分之百的封闭,但是在设计系统的时候,用户还是要尽量做到这一点。

9.2.2 里氏代换原则

在面向对象的语言中,继承有以下几个优点:

(1) 代码共享,减少创建类的工作量,每个子类都拥有父类的方法和属性。

(2) 提高代码的可重用性。

(3) 提高代码的可扩展性。

(4) 提高产品或项目的开放性。

继承也存在一些缺点,例如:

(1) 继承是入侵式的,只要继承,就必须拥有父类的所有属性和方法。

(2) 降低代码的灵活性,子类必须拥有父类的属性和方法,使子类受到限制。

(3) 增强了耦合性,当修改父类的常量、变量和方法时,必须考虑子类的修改,这种修改可能造成大片的代码需要重构。

如果让继承中的"利"发挥最大作用,就需要引入"里氏代换原则(Liskov Substitution Principle,LSP)"。它由 Barbar Liskov 在 1987 年提出"Inheritance should ensure that any property proved about supertype objects also holds subtype objects",它的意思是,当一个子类的实例应该能够替换任何其超类的实例的时候,它们之间才具有继承的关系。例如,一个基类 Base 声明了一个 public 方法 method(),其子类 Sub 就不能将该方法的访问权限从 public 换成 private 或 protectd,即子类不能使用一个低访问权限的方法覆盖基类中的高访问权限的方法。只要父类能出现的地方子类就可以出现,而且替换为子类也不会产生任何错误或异常,使用者可能根本就不需要知道是父类还是子类;但是反过来则不可以,有子类的地方,父类未必就能适应。这个原则是继承复用的"基石",用于度量继承关系的质量。

该原则指出如果每一个类型为 T1 的对象 o1,都有类型为 T2 的对象 o2,使得以 T1 定义的所有程序 P 在所有的对象 o1 都代换成 o2 时,程序 P 的行为没有变化,那么类型 T2 是类型 T1 的子类。

一个软件实体如果使用的是一个基类,那么一定适用于其子类,而且它根本不可能察觉出基类对象和子类对象的区别。只有衍生类可以替换基类,这样软件的功能才能不受影响,基类才能真正被复用,而衍生类也能够在基类的基础上增加新功能。

1988 年,B. Meyer 提出了契约设计(Design By Contract,DBC),这项技术对里氏代换原则提供了支持。使用 DBC,类的编写者显式地规定了针对该类的契约。客户代码的编写者可以通过该契约获悉可以依赖的行为方式。每个方法在调用之前,应该校验传入参数的正确性,只有正确才能执行该方法,否则认为调用方违反契约,不予执行,这称为前置条件(Preconditions)。一旦通过前置条件的校验,方法必须执行,并且必须确保执行结果符合契约,这称为后置条件(Postconditions)。契约是通过每个方法声明的前置条件和后置条件来指定的。如果要使一个方法得以执行,前置条件必须为真。执行完毕后,该方法要保证后置条件为真。也就是说,在重新声明派生类中的例程(Routine)时,只能使用相等或者更弱的前置条件来替换原始的前置条件,只能使用相等或者更强的后置条件来替换原始的后置条件。

9.2.3　依赖倒置原则

依赖倒置原则(Dependence Inversion Principle,DIP)是 Robert C. Martin 在 1996 年为 *C++Reporter* 所写的专栏 *Engineering Notebook* 的第三篇,后来加入到他在 2002 年出版的经典著作 *Agile Software Development Principles Patterns and Practices* 中。这是一个类与类之间的调用规则,依赖倒置原则的核心思想是要依赖于抽象,不要依赖于具体的实现。

如果一个类的一个成员或者参数为一个具体的类型,那么这个类型就依赖于那个具体的类型。它可以表述为抽象不应当依赖于细节,细节应当依赖于抽象。在一个继承结构中,上层类的一个成员或者参数为一个下层类型,那么这个继承结构就是高层依赖于低层。例如,有一个图书管理系统类 BookSystem,还有一个读者类 Reader,Reader 中有一个 borrow()方法,该方法使用 BookSystem 类型变量作为参数,那么 Reader 类就依赖于 BookSystem 类,从而使得 Reader 类的行为受限于 BookSystem 类。在使用 DIP 原则的过程中,用户要尽量面向接口或者抽象类进行编程。

在开发过程中真正不能依赖的是那些易变的具体类,这些类要么还在开发阶段,要么反映可能变化的业务规则。用户要为这样的类创建接口,从而可以依赖于它们的接口。利用 UML 图可以找出易变的具体类,顺着 UML 中的依赖箭头,检查它指向的是否是一个接口或者一个抽象类,如果不是,而且它指向的还是易变的具体类,那么就违反了 DIP 原则,系统会因此不易于维护或扩展。解决这个问题的方案就是给它创建接口。

在设计过程中高层模块和低层模块的划分可以参照标准的 MVC 分层架构。低层模块包含数据持久化等低层次的功能,在整个系统中起到支撑的作用;高层模块通常包含重要的业务逻辑,是系统的核心功能所在。较高层次的模块都为它所需要的服务声明一个抽象接口,较低的层次实现这些抽象接口,每个高层次的类都通过该抽象接口使用下一层的服务。接口属于高层,低层要实现高层的接口,因此现在是低层依赖于高层。这个原则的本质就是用抽象(接口或者抽象类)来使高层模块独立于低层模块,以达到高层的自由复用。高层模块和低层模块共同依赖的这个抽象层可以抽象出哪些功能是由系统的功能和业务逻辑（即高层）决定的，所以，虽然高层模块的具体功能要由低层实现（调用低层），但要实现哪些由高层决定。针对抽象编程的意思是，应当使用接口和抽象类进行变量的类型声明、参量的类型声明、方法的返回类型声明，以及数据类型的转换等。不要针对实现编程的意思是，不应当使用具体类进行变量的类型声明、参量的类型声明、方法的返回类型声明，以及数据类型的转换等。用户要保证做到这一点，一个具体类应该只实现接口和抽象类中声明过的方法，而不应当给出多余的方法。只要一个被引用的对象存在抽象类型，就应当在任何引用此对象的地方使用抽象类型，包括参量的类型声明、方法返回类型的声明、属性变量的类型声明等。从代码重构的角度上讲，将一个单独的具体类重构成一个接口的实现是很容易的，只需要声明一个接口，并将重要的方法添加到接口声明中，然后在具体类定义语句中加上保留字以实现该接口。而为一个已有的具体类添加抽象类作为抽象类型不那么容易，因为这个具体类有可能已经有一个超类。这个新定义的抽象类只好继续向上移动，变成这个超类的超类，如此循环，最后这个新的抽象类必定处于整个类型等级结构的最上端，从而使继承树结构中的所有成员都受到影响。

　　用户在具体使用过程中会发现，接口与抽象类的区别在于抽象类可以提供某些方法的部分实现，而接口不可以。如果向一个抽象类中加入一个新的实例方法，那么所有的子类都会得到这个新的实例方法，而接口则不会。如果向一个接口加入了一个新的方法，会导致所有实现这个接口的类不能通过编译，因为它们都没有实现这个新声明的方法。一个抽象类的实现只能由这个抽象类的子类给出，而由于像 Java 这样的面向语言只支持单继承，会限制一个类只能从一个超类继承，因此，将抽象类作为类型定义工具的效能大打折扣。如果采用面向接口编程，一个类可以实现任意多个接口。接口是定义混合类型的理想工具，所谓的混合类型，就是在一个类的主类型之外的次要类型。一个混合类型表明一个类不仅仅具有某个主类型的行为，而且具有其他的次要行为。由于抽象类具有提供默认实现的优点，而接口具有其他所有优点，所以联合使用两者是一个很好的选择。即声明类型的时候采用接口，同时声明一个抽象类，为这个接口提供一个默认实现。其他同属于这个抽象类型的具体类可以选择实现这个接口，也可以选择继承自这个抽象类。如果一个具体类直接实现这个接口，它必须自行实现所有的接口方法。如果它继承自抽象类，就可以省去一些不必要的方法，因为它可以从抽象类中自动得到这些方法的默认实现。如果需要向接口加入一个新的方法，只要同时向这个抽象类中加入这个方法的一个具体实现就可以，因为所有继承自这个抽象类的子类都会从这个抽象类中得到该具体方法。这其实就是默认适配器模式（Default Adapter Pattern）的原理。在实际应用中，轻量级 JavaEE 框架 Spring Framework 的核心部分对依赖倒置原则进行了较好的实现。

　　传统的过程性系统设计方法倾向于高层次的模块依赖于低层次的模块，抽象层次依赖具体层次，DIP 将这种依赖的关系倒置过来。依赖倒置原则在 Java 语言中的表现是，模块间的依赖通过抽象产生，实现类之间不发生直接的依赖关系，其依赖关系通过接口或抽象类产生。依赖倒置原则更加精确的定义就是"面向接口编程"。依赖倒置原则可以减少类间的耦合性，提高系统的稳定性，降低并行开发引起的风险，提高代码的可读性和可维护性。依赖倒置原则是 JavaBean、EJB 和 COM 等构件实际模型的基本原则。

　　依赖倒置原则的应用如图 9-8 所示。在现实世界中，司机只要会开车，就可以开奔驰车,也可以开宝马车,因此,司机不依赖于奔驰车或宝马车,而是通过接口,使它们之间的依赖关系倒置。

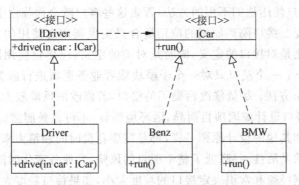

图 9-8 依赖倒置原则的应用

在 drive()方法中传入了 ICar 接口类型变量 car,这样实现了 IDriver 和 ICar 抽象之间的依赖关系。该图中,+drive(in car:ICar)表示 drive 方法的可见性是公共的,in 表示参数种类为传入,ICar 为参数类型,car 为参数类型变量名称。在应用中,用户应贯彻"抽象不依赖细节",即抽象(ICar 接口)不依赖于 Benz 和 BMW 两个实现类(细节)。

用户在开发中使用依赖倒置原则要遵循以下几个常用规则:

(1)每个类尽量具有接口或抽象类,或者抽象类和接口两者都具备。这是依赖倒置的基本要求,接口和抽象类都是抽象的,有了抽象才可能有依赖倒置。

(2)变量的表面类型尽量是接口或者是抽象类。

(3)任何类型都不应该从具体类派生。

(4)尽量不要重写基类的方法,如果基类是一个抽象类,而且这个方法已经实现,子类尽量不要重写。类之间依赖的是抽象,若重写了非抽象方法,对依赖的稳定性会产生一定的影响。

(5)该原则要结合里氏替换原则使用,里氏替换原则指出父类出现的地方子类就可以出现,结合依赖倒置原则可以得出一个通俗的规则,即接口负责定义抽象方法,并且声明与其他对象的依赖关系,抽象类负责公共构造部分的实现,实现类准确地实现业务逻辑,同时在适当的时候对父类进行细化。

9.2.4 接口隔离原则

接口隔离原则(Interface Segregation Principle,ISP)指出,一个类对另一个类的依赖建立在最小的接口上。

接口隔离原则的具体含义表现为,一个接口代表一个角色,用户不应该将不同的角色都交给一个接口。没有关系的接口合并在一起,会形成一个臃肿的大接口,这是对角色和接口的"污染"。过于臃肿的胖接口会导致它们的客户程序之间产生不正常的并且有害的耦合关系,当一个客户程序要求对胖接口进行改动时,会影响到所有其他的客户程序。使用多个专门的接口比使用单一的总接口要好,根据客户需要的不同,为不同的客户端提供不同的服务是一种比较推荐的做法。因此,客户程序应该仅仅依赖它们实际需要调用的方法,这和后面介绍的单一职责原则有着异曲同工的地方。

另外,不应该强迫客户依赖于他们不用的方法。接口属于客户,不属于它所在的类层次结构,即不要强迫客户使用他们不用的方法,否则这些客户就会面临由于这些不使用的方法的改变所带来的改变。接口隔离原则的应用场合只提供调用者使用的方法,屏蔽不需要的方法。接口隔离原则是对接口的定义,同时是对类的定义,应尽量使用原子接口或原子类。"原子"衡量规则如下:一个接口只对一个子模块或者业务逻辑进行服务;只保留接口中业务逻辑需要的 public 方法;尽量修改污染了的接口,若修改的风险较大,则可采用适配器模式进行转化处理;接口设计应因项目而异,因环境而异,不可教条照搬。

接口隔离原则和其他的设计原则一样,都是需要花费时间和精力来进行设计和筹划的,但是它带来了设计的灵活性,并降低了整个项目的风险,当业务变化时能够快速应付。在设计接口时用户应根据经验和常识决定接口的粒度大小,如果接口粒度太小,会导致接口数量剧增,给开发带来难度;如果接口粒度太大,会使灵活性降低,无法提供定制服务,给项目带来无法预计的风险。

9.2.5　组合/聚合复用原则

组合/聚合复用原则(Composite/Aggregate Reuse Principle,CARP)指在一个新的对象中使用一些已有的对象,使之成为新对象的一部分,新的对象通过向这些对象进行委托达到复用已有功能的目的。这个设计原则有另一个表述,就是在类的设计过程中要尽量使用组合或者聚合关系,或者一般的关联关系,而少用继承关系。

在本章开篇的案例中,AeroCraft 类中就定义了 GlideBehavior 类型变量,从而使得二者之间形成组合关系,这就是该设计原则的一种体现。

9.2.6　迪米特法则

迪米特法则(Law of Demeter,LoD)最初是用来作为面向对象的系统设计风格的一种法则,在 1987 年秋天由 Ian Holland 在美国东北大学设计"迪米特"项目时提出,因此称为迪米特法则。迪米特法则又被称为最少知识原则(Least Knowledge Principle,LKP)。它指出一个对象应当对其他对象有尽可能少的了解。这条法则实际上是很多著名系统,例如NASA 的火星登陆软件系统,木星的欧罗巴卫星轨道飞船控制软件系统的指导设计原则。没有任何一个其他的面向对象设计原则能够像迪米特法则这样有如此多的表述方式,如图 9-9 所示。

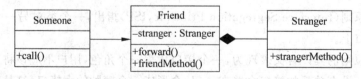

图 9-9　迪米特法则的表述

在该图中,对于迪米特法则的表述如下:

(1) 不要跟陌生人说话。

(2) 只和与你直接有关的朋友们通信(Only talk to your immediate friends)。

（3）每一个软件单位对其他的单位只有最少的知识，而且局限于那些与本单位密切相关的软件单位。即如果两个类不必彼此直接通信，那么这两个类就不应当发生直接的相互作用。如果其中的一个类需要调用另一个类的某一个方法，可以通过第三者转发此调用。

9.2.7 单一职责原则

单一职责原则（Simple Responsibility Principle，SRP）的英文描述如下：

There should never be more than one reason for a class to change.

它指出就一个类而言，应该仅有一个引起它变化的原因。如果用户能想到多于一个的动机去改变一个类，那么这个类就具有多于一个的职责。用户应该把多余的职责分离出去，分别创建一些类来完成每一个职责。就一个类而言，应当只专注于做一件事和仅有一个引起变化的原因，这就是所谓的单一职责原则。该原则提出了对对象职责的一种理想期望，对象不应该承担太多的职责。如果一个庞大的对象承担了太多的职责，当客户端需要该对象的某一个职责时，就不得不将所有的职责都包含进来，从而产生了冗余代码。

单一职责原则还有利于对象的稳定，所谓"职责"，就是对象所能承担的责任，并以某种行为方式来执行。对象的职责总是要提供给其他对象进行调用，从而形成对象与对象的协作，由此产生对象之间的依赖关系。类的职责越少，对象之间的依赖关系就越少，耦合度就减弱，受其他对象的约束与牵制就越少，从而保证了系统的可扩展性。

单一职责原则并不是极端的要求我们只能为类定义一个职责，而是利用极端的表述方式重点强调，在定义对象职责时，必须考虑职责与对象之间的所属关系。该原则描述的单一职责指的是公开在外的与该对象紧密相关的一组职责。

单一职责原则的优点体现在以下几个方面：

（1）降低类的复杂性；
（2）提高类的可读性；
（3）提高代码的可维护性和复用性；
（4）降低因变更引起的风险。

如图 9-10 所示，Employee 类是一个失败的设计，因为它违背了单一职责原则。Employee 类的方法被设计得过多，功能看上去过于全面，这会导致后期系统在扩展、维护等方面出现诸多困难。对于单一职责原则而言，它要求设计过程中不能设计出某些具有超多功能的超级类。这样会使得无论哪部分功能需要调整都必须重写这个类，所以采用单一职责原则的一个重要的步骤是业务分离。

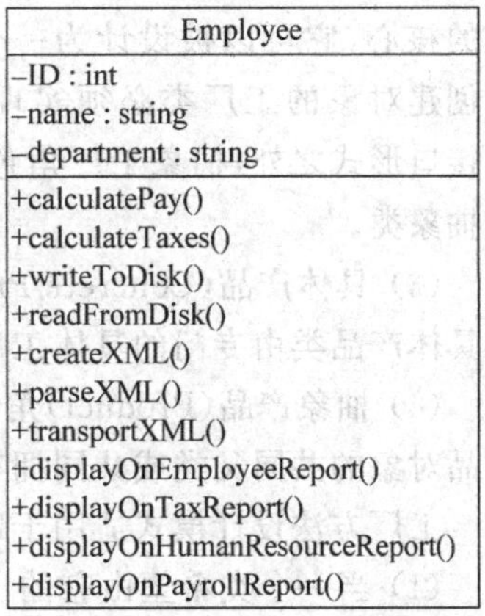

Employee
-ID : int
-name : string
-department : string
+calculatePay()
+calculateTaxes()
+writeToDisk()
+readFromDisk()
+createXML()
+parseXML()
+transportXML()
+displayOnEmployeeReport()
+displayOnTaxReport()
+displayOnHumanResourceReport()
+displayOnPayrollReport()

图 9-10 不符合单一职责原则的类

9.3 创建型设计模式

创建型设计模式主要关注对类的实例化过程的抽象化。某些时候，系统在创建对象的过程中，需要动态地决定怎样创建对象，创建哪些对象，以及如何组合和表示这些对象。创建型模式描述了怎样构造和封装这些动态的行为。创建型设计模式分为类的创建型模式和对象的创建型模式两种。类的创建型模式使用继承关系,把类的创建延迟到子类,从而封装了客户端将得到的具体类的信息,同时隐藏了这些类的实例是如何被创建的过程。对象的创建型模式则是把对象的创建过程动态地委托给另一个对象,从而决定客户端将得到哪些具体类的实例,以及这些类的实例是如何被创建和组合在一起的。

本节简单介绍 3 种软件开发中常用的创建型设计模式。

9.3.1 工厂方法设计模式

在软件系统中,用户经常面临对某个对象的创建工作,由于需求不断变化,这个对象的具体实现经常处于剧烈的变化,但是它却拥有比较稳定的接口。如何应对这种变化并提供一种封装机制来隔离出易变对象的变化,从而保持系统中依赖该对象的其他对象不随需求的改变而改变,这就是工厂方法设计模式所要解决的问题。

使用工厂方法设计模式是为了定义一个用于创建对象的接口或者抽象类,让该实现接口的类或者抽象类的子类具体决定实例化哪一个产品类。工厂方法模式使得一个类的实例化过程被延迟到其子类完成。在具体开发过程中,工厂设计模式的应用可以给系统带来较大的可扩展性,并使得系统维护更加便利。

下面以一种简单的情形为例说明工厂方法模式的结构,如图 9-11 所示。

使用工厂方法模式的系统将涉及以下几个角色。

(1) 具体工厂(Concrete Creator)角色:这是实现抽象工厂接口的具体工厂类,包含与应用程序密切相关的逻辑,实现了接口中的 FactoryMethod()方法并受到应用程序调用,返回 Concrete Product类的实例以创建具体产品对象。

(2) 抽象工厂(Creator)角色:这是工厂方法模式的核心,它可以被设计为一个接口,任何在模式中创建对象的工厂类必须实现这个接口。除了使用接口形式之外,抽象工厂角色也可以被设计成一个抽象类。

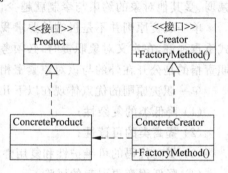

图 9-11 工厂方法设计模式

(3) 具体产品(Concrete Product)角色:这个角色实现了抽象产品角色所定义的接口,某具体产品类由专门的具体工厂类创建,它们之间往往相互对应。

(4) 抽象产品(Product)角色:这个角色是工厂方法模式所创建对象的超类型,也就是产品对象的共同父类或共同拥有的接口。抽象产品角色可以被设计为抽象类或者接口。

工厂方法设计模式适用于以下情况:

(1) 当一个类希望由它的子类来指定它所创建的对象的时候。

(2) 当一个类不知道它所必须创建的对象的类的时候。

(3) 当类将创建对象的职责委托给多个帮助子类中的某一个,并且程序设计人员希望某一个帮助子类是代理者这一信息局部化的时候。

下面通过一个简单的示例来说明工厂方法模式如何应用,如图 9-12 所示。

CarFactory 接口拥有一个 factory()方法,它作为汽车工厂接口的一个方法,目的是生产汽车,返回类型是 Car 接口类型。CarFactory 能够完成的具体工作交由它的两个实现类

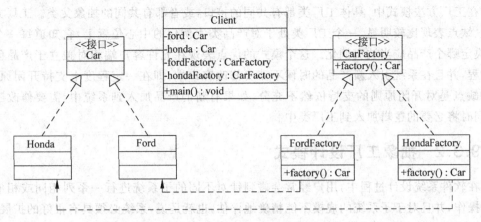

图 9-12　工厂方法设计模式示例

FordFactory 和 HondaFactory 进行，即具体指明福特汽车工厂和本田汽车工厂各生产什么型号的汽车，最终对系统的测试和使用在客户端类中加以实现。从 UML 图中用户尚不能清楚地看出该模式的运用思路，下面列举部分代码加以说明。

FordFactory 类代码如下：

```java
public class FordFactory implements CarFactory {
  public Car factory() {
    return new Ford();
  }
}
```

在 FordFactory 类中由 factory()方法返回 Ford 类的实例，表明福特汽车工厂生产福特汽车。

HondaFactory 类的代码如下：

```java
public class HondaFactory implements CarFactory {
    public Car factory() {
        return new Honda();
    }
}
```

在 HondaFactory 类中由 factory()方法返回 Honda 类的实例，表明本田汽车工厂生产本田汽车。运用工厂方法的系统的整合在客户端类中完成，客户端类在系统完成的初期也起到测试类的作用。在客户端类中运用接口回调技术，为工厂类赋予各个具体类的实例，并使用对应的具体类中的方法产生具体的产品类。

Client 类的代码如下：

```java
public class Client {
  private CarFactory fordFactory, hondaFactory;
  private Car ford, honda;
  public static void main(String[] args) {
      CarFactory fordFactory = new FordFactory();
      Car ford = fordFactory.factory();
      CarFactory hondaFactory = new HondaFactory();
      Car benz = hondaFactory.factory();
  }
}
```

在工厂方法模式中,具体工厂类都有共同的接口,或者都有共同的抽象父类。工厂方法的优、缺点表现比较明显,一个工厂类处于对产品类实例化的中心位置上,它知道每一个产品,决定哪个产品应当被实例化。这个模式的优点表现在允许客户端相对独立于产品创建的过程,并且在系统引入新产品的时候不需要修改客户端,即在一定程度上支持开闭原则。它的缺点是对开闭原则的支持依然不充分,如果有新的产品加入到系统中,需要修改工厂类,同时将必要的逻辑加入到工厂类中。

9.3.2 抽象工厂设计模式

在软件系统设计过程中,用户经常会碰到针对不同的子系统进行一系列相同或相似的复杂操作,并且对于子系统的规模不能精确地评估,也就是说,系统必须具有很好的扩展性,以应对不断扩大的用户需求。同时,用户针对不同子系统的操作必须要屏蔽系统内部数据通信的差异性,即用户感知不到不同子系统之间操作的差别。在开发过程中为了达到这些目标,可以采用抽象工厂设计模式。

抽象工厂模式属于创建型模式。抽象工厂模式提供一个创建一系列相关或相互依赖对象的接口,而无须指定它们具体的类。它指明软件应该具有一定的灵活性,以适应外部需求可能的变化。此外,必须把这种灵活性所带来的软件内部的复杂性封装起来,为外界提供一个简单而稳定的访问接口。软件系统中实体模块的通信表现为接口或者抽象类的通信,变化的部分通过继承接口或实现抽象类进行封装,系统的可扩展性得到很好的体现,同时由于低层需求的变动不会波及到其他子系统或模块,系统高层会表现出很好的稳定性和可维护性。

抽象工厂设计模式的简化结构如图 9-13 所示,其中参与的角色如下。

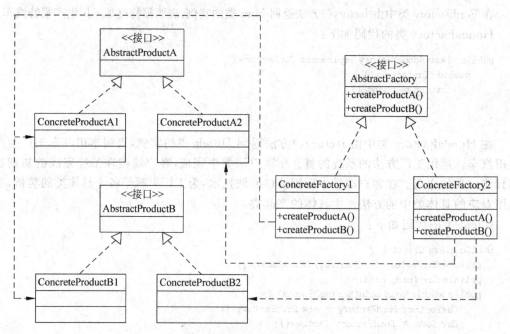

图 9-13 抽象工厂设计模式

（1）抽象产品角色 A（AbstractProductA）和抽象产品角色 B（AbstractProductB）：它们的主要功能与职责是提供具体产品 ConcreteProductA 和 ConcreteProductB 的访问接口。

（2）抽象工厂角色（Abstract Factory）：它是抽象工厂方法模式的核心，即为客户端提供一个统一的接口，提供 createProductA()方法和 createProductB()方法，用户不需要知道其内部的具体实现。它的作用是为继承并实现于它的子类提供一个统一的标准，与应用系统商业逻辑无关。抽象工厂角色可以采用接口或者抽象类的形式进行实现。

（3）具体产品角色：包括 ConcreteProductA1、ConcreteProductA2、ConcreteProductB1 和 ConcreteProductB2，它们的主要功能与职责是实现自己的功能。抽象工厂模式所创建的任何产品对象都是某一个具体产品类的实例，这是客户端的最终需求。

（4）具体工厂类角色（ConcreteFactory1、ConcreteFactory2）：它们的主要职责与功能是生产具体产品。它们含有选择产品对象的逻辑，直接在客户端的调用下创建产品的实例，选择对象的逻辑应符合系统商业逻辑的要求。

抽象工厂模式的特点表现在以下方面：

（1）抽象工厂模式是工厂方法模式的进一步抽象，针对的是一族产品。如果产品族中只有一种产品，则抽象工厂模式退化为工厂方法模式。

（2）产品族内的约束为非公开状态，在不同的工厂中，各种产品可能具有不同的相互依赖关系，这些依赖关系由工厂封装在其内部，对于工厂的使用者是不可见的。

（3）生产线的扩展非常容易，如果要针对同一产品族建立新的生产线，只需要实现产品族中的所有产品接口并建立新的工厂类即可。

与此同时，抽象工厂模式的最大缺点是产品族本身的扩展非常困难，如果需要在产品族中增加一个新的产品类型，则需要修改多个接口，并且会影响已有的工厂类。

抽象工厂设计模式拥有以下几个适用性：

（1）一个系统不应当依赖于产品类实例如何被创建、组合以及表达的细节，包括抽象工厂模式在内的所有形态的工厂模式都必须做到这一点。

（2）系统提供一个产品类的库，所有的产品以同样的接口出现，从而使客户端不依赖于实现。

（3）同属于同一个产品等级结构的产品是在一起使用的，这一约束要在系统设计中体现出来。

（4）一个系统的产品有多个产品等级结构。

下面通过一个示例来说明抽象工厂模式的具体应用，如图 9-14 所示。Microsoft 公司拥有操作系统产品 Windows 和关系型数据库管理系统 SQL Server，而 VMware 公司拥有操作系统产品 vSphere 和关系型数据库管理系统 vFabric Postgres（vPostgres）。现在采用抽象工厂设计模式来刻画这两个企业与其产品的关系。

Enterprise 接口拥有 Microsoft 和 VMware 两个实现类，并且拥有两个方法 createDB()和 createOS()，返回类型分别是 DB 和 OS。OS 接口和 DB 接口分别表示操作系统产品和关系型数据库管理系统产品。为了对抽象工厂设计模式在本例中的应用做进一步阐释，下面列举部分代码并做说明。

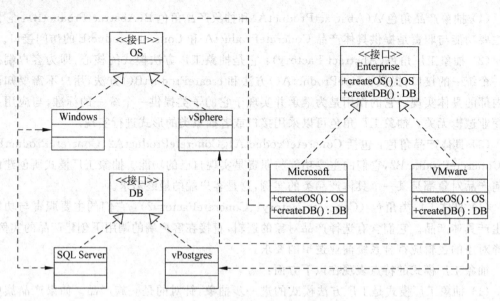

图 9-14　抽象工厂设计模式示例

Enterprise 接口的代码如下：

```
public interface Enterprise {
public DB createDB();
public OS createOS();
}
```

Enterprise 接口中方法的具体实现放在 Microsoft 类和 VMware 类中进行，由这些类中方法体的返回值来决定一个工厂类具体生产哪一种产品。

Microsoft 类的代码如下：

```
public class Microsoft implements Enterprise {
public DB createDB() {
    return new SQLServer();
}
public OS createOS() {
    return new Windows();
}
}
```

VMware 类的代码如下：

```
public class VMware implements Enterprise {
public DB createDB() {
    return new vPostgres();
}
public OS createOS() {
    return new vSphere();
}
}
```

创建型模式的工厂模式在开发应用中通常包括简单工厂模式、工厂方法模式和抽象工厂模式3种。抽象工厂模式是所有工厂模式中最具一般性和最为抽象的一种形态。抽象工厂模式与工厂方法模式的最大区别在于,抽象工厂模式需要面对多个产品等级结构,而工厂方法模式针对的是一个产品等级结构。在抽象工厂模式中,客户端可以提出不同的要求,系统设计者为客户端提供一个接口,采用这种设计方式比较简单、可靠。客户端在不必指定产品的具体类型情况下可以创建多个产品族中的产品对象。

9.3.3　单例设计模式

单例设计模式属于创建模式中的一种,它保证一个类中只有一个实例存在,其他对象均共享同一个实例。在单例模式中,单例对象负责实例的创建,将构造方法设置为私有,不能被其他类所访问。单例对象提供了一个公共方法供其他类访问,从而使得其他类获得对该实例的引用,如图 9-15 所示。单例设计模式的特点如下:

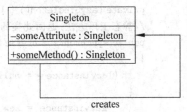

图 9-15　单例设计模式

(1) 单例类只能有一个实例。

(2) 单例类必须自己创建自己的唯一实例,并且给所有其他对象提供这一实例。

单例模式包含的角色只有 Singleton 类。它拥有一个私有的构造方法,确保使用者无法通过 new 运算符对其自身直接实例化。该模式中还包含一个静态私有成员变量与静态公有方法,静态公有方法负责检验并实例化自身,然后存储在静态成员变量中,以确保只有一个实例能够被创建。需要补充的一点是,在示例 UML 图中,通常用下划线表示静态的变量或者方法。

单例模式的优点表现在以下方面:

(1) 由于单例模式在内存中只有一个实例,减少了内存的开支,特别是一个对象需要频繁地创建、销毁,而创建或销毁的性能又无法优化时,单例模式的优势非常明显。

(2) 由于单例模式只生成一个实例,所以减少了系统的性能开销,当一个对象的产生需要比较多的资源时,例如读取配置、产生其他依赖对象时,则可以通过在启用时直接产生一个单例对象,然后用永久驻留内存的方法来解决。

(3) 单例模式可以避免对资源的多重占用。例如,一个写文件动作,由于只有一个实例存在于内存中,避免了对同一个资源文件的同时操作。

(4) 单例模式可以在系统设置全局的访问点,优化和共享资源访问。例如,可以设计一个单例类,负责所有数据表的映射处理。

单例模式的缺点有以下几点:

(1) 单例模式无法创建子类,所以扩展困难。如果需要扩展,一般只能采用修改代码的方法。

(2) 单例模式对测试不利,在并行开发环境中,如果存在采用单例模式的类没有开发完成的情况,则不能进行测试。单例模式的类通常不会实现接口,所以在单元测试中,针对代码功能部分进行测试时,使用 mock 方式对一个对象进行虚拟会因此而受到妨碍。

(3) 单例模式与单一职责原则有冲突,一个类应该只实现一个逻辑,而不关心它是否是单例的,是不是要用单例模式取决于需求和开发环境的需要。

单例模式在实现过程中包括饿汉式单例类形式、懒汉式单例类形式和登记式单例类形式等多种形式,不同的实现形式都是为了能够在满足一定需求的前提下确保 Singleton 类的实例被唯一创建。如果用户想实现完美的单例模式,在程序编写上是比较复杂的,下面以常用的懒汉式单例类为例对单例设计模式的实现方式加以简单说明,如图 9-16 所示。

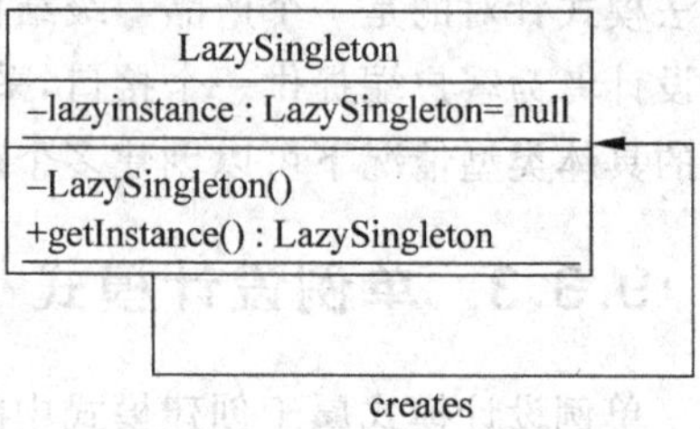

懒汉式单例类 LazySingleton 的代码如下:

图 9-16　懒汉式单例设计模式

```
public class LazySingleton
{
    private static LazySingleton  lazyinstance = null;
    //私有的默认构造方法,保证客户端无法直接对其实例化
    private LazySingleton() { }
    //静态工厂方法,返回此类的唯一实例
    public synchronized static LazySingleton getInstance()
    {
      if (lazyinstance == null)
      {
          lazyinstance = new LazySingleton();
      }
        return lazyinstance;
      }
}
```

该实现过程中对静态工厂方法使用了 Java 语言的 synchronized 关键字,进行同步化处理,以应对多线程编程的要求。用户可以看出,单例模式的实现是以保证完成需求为前提,不同的需求会对单例模式的具体实现形式增加不同的复杂度。Java 基础类库中的 java. lang. Runtime 类也采用了单例模式,其 getRuntime()方法返回了唯一的实例。在 Java 中使用单例模式时,需要注意序列化和克隆对实例唯一性的影响。如果一个单例的类实现了 Serializable 或 Cloneable 接口,则有可能被反序列化或克隆出一个新的实例,从而破坏了"唯一实例"的要求,因此,通常单例类不需要实现 Serializable 和 Cloneable 接口。

除了上述单例设计模式实现方法之外,在 JDK5 及其之后的版本中还提供了另一种实现方法,即采用单元素的枚举类型进行实现,并且这种方法已经成为实现单例模式的最佳方案。

采用枚举来实现单例模式的代码如下:

```
//定义枚举类型 Singleton
public enum Singleton {
SingletonInstance;                //这是唯一的实例
//可以在枚举类型中定义其他方法
public void myPrint() {
    System. out. println("使用 enmu 实现单例设计模式");
}
    //定义 getInstance()方法是为了在后面检验 Singleton 实例的唯一性
public static Singleton getInstance() {
    return SingletonInstance;
```

```
    }
}
//定义测试类
public class Test {
public static void main(String[] args) {
    Singleton ss1 = Singleton.getInstance();
    Singleton ss2 = Singleton.getInstance();
    if (ss1 == ss2) {
        System.out.println("是唯一实例");
    } else {
        System.out.println("不是唯一实例");
    }
    Singleton soleinstance = Singleton.SingletonInstance;
    soleinstance.myPrint();
  }
}
```

  将两次调用 getInstance()方法的值分别赋给 Singleton 类型的变量 ss1 和 ss2,通过在 if 语句中使用"= ="来判断 ss1 与 ss2 所指向的对象占用地址相同、内容相同的同一块内存空间,进而验证 Singleton 实例的单一性。而 Singleton soleinstance = Singleton. SingletonInstance 和 soleinstance. myPrint()语句给出该实现方式的使用方法。使用枚举来实现单实例控制会更加简洁,而且无偿地提供了序列化的机制,并由 JVM 从根本上提供保障,绝对防止多次实例化,是更简洁、高效、安全的实现单例的方式。

  程序的运行结果如图 9-17 所示。

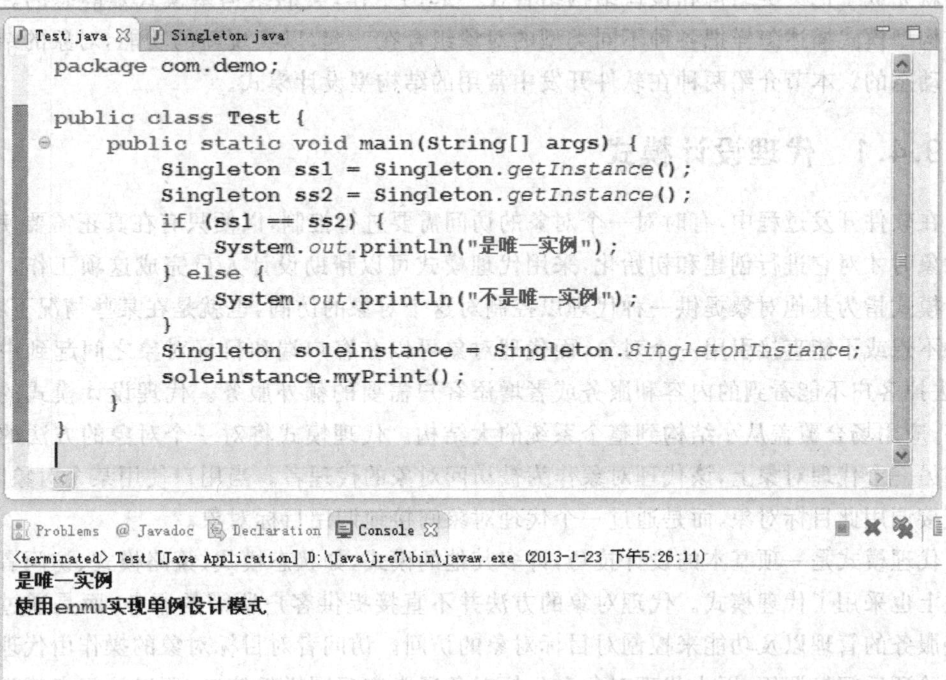

图 9-17 单元素枚举类型实现单例设计模式

当系统中要求某个类有且仅有一个实例,而出现多个实例时会产生不良后果,此时可以采用单例模式。在一个类允许有几个实例共存的情况下,就不再需要使用单例模式。可以采用单例模式的典型场景如下:

(1) 要求生成唯一序列号的环境。

(2) 在整个项目中需要一个共享访问点或共享数据。对于一个 Web 上的计数器而言,使用单例模式保持计数器的值,可以不用将每次刷新都记录到数据库中,从而确保线程安全。在数据库连接方面,用单例模式设计的应用系统使得多个客户端共用一个数据库连接,当客户连接到数据库时只需共享该连接即可。

(3) 创建一个对象需要消耗的资源过多,如 I/O 访问和数据库等资源。

(4) 需要定义大量的静态常量和静态方法(如工具类)的环境,可以采用单例模式。

(5) 用于建立目录、打印、系统参数的配置等对系统资源的管理与控制方面。举例来说,每台计算机可以有若干个打印机,采用单例模式设计的应用系统可以避免两个打印作业同时输出到同一台打印机上。

9.4 结构型设计模式

结构型设计模式描述了如何将类或者类的实例结合在一起形成更大的结构。结构型设计模式分为类的结构型模式和对象的结构型模式两种。类的结构型模式使用继承关系把类、接口等组合在一起,以形成更大的结构。当一个类从父类继承并实现某个接口时,这个子类就完成了把父类结构和接口结构结合在一起的工作,类的结构型模式是静态的。对象的结构型模式描述怎样把各种不同类型的对象组合在一起,以实现新的功能,对象的结构模式是动态的。本节介绍两种在软件开发中常用的结构型设计模式。

9.4.1 代理设计模式

在软件开发过程中,有时对一个对象的访问需要进行控制,以便只有在真正需要使用这个对象时才对它进行创建和初始化,采用代理模式可以帮助设计人员完成这项工作。代理设计模式指为其他对象提供一种代理以控制对这个对象的访问,也就是在某些情况下,客户端并不想或不能直接引用一个对象,而代理对象可以在客户端和目标对象之间起到中介作用,去掉客户不能看到的内容和服务或者增添客户需要的额外服务。代理设计模式的变化较多,应用场合覆盖从小结构到整个系统的大结构。代理模式将对一个对象的方法的调用转到另一个代理对象上,该代理对象作为被访问对象的代理者。当用户使用某个对象时,并不直接调用此目标对象,而是通过一个代理对象间接地调用目标对象。

代理模式是一项基本的设计技巧,许多其他的模式,如状态模式、策略模式、访问者模式本质上也采用了代理模式。代理对象的方法并不直接提供客户所需的服务,而是通过提供一些服务的管理以及功能来控制对目标对象的访问。访问者对目标对象的操作由代理对象经过验证后间接调用,因为代理对象和目标对象通常实现同样的接口,所以访问者感觉不到代理对象的存在。

代理可以解释为在出发地到目的地之间的一道中间层,下面是一些可以使用代理的常见情况：

（1）远程代理为一个对象在不同的地址空间提供局部代表，这个不同的地址空间可以在本机内，也可以是远程访问。RPC 和 CORBA 中采用的就是远程代理。

（2）保护代理控制对原始对象的访问，保护代理用于对象具备不同访问权限的时候。

（3）虚拟代理根据需要创建一个资源开销很大的对象，使得此对象只在需要的时候才被创建，常用于图像加载。

（4）智能指引取代了简单的指针，它在访问对象时执行一些附加操作。它的典型用途包括对指向实际对象的引用计数，这样当该对象没有引用时，可以自动释放它；当第一次引用一个持久对象时，将它装入内存；在访问一个实际对象前，检查是否已经锁定它，以确保其他对象不能对其改变。

（5）缓存代理：为某一个目标操作的结果提供临时的存储空间，以便多个客户端可以共享这些结果。

（6）同步代理：使几个用户能够同时使用一个对象而没有冲突。

在所有种类的代理模式中，虚拟代理、远程代理、智能引用代理和保护代理是最为常见的代理模式。

代理模式在访问对象时引入了一定程度的间接性。根据代理类型的不同，增添的间接性有不同的用途。例如，远程代理可以隐藏一个对象存在于不同地址空间的事实；虚代理可以根据要求对创建的对象进行最优化；保护代理和智能指引都允许在访问一个对象时有一些附加的内部处理。

代理设计模式在软件开发中经常被采用，一般包括静态代理设计模式和动态代理设计模式两种形式，下面简要列举一些适合代理模式的应用。

（1）在授权机制中使用代理设计模式，不同级别的用户对同一对象拥有不同的访问权利。例如，在线论坛系统中的用户一般分为注册用户和游客（未注册用户）两种，通过代理可以控制这两种用户的系统访问权限。

（2）当客户端不能直接操作到某个对象，但又必须和那个对象有所互动的时候会使用代理设计模式。如果对象是一个很大的图片，需要花费很长时间才能显示出来，那么当这个图片包含在文档中时，使用编辑器或浏览器打开该文档，文档要求快速开启，此时对大图片处理尚无法完成，基于时间要求的考虑，这时需要设计一个图片代理来代替真正的图片。如果对象在 Internet 的某个远端服务器上，因为网络速度的缘故，直接操作这个对象可能比较慢，此时可以先用代理来代替那个对象。这一点在使用 .NET 开发 Web Services 应用的过程中表现得尤为明显。对于开销很大的对象，只有在使用它时才创建，这种设计方式可以有效提升系统的运行效率和性能。

为了说明代理模式的结构，下面以一般的情形为例进行介绍，如图 9-18 所示。使用代理模式的系统涉及的角色如下。

（1）代理（Proxy）角色：代理角色内部含有对真实对象的引用，从而可以操作真实对象，同时代理对象提供与真实对象相同的接口，以便在任何时刻都能代替真实对象。代理对象可以在执行真实对象操作时附加其他的操作，相当于对真实对象进行封装。

（2）抽象主题（Subject）角色：它声明了真实对象和代理对象的共同部分，可以是接口的形式，也可以用抽象类实现。

(3) 真实主题(RealSubject)角色：它是代理角色所代表的真实对象，是客户端最终要引用的对象。

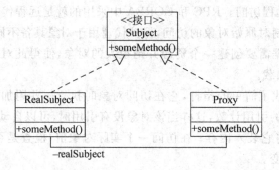

图 9-18   代理设计模式

下面以家电销售系统为例，说明代理模式如何使用。假设抽象主题角色为 TVSaler类，真实主题角色为 Saler 类，代理角色为 ProxySaler 类。

抽象主题角色的代码如下：

```
abstract class TVSaler {
abstract public void saleTV();
}
```

真实主题角色的代码如下：

```
class Saler extends TVSaler {
public void saleTV() {
    System.out.println("销售一部电视");
}
}
```

代理角色的代码如下：

```
class ProxySaler extends TVSaler {
Saler sa = null;           //以真实角色作为代理角色的属性
public void zengSong() {
    System.out.println("赠送小礼品");
}
public void saleTV() {
//该方法封装了真实对象的 saleTV()方法
    zengSong();
    if (sa = = null) {
        sa = new Saler();
    }
//可以在执行真实对象的 saleTV()方法代码的前后加上日志记录
    //记录开始
    sa.saleTV();            //此处执行真实对象的 saleTV()方法
    //记录结束
}
}
```

在这里用户可以看出代理将方法调用未加更改地委托给真实主题角色处理。

客户端代码如下：

```
public class Client {
public static void main(String[] args) {
    TVSaler ts = new ProxySaler();
    ts.saleTV();
  }
}
```

从上面的例子可以看出代理起到的作用是传递一个方法的调用，并且代理在方法调用之前或者之后还可以执行其他操作，所以代理类的功能不仅仅适用于传递操作这一项。代理设计模式最常见的几种应用包括日志的记录、执行某个应用后进行文件杀毒和事务处理等。该家电销售示例采用的代理模式为静态代理模式，相对于动态代理的实现过程而言较为简单。现在很多面向对象语言也提供了对动态代理模式的支持，例如，Java 语言在 JDK 1.3 之后加入了可协助开发动态代理功能的 API，通过处理者（Handler）服务于各个角色对应的对象，在处理者的设计过程中必须实现 java.lang.reflect.InvocationHandler 接口。关于动态代理的应用示例，用户可以参阅 *Thinking in Java* 中相应的论述部分。

一个复杂的软件系统应该是独立的和互操作的构件集合，而不是一个整体的应用程序。软件系统有较大的灵活性和可维护性。通过将功能分割成独立的构件，系统从一个整体变成多个分布式构件，并增加了扩展性。当分布式构件相互通信时，需要一些过程间的通信手段，如果构件自身处理通信，系统最终会面临相关性和局限性问题。通过使用代理模式，系统能够简单地通过向合适的对象发出消息来访问分布式服务，而不是把重点放在低层的进程间通信。代理模式结构很灵活，允许动态地改变、添加、删除和重定位对象。代理模式降低了开发分布式系统的复杂性，增加了透明性，使软件系统的架构变得更加合理，为系统的进一步维护和修改带来很大的方便，包括面向切面编程（Aspect Oriented Programming，AOP）在内的很多设计理念中都有代理模式的"身影"。代理设计模式在日常开发中被大量使用，例如，除了对 DIP 软件原则的成功实现之外，对代理设计模式的合理运用也是 Spring Framework 走向成功的关键一步。

9.4.2　适配器设计模式

在软件开发过程中，用户有时会遇到这样的情况，为复用设计的工具箱类不能够被复用，原因仅仅是因为它的接口与专业应用领域所需要的接口不匹配。解决这样的问题通常是修改各自类的接口，但是如果程序员没有该类的源代码，或者不愿为一个应用修改各自类的接口，可以使用适配器，在这两种接口之间创建一个混合接口。此时使用的设计模式就是适配器模式，它属于结构型模式。适配器也称为包装器，它把一个类的接口变换成客户端所期望的另一种接口，从而使原本因接口不匹配无法在一起工作的两个类可以正常通信。

为了说明适配器模式的结构，下面以一个简单的情形为例进行介绍，如图 9-19 所示。使用适配器模式的系统所涉及的角色如下。

(1) 源（Adaptee）角色：定义一个已经存在的接口，这个接口需要适配，也称为适配者角色。

(2) 目标（Target）角色：定义客户端使用的与特定领域相关的接口，这里有客户端所期待的 API。Target 的存在形式可以是接口也可以是类。

（3）适配器（Adapter）角色：这是适配器模式的核心，对 Adaptee 与 Target 进行适配，把被适配的类，即源角色的 API 转换为目标角色的 API。在此需要强调的是，适配器角色只能是以类的形式体现。

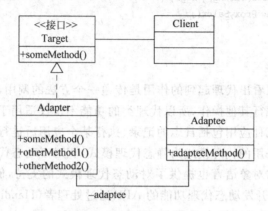

图 9-19　适配器设计模式

日常生活中的手机充电器、笔记本电源线、鼠标接口转换器、变压器等都应用了适配器的思想，软件开发中对适配器模式的应用也很常见。例如，要开发一个 CAD 软件，它自带一个绘图编辑器，允许用户绘制和排列基本图元，包括线、多边形和正文等。该软件的关键抽象是一个可编辑形状并可以绘制自身图形的 Shape 类，可以把它实现为一个抽象类。之后为每一种图形对象定义了一个 Shape 类的子类，例如，PointShape 类表示点的抽象，LineShape 类表示直线的抽象，PolygonShape 类表示多边形的抽象。点、线、多边形这样的基本几何图形类比较容易实现，但是对于可以显示和编辑正文的 TextShape 子类就比较困难，因为即使是基本的正文编辑也会涉及复杂的屏幕刷新和缓冲区管理。在开发过程中，为了实现具备该功能的用户界面工具箱而购买了一个第三方公司生产的构件 TextViewer，用于显示和编辑正文。理想的情况是可以直接复用这个 TextViewer 类来实现 TextShape 类，但是第三方构件的设计者在开发之初并没有考虑到使用者的 Shape 类的存在，因此，TextViewer 和 Shape 不能互换。为了解决协同工作的问题，可以改变 TextViewer 类使它兼容 Shape 类，但前提是用户必须有这个构件的源代码，但这往往是不可能的。即使得到这些源代码，修改 TextViewer 类的意义也不大，因为不应该仅仅为了实现一个应用就去修改第三方构件，使得其与特定领域相匹配，这种用于完善系统的工作会无形中增加很多的成本。

使用适配器模式可以完成上述需求，首先定义 TextShape 类，由它来适配 TextViewer 和 Shape，这里的 TextShape 称为适配器，之后采用以下两种解决方案：

（1）同时继承 Shape 类和 TextViewer 类，这是多重继承，而用 C++语言可以直接实现，而用 Java 语言，则让 Shape 作为接口存在，因为 Java 语言不支持多重继承。

（2）将 TextViewer 的实例作为 TextShape 的组成部分。

这两种方案恰恰对应适配器模式的两种版本：类适配器模式和对象适配器模式。类适配器模式基于继承，对象适配器模式基于组合。类适配器模式只能应用于适配者，对于它的子类则不可以，当类适配器建立时，它就静态地与适配者建立了关联；对象适配器模式可以应用在适配者和它所有的子类上。在类适配器模式中,适配者是适配器的基类,所以适配器能够重写适配者中的方法,但是对象适配器模式是采用委托关系连接到适配者。在类适配器模式中,客户端代码对于适配者中的代码是可见的;而在对象适配器模式中,客户端和适配者完全不相干,只有适配器拥有对适配者的引用。

适配器设计模式拥有以下几个适用性:

(1) 想使用一个已经存在的类,而它的接口不符合需求。

(2) 想使用一些已经存在的子类,但是不可能对每一个子类都进行子类化处理,以匹配它们的接口,使用对象适配器可以适配它们的父类。

(3) 想创建一个可以复用的类,该类可以与其他不相关的类或不可预见的类,即接口彼此之间不一定兼容的类一起协同工作。

下面针对上述 CAD 系统中的绘图编辑器,通过几段简单的代码来说明适配器模式的应用。在此采用 Java 语言编写上述程序,由于 Java 语言不支持多重继承,所以把目标角色设计为一个接口。

Shape 接口的代码如下:

```
public interface Shape {
//Java 语言不支持多重继承
//Shape 是目标角色,采用接口形式
public void draw();
}
```

在 Shape 接口中定义了通用的 draw()方法,用来绘制图形。

TextViewer 类的代码如下:

```
public class TextViewer {
// TextViewer 是适配者类,即源角色
public void display() {
    System.out.println("显示文本信息");
  }
}
```

在 TextViewer 类中定义了 display()方法,用于显示文本信息。该类属于工具类,用来刻画购买的第三方构件在该系统搭建中的位置。

TextShape 类的代码如下:

```
public class TextShape implements Shape {
//TextShape 类是适配器类
private TextViewer adaptee;
public TextShape(TextViewer adaptee) {
    super();
    this.adaptee = adaptee;
}    //适配器类直接委派源角色的 display()方法
public void displayText() {
    adaptee.display();
}
public void draw() {
    System.out.println("绘制文本框");
}
```

```
public void otherMethod() {
    System.out.println("还可以在适配器内补充其他方法");
}
}
```

TextShape 类是适配器类,属于系统搭建中的核心部分。

适配器设计模式是一种很常用,也比较容易理解的设计模式,它体现了对开闭原则的具体实现,即针对接口,而不是针对实现的编程思想。

9.5 行为型设计模式

行为型设计模式是对在不同的对象之间划分责任和算法的抽象化,它不仅仅是关注类和对象自身的模式,同时也是关注它们彼此之间的互相协作。行为型设计模式分为类行为型模式和对象行为型模式两种类型。类行为型模式使用继承关系在几个类之间分配行为,对象行为型模式则使用对象的聚合关系来分配行为。

本节简单介绍 4 种软件开发中常用的行为型设计模式。

9.5.1 模板方法设计模式

生活中存在这样的事实:自己动手从无到有撰写一份求职简历要比采用 Word 的简历模板编写简历耗时更多,因为模板已经帮助使用者规划了撰写的格式并对要撰写的内容加以提示。在 Web 系统开发过程中,程序员利用集成开发环境提供的模板向导填充相应的表单从而自动化地完成一个 Servlet 类的建立过程,在不编写代码的前提下直接完成系统框架的搭建。在程序设计领域也可以采用类似的思想,这就是模板方法(Template Method)设计模式。它属于行为设计模式中的一种,把多个类的公共内容提取到一个模板中。模板方法设计模式定义一个操作中的算法的"骨架",而将一些步骤延迟到子类中完成,它使得子类可以不改变一个算法的结构即可重定义该算法的某些特定步骤。

模板方法设计模式非常基本且容易理解,在面向对象程序设计中使用的频率也比较高。模板方法设计模式的基本思想是,一个算法的某些部分已经有完善的定义,可以在其父类中实现,而当其会有多种实现形式时,应该让这些细节在其子类中实现。通常,在类的设计过程中,程序员常常先创建一个父类,并把它设计为一个抽象类,把其中的一个或多个方法留给子类实现,这实际上就是在使用模板方法设计模式。

为了说明模板方法设计模式的结构,下面以一个最简单的情况为例进行介绍,如图 9-20 所示。

使用模板方法设计模式的系统将涉及以下几个角色。

(1) 抽象类(AbstractClass)角色:它定义了抽象的原语操作(Primitive Operation),具体的子类将重新定义它们以便实现一个算法的多个步骤。它同时还实现了一个模板方法,用于定义一个算法的"骨架"。该模板方法提供了一个标准模板,不仅可以调用原语操作,还可以调用定义在抽象类或者其他类中

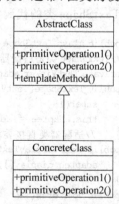

图 9-20   模板方法设计模式

的方法。

（2）具体类（ConcreteClass）角色：实现原语操作，以完成算法中与特定子类相关的步骤，它可以置换掉抽象类中的可变部分。

模板方法设计模式中有 4 种方法被定义。

（1）模板方法：它完成了所有子类都会用到的一些基本功能，一般在抽象类中定义，子类直接继承并不加以修改。

（2）抽象方法：由抽象类声明，但是没有方法体，必须在子类中实现。

（3）具体方法：在抽象类中声明并实现的方法，子类并不实现或者重写，这种方法起到了工厂的作用。

（4）钩子（hook）方法：这些方法中包含了某些操作的一种默认实现，子类中可以使用默认实现也可以重新定义这些方法。

模板方法设计模式拥有以下几个适用性：

（1）一次性实现一个算法的不变部分，同时把可变的行为留给子类进行实现。

（2）各子类中的公共行为被提取出来，并集中到一个公共父类中以避免代码重复，提高复用性。

（3）控制子类扩展，模板方法设计模式只在特定的点调用一个操作，这样就只允许在这些点进行扩展。

下面通过一个简单的示例来说明模板方法设计模式的应用。利用华为和三星两种手机分别通过 Wi-Fi 技术访问互联网，其中手机型号的选取，即 usePhone() 这一基本方法是可变的，留给子类去实现；不变的公共部分就是上网的动作，即 accessWiFi() 方法，可以将不变部分提取出来放置在抽象类中作为模板方法，下面列举部分代码加以说明。

Template 类代码如下：

```
public abstract class Template {
    protected String type;
    public Template(String type){
        this.type = type;
    }
    //留给子类去实现的基本方法
    abstract protected void usePhone (String type);
    //抽象类已经实现好的基本方法,子类不能重写
    public final void finishWiFi(String type){
        System.out.println("使用" + type + "品牌的手机完成上网任务");
    }
    //模板方法是所有子类都要用到的一些基本功能
    public final void accessWiFi(){
        usePhone(type);
    }
}
```

HuaWeiPhone 类的代码如下：

```
public class HuaWeiPhone extends Template {
    public HuaWeiPhone(String type) {
        super(type);
```

```
    }
    protected void usePhone(String type) {
        System.out.println("使用" + type + "手机");
    }
}
```

SamSungPhone 类的代码如下：

```
public class SamSungPhone extends Template {
    public SamSungPhone(String type) {
        super(type);
    }
    protected void usePhone(String type) {
        System.out.println("使用" + type + "手机");
    }
}
```

HuaWeiPhone 类和 SamSungPhone 类的 usePhone()方法的方法体可以不一致,用户应该根据需求来完成该部分的设计。在 Template 类中定义的 finishWiFi()方法,两个具体子类只能直接继承(不能重写)方法体内容。

客户端代码如下：

```
public class Client {
    public static void main(String[] args) {
        Template t1 = new HuaWeiPhone("Ascend D2");
        Template t2 = new SamSungPhone("i9300");
        t1.accessWiFi();           //使用华为 Ascend D2 手机通过 Wi-Fi 访问互联网
        t2.accessWiFi();           //使用三星 i9300 手机通过 Wi-Fi 访问互联网
    }
}
```

　　模板方法设计模式是一种代码复用的基本技术,它们提取了类库中的公共行为,导致一种反向控制结构,有时被称为"好莱坞法则",即"别找我们,我们会去找你"。模板方法设计模式在面向对象的设计中很常见,它既不复杂也不难理解,在设计中不应该将它考虑得过于复杂。模板方法设计模式是为了巧妙解决变化对系统带来的影响而设计的,它定义一个通用的算法,可以使系统的扩展性增强,并将易变部分对系统的影响最小化。模板方法设计模式应用的第一个要点是,在父类中可以只定义一些它自身使用的方法,把其余部分留到子类中去实现;第二个要点是,父类中的方法可以调用一系列的方法,其中有些方法在父类中实现,有些方法在子类中实现。

9.5.2　观察者设计模式

　　许多图形用户界面工具箱将界面的实现部分与底层应用数据分离,处理应用数据的类和负责界面显示的类可以统一协作,也可以各自独立复用。例如,在 Excel 应用中,一个表格对象和一个柱状图对象可以用不同的表示形式来描述同一个应用数据对象的信息。表格对象和柱状图对象之间彼此并不知道对方的存在,用户可以根据需要来单独复用表格或柱状图。当用户改变表格中的信息时,柱状图能立即反映这一变化,反之亦然。

　　在某一个对象的状态发生变化时，一个软件系统常常需要驱动其他相关联的对象对此做出相应的改变。有多种方案可以完成这样的设计，不过为了使系统能够易于复用，用户应该选择低耦合度的设计方案。减少对象之间的耦合度有利于系统的复用，但是同时设计者需要使这些低耦合度的对象之间能够维持行动的协调一致，保证高度的协作，观察者设计模式是满足这些要求的各种设计方案中最常见的一种。观察者设计模式又称为发布/订阅模式、模型/视图模式、源/监听器模式或从属者模式。观察者设计模式定义了一对多的依赖关系，让多个观察者对象可以同时监听某一个主题对象。当这个主题对象的状态发生变化时，会通知所有观察者对象，使它们能够自动更新。

　　采用观察者设计模式实现的系统，其结构一般如图 9-21 所示，包括以下几个角色。

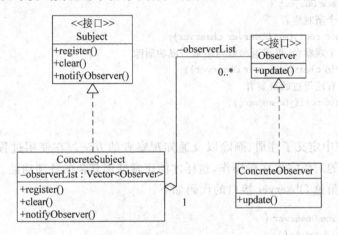

图 9-21　观察者设计模式

　　(1) 抽象主题(Subject)角色：提供一个接口，把所有对观察者对象的引用保存在一个聚集里，并用某种数据结构形式实现。每个主题可以有任意数量的观察者，能够增加和删除观察者对象。同时，该角色还定义了 notifyObserver()方法，用于通知聚集清单中的观察者更新各自的状态。抽象主题角色一般以抽象类或者接口的形式实现。

　　(2) 抽象观察者(Observer)角色：为所有具体观察者定义的一个接口，在得到主题角色的通知时更新自己，此接口也称为更新接口，它定义了 update()方法，即一个用于更新操作的方法。抽象观察者角色一般以抽象类或接口的形式实现。

　　(3) 具体观察者(ConcreteObserver)角色：存储与主题角色相一致的状态。具体观察者角色实现抽象观察者角色所要求的 update()方法，以使本身的状态与主题的状态相协调，通常由一个具体子类实现。

　　(4) 具体主题(ConcreteSubject)角色：具体主题角色又称为具体被观察者角色，它将相关状态存入具体观察者对象，当具体主题的内部状态改变时，给所有登记过的观察者发出通知，通常由一个具体子类实现。

　　从具体主题角色指向抽象观察者角色的聚合关系，代表具体主题对象可以含有对任意多个抽象观察者的引用，使用抽象观察者而不是具体观察者，意味着主题对象不需要知道引用了哪些 ConcreteObserver 类型，而只需知道 Observer 类型。这使得具体主题对象可以动态地维护一系列的对观察者对象的引用，并在需要的时候调用每一个观察者的 update()方法。观察者设计模式的这种针对抽象编程的做法体现了面向对象设计复用原则中的依赖倒置原则。

接下来以一个示例来阐述观察者模式的具体应用。高校教务部门的管理员会经常在校内办公群中向学校教工发布各种消息。例如,管理员会发布校内考核通知,每一个教工在接到该消息之后会回复该消息,表明自己已经收到通知。教务部门的管理员属于具体主题角色,而每一个教工属于一个具体观察者角色,对他们的各自抽象就是抽象主题角色和抽象观察者角色。

抽象主题角色 Subject 接口的代码如下:

```
public interface Subject {
    //注册一个新观察者
    public void register(Observer observer);
    //删除一个观察者,根据返回值判断是否成功删除
    public void clear(Observer observer);
    //通知所有注册过的观察者
    public void notifyObserver();
}
```

Subject 接口中定义了注册、删除以及通知观察者的方法。在使用过程中,用户首先需要对观察者角色的对象完成注册操作,这样才能正常使用其余的各项功能。

抽象观察者角色 Observer 接口的代码如下:

```
public interface Observer {
    public void update();
}
```

Observer 接口中定义了更新方法,用于表示观察者在接到通知之后改变了自身的状态。

具体观察者角色 ConcreteObserver 类,即教工类的代码如下:

```
public class ConcreteObserver implements Observer {
    private Manager manager;              //定义一个管理员类型的私有变量
    public void update() {
        System.out.println("我已经收到校内办公群里的通知");
    }
    public ConcreteObserver(Manager m) {
        //教工类的构造方法
        //构造方法的参数"Manager m"
        //以及对该类的私有变量 manager 赋值表明接收哪一类管理员的消息
        this.manager = m;
    }
}
```

用该类表示教工的功能,其中的构造方法表明该具体观察者角色用于监听即将发布通知的具体主题角色,同时在更新方法中用控制台打印输出语句表示自身状态随着接收到通知而发生改变。

具体主题角色 Manager 类的代码如下:

```
import java.util.Vector;
public class Manager implements Subject {
    private Vector<Observer> observerList = new Vector<Observer>();
//以下方法是管理员对校内办公群中的成员进行的各种操作
    public void clear(Observer observer) {
        boolean b = observerList.removeElement(observer);
        if(b) {
            System.out.println("成功删除校内办公群中的一位成员");
        } else {
            System.out.println("删除操作失败");
        }
    }
//管理员向校内办公群中的各个成员发布消息
    public void notifyObserver() {
        for(Observer observer : observerList) {
            observer.update();
        }
    }
//管理员在校内办公群中增加一位新教工成员
    public void register(Observer observer) {
        observerList.addElement(observer);
    }
}
```

在 Manager 类中使用 Vector 作为存储观察者对象集合的数据结构,Vector 具有线程安全的特性。通知观察者的方法中使用了 for each 循环,用于遍历所有的观察者。这个类的含义是管理员可以注册教工对象、删除教工对象,也可以把通知信息发布给全体教工。

客户端 Test 类的代码如下:

```
public class Test {
    public static void main(String[] args) {
        Manager m = new Manager();
        ConcreteObserver staff1, staff2;
        staff1 = new ConcreteObserver(m);
        staff2 = new ConcreteObserver(m);
        m.register(staff1);
        m.register(staff2);
        m.notifyObserver();
    }
}
```

观察者设计模式是 MVC 架构模式的重要组成部分,在分布式计算、事件驱动开发等很多领域中被广泛应用。它允许设计人员独立地改变主题和观察者,单独复用主题对象而无须同时复用其观察者,反之亦然。它也使得用户可以在不改动主题和其他观察者的前提下增加新的观察者,在使用过程中表现出以下优点:

(1) 主题和观察者间是一种抽象耦合关系,主题不知道任何一个观察者属于哪一个具体的类,这就有效地降低了它们之间的耦合关系。

(2) 观察者设计模式支持广播通信机制,主题发送通知的时候不需要指定它的接收者,通知自动广播给所有已向该主题登记的有关对象。主题对象并不关心到底有多少对象需要接收该通知,它唯一的责任就是通知观察者。

不过观察者设计模式在使用过程中也存在缺陷,主题的某个正常操作可能会引起一系列对观察者以及依赖于这些观察者的对象的更新。如果依赖准则的定义或维护不当,常常会引起错误的更新,这种错误比较难以捕捉。在 MVC 架构模式中,控制器的引入解决了类似的弊端,这种控制器在 Struts 等轻量级框架中通常以 Servlet 的形式加以实现。

9.5.3　责任链设计模式

在图形用户界面开发中经常会涉及上下文有关的帮助机制。一般来说,设计目的是希望用户在界面的任意一部分上单击就可以获得帮助信息,所提供的帮助依赖于单击的是用户界面的哪个一部分及其上下文。例如,消息框中按钮的帮助信息可能和主窗口中类似的按钮不同。如果某一部分界面没有提供特定的帮助信息,那么帮助系统应该显示一个关于当前上下文的较一般的帮助信息。用户单击帮助请求之后,一般会有一个对象对其进行处理,但是提交帮助请求的对象并不清楚谁是最终提供帮助的对象。在设计过程中希望有一种办法能将提交帮助请求的对象与可能提供帮助信息的对象解耦,此时采用的设计模式就是责任链(Chain of Responsibility)设计模式。该模式能够为多个对象提供处理一个请求的机会,从而解耦发送方和接收方,该请求沿多个处理单元对象形成的链条进行传递直至某一个对象对其进行处理。

在责任链设计模式中,很多处理单元对象由每一个对象对其下一个对象的引用连接起来形成一条链。请求在这个链上传递,直到链上的某一个对象决定处理此请求。客户端并不知道链上的哪一个对象最终处理该请求,系统可以在不影响客户端的情况下动态地重新组织链和分配责任。处理者有两个选择,即承担责任或者把责任传送给下一个处理单元对象,一个请求可以最终不被任何接收方的对象所接受。

责任链设计模式中的对象链可能是一条直线、一个链环或者一个树状结构中的一部分。它的简化结构如图 9-22 所示,该模式中涉及的角色主要有抽象处理者角色和具体处理者角色。

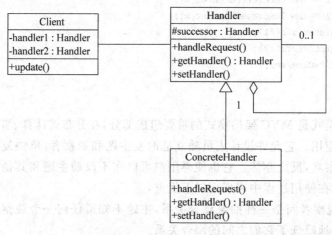

图 9-22　责任链设计模式

（1）抽象处理者角色（Handler）：它是责任链设计模式的核心，定义出一个处理请求的接口；如果需要，接口可以定义出一个方法，以返回对下一个处理单元对象的引用。抽象方法 handleRequest()规定了 Handler 的子类或者 Handler 接口的实现类处理请求的操作形式。抽象处理者角色可以采用抽象类或者接口的形式进行实现，区别是如果采用接口形式将无法在接口中定义对自身引用的 Handler 类型的 successor 属性，而抽象类实现形式中则可以。采用接口形式的抽象处理者角色将对 successor 属性的定义放在其实现类中完成。

（2）具体处理者角色（ConcreteHandler）：它们的主要功能和职责是处理请求。接到客户端发来的请求之后，该角色可以选择进行处理，或者将请求传给下一个处理单元继续处理，具备该特征的责任链设计模式被称为纯责任链设计模式。在不纯的责任链设计模式中，该角色还可以选择处理一部分请求，之后继续发给下一个处理单元进行后续操作。如果抽象处理者角色采用接口的实现方式，具体处理者角色在具体实现过程中，一个处理单元对象可以采用链表数据结构完成对其他处理单元对象的引用。

责任链设计模式拥有以下几个适用性：

（1）系统已经有一个由多个处理单元对象组成的链。

（2）当有多于一个处理单元对象来处理一个请求，而且事先并不知道到底由哪一个处理单元对象具体执行该操作时。

（3）当系统希望发出一个请求给多个处理单元对象中的某一个，但是又不显式地指定由哪一个处理单元对象进行操作时。

（4）当处理一个请求的处理单元对象集合需要动态地指定时。

下面针对责任链设计模式的简图列举部分代码加以说明。

Handler 接口的代码如下：

```
public interface Handler {
    public void handleRequest();
}
```

Handler 接口中方法的具体实现放在 ConcreteHandler 中进行，Handler 接口仅仅定义处理请求的方法名称和返回类型。

ConcreteHandler 类的代码如下：

```
import java.util. * ;
public class ConcreteHandler implements Handler {
    List < Handler > successor = new ArrayList < Handler >();
    public void handleRequest() {
        System.out.println("handle request");
    }
    public ConcreteHandler addHandler(Handler successor) {
        this.successor.add(successor);
        return this;
    }
}
```

ConcreteHandler 类中的 handleRequest()方法是用于实现具体处理请求的一种方法，而 addHandler()方法用于增加其他的处理单元。该设计模式除了这种实现方法之外，也可以把抽象处理者角色 Handler 设计成一个抽象类,在抽象类中通过指定相应的 getHandler()方法和 setHandler ()方法来完成对其他处理单元的引用以及设置。

责任链设计模式有点类似于"击鼓传花"的游戏,"花"传到哪一个 Handler 的手中,就由哪一个 Handler 来处理。它在开发中的应用较多,例如图形用户界面设计中的事件处理、Web开发中的过滤器设计等很多领域都可以应用。责任链设计模式在使用过程中具有以下优点:

(1) 链式结构可以降低耦合度,该模式使得一个对象无须知道是其他哪一个对象处理其请求,仅需知道该请求会被有效地处理。接收方和发送方都没有对方的明确信息,且链中的对象不需知道链的结构。职责链可简化对象的相互连接,它们仅需保持一个指向其后继者的引用,而不需保持它所有的候选接收方的引用。

(2) 该模式增强了给对象指派职责的灵活性,使用者可以在运行时刻对该链的职责进行动态的增加或修改。

不过责任链设计模式在使用过程中的缺陷也很明显,它不能保证请求被百分之百地处理。因为一个请求没有明确的接收方,那么就不能保证它一定会被处理,该请求可能直到链的末端都得不到处理,或者一个请求也可能因该链没有被正确配置而得不到处理。

9.5.4 状态设计模式

在系统开发中,一个对象行为的改变经常取决于它的一个或者多个属性的改变,这种属性称为状态,这种对象称为有状态对象。一般来说,当这样的有状态对象接收到外部事件激励的时候就会发生响应,从而使对象行为发生改变,其内部状态也会随之改变。地铁检票口的开闭状态由乘客是否投币决定,十字路口的车辆能否行进由交通灯的颜色状态决定。同样的例子还有很多,考虑一个表示网络连接的对象 TCP Connection,它的状态能够处于若干个不同状态,例如,连接已建立、等待应答、连接已关闭等。当一个 TCP Connection 对象收到其他对象的请求时,会根据自身的当前状态做出不同的反应。例如,一个数据传输请求的结果将依赖于该 TCP Connection 对象是处于连接已关闭状态,还是连接已建立状态。采用状态设计模式可以对上述内容进行描述。

状态模式是对象行为模式的一种,它允许一个对象在其内部状态改变的时候改变其行为。状态模式把所研究对象的行为包装在不同的状态对象里,每一个状态对象都属于一个抽象状态类的子类。状态模式的意图是让一个对象在其内部状态改变时,其行为也同时改变。为了说明状态模式的结构,下面以一个一般的情况为例进行介绍,如图 9-23 所示。

使用状态模式的系统将涉及具体状态角色、抽象状态角色和上下文角色。

(1) 具体状态(ConcreteState)角色:每一个具体状态角色子类实现一个与上下文角色状态相关的行为。

(2) 抽象状态(State)角色:定义一个接口以封装与上下文角色的一个特定状态相关的行为。

(3) 上下文(Context)角色:定义客户感兴趣的接口,同时维护一个具体状态角色子类的

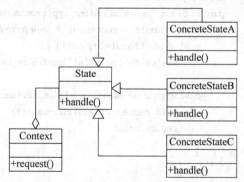

图 9-23 状态设计模式

实例,这个实例定义当前状态。

上下文角色将与状态相关的请求委托给当前的具体状态角色处理。上下文角色可将自身作为一个参数传递给处理该请求的状态对象,这使得状态对象在必要时可访问上下文角色。客户可用状态对象来配置一个上下文角色,一旦配置完毕,它的客户将不再需要直接与状态对象"打交道"。上下文角色或具体状态角色子类都可决定某个状态是另外一个状态的后继者,以及在何种条件下进行状态转换。状态模式不指定哪一个参与者定义状态转换准则。如果该准则是固定的,那么它们可在上下文角色中完全实现。如果让抽象状态角色的子类自身指定它们的后继状态以及何时进行转换,通常会使得设计更灵活。这时需要上下文角色增加一个接口,让抽象状态角色的对象显式地设定上下文角色的当前状态。用这种方法分散转换逻辑可以很容易地定义新的抽象状态角色的子类来修改和扩展该逻辑。这种方法的缺点是,一个抽象状态角色的子类至少拥有一个其他子类的信息,这就在各子类之间产生了依赖关系。一个考虑周全的采用状态模式的设计必须做到以下两点:

(1) 状态必须可扩展,并且对其他代码的影响比较小。

(2) 状态的转换必须能够从外界其他逻辑重划分出来。

用户要做到这两点,必须先明确状态转换机制,状态转换实际上是由事件驱动的,可以认为是以下过程:激励事件发生,达到某个条件,使得状态发生相应的改变。状态模式需要封装的是该过程中的条件与状态改变部分。

状态模式拥有以下适用性:

(1) 一个对象的行为依赖于它所处的状态,对象的行为必须在运行时刻随着其状态的改变而改变。

(2) 对象在某个方法中依赖于一重或多重的条件转移语句,其中有大量的代码。状态设计模式把条件转移语句的每一个分支都包装到一个单独的类中,这使得这些条件转移分支能够以类的方式独立存在和演化,维护这些独立的类也就不再影响系统的其他部分。

状态设计模式适用于工作流、游戏开发、工业控制等各种系统的设计中,甚至用于这些系统的核心功能设计。例如,在线办公系统中一个批文的状态有未办、正在办理、正在批示、正在审核、已经完成等多种状态。使用状态机可以封装这个状态的变化规则,从而达到扩充状态时不涉及状态的使用者的目的。下面通过一个案例说明如何具体应用状态设计模式。

图 9-24 所示为一个投币电话拨号系统的状态图,该状态图记录电话机投币一次并在允许的通话时间内完成通话的状态改变情况。

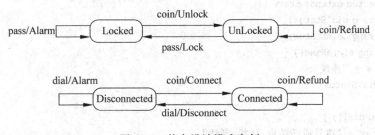

图 9-24 状态设计模式案例

当它处于断线(Disconnected)状态的时候,如果直接拨号(dial)会发出警报。如果投币则可以拨号,同时状态变为连线(Connected)状态;当处于拨号连线状态的时候,如果继续投币则会被退回；如果在规定的时间内拨号通话结束并挂机，则电话的状态变为断线状态。从该 UML 图中用户尚不能清楚地看出该模式的运用思路，假设上下文角色类的名称为 CoinPhone，下面列举部分代码加以说明。

State 类的代码如下：

```
abstract class State {
    public abstract String stateName();
    public abstract void dial();                    //拨号
    public abstract void coin();                    //投币
}
```

在 State 类中定义了返回当前电话系统状态名称的方法以及表示投币和拨号的方法。Disconnected 类和 Connected 类为 State 类的子类，即表示具体状态的角色。

Disconnected 类的代码如下：

```
class Disconnected extends State {
    private String dialStatus;
    private String coinStatus;
    public String stateName() {
        dialStatus = "断线";
        return dialStatus;
    }
    public String alarm() {
        return "警告,未投币!";
    }
    public void dial() {
        this. stateName();
        alarm();
        itsState = itsDisconnectedState;           //CoinPhone 类的属性
    public void coin() {
        coinStatus = "已投币";
        itsState = its Connectedstate;
    }
}
```

Connected 类的代码如下：

```
class Connected extends State {
private String dialStatus;
private String coinStatus;
public String stateName() {
 dialStatus = "连线";
    return dialStatus;
}
public void dial() {
    dialStatus = "拨号通话结束,挂机,断线";
    itsState = itsDisconnectedState;
}
public void refund() {
    coinStatus = "已投币,请勿再次投币";
```

```
}
public void coin() {
  this.stateName();
  refund();
  itsState = itsConnectedstate;              //CoinPhone 类的属性
  }
}
```

在该设计中,将 Disconnected 类和 Connected 类设计为 CoinPhone 类的内部类以利于状态的切换。

CoinPhone 类的代码如下:

```
public class CoinPhone{
private State itsState;
private static Disconnected itsDisconnectedState;
private static Connected itsConnectedstate;
public CoinPhone() {
    itsDisconnectedState = new Disconnected();
    itsConnectedstate = new Connected();
    itsState = itsDisconnectedState;
}
public String getCurrentStateName() {
    return itsState.stateName();
}
public void dial() {
    itsState. dial();
}
public void coin() {
    itsState.coin();
}
abstract class State {                       //内部类
}
class Disconnected extends State {           //内部类
}
class Connected extends State {              //内部类
  }
}
```

上述示例还需要一个客户端对其进行启动,启动之后用户即可根据具体情况转换相应的状态。类似的应用往往还需要配置文件的支持,以帮助对状态数据进行初始化。状态设计模式可以将状态的相关行为局部化,并且通过将不同的状态分割开,使得所有与状态相关的代码存在于某一个状态子类中,所以,通过定义新的子类可以很容易地增加新的状态和转换,以满足业务流程扩展的需要。

在软件实施过程中,业务需求的不断变化往往是设计人员无法控制的。为了适应这些变化,通常会在开发中引入设计模式。然而,设计模式的使用却并不一定可以得到最佳的设计方案。过度使用设计模式会加重程序自身的复杂性,同时降低代码的可读性,从而降低程序的易维护性。为了有效地使用设计模式,需要程序员熟练掌握面向对象的设计原则和设计思想,这些原则和思想是设计模式的核心内容,只有对其有了深刻的领悟,才能合理运用设计模式,以达到提升软件质量的最终目标。

第10章

云计算

　　传统的并行计算占据高性能计算领域的统治地位达数十年,相对于个人计算领域的技术来说,并行计算一直是一个陌生且遥远的词汇。从 2007 年第三季度到 2013 初不到六年的时间里,传统并行计算的商业模型"云计算"迅速出现在大众的视野中。随着新一代计算机网络技术以及通信技术的不断进步,特别是 Web 2.0 技术体系的发展,包括协同计算、数字媒体点播、基于物联网的移动计算在内的各种应用已经把日常生活与互联网紧密相连。这些应用在带给人们便捷的同时也使得互联网数据量高速增长,不断增加的数据量与互联网数据处理能力相对不足的矛盾日益明显。以往,用户往往通过购置更多数量和更高性能的终端设备或者服务器来增强计算与存储能力,而不断提升的技术更新速度和似乎无限扩充的外界需求让用户在购置昂贵设备的过程中倍感压力。与此同时,互联网上却存在着大量处于闲置状态的计算设备和存储资源。据统计,企业的计算效能的利用情况基本符合2-8规则,即真正得到利用的计算部分只占到总计算能力的 20% 左右。如果能够将这些相对闲置的资源聚合起来统一调度提供服务,使得用户能够根据需要进行租用,则可以大大提高其利用率,减少人们对自有硬件资源的依赖,让更多的人从中受益。云计算恰恰迎合了时代的需要,它已经成为 IT 业的一种发展趋势,使得人们可以直接通过网络得到相应的计算和存储能力。尽管目前云计算的定义和范围尚无一致的结论,但是它正在逐步深入人们的工作和生活。

　　如果从软件体系结构宏观角度看待云计算,可以发现它将网络上分布的计算、存储、服务构件、网络软件等资源集中起来,以基于资源虚拟化的方式,为用户提供方便、快捷的服务,这些资源就是云计算体系结构中的构件;同时,云计算还可以实现计算与存储的分布式与并行处理,一系列的网络管理构件和服务管理构件就是它的连接件;而其约束应该根据要实现的商业计算目标和安全管理形式来决定。用户可以把云计算看作是 Web 服务体系结构、并行计算、分布式计算以及其他相应学科和技术在商业海量计算需求的驱动下不断结合、发展的新应用形式。作为包括软件体系结构在内的多学科交叉领域,关于云计算的研究大多集中于云体系结构、云存储、云数据管理、虚拟化、云安全、编程模型等方面,本章简要介绍云计算的概念、云计算体系结构、发展历史和应用现状、与其他计算形式的对比、核心技术、开源框架的实现、安全性、应用实例等内容。

10.1 云计算概述

10.1.1 云计算的定义

云计算(Cloud Computing)源自亚马逊公司的 EC2(Elastic Compute Cloud,EC2)产品和 Google-IBM 分布式计算项目,采用"云"作为表述形式在一定程度上是因为这两个项目与网络的关系十分密切,而云的形象又比较恰当地描绘出互联网中各个计算中心的分布情况。2006 年 8 月 9 日,云计算由 Google 首席执行官埃里克·施密特在搜索引擎大会上首次提出,并立即引起行业界的密切关注。以美国为代表的发达国家,纷纷投巨资推进本国的云计算战略,集中科研力量进行技术攻关,力求占领未来信息领域的制高点。在掌握云计算的概念之前,用户首先需要了解"云"的概念,可以简单地把云看作是一组通过互联网公开访问的计算机和服务器,这些硬件一般在一个或多个数据中心进行联合运营,这些机器通常能够运行各种操作系统。对云这一概念进行解读的关键点是管理任务应当做到自动化的实现,如果一个系统需要人来管理资源分配的过程,那么它就不是云。例如,以数据中心为基础的客户机/服务器软件体系结构,要使它变成云,手动管理必须被自动化流程所取代。如果把云视为一个虚拟化的存储与计算资源池,那么云计算就是该资源池基于网络平台为用户提供的数据存储和网络计算服务。

云计算迄今为止也没有一个统一的、公认的定义,不同的组织从不同的角度给出了多种不同的解释,作为参考,本节提供一些常见的定义。IBM 从虚拟化角度给出以下定义:"云计算是一种计算模型,在这种模型中应用、数据和 IT 资源以服务的方式通过网络提供给用户使用,大量的计算资源组成 IT 资源池,用于动态地创建高度虚拟化的资源供用户使用,云计算是系统虚拟化的最高境界。"加州大学伯克利分校的 Michael Armbrust 等在"伯克利云计算白皮书(Above the Clouds:a Berkeley View of Cloud Computing)"中对云计算做出这样的定义:"云计算包括互联网上各种服务形式的应用以及这些服务所依托数据中心的软/硬件设施,这些应用服务一直被称为软件,即服务,而数据中心的软/硬件设施就是所谓的云。云计算就是软件,即服务和效用计算,以即用即付的方式提供给公众的云称为公共云(Public Cloud),如亚马逊 S3、Google App Engine 和 Microsoft Azure 等,而不对公众开放的组织内部数据中心的资源称为私有云(Private Cloud)。"

IBM 对公共云和私有云也给出了相应的定义。IBM 认为:公共云由一些公司运营和拥有,这些公司使用这种云为其他组织和个人提供对价格合理的计算资源的快速访问。使用公共云服务,用户无须购买硬件、软件或支持基础架构,这些都是由提供商拥有并管理的。私有云由单个公司拥有和运营,该公司控制各个业务线和授权组自定义以及使用各种虚拟化资源和自动服务方式。私有云充分利用了云的高效性,同时提供更多的资源控制并明确掌控多租户。同时,IBM 也给出了混合云(Hybrid Cloud)的概念。混合云使用私有云作为基础,同时结合了公共云服务的策略使用。私有云不会独立于公司其他的 IT 资源和公共云而单独存在。大多数使用私有云的公司都将管理跨数据中心的工作负载、私有云和公共云。对以上这些内容的结合就形成了混合云。IBM 在私有云、公共云和混合云的基础上又更进一步发展出了 Smart Cloud,它为企业在更高层面上提高创新力和效率提供了动力。

墨尔本大学计算机科学和软件工程系的专家 Rajkumar Buyya 等人将云计算定义为："云计算是一种由一系列相互连接的并作为一个或多个统一计算资源库实时地、动态地向用户提供资源的虚拟化的计算机组成的并行分布式系统，这些统一计算资源库是基于建立在服务供应商和消费者之间协商基础上的服务等级协议。"Gartner 认为"云计算是一种使用网络技术，具有可扩展性和弹性能力，作为服务提供给多个外部用户的计算方式"。美国国家标准与技术实验室认为"云计算是一个提供便捷的通过互联网访问一个可定制的 IT 资源共享池能力的按使用量付费模式(IT 资源包括网络、服务器、存储、应用和服务)，这些资源能够快速部署，并只需要很少的管理工作或很少的与服务供应商的交互"。中国科学技术大学的陈国良院士在《并行计算的一体化研究现状与发展趋势》一文中把云计算作为并行计算的新发展方向，给出了以下定义："云计算是指基于当前已相对成熟与稳定的互联网的新型计算模型，即把原本存储于计算机、移动设备等个人设备上的大量信息集中在一起，在强大的服务器端协同工作。它是一种新兴的共享计算资源的方法，能够将巨大的系统连接在一起以提供各种计算服务。"除了国/内外专家、学者、研究机构对于云计算的上述多种定义之外，用户经常还可以看到一些其他的较为权威的描述，它们从更多的视角揭示了人们对云计算含义的理解。

1. Paul Wallis

关于云计算的分布，可以借用金字塔模型。处于顶端的是只需要用户关心的"这是什么"的一些应用，例如 Gmail、Hotmail、Quicken Online 等；处于中间的是一些服务，使用者拥有逐渐增强的灵活性与可控性，但仍受一些限制，例如 Google App Engine、Heroku、Mosso、Engine Yard、SalesForce 等；处于底端的是一些诸如亚马逊 EC2、GoGrid、RightScale 和 Linode 的架构。

2. Ben Kepes

云计算的初衷是让硬件层的消费向按需计算，按所需存储空间那样进行，而为了让云计算带来更多力量，需要在整个应用架构中，在一个虚拟的环境中实现配制、部署和服务。

3. Praising Gaw

云计算就是新的 Web 2.0，它是一种在既有技术基础上的市场绽放。就像以前人们在自己的网站上放一点 Ajax 就宣称自己是 Web 2.0 一样，云计算是一个新的流行词。积极的一面是 Web 2.0 最终抓住了主流眼球，同样，云计算的概念也会改变人们的思想，并最终爆发出各种各样的概念，例如托管服务、网格计算、软件作为服务、平台作为服务、任何东西作为服务等。

4. Reuven Cohen

云计算是一种基于 Web 的服务，目的是让用户只为自己需要的功能付钱，同时消除传统软件在硬件、软件、专业技能方面的投资，云计算让用户脱离技术与部署上的复杂性获得所需的应用。

5. Omar Sultan

云计算就是为一些可能动态改变的需求来访问资源与服务。应用和服务请求的资源来自云，而不是固定的有形的实体。云就是一些可以自我维护和管理的虚拟资源。

6. Michael Sheehan

Web 与博客的繁荣让人相信，任何应用都可以走向 Web 化，事实上有些是可以的，但大部分不可以。可靠性、可扩展性、安全，以及一大堆问题会阻止多数公司将他们的核心业务放到云中，如果那样，出现问题的成本将非常高。亚马逊公司是云计算的领先者，但即使是这样庞大的公司也遇到了很多问题，云计算还需要不断完善，它需要走的路可能比多数人估计的都要长。

随着应用场景的变化和技术的迅猛发展，关于云计算的定义以及人们对它的理解始终在不断地发生着变化。作为一种商业计算模型，云计算将计算任务分布在由大量计算机构成的资源池上，使用户能够按需获取计算能力、存储空间和信息服务。云就是一些可以自我维护和管理的虚拟计算资源，通常是一些大型服务器集群，包括计算服务器、存储服务器和宽带资源等。云计算将计算资源集中起来，支持各种应用程序的运转，并通过专门软件实现自动管理。用户可以动态地申请部分资源，无须关注底层实现，能够更专注于业务流程，有效地提高了效率、降低了成本。云计算的核心理念是资源池，它将计算和存储资源虚拟成一个可以任意组合、分配的集合。资源池的规模可以动态扩展，为用户分配的计算和存储资源可以动态收回并加以复用，这种理念能够极大地提高资源利用率以及计算平台的服务质量。

10.1.2 云存储

云计算的一个主要用途就是存储数据。在采用云存储的过程中，数据被存放到多个第三方服务器的存储介质上，而不是像传统的数据存储那样存放在企业的专用服务器上。用户在存储数据时看到的是一个虚拟的服务器，数据看起来好像是以特定的名称存放在某一特殊的地方，但事实上，直观看到的数据存储位置只是一个 ID，用来标注在云中划分出的虚拟空间，而用户数据实际上被存储在构成云的任何一台或多台服务器上。云动态地管理可用的存储空间，所以实际的存储位置可能每天甚至每分钟都不尽相同。尽管位置是虚拟的，用户所看到的数据位置每天都处于相对于观察者的固定状态，用户也可以管理自己的存储空间，就好像云中的数据是被放置在自己的计算机中的硬盘上一样。云存储兼具经济和安全等方面的优势。从经济上说，虚拟的云资源通常比连接到计算机或网络的专用物理存储介质更便宜；安全性方面的优势主要体现在数据冗余存储上，由于数据被复制到多台计算机上，存储在云里的数据不太容易受意外删除或者硬件的死机甚至毁坏而发生信息丢失。由于始终保留数据的多个副本，例如，在 Google 系统中一份数据的副本默认为 3 个，即使一台或多台计算机进入脱机状态，云仍然能够继续正常运行。系统在检测到某台计算机崩溃的时候，会把数据复制到云中的其他计算机上，这就使得用户，尤其是企业级用户的资料得到相对安全的持久化保存。

通过云计算提供的任何基于 Web 的应用或服务都被称为云服务，它包括日历显示、客户关系管理、文字处理和演示以及物联网设备信息存储和处理的任何应用。Google、亚马逊、微软等大型软件企业，都在开发各种类型的云服务。云服务过程中的应用程序自身位于云中，个人用户在互联网上运行应用程序通常是通过 Web 浏览器访问云服务，在浏览器的窗口中打开一个应用实例，当实例开启之后，基于 Web 的应用操作和运行就像运行于标准桌面系统上的普通应用程序，唯一不同的是，应用程序和工作文档驻留在相应的云服务器上。云服务具有诸多优势，如果用户的计算机崩溃，它既不会影响宿主应用程序，也不会影响已经打开的文件，并且个人用户可以从任何地点，在任何时间，使用任何智能终端访问他的应用程序和文件。当用户从办公室回到家或出差办公，他不必随身携带每个应用程序和文件的副本，因为文件都放在云里。用户可以随时利用网络连接到该文件上进行各种操作，在这种情况下，文档不再以计算机为中心，而是以经过授权的用户为中心。同时，物联网设备，例如各种传感器、移动计算客户端，它们收集到的数据也可以轻松地上传到云中。通过不同云服务提供商的内部中转，从存储云转移到计算云中，可以得到人们想要的各种计算结果和相应的图形、报表显示。iDigi Device Cloud 如图 10-1 所示，它是一家设备云提供商。人们可以通过私有网关或者 Wi-Fi 的形式把物联网设备收集到的数据上传到该提供商的云中，也可以得到更多的其他服务。

图 10-1   iDigi Device Cloud

10.1.3 云计算的特点

从研究现状上看，云计算具有很多特点。

（1）规模超大，数据存储和处理能力强：Google 已经拥有超过百万台服务器用于云计算，亚马逊、IBM、微软和 Yahoo 等公司的云服务器也非常多。这样庞大的服务器数量规模必然使得云计算拥有其他计算模型很难匹敌的海量数据存储和高速数据处理能力。

（2）按需服务：云是一个庞大的资源池，用户按需购买，像自来水、电和煤气那样付费，付费的服务一般都会提供一个月左右的免费试用，同时，云中还有很多永久免费资源供用户使用。

（3）虚拟化技术：云计算支持用户在任意位置、使用各种终端获取服务，所请求的资源来自云，而不是固定的有形实体。服务供应商提供的服务在云中运行，用户不必了解服务运行过程中所需资源的具体位置，仅仅需要完成通过网络获取各种服务的简单操作。

（4）易于使用：利用云计算模型，供应商所提供的服务很容易被访问、配置和管理。

（5）可以改进操作系统之间的兼容性：只要使用者连接到云，无论用户自身使用的是哪一种操作系统，他都可以和云中的操作系统进行通信，运行云中的共享文件。例如用户使用的可以是 Windows，而云却可以使用 Unix，采用云计算能够跨越操作系统之间数据交换和操作的局限性，因为云关注的是数据，而不是操作系统自身。

（6）动态可扩展性：云的规模可以动态扩展，可以根据需要适应多种用户需求，同时保证基本结构完好无损。

（7）规模可变，易于定制：云中的组成部分可以无限改变其规模，同时已部署服务可以很容易地根据定制要求任意更新。

（8）高可靠性和数据容错安全性：云存储使用多副本数据、高容错、可互换等措施保障服务的高可靠性，因此，使用云计算比使用本地计算资源的容错能力更强。

（9）通用性：云计算不针对特定应用，云应用形式丰富，计算资源可以支撑不同的应用同时运行。

（10）廉价，高性价比，对用户透明：云的特殊容错机制使得用户可以采用极其廉价的节点来构成云；云的自动化管理使数据中心管理的成本大幅降低；云的公用性和通用性使资源的利用率大幅提升；云设施可以建在电力资源丰富的地区，从而大幅降低能源成本，因此，云具有很高的性能价格比。例如 Google 公司一般将数据中心选择在人烟稀少、气候寒冷或者水电资源丰富的地区，这些地区的电价和散热成本较低，土地成本和人力成本也远低于人口密集的城市。在这些数据中心只需少数员工就可以通过高度自动化的云管理软件完成对数据中心的日常维护。光纤将这些数据中心和城市连接在一起，由于光纤的铺设、运维成本远低于高压传输线的相关费用，同时光纤的传输容量巨大，可以有效地提高云环境下的应用及数据存储性价比。云计算使用较低的硬件、网络、电能成本，却提供高效的资源利用率。它的综合效益可以使用户节省 30～40 倍，甚至更高的成本开销。

采用云计算模型来开发新的应用具有很多优点。它可以缩减部署时间、简化管理、增加应用程序的灵活性、降低对专有平台的依赖、适合特定的计算目的，同时还可以降低平台的负载。它可以产生较高的经济规模，对比单一的企业内开发，可以发现利用云服务供应商提供的基础设施，开发者能够生产出更好、更便宜和更可靠的应用。该应用能够利用云的全部资源而不需要公司在类似的物理资源上做出投资。在成本方面，由于云服务遵循一对多的模型，与单独的桌面程序部署相比，成本极大地降低。云服务通常是被租用的，以单独用户为基础进行计价，而不是购买软件程序的许可。它更像是订阅模型而不是资产购买模型，这意味着更少的前期投资和一个更可预知的月度业务费用流。IT 部门采用云计算提供的服务，是因为所有的管理活动都经由一个中央位置而不是从单独的站点或工作站来进行管理，这使得 IT 员工能够通过 Web 来远程访问应用。其他的好处包括用需要的软件快速装备用户,这被称为"快速供应",当更多的用户导致系统重负时,云可以自动添加更多的计算资源,这被称为"自动扩展"。当人们需要更多的存储空间或带宽时,公司只需要从云中添加另外一个虚拟服务器即可,这比在自己的数据中心购买、安装和配置一个新的服务器容易得多。对开发者而言,升级一个云应用比配置传统的桌面软件更容易,只需要升级集中的应用程序,应用特征就能快速、顺利地得到更新,而不必手工升级组织内每台计算机上的单独应用。有了云服务,一个改变就能影响运行应用的每一个用户,能够大大降低开发者的工作量。

任何事物都有其双面性,云计算模型在开发新的应用过程中也有一系列弊端。最大的不足就是企业级安全性问题,这里的安全性并不是前面提到的数据存放安全性,而是数据隐私保密。任何企业都不希望自己的隐私数据、商业机密被无意间暴露出去,所以,许多公司宁愿将应用、数据本身和底层数据操作保存在自己公司的服务器上。另外一个潜在的不足就是云计算宿主离线所导致的事故,尽管多数公司说这是可以避免的,但它的确在应用中发生过。例如,亚马逊的 EC2 业务在 2008 年 2 月 15 日经受了一次大规模的服务中止,并抹去了一些客户应用数据。该次业务中止由一个软件部署引起,它错误地终止了数量未知的企业用户实例。所以说,数据安全性保密和平台安全保障是云计算模型在开发新的应用过程中将遭遇的两个最大的挑战。其解决方案通常是法律法规的制定、相应协议的签署、技术上的升级以及有效的评估和审查机制。除了上述弊端之外,用户的使用习惯和网络带宽问题也是限制云计算迅速发展的两个主要障碍。因为用户已经在长期的生产生活中适应了以桌面程序为主的应用形式,如何改变用户的使用习惯,使用户适应网络化的软/硬件应用是一项长期而艰巨的任务。同时,云服务依赖网络,目前国内运营商提供的网速低且不稳定,在一定程度上降低了云应用的性能。云计算的普及依赖于网络基础设施的发展速度,这已经成为目前云计算在国内普通用户中推广的瓶颈之一。

10.1.4　云服务的种类

根据美国国家标准与技术研究院(NIST)所做出的定义,采用云计算模型的供应商所提供的常见服务类型主要包括三类:将基础设施作为服务(Infrastructure as a Service,IaaS)、将开发平台作为服务(Platform as a Service,PaaS)和将软件作为服务(Software as a Service,SaaS),如图 10-2 所示。除此之外,基于云的数据作为服务(Data as a Service,DaaS)、通信作为服务(Communication as a Service,CaaS)等形式的更多的 XaaS 也在根据用户的需要不断应运而生。

IaaS 将硬件设备等基础资源封装成服务提供给用户使用,优势在于它允许用户动态地申请或释放节点,按使用量计费,例如亚马逊云计算(Amazon Web Services,AWS)的弹性计算云 EC2 和简单存储服务 S3。在 IaaS 环境中,用户相当于在使用裸机和磁盘,既可以让它运行 Windows,也可以让它运行 Linux,因而几乎可以做任何想做的事情,但用户必须考虑如何才能让多台计算机协同工作起来。AWS 提供了在节点之间互通消息的接口简单队列服务,运行 IaaS 的服务器达到几十万台之多,用户因而可以认为能够申请

图 10-2　云计算模型提供的服务类型

的资源几乎是无限的。同时，IaaS 是由公众共享的，因而具有更高的资源使用效率。IaaS 是云计算中比较通用的一种使用形式，其他著名的云计算基础设施提供商还有 Dell、HP、IBM、Oracle 等。其中，IBM 的"蓝云"以及 Oracle 的"云基础设施平台 IAAS"都是典型代表。

PaaS 提供开发环境、服务器平台、硬件资源等服务给用户，用户可以在服务供应商的基础架构上开发程序并通过互联网发送给其他用户。PaaS 能够提供企业或个人定制研发的中间件平台，提供应用软件开发、数据库、应用服务器、试验、托管及应用服务，为个人用户或企业的团队提供协作。PaaS 对资源的抽象层次更进一步，常见的应用有 Google App Engine，微软的云计算操作系统 Azure 也可大致归入这一类。VMware 也提供了一种开源的 PaaS，即 CloudFoundry。微软公司的 Azure 平台也属于该范畴。PaaS 的服务范围从提供分散的商业服务（例如 Strike Iron 和 Xignite）到涉及 Google Maps、ADP 薪资处理流程、美国邮电服务、Bloomberg 和常规的信用卡处理服务等全套 API 服务。PaaS 自身负责资源的动态扩展和容错管理，用户应用程序不必过多考虑节点间的配合问题。但与此同时，用户的自主权降低，必须使用特定的编程环境并遵照特定的编程模型，类似于在高性能集群计算机里进行 MPI 编程，只适用于解决某些特定的计算问题。例如，Google App Engine 只允许 Python 和 Java 语言使用基于 Django 的 Web 应用框架，调用 Google App Engine SDK 来开发在线应用服务。PaaS 能给客户带来更高性能、更个性化的服务，当一个 SaaS 软件能为客户提供在线开发、测试以及在线应用程序部署等功能的时候，可以被称为具备 PaaS 能力。Salesforce 的 force.com 平台和八百客的 800APP 是 PaaS 的代表产品，PaaS 厂商同时吸引软件开发商在 PaaS 平台上开发、运行并销售在线软件。其他比较有名的云计算平台提供商还包括微软、Citrix、Red Hat、Parallels 等。

在云服务中，将开发平台作为服务包括以下类型服务。

（1）提供集成开发环境：云服务供应商开发、测试、部署、维护应用程序等服务，以满足不同用户针对不同开发周期和集成开发环境、多用户互动测试、版本控制、部署和回滚操作的需要。

（2）集成 Web 服务和数据库：支持 SOAP 和 REST 的接口，组成多个网络服务，支持多用户使用不同数据库的平台，帮助用户实现云计算设计。

（3）支持团队协作：平台服务通过共享代码和预定义方式，可以界定、更新和跟踪设计人员的开发、测试、质量控制，以完成团队协作。

（4）提供实用设备：以租用方式提供大型集群系统、存储系统等相应的设备，以端到端的方式供用户使用。

SaaS 的针对性更强，它将某些特定应用软件功能封装成服务，如 Salesforce 公司提供的在线客户关系管理 CRM（Client Relationship Management）服务。SaaS 既不像 PaaS 那样提供计算或存储资源类型的服务，也不像 IaaS 那样提供运行用户自定义应用程序的环境，它只提供某些专门用途的服务供应用调用。其他云计算服务提供商或者平台还有 CloudWorks（http://www.cloudworks.com）、Enomalism、世纪互联等。除了上述内容之外，云计算提供的服务还包括其他形式，例如，效用计算（Utility Computing）、管理服务供应商、商业服务平台、网络集成等。

效用计算是将多台服务器组成的云端计算资源（包括计算和存储）作为计量服务提供给

用户,并与云计算结合使用的一种商业模式。大型云服务项目,例如,IBM 的蓝云、亚马逊的 AWS 及提供存储服务的虚拟技术厂商经常参与其中。效用计算将内存、I/O 设备、存储和计算能力整合成一个虚拟的资源池,为整个业界提供所需要的存储资源和虚拟化服务器等服务。效用计算用于提供数据中心创建的解决方案,帮助企业用户创建虚拟的数据中心,例如 3Tera 的 AppLogic、Cohesive Flexible Technologies 的按需实现弹性扩展的服务器,Liquid Computing 公司的 LiquidQ 也提供类似的服务,能帮助企业将内存、I/O 设备、存储和计算容量通过网络集成为一个虚拟的资源池并对外提供服务。效用计算方式的优点在于用户只需要低成本硬件,按需租用相应计算能力或存储能力,大大降低了用户在硬件上的开销。

MSP(管理服务供应商)中的管理服务是面向 IT 厂商的一种应用软件,常用于应用程序监控服务、桌面管理系统、邮件病毒扫描、反垃圾邮件服务等。SecureWorks、IBM 提供了属于监控服务类应用软件的安全管理服务,国内的瑞星杀毒软件拥有了云杀毒服务,很多厂商还推出了云查杀引擎,以速度更快、内存占用更低的方式完成针对木马病毒的查杀活动。搜狗输入法在升级词库过程中也使用了云,此时,用户可以通过 Windows 的任务管理器观察到系统中存在一个名为 SogouCloud. exe 的进程。

商业服务平台是 SaaS 和 MSP 的混合应用,提供了一种与用户相结合的服务采集器,是用户和供应商之间进行交互的平台。例如,在使用费用管理系统时,用户可以在其设定范围内完成订购与价格相符的产品或服务。

网络集成是云计算的基础服务的集成,采用通用的云计算总线,整合互联网上提供相似服务的供应商,方便用户对其进行比较和选择,为客户提供完整的服务。软件服务供应商 OpSource 推出了 OpSource Services Bus,使用的就是被称为 Boomi 的云集成技术。随着云计算的深入发展,不同云计算解决方案之间相互渗透融合,同一种产品往往横跨两种以上类型。例如,AWS 是以 IaaS 发展的,但后续提供的弹性 MapReduce 服务模仿了 Google 的 MapReduce,简单数据库服务 SimpleDB 模仿了 Google 的 Bigtable,这两者属于 PaaS 的范畴,而它接下来提供的电子商务服务 FPS 和 DevPay 以及网站访问统计服务 Alexa Web 服务则属于 SaaS 的范畴。

10.1.5　云计算体系结构

常见的云计算包括 IaaS、PaaS 和 SaaS,不同软件厂商为此提供了不同的解决方案,这使得云计算直到目前也没有一个统一的体系结构,在综合多家软件厂商解决方案和诸多学者的专著、论文内容之后给出一种云计算体系结构,如图 10-3 所示。

该体系结构分为四层:物理资源层、虚拟化资源池层、服务管理中间件层和 SOA 构建层。物理资源层包括服务器集群、存储设备、网络设备、数据库和应用软件。虚拟化资源池层将大量相同类型的资源构成同构或接近同构的资源池,如计算资源池、数据资源池等。虚拟化资源池层主要用于管理和集成实体计算资源、存储资源以及部分软件资源。例如,为服务器安排合理的搭建结构,为物理存储介质选择合适的安装空间。

服务管理中间件层负责对云计算的资源进行管理,并对众多应用任务进行调度,使资源能够高效、安全地为应用提供服务。SOA 构建层将云服务封装成标准的 Web Services 服务,并纳入到 SOA 体系进行管理和使用,包括服务接口、服务注册、服务查找、服务访问和

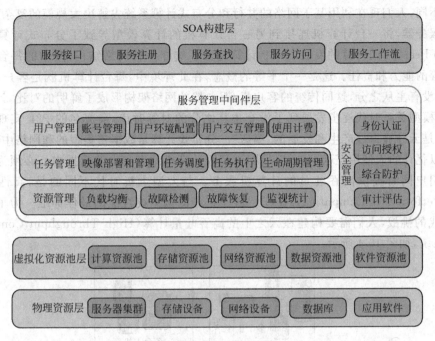

图 10-3 云计算体系结构

服务工作流等。服务管理中间件层和虚拟化资源池层是云计算技术的核心部分,而 SOA 构建层的功能更多地依靠外部设施提供。

　　云计算的服务管理中间件层负责资源管理、任务管理、用户管理和安全管理等工作。资源管理负责均衡地使用云资源节点,进行故障节点的检测,并对资源的使用情况进行监视统计;任务管理负责执行用户或应用任务的提交,包括完成用户任务映像的部署和管理、任务调度、任务执行、生命周期管理等;用户管理是云计算商业模式得以实施的重要部分,包括提供用户交互管理接口、用户身份识别、用户程序执行环境的配置、计费管理等;安全管理保障云计算设施的整体安全,包括身份认证、访问授权、综合防护和审计评估等。

10.2　云计算的发展与应用

10.2.1　云计算产生的背景

　　早期,计算中心所采用的体系结构是客户机/服务器结构,所有的应用软件、数据和底层数据操作都位于大型主机上。如果用户想访问特定的数据或运行特定的程序,必须连接到主机上,获得适当的权限之后才能执行相关的业务。此时,用户使用的终端只是一种把客户连接到主机上的设备,其自身的存储和处理能力很低。尽管客户机/服务器结构也提供了类似于集中存储的存储方式,但是在使用客户机/服务器结构的时候,所有的控制都位于主机上,受单一主机的管理,它不是以用户为中心的,不是一个有利于用户的计算环境,因此,这种结构在应用中并没有使用云计算模型。

　　在过去的 60 年中,计算机技术已经经历了一系列的平台和环境的变化。与过去的集中式计算不同,人们现在利用基于网络的并行和分布式计算系统去解决大规模的复杂问题,无须经由服务器,将一台计算机连接到另一台计算机的计算模型导致了分布式计算和对等(Peer-to-Peer,P2P)计算的发展。P2P 计算定义了这样一种网络结构,其中的每台计算机都有相等的能力和责任。这是一个平等的概念,在此环境中,每台计算机既是客户机,也是服务器,没有主从之分,这同传统的客户机/服务器的网络架构形成了鲜明的对比,计算模型从主/从模型关系时代逐步发展到了没有主从之分的对等时代,最著名的 P2P 实现就是互联网,它是云计算得以产生和发展的"温床"。分布式计算是数据密集型的和网络中心化的,每天数以亿计的人使用互联网。结果就是,超级计算机站点和大的数据中心必须为大量的互联网用户同时提供高吞吐量的计算机服务。与大型主机时代不同的是,高性能计算(High Performance Computing,HPC)已经不再是测试系统性能的最佳标准。为了迎接大数据时代的挑战,人们需要构建在云之上的高吞吐量计算(High Throughput Computing,HTC)系统,如图 10-4 所示。

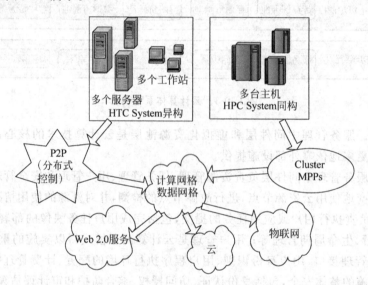

图 10-4　高性能与高吞吐量运算的发展

在 HPC 端,集群(Cluster)或大规模并行处理器(Massively Parallel Processors,MPPs)因共享计算资源需求而逐渐被协作计算所取代。集群通常是同构计算节点的集合,这些节点在物理上彼此紧密地连接在一起。而 P2P,云计算和 Web 2.0 服务平台更专注于 HTC 应用。集群和 P2P 技术共同导致了计算网格和数据网格的发展。SOA 的广泛使用使得 Web 2.0 服务成为可能。虚拟化技术的提高,使得云计算作为一种新的计算范式成为可能。无线射频技术的成熟,全球定位和其他高级技术的发展同时触发了物联网(Internet of Things,IoT)的发展。

P2P 计算模型的推广导致了分布式计算的发展,在分布式计算发展的过程中,为了提高团队之间的协作能力,让多个用户一起从事同一个基于 Web 的项目,协同计算应运而生。在高速互联网时代,随着网络中的海量数据不断累积,提高对应存储和处理能力的需求不断增加,同时,随着并行计算、网格计算和效用计算的不断发展以及硬件处理能力的提高,以大型计算中心为"骨架"的云计算时代终于到来。云计算是客户机/服务器体系结构、对等结构、分布式计算、并行计算、网格计算和效用计算综合发展的结果,也是商业需求对技术发展驱动的结果。这些计算模型的发展是云计算产生的技术前提。

分布式计算是指在一个松散或严格约束条件下使用一个硬件和软件系统处理任务,这个系统包含多个处理器单元或存储单元,多个并发过程以及多个程序。一个程序被分成多个部分,同时在通过网络连接起来的计算机上运行。分布式计算类似于并行计算,但并行计算通常用于一个程序的多个部分同时运行于某台计算机的多个处理器上。所以,分布式计算通常必须处理异构环境、多样化的网络连接、不可预知的网络或计算机错误。云计算属于分布式计算的范畴,是以提供对外服务为导向的分布式计算形式。云计算把应用和系统建立在大规模的廉价服务器集群之上,通过基础设施与上层应用程序的协同构建来达到最大效率利用硬件资源的目的,并具有较高的容错能力,达到了分布式计算系统可扩展性和可靠性两个方面的目标。

并行计算就是在并行计算机上所做的计算,它与人们常说的高性能计算、超级计算属于同一范畴。任何高性能计算和超级计算总离不开并行技术,并行计算是在串行计算的基础上演变而来的,它能够仿真自然世界中的一个序列中含有众多同时发生的、复杂且相关事件的事务状态。近年来,随着硬件技术,尤其是多核处理器和新型应用的不断发展,并行计算也有了若干新的发展,如云计算、个人高性能计算机等。所以,云计算也是并行计算的一种形式,也属于高性能计算或者超级计算的形式之一。作为并行计算的最新发展计算模型,云计算意味着对于服务器端的并行计算要求的增强,因为数以万计用户的应用都是通过互联网在云端加以实现的,它在带来用户工作方式和商业模式的根本性改变的同时也对大规模并行计算的技术提出了新的要求。

效用计算是一种基于计算资源使用量付费的商业模式,用户从计算资源供应商获取和使用计算资源并基于实际使用的资源付费。在效用计算中,计算资源被看作是一种计量服务,就像传统的水、电、煤气等公共设施一样。传统企业数据中心的资源利用率普遍在20%左右,因为企业不得不超额部署和购买比平均所需资源更多的硬件以便处理峰值负载。效用计算允许用户只为他们所需要用到并且已经用到的那部分资源付费。云计算以服务的形式提供计算、存储、应用资源,和效用计算类似。云计算是以虚拟化技术为基础的,提供最大限度的灵活性和伸缩性。云服务供应商可以轻松地扩展虚拟环境,以通过提供者的虚拟基础设施提供更大的带宽或计算资源,而效用计算通常需要类似云计算基础设施的支持,但并不一定需要。在云计算之上可以提供效用计算,也可以不采用效用计算,因此,可以把效用计算作为云计算的服务形式之一来看待。

网格计算是20世纪90年代中期发展起来的主要用于科研、军事等领域的新一代高性能计算科学技术。网格计算的开创者Ian Foster将之定义为"在动态、多机构参与的虚拟组织中协同共享资源和求解问题"。网格计算是在网络基础之上,基于SOA,使用互操作、按需集成等技术手段,将分散在不同地理位置的资源虚拟成为一个有机整体,实现计算、存储、数据、软件和设备等资源的共享,从而大幅度提高资源的利用率,使用户获得前所未有的计算和信息能力。网格计算在概念上被人们争论多年,在体系结构上有三次大的改变,在标准规范上花费了大量的人力。相对于网格计算而言,云计算没有对其概念和标准形成统一,甚至很多大型软件企业的云计算的差别也非常大。云计算只是一种称谓,所共享的存储和计算资源暂时仅限于某个企业内部,省去了许多跨组织协调的问题。网格计算已经有十多年历史,在很多领域都取得了巨大的成就,正因为有网格计算作为基础,云计算才能发展迅猛。通常意义上的网格是指以前实现的以科学研究为主的网格,它非常重视标准规范,也非常复杂,但缺乏成功的商业模式。云计算是网格计算的一种应用于商业的简化实用版,云计算的成功也是网格的成功。网格不仅要集成异构资源,还要解决许多非技术的协调问题,也不像云计算有成功的商业模式推动,所以实现起来要比云计算难很多。但对于许多高端科学或军事应用而言,云计算是无法满足需求的,必须依靠网格来解决。

10.2.2 云计算的应用现状

云计算是当前信息技术领域的热门话题之一,是产业界、学术界、政府等各界均十分关注的焦点。它体现了"网络就是计算机"的思想,将大量计算资源、存储资源与软件资源连接在一起,形成巨大规模的共享虚拟 IT 资源池,为远程计算机用户提供"招之即来,挥之即去"且似乎"能力无限"的 IT 服务。由于云计算的发展理念符合当前低碳经济与绿色计算的总体趋势,并极有可能发展成为未来网络空间的神经系统,它已经成为世界各国政府大力倡导与推动的 IT 发展方向。云计算代表了 IT 领域迅速向集约化、规模化与专业化道路发展的趋势,有人形象地将云计算比喻成为当前信息领域正在发生的工业化革命。此外,云计算以其便利、经济、高扩展性等优势吸引了越来越多的企业的目光,将其从 IT 基础设施管理与维护的沉重压力中解放出来,更专注于自身的核心业务发展。在 IT 产业界,云计算被普遍认为是继互联网经济繁荣以来的又一个重要 IT 产业增长点。

由于云计算是多种技术混合演进的结果,所用的技术较为成熟,又有大型软件公司的推动,发展极为迅速。Google、亚马逊、IBM、微软和 Yahoo、Salesforce、Facebook、YouTube 等许多公司都提供云服务。亚马逊网络服务目前主要由 4 块核心服务组成,即简单存储服务(Simple Storage Service,S3)、弹性计算云(Elastic Compute Cloud,EC2)、简单队列服务(Simple Queue Service,SQS)及 SimpleDB,如图 10-5 所示。该图中的 EBS 指 Elastic Block Service,即弹性模块服务,服务项目包括存储空间、带宽、CPU 资源及月租费。亚马逊网络服务吸纳了包括众多企业级用户在内的使用群体,提供可以通过网络访问的存储、计算机处理、信息排队和数据库管理系统等接入式服务。

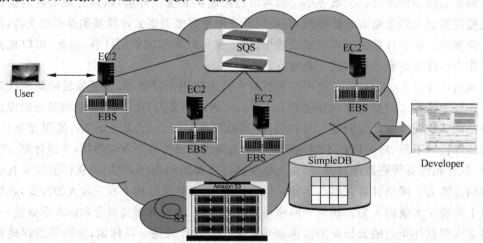

图 10-5　AWS 结构

    Google 是最大的云计算技术的使用者,Google 搜索引擎分布在 200 多个站点、超过百万台的服务器上,并且这些设施的数量正在快速增长。Google 的云服务平台上的应用种类繁多,包括 Google 地球、地图、Gmail、Docs 等。Google Docs 能帮助用户将数据保存在互联网上的某个位置,用户可以通过任何一个与互联网相连的终端十分便利地访问和共享这些数据。Google 围绕互联网搜索创建了一种超动力商业模式,同时又以应用托管、企业搜索以及其他更多形式向企业开放了他们的云。Google 推出的 Google 应用软件引擎(Google App Engine,GAE)允许第三方在 Google 的云计算中通过 GAE 运行大型并行应用程序。这种服务让开发人员可以编译基于 Python 的应用程序,并可以免费使用 Google 的基础设施进行托管。IBM 在 2007 年 11 月推出了蓝云(Blue Cloud)计算平台,为客户带来即买即用的云计算平台,如图 10-6 所示,它包括一系列可以自我管理和能够进行自我修复的虚拟化云计算软件,使得来自全球的应用可以访问分布式的大型服务器池。IBM 已经与 17 个欧洲组织合作开展名为 RESERVOIR 的云计算项目,以“无障碍的资源和服务虚拟化”为发展目标。Salesforce 是将软件作为服务的厂商的先驱,它的目标是“将开发平台作为服务”。该公司正在完善自己的网络应用软件平台 force.com,这一平台可作为其他企业软件服务的基础。force.com 包括关系数据库、用户界面选项、企业逻辑以及一个名为 Apex 的集成开发环境,程序员可以在平台的 Sandbox 上对他们利用 Apex 开发出的应用软件进行测试,然后在 Salesforce 的 AppExchange 目录上提交完成后的应用软件代码。微软公司于 2008 年 10 月推出了 Windows Azure 操作系统,Azure 译为“蓝天”,它是继 Windows 取代 DOS 之后,微软在操作系统应用方向上的又一次历史性革新。它的寓意是在互联网架构上打造一款新的云计算平台,微软将其称为“软件加服务”(Software Plus Services)。微软推出的软件加服务产品包括 Dynamics CRM Online、Exchange Online、Office Communications Online 及 Share Point Online。针对普通用户,微软的在线服务还包括 Windows Live、Office Live 和 Xbox Live 等。

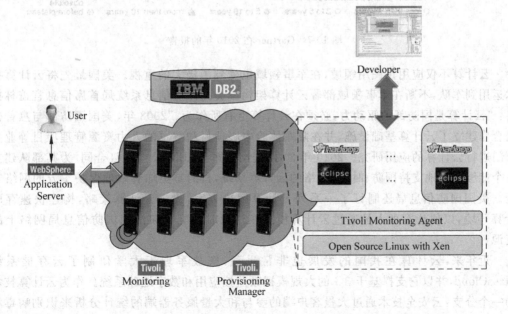

图 10-6　Blue Cloud 结构

　　不仅仅大型软件企业关注云的发展,很多中小企业也在不断推出类型多样的云服务,例如,3tera(www.3tera.com)提供了 AppLogic 网格操作系统和用于按需计算的云件(Cloudware)架构,10gen(www.10gen.com)提供了一个平台供开发者构建可扩展的基于 Web 的应用,Cohesive Flexible Technologies(www.cohesiveft.com)提供了一个名为按需弹性服务器(Elastic Server On-Demand)的虚拟服务器平台,Nirvanix(www.nirvanix.com)为开发者提供了一个云存储平台和 Nirvanix Web 服务。美国著名资讯机构 Gartner 于 2010 年发布的关于 IT 技术的报告(相关内容用户可参阅 http://www.gartner.com/newsroom/id/1447613)显示,私有云计算与平板电脑、3D 电视是全球范围内热度非常高,人们特别关注的 3 种技术,如图 10-7 所示。

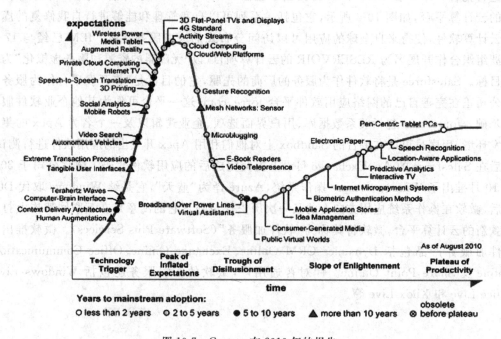

图 10-7　Gartner 在 2010 年的报告

　　云计算不仅应用在民用领域,在军事领域也受到了极大的重视。美国最先将云计算技术运用到军队,不断在军事领域部署云计算架构。美国国防信息系统局首席信息官盖林提出:"云计算是国防部的驱动力,必须在云计算上有所作为。"2008 年,美国国防部与惠普公司合作建立了云计算基础设施,并在陆军体验中心项目和空军的人力资源管理项目等业务部门进行云计算的应用研究。2010 年 2 月,美国空军与 IBM 公司签订合同,为其部队建立一个能够安全地支持国防和情报网络的云计算系统,目的是更加有效地保护军方的网络安全。美国国防信息局还制订了一系列云计算解决方案,建立云计算策略,构建快速存取计算环境,以便让军事人员通过云计算模式在任意时刻配置和使用国防信息局网络上的资源。

　　近年来,云计算在我国的发展也非常迅猛,解放军理工大学研制了云存储系统 MassCloud,并以它支撑基于 3G 的大规模视频监控应用和数字地球系统。作为云计算技术的一个分支,云安全技术通过大量客户端的参与和大量服务器端的统计分析来识别病毒和木马,取得了巨大成功,包括 360 在内的许多厂商都推出了云安全解决方案。北京云华时代智能科技有限公司对 2013 年我国云计算产业的发展做出了预测。报告指出，2013 年中国云计算产业发展的十大趋势预测如下：

（1）云计算产业成为产业资本和政府投资的重点方向，云计算产业集聚将成为科技园区建设的新热点。在 2013 年，广阔的市场空间将进一步吸引大量资本注入云计算领域。投资形式将呈现为 4 种方式，即政府投资与产业资本联合、政府专项扶持基金、科研机构单独投资、产业资本单方注入。

（2）新型城镇化政策为智慧城市建设指明了方向，交通云、政务云、教育云、医疗云建设将成为重要环节。2012 年中央经济工作会议明确提出了"积极稳妥推进城镇化，着力提高城镇化质量"，即"要把生态文明理念和原则全面融入城镇化全过程，走智能、绿色、低碳的新型城镇化道路"。

（3）国内外企业将在我国云计算市场抢点布局，市场竞争局面初步形成。在 2013 年，我国云计算产业将进入快速成长阶段。国内企业中互联网公司、电子商务交易平台、电信运营商均将重点布局云计算。同时，国外企业看好我国云计算市场的发展潜力，将纷至沓来。国外企业渗透国内云计算市场的方式有建立云服务运营中心、提供软/硬件产品及解决方案、设立云计算研发中心。

（4）我国超过半数以上的大中型企业关注规划和部署私有云，并采购面向云的软/硬件及相关服务。近年来，各行业领军企业实施了私有云的部署，在整合 IT 资源、降低维护成本方面取得了显著效果。主要 IT 企业均以提供面向云的软/硬件和相应服务为业务发展的重点，用户选择的范围更广、采用的成本更低。

（5）面向企业的云计算服务将更注重社会化、协作化、网络化的新要求，价格将更趋于合理。我国移动互联网的普及、社交网络的广泛使用，对企业的经营理念和管理流程产生了巨大冲击。开放式创新、工作协同、产业链整合，对面向企业的云计算服务提出了新要求，即注重社会化、协作化与网络化。

（6）云计算基础技术的自主研发将继续获得政府的大力支持。

（7）电子商务交易平台、社交网络、金融企业、电信运营商等将进一步深化对大数据的运用，这些活动的广泛开展，产生了规模巨大、形态多样、实时性要求高的"大数据"。在云计算技术和大数据处理能力提升的情况下，电子商务交易平台、社交网络、金融企业、电信运营商等拥有海量数据资源的实体，初步尝试对大数据的分析。

（8）国内面向个人的云计算服务开始普及推广，这些云计算服务改变了消费者工作、生活、学习、娱乐的习惯，例如云存储、云视频、云阅读、云音乐等，具有共享、同步、面向移动、动态获取、多终端应用等特点。

（9）开源云平台和工具类软件快速发展，在国内得到广泛应用。采用开源软件能够显著降低部署成本，与云计算发展的导向一致。

（10）国内桌面云部署将兴起，云端时代到来。桌面云系统，实现了对原本分散的众多用户桌面环境与数据的集中管理，使升级维护更高效、数据使用更安全、接入更灵活、业务处理能力更强、系统可靠性更高。桌面云改变了传统的企业工作环境和信息系统部署方式。低功耗、高性能的瘦终端产品、云服务器、终端嵌入式操作系统、服务器虚拟化软件、桌面虚拟化软件、设备管理软件和通信协议等不断推陈出新，让用户的选择范围更大、桌面云建设成本更低。

10.3　云计算核心技术简介

　　研究人员对云计算采用各种方式进行描述和定义,从中可以概括性地给出云计算的基本原理,即利用非本地或远程集群服务器为互联网用户提供服务。这使得用户可以将资源切换到需要的应用上,根据需求访问计算机和存储系统。云计算可以把普通的服务器或者计算机连接起来以获得超级计算机拥有的计算和存储功能,但是成本更低。云计算真正实现了按需计算,从而提高了对软/硬件资源的利用效率。云计算的出现使高性能并行计算不仅仅局限在科学家和专业人员的范围内进行使用,普通的用户也能通过云计算享受高性能并行计算所带来的便利,使得人人都有机会使用并行计算机,从而极大地提高了工作效率和计算资源的利用率。在云计算模型中,用户不需要了解服务器在哪里,不用关心其内部如何运作,通过高速互联网就可以透明地使用各种资源。云计算系统运用了许多技术,其中以数据存储技术、编程模型、数据管理技术、虚拟化技术、云计算平台管理技术为关键,最具代表性的就是 Google 云计算,它的技术组成结构如图 10-8 所示。本节以 Google 云为例简单介绍云计算的核心技术以及它们各自的工作原理。

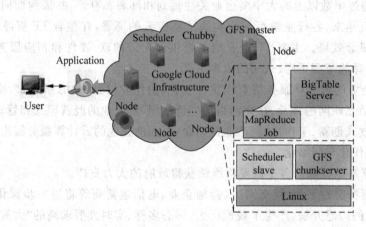

图 10-8　Google 云计算核心技术组成结构

　　Google 拥有全球最强大的搜索引擎,并能通过简单而高效的技术让上百万台计算机协同工作,共同完成海量数据的存储和处理任务。搜索引擎所使用的这些技术已经产生多年,随着大规模商业数据处理的需要,云计算的概念逐步形成,近些年来这些技术才被人们命名为 Google 云计算技术,并且被用于搜索引擎之外的其他应用领域。Google 云计算技术包括 4 个部分,即 Google 文件系统 GFS、分布式计算编程模型 MapReduce、分布式锁服务 Chubby 和分布式结构化数据管理技术 BigTable,以及以其为基础的海量数据存储系统 Megastore。

10.3.1　海量数据文件系统

　　Google 文件系统(Google File System,GFS)是一个大型的分布式文件系统,它为云计算提供海量存储,处于所有核心技术的底层,与 Chubby、MapReduce 以及 BigTable 结合得十分紧密。用户可以把文件系统简单地理解为存在于物理介质之上,以文件为基本单位的,

用于对信息进行持久化存储的数据组织和管理形式,例如 Windows 系统中常见的 FAT32
和 NTFS。文件系统所存储的内容通常包括用户实际数据信息以及用于描述存储器和文件
自身信息的元数据,例如,存储文件时所采用的字符集、硬盘空间利用率、文件的名称、创建
者等内容。当前用于高性能计算的主流文件系统包括 RedHat 的 Global File System、IBM
的 GPFS 以及 Sun 的 Lustre,它们对硬件系统的要求比较高。与这些需要高昂硬件系统做
支持的文件系统不同的是,Google 文件系统 GFS 采用价格低廉的商用计算机搭建,同时将
GFS 的设计与 Google 应用的特点紧密结合,并简化了实现。GFS 将容错的任务交由文件
系统来完成,利用软件方法解决系统的可靠性问题,这使得存储成本成倍下降。由于 GFS
中的服务器数目众多,通常并不把 GFS 中服务器的死机视为异常现象,GFS 采用多种方法
和不同的容错措施来确保数据在频繁的故障中依然能够保证存储的安全,并保证提供不间
断的数据存储服务。除了性能、可伸缩性、可靠性及可用性以外,GFS 的设计还受到 Google
应用负载和技术环境的影响,主要体现在以下 4 个方面:

(1) 充分考虑到大量节点的失效问题,需要通过软件将容错以及自动恢复功能集成在
系统中。

(2) 构造特殊的文件系统参数,文件大小通常以 GB 计,并包含大量的小文件。

(3) 充分考虑应用的特性,增加文件追加操作,优化顺序读/写速度。

(4) 文件系统的某些具体操作不再透明,需要应用程序的协助才能完成。

现给出 GFS 的系统架构,如图 10-9 所示。GFS 将整个系统的节点分为 3 类角色:客
户端(Client)、主服务器(Master)和数据块服务器(Chunk Server)。一个 GFS 集群包含一
个 Master 和多个 Chunk Server,被多个 Client 访问。大文件被分割成固定尺寸的数据块,
Chunk Server 把数据块作为 Linux 文件保存在本地硬盘上,并根据指定的块句柄和字节范
围来读/写块数据。为了保证可靠性,每个块被默认保存 3 个备份,这种通过冗余来保证可
靠性的手段简单而有效。Master 管理文件系统中所有的元数据,包括名字空间、访问控制、
文件到块的映射、块物理位置等相关信息。通过服务器端和客户端的联合设计,GFS 对应
用支持达到性能与可用性最优。GFS 是为 Google 应用程序本身设计的,Google 在内部部
署了许多 GFS 集群,有的集群拥有超过上千个存储节点,超过数百 TB 的硬盘空间,能够同
时被不同计算机上的数百个客户端连续不断地访问。Client 是 GFS 提供给应用程序的访
问接口,它是一组专用接口,不遵守 POSIX 规范,以库文件的形式提供。应用程序直接调用
这些库函数,并与该库连接在一起。Master 是 GFS 的管理节点,在逻辑上只有一个,它保
存系统的元数据,负责整个文件系统的管理,是 GFS 文件系统中的"神经中枢"。Chunk
Server 负责具体的存储工作,数据以文件的形式存储在 Chunk Server 上,Chunk Server 的
个数可以有多个,它的数目直接决定了 GFS 的规模。GFS 将文件按照固定大小进行分块,
默认是 64MB,每一块称为一个数据块(Chunk)。每个 Chunk 以若干个 Block 组成,单个
Block 的大小为 32KB,并且对应一个 32 位的校验和。每个 Chunk 都有一个对应的索引号。
Client 在访问 GFS 时,首先访问 Master 节点,获取将要与之进行交互的 Chunk Server 信
息,然后直接访问这些 Chunk Server 完成数据存取。GFS 的这种设计方法实现了控制流和
数据流的分离。Client 与 Master 之间只有控制流,无数据流,这样就极大地降低了 Master
的负载,使之不成为系统性能的一个瓶颈。Client 与 Chunk Server 之间直接传输数据流,
同时由于文件被分成多个 Chunk 进行分布式存储,Client 可以同时访问多个 Chunk

Server,从而使得整个系统 I/O 高度并行,系统整体性能得到提高。

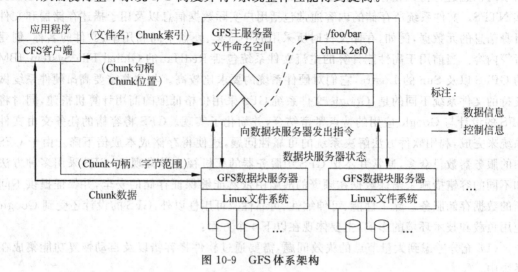

图 10-9　GFS 体系架构

Google 需要一个支持海量存储的文件系统,Google 不使用现存的文件系统,转而设计自己的 GFS 的主要原因是 Google 所面临的问题与众不同。

(1) 不同的工作负载,不同的设计优先级。

(2) Google 使用大量廉价而且不可靠的硬件作为集群的计算主体。

因此需要设计与 Google 应用和负载相符的文件系统,相对于传统的分布式文件系统,GFS 针对 Google 应用的特点从多个方面进行了简化,从而在一定规模下达到成本、可靠性和性能的最佳平衡。它具有以下几个特点:

(1) GFS 采用中心服务器结构来管理整个文件系统,可以大大简化设计,从而降低实现难度。

(2) 通用文件系统为了提高性能,一般需要实现复杂的缓存机制,而 GFS 文件系统根据应用的特点,没有实现缓存。因为客户端大部分是流式顺序读/写,并不存在大量的重复读/写,缓存这部分数据对系统整体性能的提高作用不大;并且,维护缓存与实际数据之间的一致性在实现过程中将引入不必要的复杂性。

(3) 文件系统作为操作系统的重要组成部分,其实现通常位于操作系统底层,一般在内核态实现文件系统,可以更好地和操作系统本身结合,向上提供兼容的 POSIX 接口。GFS 却在用户态下实现,降低了实现难度。

(4) 通常的分布式文件系统一般都会提供一组与 POSIX 规范兼容的接口,其优点是应用程序可以通过操作系统的统一接口来透明地访问文件系统,而不需要重新编译程序。GFS 的设计目的是面向 Google 应用,采用了专用的文件系统访问接口,从而降低了实现的难度,对应用提供一些特殊支持,减少了操作系统之间上下文的切换,降低了复杂度,提高了效率。

10.3.2　海量数据编程模型

作为一种处理海量数据的并行编程规范,MapReduce 由 Google 的设计师 Jeffery Dean 首先提出,它是一种抽象模型,将并行化、容错、数据分布、负载均衡等杂乱细节放在一个库里,使程序员在进行并行编程时不必关心这些问题,用于简化分布式系统编程。它也是一个软件架构,用于 TB 级大规模数据的并行运算,Map 和 Reduce 是它的主要思想,如果需要用一句话解释 MapReduce 的核心思想,就是"任务的分解与结果的汇总"。

从 MapReduce 的名字来看,它由两个词 Map 和 Reduce 组成,Map 是展开并进行映射的意思,指将一个任务分解成为多个任务;Reduce 可以翻译成聚集之后化简,指将分解后得到的多任务处理的结果汇总起来,得出最后的分析结果。这是一种任务分解,分而治之,之后再汇合的思想,这种思想不管在多线程编程,还是多任务程序设计中都有所体现,也是并行计算理论思想的基础。在日常生活中,对于一项工作而言,它一般可以被拆分成为多个任务,任务之间的关系可以分为两种:一种是不相关的任务,可以并行执行;另一种是任务之间有相互的依赖关系,先后顺序不能够颠倒,这类任务无法并行处理,只能串行执行。在分布式系统中,计算机集群可以看作硬件资源池,将并行的工作拆分并交给空闲的计算机去处理,这样能够极大地提高计算效率,同时这种资源无关性可以保证有效地不断扩展计算集群。应用程序编写人员只需将精力放在应用程序本身,而关于集群的处理问题,包括可靠性和扩展性,则交由 MapReduce 来处理。

MapReduce 通过 Map 和 Reduce 两个简单的概念来构成运算基本单元,这些概念和主要思想都借鉴于函数式编程语言和矢量编程语言,Map 负责将数据打散,而 Reduce 负责对数据进行聚集,用户只需提供自己的 Map 函数以及 Reduce 函数即可并行处理海量数据,完成 TB 级数据的计算,常见的应用包括日志分析和数据挖掘等数据分析应用,此外,还可用于科学数据计算,如圆周率的计算等。由于具备函数式和矢量编程语言的共性,MapReduce 特别适合于非结构化和结构化的海量数据的搜索、挖掘、分析与计算机智能学习等领域。

MapReduce 的工作原理如图 10-10 所示。该图中有 M 个 Map 操作和 R 个 Reduce 操作,每个 Map 函数都针对不同的原始数据,Map 与 Map 之间互相独立,充分并行化。Reduce 也可以在并行环境下执行,每个 Reduce 产生的最终结果经过简单连接就形成了完整的结果集。在 Map 前还可能对输入的数据有分割(Split)的过程,从而保证任务并行的效率,在 Map 之后还可能有混合(Shuffle)的过程,这对于提高 Reduce 效率以及减小数据传输压力能产生很大的帮助,针对不同需求,程序设计人员主要编写 Map 与 Reduce 两个函数。

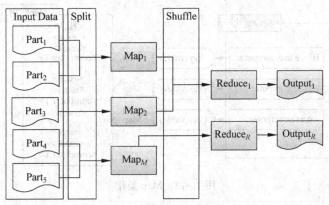

图 10-10　MapReduce 工作原理

- Map：(input_key, input_value) $\rightarrow$ $\{(key_j, value_j) \mid j = 1 \cdots k\}$
- Reduce：(key, [value$_1$, $\cdots$, value$_m$]) $\rightarrow$ (key, final_value)

Map 和 Reduce 的输入参数和输出结果根据应用的不同而有所变化。Map 的输入参数是 input_key 和 input_value，它指明了 Map 需要处理的原始数据是哪些；Map 的输出结果是一系列＜key,value＞对，这是经过 Map 操作后所产生的中间结果。在 Reduce 之前，系统有的时候需要进行 Shuffle 操作，将所有 Map 产生的中间结果进行归类处理，使得相同 key 对应的一系列 value 能够集结在一起，所以 Reduce 的输入参数是(key, [value$_1$, $\cdots$, value$_m$])。Reduce 的工作是对这些对应相同 key 的 value 值进行归并处理，最终形成(key, final_value)的结果。这样，一个 Reduce 处理了一个 key，将所有 Reduce 的结果并在一起就是最终结果。

例如，用户可以使用 MapReduce 模型计算一个大型文本文件中各个单词出现的频率，Map 的输入参数指明了需要处理哪部分数据，经过 Map 处理，形成一批中间结果，Reduce 则是把中间结果进行处理，将相同单词出现的次数进行累加，得到每个单词总的出现次数，即单词出现的频率。

在给定的大型文本中，假设包含"Hi we use computer Hi use computer use we use computer"这样的文本，要统计文中 Hi、we、use、computer 单词出现的频率。首先该文本通过 Split 操作，被分割为 3 段文本，并形成各自的(key, value)对。三组(key, value)经过 Map 函数处理之后形成＜key,1＞的形式，如图 10-11 所示。

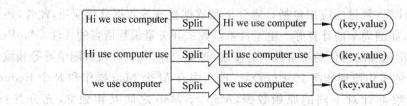

图 10-11　Split 操作

之后，利用 Map 函数对三组(key, value)进行处理，形成＜单词,1＞的形式，例如，"Hi we use computer"这一段文本经过 Map 操作规则之后，变为＜Hi,1＞、＜we,1＞、＜use,1＞、＜computer,1＞4 组键值对应对，如图 10-12 所示。

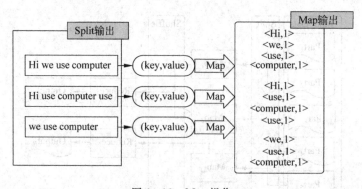

图 10-12　Map 操作

Map 函数处理之后的 Map 输出数据经过混合(Shuffle)操作，在 Shuffle 输出端变为经过整理的键值对，如图 10-13 所示，这样的键值对非常有利于之后要进行的 Reduce 操作。

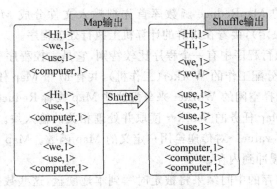

图 10-13 Shuffle 操作

在经过 Reduce 操作之后,最终得到了大文本中指定单词的使用频率,如图 10-14 所示。

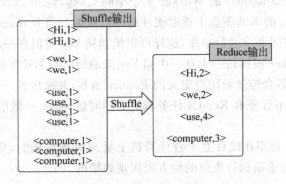

图 10-14 Reduce 操作

上述部分是大文本中指定单词使用频率计算的工作原理,具体在计算集群中加以实现的执行流程如图 10-15 所示,当用户程序调用 MapReduce 函数,就会引起以下操作:

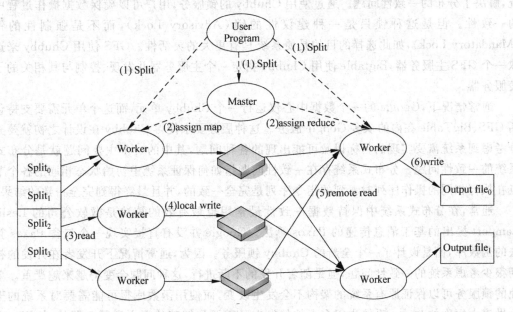

图 10-15 MapReduce 执行流程

（1）用户程序中的 MapReduce 函数库首先把输入文件分成 M 块，每块在 16MB～64MB（可以通过参数决定），接着在集群的计算机上执行处理程序。

（2）这些分配的执行程序中有一个程序比较特别，它是主控程序 Master。剩下的执行程序都是作为 Master 分配工作的 Worker（工作机），共有 M 个 Map 任务和 R 个 Reduce 任务需要分配，Master 选择空闲的 Worker 来分配这些 Map 或者 Reduce 任务。

（3）一个分配了 Map 任务的 Worker 读取并处理相关的输入块。它处理输入的数据，并且将分析出的<key, value>对传递给用户定义的 Map 函数。Map 函数产生的中间结果<key, value>对暂时缓冲到内存。

（4）这些缓冲到内存的中间结果将被定时写到本地硬盘，这些数据通过分区函数分成 R 个区。中间结果在本地硬盘的位置信息将被发送回 Master，然后 Master 负责把这些位置信息传送给 Reduce Worker。

（5）当 Master 通知 Reduce 的 Worker 关于中间<key, value>对的位置时，它调用远程过程从 Map Worker 的本地硬盘上读取缓冲的中间数据。当 Reduce Worker 读到所有的中间数据时，它使用中间 key 进行排序，这样可以使相同 key 的值在一起。

（6）Reduce Worker 根据每一个唯一中间 key 来遍历所有的排序后的中间数据，把 key 和相关的中间结果值集合传递给用户定义的 Reduce 函数，并输出到一个最终的输出文件。

（7）当所有的 Map 任务和 Reduce 任务都完成的时候，Master 激活用户程序，返回用户程序的调用点。

由于 MapReduce 是用在成百上千台计算机上处理海量数据的，所以容错机制非常关键，MapReduce 是通过重新执行失效的地方来实现容错的。

10.3.3　海量数据的一致性问题

Chubby 是 Google 设计的提供粗粒度锁服务的一个文件系统，它基于松耦合分布式系统，解决了分布的一致性问题。通过使用 Chubby 的锁服务，用户可以确保数据操作过程中的一致性。但是这种锁只是一种建议性的锁（Advisory Lock），而不是强制性的锁（Mandatory Lock），如此选择的目的是使系统具有更大的灵活性。GFS 使用 Chubby 来选取一个 GFS 主服务器，Bigtable 使用 Chubby 指定一个主服务器并发现、控制与其相关的子表服务器。

通常情况下，Google 的一个数据中心仅运行一个 Chubby 单元，而这个单元需要支持包括 GFS、BigTable 在内的众多 Google 服务。这种服务要求使得 Chubby 在设计之初就要充分考虑到系统需要实现的目标以及可能出现的各种问题，其中的一个主要问题就是分布式系统的一致性问题。分布式系统存在一致性问题指如何保证系统中初始状态相同的各个节点在执行相同的操作序列时看到的指令序列是完全一致的，并且最终得到完全一致的结果。

通常，在分布式系统中保持数据一致性最常用也最有效的算法是微软公司的 Leslie Lamport 提出的基于消息传递的 Paxos 算法。Google 并没有直接实现一个包含 Paxos 算法的函数库，而是设计了一个全新的 Chubby 锁服务。因为，通常情况下开发者在开发的初期很少考虑系统的一致性问题，但是随着开发的不断进行，这种问题会变得越来越严重。单独的锁服务可以保证原有系统的架构不会发生改变，而使用函数库很可能需要对系统的架构做出大幅度的改动。系统中很多事件的发生是需要告知其他用户和服务器的，使用一个基于文件系统的锁服务可以将这些变动写入文件中。这样其他需要了解这些变动的用户和服务器直接访问这些文件即可,避免了因大量的系统构件之间的事件通信带来的系统性能下降。基于锁的开发接口容易被开发者接受。虽然在分布式系统中锁的使用会有很大的不同,但是和一致性算法相比,锁显然被更多的开发者所熟知。

Chubby 系统本质上就是一个分布式的、存储大量小文件的文件系统,它所有的操作都是在文件的基础上完成的。例如,在 Chubby 最常用的锁服务中,每一个文件就代表了一个锁,用户通过打开、关闭和读取文件,获取共享锁或独占锁。在选择主服务器的过程中,符合条件的服务器都同时申请打开某个文件并请求锁住该文件。成功获得锁的服务器自动成为主服务器并将其地址写入这个文件夹,以便其他服务器和用户可以获知主服务器的地址信息。

10.3.4 海量数据的管理与存储

由于需要存储种类繁多的数据以及服务请求数量庞大,一些 Google 应用程序需要处理大量的格式化以及半格式化数据,并且通常的商用数据库根本无法满足 Google 海量数据的存储需求,Google 自行设计了 BigTable。BigTable 是 Google 开发的基于 GFS 和 Chubby 的分布式存储系统,Google 的很多数据,包括 Web 索引、卫星图像数据等在内的海量结构化和半结构化数据都存储在其中。

BigTable 是一个分布式多维映射表,表中的数据是通过一个行关键字(Row Key)、一个列关键字(Column Key)以及一个时间戳(Time Stamp)进行索引的。BigTable 对存储在其中的数据不做任何解析,全部作为字符串进行操作,具体数据结构的实现需要用户自行处理。BigTable 的存储逻辑可以表示为一个三元组的形式:

(Row: string,Column: string,Time: int64)

BigTable 的行关键字可以是任意的字符串,但是大小不能够超过 64KB。BigTable 并不是简单地存储所有的列关键字,而是将其组织成列族(Column Family),每个族中的数据都属于同一个类型,并且同族的数据会被压缩在一起保存。由于 Google 的网页检索、云服务中的个性化设置等应用都需要保存不同时间的数据进而加以区分,此时,需要 64 位整型数的时间戳参与。Google 地球、Google Analytics、Orkut 和 RRS 阅读器等很多 Google 项目都在使用 BigTable 作为海量数据管理技术。从日常实际运行效果看,它完全可以满足这些不同需求的应用,并且体现出很高的系统运行效率及可靠性。

以 BigTable 为基础,Google 设计和构建了用于互联网中交互服务的分布式存储系统 Megastore,该系统有效地将通用的关系型数据库与 NoSQL 的特点和优势进行了融合,提出了实体组集、实体组等新的概念,提供了对数据存储的高可用性、高扩展性和统一性,实现了一个可同步、容错、可远距离传输的复制机制。

以上是 Google 云计算的几个核心技术。Google 还大量构建了其他相关的云计算构件,例如,建立在 MapReduce 基础之上的领域语言 Sawzall,它专门用于大规模的信息处理;Dapper,一种大规模分布式系统的监控基础架构。同时,Google 内部还使用了大量 x86 服务器集群来构建整个计算的硬件基础设施。

10.4　云计算的实施技术与平台

目前，云计算已经从最初的亚马逊公司与 Google 公司的两种云系统衍生出多种形式，尤其在开源技术领域，云计算更是得到了迅速的推广和发展。例如，VMware 公司推出的开源 PaaS 平台 Cloud Foundry，可以从 https://github.com/cloudfoundry 这个网址获取到相应的源代码。对于 Google 公司而言，因为它是云计算的发起者之一，所以与之有关的各种技术和实施手段也是人们最关心的。众所周知，GAE 是目前已知的最好的云计算平台之一，它除了提供基本的运行时环境之外，还消除了在构建可扩展至数百万用户的应用程序过程中可能遇到的系统管理和开发挑战。它提供了一些工具，可将代码部署到集群，并提供了监视、故障转移、自动扩展和负载平衡等功能。GAE 最初仅支持基于 Python 的运行时环境，之后又增加了对 Java Virtual Machines(JVM)的支持。它不仅支持使用 Java 编写的应用程序，还支持使用其他 JVM 语言编写的应用程序，例如 Groovy、JRuby、Jython、Scala 和 Clojure。

Python 语言是 Guido van Rossum 于 1989 年圣诞节期间，在阿姆斯特丹为了打发圣诞节的无趣而开发的一个新的脚本解释程序，作为 ABC 语言的一种继承。之所以选中 Python(大蟒蛇的意思)作为程序的名字，是因为他是一个叫 Monty Python 的喜剧团体的爱好者。Python 是一种面向对象的解释性计算机程序设计语言，也是一种功能强大而完善的通用型语言，技术成熟且稳定。Python 具有脚本语言中最丰富和强大的类库，足以支持绝大多数日常应用。它拥有简单、易学、高层抽象、可移植、可扩展、可嵌入等特点，还具备丰富的类库。下面是一段可以在 GAE 上运行的“Hello World”Python 程序，首先在工程文件夹中创建 helloworld 文件夹，在其中创建文件 helloworld.py，并编写以下代码：

```
print 'Content-Type: text/plain'
print ''
print 'Hello, world'
```

这个 Python 脚本处理一个 request 请求，并设置一个 HTTP 头，输出一个空行和一段信息“Hello，world”，之后为其创建配置文件。每个 GAE 应用都包含一个名为 app.yaml 的配置文件，在这个配置文件中可以设置具体的某个 URL 需要用哪一个 Python 脚本处理。现在，在 helloworld 文件夹中创建一个新的 app.yaml 文件，并输入以下内容：

```
application: helloworld
version: 1
runtime: python
api_version: 1
handlers:
- url: /.*
  script: helloworld.py
```

这个应用程序的标识是 helloworld.，这个标识需要和开发者在 Google App Engine 网站上创建的应用程序标识保持一致。在开发期间，开发者可以使用任何自己喜欢的名字，但是在上传的时候，必须要和在 Google App Engine 上注册的标识保持一致。该应用程序的版本号为1。符合正则表达式/. * （即全部 URL）的所有请求，都由 helloworld. py 脚本来处理。之后使用 google_appengine/dev_appserver. py helloworld/指定应用路径为helloworld 目录，并启动测试环境 Web 服务程序。这个 Web 服务程序将监听 8080 端口，最后在浏览器中输入 http://localhost:8080/进行测试，可以看到，hello world 在浏览器中被输出。在不同应用环境下的 Python 代码有很大的区别，例如下面是一段单机版的输出多次"Hello World"和相应数字的 Python 代码：

```
import sys
for i in range(1,4):
    print("Hello World")
    print(i)
```

可以看出代码非常简练。Python 类似于
Java 和. NET，也运行在虚拟机上，但是它所运行
的虚拟机的抽象级别更高一些，"远"离硬件。
Python 的运行环境和相应的介绍以及官方文档，
用户可以通过访问 http://www. python. org 获取。
在安装过程中可以在系统环境变量 Path 中指定
Python 的安装路径，如图 10-16 所示，这样可以在
命令行中运行 Python 指令，如图 10-17 所示。在命
令行中直接输入"python"命令并希望退出的时候，
可以按 Ctrl＋z 组合键，并回车，这样即可退出
Python 环境，如图 10-18 所示。

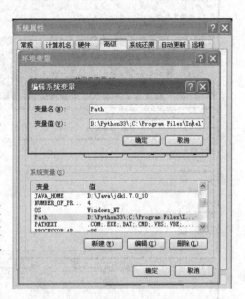

图 10-16　配置 Python 环境变量

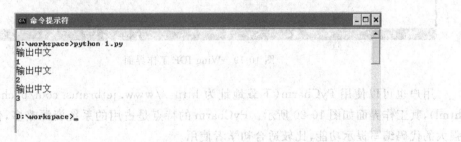

图 10-17　在命令行中执行 Python 指令

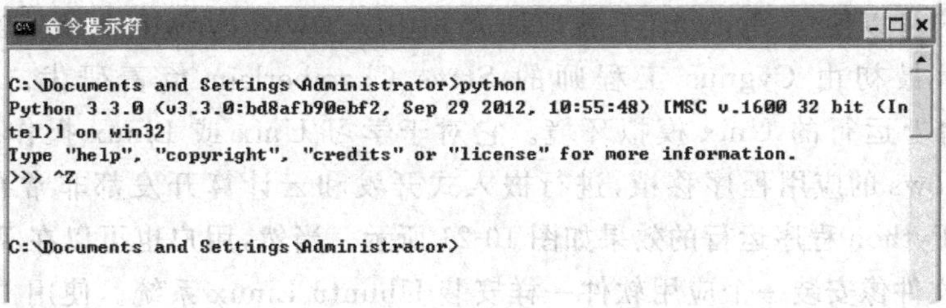

图 10-18　退出 Python 环境

　　Python 代码除了可以使用文本编辑器编辑以外，还可以使用 Eclipse 插件 PyDev 配合 Eclipse 平台编写（下载地址为 http://pydev.org/download.html）或者专门的编辑器，例如 Wing IDE（下载地址为 http://wingware.com/downloads/wingide），Wing IDE 最大的特点是占用的系统资源少，Wing IDE 的工作界面如图 10-19 所示。

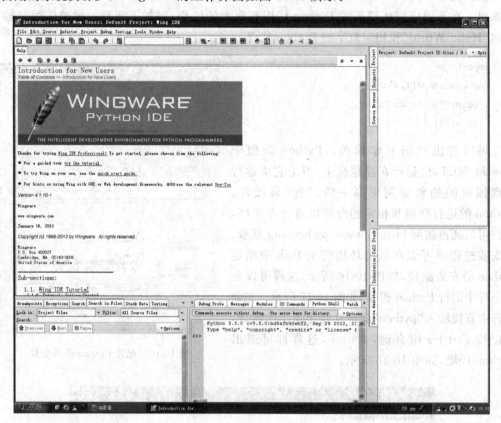

图 10-19　Wing IDE 工作界面

　　用户也可以使用 PyCharm（下载地址为 http://www.jetbrains.com/pycharm/index.html），其工作界面如图 10-20 所示。PyCharm 的特点是占用的系统资源略多，但拥有更加强大的代码编写提示功能，比较适合初学者使用。

　　因为云计算系统大多工作在 UNIX 或者类 UNIX 系统上，所以对类 UNIX（例如各种版本的 Linux）系统进行部署是云计算实施过程中必不可少的一个环节。为了在 Windows 上开发方便，用户可以使用 Cygwin（下载地址为 http://www.cygwin.com/）软件。Cygwin 始于 1995 年，最初由 Cygnus 工程师的 Steve Chamberlain 负责研发。它是一个在 Windows 平台上运行的 Unix 模拟环境。它对于学习 Unix 或 Linux 操作环境，完成从 Unix 到 Windows 的应用程序移植，进行嵌入式开发和云计算开发都非常有帮助。使用 Cygwin 完成 Python 程序运行的效果如图 10-21 所示。当然，用户也可以在 Windows 上使用 wubi.exe 文件像安装一个应用软件一样安装 Ubuntu Linux 系统。使用 Ubuntu Linux 系统可以灵活地开发和检验各种云计算技术。

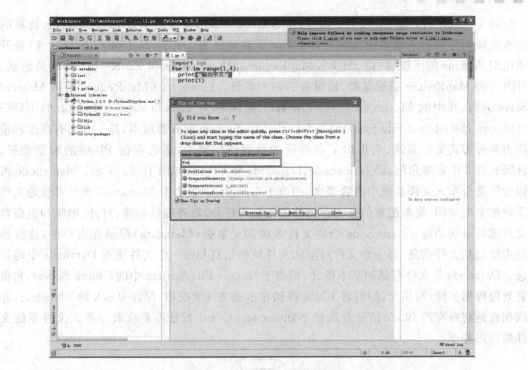

图 10-20 PyCharm 工作界面

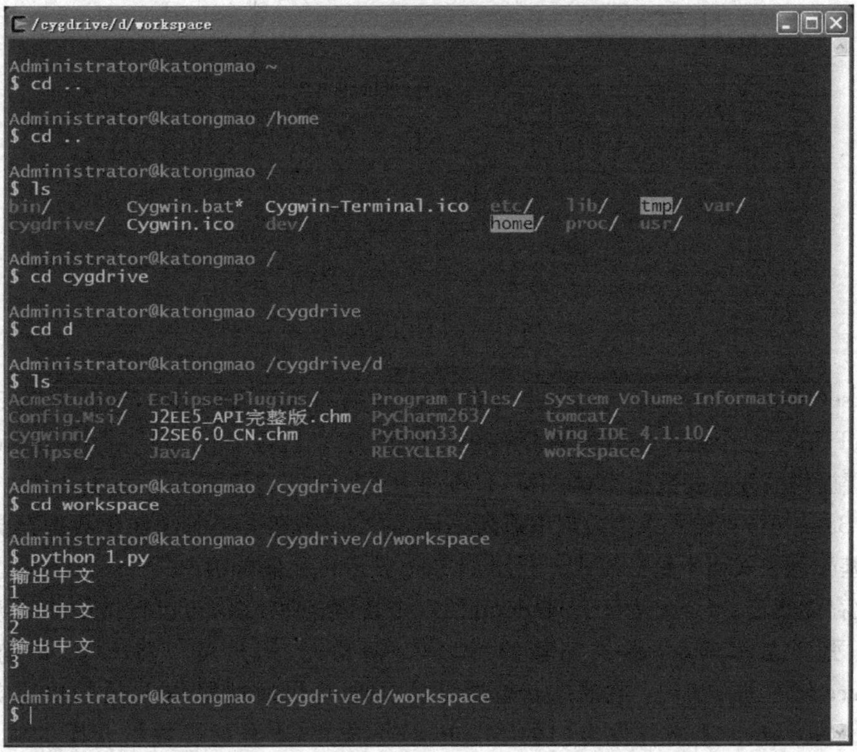

图 10-21 在 Cygwin 中运行 Python 程序

除了各种运行环境、编程工具以外，作为 Google 云的开源版本，Hadoop 随着云计算的深入发展而受到越来越多的关注。Hadoop（下载地址为 http://hadoop.apache.org）是开源组织 Apache 的子项目，由 HDFS、MapReduce、HBase、Hive 和 ZooKeeper 等成员组成。HDFS 和 MapReduce 是最基础、最重要的两个成员。Hadoop 的 MapReduce 采用 Master/Slave 结构，其中的 Master 称为 JobTracker，Slave 称为 TaskTracker。Hadoop 的 HDFS（Hadoop Distributed File System）是 Google File System 的开源版本，是一个拥有高度容错能力的分布式文件系统，它提供了高吞量的数据访问能力，适合存储 PB 级的海量数据。HDFS 有 3 个重要角色，即 Namenode、Datanode 和 Client，如图 10-22 所示。Namenode 可以看作是分布式文件系统中的管理者，相当于 Google GFS 中的 Master，主要负责管理文件系统的命名空间、集群配置信息和存储块的复制等任务，对外提供创建、打开、删除和重命名文件或目录的功能。Namenode 会将文件系统的元数据（Metadata）存储在内存中，这些信息主要包括文件信息、每一个文件对应的文件块的信息和每一个文件块在 Datanode 中的信息。Datanode 是文件存储的基本单元，相当于 Google File System 中的 Chunk Server，它负责处理数据的读/写请求，同时将 Block 存储在本地文件系统中，保存 Block 的 Metadata，并周期性地将所有的 Block 信息发送给 Namenode。Client 就是需要获取分布式文件系统文件的应用程序。

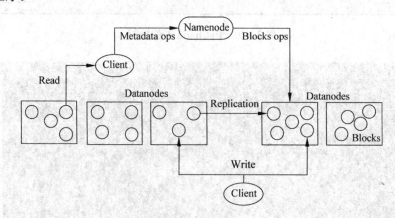

图 10-22　HDFS 结构

HBase（Hadoop DataBase）是一个分布式的、面向列的开源数据库，该技术源于 Google 论文"BigTable：一个结构化数据的分布式存储系统"。就像 BigTable 利用了 Google File System 所提供的分布式数据存储一样，HBase 在 Hadoop 之上提供了类似于 BigTable 的能力。HBase 与常见的关系型数据库有所不同，它是一个适合于非结构化数据存储的数据库，而且基于列模式而不是行模式。利用 HBase 技术可在廉价的 PC Server 上搭建起大规模结构化存储集群。Hive 是基于 Hadoop 的一个数据仓库工具，可以将结构化的数据文件映射为一张数据库表，并提供完整的 SQL 查询功能，用户可以将 SQL 语句转换为 MapReduce 任务进行运行。它的优点是学习成本低，可以通过类 SQL 语句快速实现简单的 MapReduce 统计，不必开发专门的 MapReduce 应用，十分适合数据仓库的统计分析。ZooKeeper 是 Google Chubby 的一个开源实现，属于 Hadoop 的子项目之一。它是一个针对大型分布式系统的可靠的分布式协调系统，提供的功能包括配置维护、名字服务、分布式同步、组服务等。ZooKeeper 的目标是封装复杂、易出错的关键服务，将简单、易用的接口和性能高效、功能稳定的系统提供给用户。Hadoop 的其他子项目还包括 Pig，它是一个基于 Hadoop 的大规模数据分析平台，提供一种类似于 SQL 的语言，被称为 Pig Latin。该语言的编译器会把类 SQL 的数据分析请求转换为一系列经过优化处理的 MapReduce 运算。Pig 为复杂的海量数据并行计算提供了一个简单的操作和编程接口。除了 Hadoop 和其子项目以外，Apache 还有一些其他的开源项目，能够在一定程度上替代 Google 的相应技术。例如非关系型数据库 Cassandra，它最初由 Facebook 开发，后转变成了开源项目。Cassandra 是一个混合型的非关系数据库，类似于 Google 的 BigTable。其主要功能比亚马逊的分布式存储系统 Dynomite 更丰富，但支持度却不如文档存储 MongoDB。后者是介于关系数据库和非关系数据库之间的开源产品，是非关系数据库中功能最丰富、最像关系型数据库的产品，支持松散数据结构。Cassandra 最大的特点是，它不是一个数据库，而是由一堆数据库节点共同构成的一个分布式网络服务。对 Cassandra 所进行的写操作，会被复制到其他节点上，而对 Cassandra 的读操作，也会被路由到某个节点上面去读取。Apache 同时还提供了 Chukwa，Chukwa 是一个构建在 HDFS 之上的用于监控大型分布式系统的数据收集系统。它包含了一个强大、灵活的工具集，可用于展示、监控和分析已收集的数据。它可以在全生命周期范围内提供对大数据量日志类数据采集、存储、分析和展示的全套解决方案和框架。它还可以给出集群中的硬件错误、集群的性能变化、集群的资源瓶颈以及集群的资源消耗情况和集群的整体作业执行情况。

Eucalyptus(Elastic Utility Computing Architecture for Linking Your Programs To Useful Systems)是亚马逊 EC2 的一个开源实现，由加利福尼亚大学的圣塔芭芭拉分校实现，用户可以从加利福尼亚大学的网站下载。它有的时候也被翻译为"桉树"，是一款实现云计算弹性需求环境的软件，通过其在集群或者服务器组上进行部署，并使用常用的 Linux 工具和基本的基于 Web 的服务与商业服务接口兼容。它使用 FreeBSD License，可以直接用于商业应用。该系统的使用和维护十分方便，使用 SOAP 安全内部通信，具备很好的可伸缩性，简单易用，扩展方便。这个软件层的工具可以用来通过配置服务器集群来实现私有云，并且其接口也与公共云相兼容，可以满足私有云与公共云混合构建的云计算环境。和 EC2 一样，Eucalyptus 依赖 Linux 和 Xen 进行操作系统虚拟化。Eucalyptus 系统构架如图 10-23 所示，包括 Instance Manager(实例管理)、Group Manager(分组管理)和 Cloud Manager(云管理)几个部分，采用层状结构。

(1) 实例管理：每一个安装有虚拟机的节点上都有一个 Instance Manager，它控制虚拟机的运行。

(2) 分组管理：管理一组 Instance Manager，管理 Instance Manager 收集的实例信息，对应于一个由虚拟集节点组成的虚拟网络。

(3) 云管理：管理一组 Group Manager，是云的入口，供云最终用户或系统管理员使用。

Eucalyptus 云计算平台安装后的实例是空的裸系统，需要用户将自己特定的应用制作成实例映像文件并上载运行。Eucalyptus 云计算平台可以充分发挥云计算的优势，实现应用的快速部署和迁移。

除了上述开源云以外，OpenNebula 是另一种在 Apache 许可下的开源应用程序。它在 Universidad Complutense de Madrid 开发，除了支持私有云结构以外，还支持混合云的概念,允许私有云基础设施与公共云基础设施集成以提供更高级别的伸缩。OpenNebula 支持 Xen、KVM/Linux 和 VMware。Nimbus 则是一种以科学计算为中心的 IaaS 解决方案。利用 Nimbus 可以借用远程资源,例如由亚马逊 EC2 提供的远端资源,并能对它们进行本地管理,包括配置、部署、虚拟化及监视等。Nimbus 由 Workspace Service Project 演变而来,它是 Globus.org 的一部分。由于依赖于亚马逊 EC2,因此,Nimbus 支持 Xen 和 KVM/Linux。而在前面提到的 Xen 是一个开放源代码虚拟机监视器,由剑桥大学开发,Xen 可以在无须特殊硬件支持的情况下,达到高性能的虚拟化。

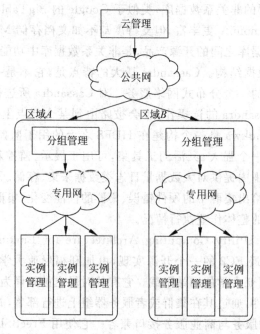

图 10-23 Eucalyptus 系统架构

10.5 安全问题

任何数据存储以及计算形式都会涉及安全问题,安全问题处理是否得当是判别它在企业级应用中能否承担更多责任的关键条件。云计算的优势不可忽视,发展趋势也不可阻挡,不过云计算的安全性、可靠性以及云计算的安全立法等问题始终是挡在云计算应用道路上的障碍。因此,企业级用户在决定使用云服务之前应该很好地了解云计算潜在的安全风险,并熟悉规避风险的一些解决方案,同时云计算研究和管理组织应当及时制定和更新相应的行业标准,云服务供应商也应当在技术领域做更多的工作,这样才可以让云计算更好地为用户带来可靠的信息服务。

10.5.1 潜在的安全风险

云计算代表 IT 领域向集约化、规模化与专业化道路发展的趋势,是 IT 领域正在发生的深刻变革。但它在提高使用效率的同时,为实现用户信息资产安全与隐私保护带来了极大的冲击与挑战。当前,安全依然成为云计算领域亟待突破的重要问题,其重要性与紧迫性已不容忽视。

云计算的发展面临着许多关键性问题,而安全问题首当其冲。并且,随着云计算的不断普及,安全问题的重要性也呈现逐步上升趋势,已成为制约其发展的重要因素。Cisco 公司的 John Chambers 在安全信息大会(RSA)上曾经说:"云计算是大势所趋,不可避免,但是会对网络的安全产生巨大的影响。"很多网络安全专家也认为,在云计算的安全领域还有很多工作要做。国际数据公司 IDC 的高级副总裁兼主要分析师 Frank Gens 在他的分析报告中指出云服务仍然处在早期发展阶段,对于云服务供应商来说,毫无疑问还有很多的问题需要解决。Frank Gens 列出了云服务的各种优势,同时指出它正面临着的各种问题。Gartner 2009 年的调查结果显示,70%以上受访企业的 CTO 认为近期不采用云计算的首要原因在于存在数据安全性与隐私性的忧虑。亚马逊、Google 等云计算发起者也曾经不断爆出各种安全事故,更加剧了人们的担忧。例如,2009 年 3 月,Google 发生大批用户文件外泄事件;2009 年 2 月和 7 月,亚马逊 S3 两度中断导致依赖于网络单一存储服务的网站被迫瘫痪。因此,要让企业和组织大规模应用云计算技术与平台,放心地将自己的数据交付于云服务提供商,就必须全面地分析并着手解决云计算所面临的各种安全问题。

当前,各类云服务之间已开始呈现出整合趋势,越来越多的云应用服务商选择购买云基础设施服务而不是自己独立建设云计算平台。例如,在云存储服务领域,成立于美国乔治亚州的 Jungle Disk 公司采用基于亚马逊 S3 的云计算资源,通过友好的软件界面,为用户提供在线存储和备份服务。在数据库领域,Oracle 公司同样利用亚马逊公司的基础设施提供 Oracle 数据库软件服务以及数据库备份服务。而 FanthomDB 为用户提供基于 MySQL 的在线关系数据库系统服务,允许用户选择底层使用 EC2 或 Rackspace 基础设施服务。可以预见,随着云计算标准的出台,以及各国法律、隐私政策与监管政策差异等问题的协调解决,类似的案例会越来越多。当采用传统的外包模式时,用户把自己的服务器放在他人的数据中心,或者把数据放到由服务供应商管理的专门供用户使用的服务器上。由于多租户形式目前在云计算中占统治地位,导致用户很少知道自己的数据到底存储在什么地方甚至于这个数据是如何被使用的,云计算分离了数据与基础设施的关系,掩盖了底层操作的细节。多租户在传统的 IT 外包中很少使用,但在云计算中几乎是必须使用的。这些区别引起了许多安全和隐私的问题,不仅影响到风险管理做法,还影响到遵守法规、审计和电子证据等法律问题的评估。美国 Gartner 咨询公司在 2008 年 6 月发布的一份《云计算安全风险评估》中称,虽然云计算产业具有巨大市场增长前景,但对于使用这项服务的企业用户来说,应该意识到云服务存在着七大潜在安全风险。

1. 优先访问权风险

通常情况下,企业数据都具有机密性,当企业把数据交给云服务供应商后,具有数据优先访问权的并不是相应企业,而是云服务供应商。如此一来,就不能排除企业数据被泄露的可能性。Gartner 为此向企业用户提出建议,在选择使用云服务之前,应要求服务供应商提供其 IT 管理员及其他员工的相关信息,从而把数据泄露的风险降至最低。

2. 数据处所风险

当企业用户使用云服务时，他们并不清楚自己的数据被放置在哪台服务器上，甚至根本不了解这台服务器放置在哪个国家。出于数据安全考虑，企业用户在选择使用云服务之前，应事先向云服务供应商了解，这些服务供应商是否从属于服务器放置地所在国的司法管辖；在这些国家展开调查时，云服务供应商是否有权拒绝提交所托管的数据。

3. 隔离数据风险

在云服务平台中，大量企业用户的数据处于共享环境下，即使采用数据加密方式，也不能保证做到万无一失。Gartner 报告中认为数据加密在很多情况下并不有效，而且数据加密后，将降低数据使用的效率。而解决该类问题的最佳方案是将自己的数据与其他企业用户的数据隔离开来。

4. 权限管理风险

虽然企业用户把数据交给云服务供应商托管，但数据安全及整合等事宜最终仍由企业自身负责。在传统情况下，服务供应商由外部机构来进行审计或进行安全认证，但如果云服务供应商拒绝这样做，则意味着企业用户无法对被托管数据加以有效地利用。

5. 支持调查风险

通常情况下，如果企业用户试图展开违法活动调查，云服务供应商一般不会配合。如果企业用户只是想通过合法方式收集一些数据，云服务供应商也未必愿意提供，原因是云计算平台涉及多家用户的数据，在一些数据查询过程中，可能会涉及云服务供应商的数据中心，这会给其带来很大的不便。如此一来，如果企业用户本身也是服务型企业，当其需要向自身用户提供数据收集服务时，则无法求助于云服务供应商。

6. 长期发展风险

如果企业用户选定了某家云服务供应商，最理想的状态是这家服务供应商能够一直平稳地发展，而不会出现破产或被大型公司收购的现象。因为如果云服务供应商破产或被他人收购，企业用户既有服务将被中断或变得不稳定，这会给企业用户的正常商业活动带来很大的影响。Gartner 建议在选择云服务供应商之前，应把长期发展风险因素考虑在内。

7. 恢复数据风险

即使企业用户了解自己的数据被放置到哪台服务器上，也得要求服务供应商做出承诺，必须对所托管数据进行备份，以防止出现重大事故时企业用户的数据无法得到恢复。Gartner 建议，企业用户不仅需要了解服务供应商是否具有数据恢复的能力，还必须知道服务供应商能在多长时间内完成数据恢复。

10.5.2 云计算的安全性保障方案

云计算是应对海量数据处理方案的良好解决形式,不过用户在看到云计算的巨大潜力和好处的同时,也应当看到风险、安全和兼容性问题。换而言之,要使云计算成为一个安全的协作场所,还有许多工作要做。虽然由于缺少可见性和可控性,保证应用程序和数据在云计算中的安全很困难,但是用户必须设法评估云服务供应商在安全性和隐私保护等方面的能力和做法。Forrester 研究公司在《你的云计算有多安全》的研究报告中建议企业考虑以下问题:数据保护、身份管理、安全漏洞管理、物理和个人安全、应用程序安全、事件响应和隐私措施。例如,用户应该了解云服务供应商的加密系统、供应商如何保护静态数据和移动数据的安全、供应商提供给审计者的说明文件、身份识别和接入控制程序、供应商是否有适当的数据隔离和数据泄露保护措施。还要特别注意云服务中明显的操作细节,例如数据位置、事件日志、复制方式及架构。现在依然有许多要解决的问题,不仅有云计算的安全问题,而且还有可靠性方面的问题。

要解决云计算的安全问题,用户还需要一个服务级协议,具体规定一些详细的责任条款和承担的后果,公司必须理解法规问题的影响、服务供应商处理数据安全的方式以及公司的知识产权是否存在风险。在很多情况下,合同应该详细地列出灾难准备程序、适合的数据处理和泄露事件中服务供应商的角色。服务供应商的数据处理和业务连续性实践也应该在法规问题的解决中加以考虑。用户需要谨慎地仔细检查安全等级以及合同条款,因为有些公司可能会在合同的某些条款上做更多的说明,使其仅针对企业的业务程序和数据处理的程序,合同中应该包括如果没有遵守 SLA(服务品质保障协议)的后果、当服务合同到期后的数据处理方式、回归到公司的数据类型,以及云服务供应商应该在服务合同到期后的指定时间内把他们网络中的所有数据进行删除。此外,公司应该主动记住他们行业内的特殊法规。企业用户在使用云服务供应商的服务之前,还应当做好相应的评估工作。对云服务供应商的全面评估工作应该包括详细的审计的过程,以获取内部操作的能见度。云服务供应商可能不允许内部审计,但是他们应该提供对其架构和网络的某种形式的外部审计。评估工作的目的是理解这项服务使用事件日志的方式以及对可能出现的数据后门访问加以防范。云计算中的数据存储和应用处理都是在企业网络之外操作,安全是极为关键的问题。除了签署服务级协议和完成必要的针对云服务供应商的评估工作之外,在云计算安全领域建立学术或者企业联盟以及协会,不断进行云计算安全问题的研究并制定相应的行业标准也非常重要。

云安全联盟(Cloud Security Alliance,CSA)是在 2009 年的 RSA 大会上宣布成立的一个非盈利性组织,宗旨是"促进云计算安全技术的最佳实践应用,并提供云计算的使用培训,帮助保护其他形式的计算"。自成立后,CSA 迅速获得了业界的广泛认可,其企业成员涵盖国际领先的电信运营商、IT 和网络设备厂商、网络安全厂商、云计算提供商等。CSA 确定了云计算安全的 15 个焦点领域并对每个领域给出了具体建议,15 个焦点领域分别是信息生命周期管理、政府和企业风险管理、法规和审计、普通立法、e-Discovery、加密和密钥管理、认证和访问管理、虚拟化、应用安全、便携性和互用性、数据中心、操作管理事故响应、通知和修复、传统安全影响(商业连续性、灾难恢复、物理安全)、体系结构。目前,云计算安全联盟已完成《云计算面临的严重威胁》、《云控制矩阵》、《关键领域的云计算安全指南》等研究报告,并发布了云计算安全定义。这些报告从技术、操作、数据等多方面强调了云计算安全的重要性、保证安全性应当考虑的问题以及相应的解决方案,对形成云计算安全行业规范具有重要影响。

2009 年底,国际标准化组织/国际电工委员会、第一联合技术委员会(ISO/IEC,JTC1)正式通过成立分布应用平台服务分技术委员会(SC38)的决议,并明确规定 SC38 下设立云计算研究组。2010 年 5 月,在瑞士日内瓦召开的国际电信联盟 ITU-TSG17 研究组会议成立了云计算专项工作组,旨在达成一个"全球性生态系统",确保各个系统之间安全地交换信息。结构化信息标准促进组织(OASIS)将云计算看作是 SOA 和网络管理模型的自然扩展。在标准化工作方面,OASIS 致力于在现有标准的基础上建立云计算模型、配置文件和扩展相关的标准。现有标准包括安全、访问和身份策略标准,例如 OASIS、SAML、XACML、SPML 和 WS-Security Policy 等;内容、格式控制和数据导入/导出标准,例如 OASIS ODF、DITA 和 CMIS 等;注册、储存和目录标准,例如 OASIS ebXML 和 UDDI,以及 SOA 方法和模型、网络管理、服务质量和互操作性标准,例如 OASIS SCA、SDO、SOA-RM 和 BPEL 等。同时,分布式管理任务组(Distributed Management Task Force,DMTF)也启动了云标准孵化器过程。参与成员将关注通过开发云资源管理协议、数据包格式以及安全机制来促进云计算平台间标准化的交互,致力于开发一个云资源管理的信息规范集合。该组织的核心任务是扩展开放虚拟化格式(OVF)标准,使云计算环境中工作负载的部署及管理更为便捷。除了上述国际组织以外,国内的专家和机构也给出了许多极具建设性的意见和建议。例如,信息安全国家重点实验室的冯登国等人提出了一个参考性的云计算安全技术框架,如图 10-24 所示。

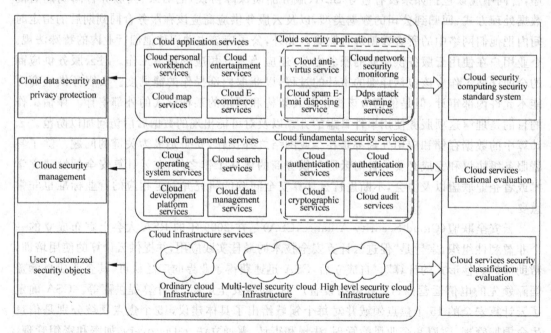

图 10-24　云计算安全技术框架

开放云计算宣言(Open Cloud Manifesto)现已正式发布,主要支持者是以 IBM 为首的许多大型软件企业,包括 Oracle、Cisco、EMC、Red Hat、Novell、AT&T、Aptana、Engine

Yard、Enomaly 和对象管理组织等一百多个成员,而且参与其中的公司数目还在不断增加。开放云计算宣言的内容主要包括云计算和云计算的优势、云计算面临的挑战和障碍、开放云的目标和开放云的原则。该宣言对开放云的六大原则加以详细阐释。

(1) 云计算提供者必须合作,确定能通过公开合作和适度采用标准,解决采用云计算可能遭遇的挑战,包括安全性、整合性、便携性、互通性、管理、测量与监测等方面。

(2) 云计算提供者不可以运用自己的市场地位,把顾客套牢在自己特有的平台里,并限制他们对云计算提供者的选择。

(3) 云计算提供者必须在适当情况下采用现有的标准,因为 IT 工业已在现有的标准与标准组织投入大量资金,没必要再重复投资或重新发明。

(4) 当需要新的标准(或调整既有的标准)时,必须谨慎、务实,以免创造太多的标准,必须确定标准能促进创新,而不是阻止创新。

(5) 开放云计算社区的任何计划,应该由顾客需求来主导,而不只是取决于云计算提供者的技术需求,而且应该根据实际的用户需求进行检测或认证。

(6) 云计算标准组织、提倡团体与社区,应该通力合作、互相协调,以确保各项计划不会互相冲突或重叠。

同时,为了保护企业数据的安全,在云计算安全框架制定方面也可以引入很多机制,包括访问控制管理、安全 API、网络连接安全性、计算安全性和数据安全性等多个方面。这些技术可以划分为以下几类:

1. 可信访问控制

由于无法彻底相信云服务商能够完全实施用户定义的访问控制策略,各国专家主要关注通过非传统访问控制类手段实施数据对象的访问控制。其中,得到关注最多的是基于密码学方法实现访问控制,包括基于层次密钥生成与分配策略实施访问控制的方法、利用基于属性的加密算法(如密钥规则的基于属性加密方案(KP-ABE)或密文规则的基于属性加密方案(CP-ABE))、基于代理重加密的方法,以及在用户密钥或密文中嵌入访问控制树的方法等。基于密码类方案面临的一个重要问题是权限撤销,一个基本方案是为密钥设置失效时间,每隔一定时间,用户从认证中心更新私钥。其他解决方案在此基础上做了增强,例如引入一个在线的半可信第三方维护授权列表。但从目前来看,上述各种方案在带有时间或约束的授权、权限受限委托等方面仍存在许多有待解决的问题。

2. 密文检索与处理

数据变成密文时丧失了许多其他特性,导致大多数数据分析方法失效。密文检索有两种典型的方法:基于安全索引的方法,通过为密文关键词建立安全索引,检索索引查询关键词是否存在;基于密文扫描的方法,对密文中的每个单词进行比对,确认关键词是否存在并统计其出现的次数。由于一些场景需要支持非属主用户的检索,Boneh 等人提出支持其他用户公开检索的方案。密文处理研究主要集中在秘密同态加密算法设计上。早在 20 世纪 80 年代,就有人提出多种加法同态或乘法同态算法。但是由于被证明安全性存在缺陷,后续工作基本处于停顿状态。而近期,IBM 研究员 Gentry 利用"理想格(ideal lattice)"的数学对象构造隐私同态(Privacy Homomorphism)算法,或称全同态加密。这使得人们可以充分地操作加密状态的数据,在理论上取得了一定突破,使相关研究重新得到研究者的关注,但目前与实用化仍有很长的距离。

3. 数据存在与可使用性证明

由于大规模数据所导致的通信代价巨大,用户不可能将数据下载后再验证其正确性。因此,云用户需在取回很少数据的情况下,通过某种知识证明协议或概率分析手段,以高置信概率判断远端数据是否完整。其典型的工作包括面向用户单独验证的数据可检索性证明(POR)方法、公开可验证的数据持有证明(PDP)方法。NEC 实验室提出的 PDI(Provable Data Integrity)方法改进并提高了 POR 方法的处理速度,能够支持公开验证。其他典型的验证技术包括 Yun 等人提出的基于新的树形结构 MAC Tree 的方案,Schwarz 等人提出的基于代数签名的方法,Wang 等人提出的基于 BLS 同态签名和 RS 纠错码的方法等。

4. 数据隐私保护

云中数据隐私保护涉及数据生命周期的每一个阶段。Roy 等人将集中信息流控制(DIFC)和差分隐私保护技术融入云中的数据生成与计算阶段,提出了一种隐私保护系统——airavat,防止 Map Reduce 计算过程中非授权的隐私数据泄露出去,并支持对计算结果的自动除密。在数据存储和使用阶段,Mowbray 等人提出了一种基于客户端的隐私管理工具,提供以用户为中心的信任模型,帮助用户控制自己的敏感信息在云端的存储和使用。Munts-Mulero 等人讨论了现有的隐私处理技术,包括 K 匿名、图匿名及数据预处理等,作用于大规模待发布数据时所面临的问题和现有的一些解决方案。Rankova 等人则提出一种匿名数据搜索引擎,可以使交互双方搜索对方的数据,获取自己所需要的部分,同时保证搜索询问的内容不被对方所知,搜索时与请求不相关的内容不会被获取。

5. 虚拟技术

虚拟技术是实现云计算的关键核心技术,使用虚拟技术的云计算平台上的云架构提供者必须向其客户提供安全性和隔离保证。Santhanam 等人提出了基于虚拟技术实现的 Grid 环境下的隔离执行机。Raj 等人提出了通过缓存层次可感知的核心分配,以及给予缓存划分的页染色的两种资源管理方法实现性能与安全隔离。这些方法在隔离影响一个 VM 的缓存接口时是有效的,并整合到一个样例云架构的资源管理(RM)框架中。

6. 云资源访问控制

在云计算环境中,各个云应用属于不同的安全管理域,每个安全域都管理着本地的资源和用户。当用户跨域访问资源时,需要在域边界设置认证服务,对访问共享资源的用户进行统一的身份认证管理。在跨多个域的资源访问中,各域有自己的访问控制策略,在进行资源共享和保护时必须对共享资源制定一个公共的、双方都认同的访问控制策略,需要支持策略的合成。这个问题最早由 Mclean 在强制访问控制框架下提出,他提出了一个强制访问控制策略的合成框架,将两个安全格合成一个新的格结构。在策略合成的同时还要保证新策略的安全性,新的合成策略必须不能违背各个域原来的访问控制策略。为此,Gong 提出了自治原则和安全原则；Bonatti 提出了一个访问控制策略合成代数，基于集合论使用合成运算符来合成安全策略；Wijesekera 等人提出了基于授权状态变化的策略合成代数框架；Agarwal 构造了语义 Web 服务的策略合成方案；Shafiq 提出了一个多信任域 RBAC 策略合成策略，侧重于解决合成的策略与各域原有策略的一致性问题。

7. 可信云计算

可信云计算将可信计算技术融入云计算环境，以可信赖方式提供云服务现已成为云安全研究领域的一大热点。Santos 等人提出了一种可信云计算平台——TCCP，基于此平台，IaaS 服务商可以向其用户提供一个密闭的箱式执行环境，保证客户虚拟机运行的机密性。此外，它允许用户在启动虚拟机前检验 IaaS 服务商的服务是否安全。Sadeghi 等人认为，可信计算技术提供了可信的软件和硬件以及证明自身行为可信的机制，可以被用来解决外包数据的机密性和完整性问题，同时设计了一种可信软件令牌，将其与一个安全功能验证模块相互绑定，以在不泄露任何信息的前提条件下对外包的敏感数据执行各种功能操作。

10.6 云计算应用实例

云服务不仅被很多企业逐步采用，并且已被广泛地应用在日常生活中。普通用户可以使用云中提供的包括在线文字处理、演示文稿、编辑共享数字照片、基于 Web 的数据库、日历和日程安排在内的多种协作软件。在线文字处理方面，除了 Google 文档套件应用以外，还可以采用 Adobe Buzzword（buzzword. acrobat. com）、Glide 书写器（www. glidedigital. com）或者 iNetWord（www. inetword. com）等多种产品。在演示文稿应用上，除了 Google 文档套件应用以外，也可以采用 Preezo（www. preezo. com）或者 Zoho Show（show. zoho. com）等产品。基于 Web 的数据库协作服务可以采用 Blist（www. blist. com）服务。在编辑共享数字照片等方面，可以采用 Adobe Photoshop Express（www. photoshop. com/express）。云可以帮助管理企业范围内的联系人和日程安排等，以节省生产成本，提高生产率，它还能够让公司利用有限的预算完成更多的事情。基于云计算的应用可以帮助工作者从任何地点，例如办公室、家中或路上，完成远程访问，处理或存储他们所需要的数据。公司的每一个人都可以将各自的日程表放置到云中，这样，会议的组织者就可以很容易地看到谁在什么时间空闲，基于云的应用程序找出对所有参与者的最佳时间，完成会议安排。采用这样的日程管理云服务软件，企业不需要发送更多的电子邮件，也不需要通过电话通知员工，所有的一切都在云中自动完成。这些日程安排功能可以通过简单的基于 Web 的日历程序，如 Google 日历（calendar. google. com）或者 Yahoo 日历（calendar. yahoo. com）来完成，如图 10-25所示。如果用户要利用更为先进的自动调度功能，则可以使用行业级的日程安排应用，例如 AppointmentQuest（www. appointmentquest. com）、hitAppoint（www. hitappoint. com）以及日程簿（www. schedulebook. com）。

云服务在企业管理领域不仅能够用于安排公司日常工作，还可以帮助管理客户资源。基于 Web 的联系人管理或客户资源管理（CRM）应用程序专为营销人员定制，具有活动安排、预约提醒、电子邮件模板等完整的功能。

这些应用中常用的云服务供应商包括 BigContacts（www. bigcontacts. com），如图 10-26 所

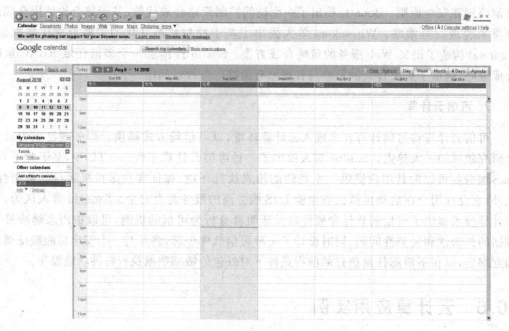

图 10-25　使用 Google Calendar 管理日程表

示，Highrise（www. highrisehq. com）和业界领先的 Salesforce. com（www. salesforce. com），如图 10-27 所示。这些应用中的许多含有面向大型销售部门的额外功能，例如支出账户管理、销售活动报告及各种团队管理功能。

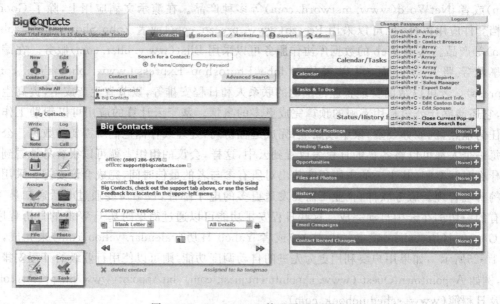

图 10-26　BigContacts 管理联系人列表

云服务供应商也可以采用基于 Web 的项目管理软件帮助企业管理其项目，项目成员可以从任何地点登录以访问该项目的主文件，他们也可以添加或删除任务，标识任务为完成状态，输入个体任务的详细的账单信息等。此外，由于该项目被托管到云中，每个团队成员都能看到相同的甘特(Gantt)图表或波特(Pert)图以及任务清单,而且在其他任何成员做出修改的时候,这些图表都能够被即时更新。许多项目管理应用具有对群组项目管理有用的附加功能,这些功能包括小组待办事项清单、基于 Web 的文件共享、留言板、时间和成本追踪等。

图 10-27 使用 Salesforce 管理 CRM

此外,有些应用程序允许用户同时管理多个项目,用户可以跨多个项目安排自己的时间。一般来说,这些云服务的许可费用都比较高,并且用户需要花费一定的时间和精力来进行学习,经常用到的应用包括 AceProject(www. aceproject. com)、大本营(www. basecamphq. com)、onProject(www. onproject. com)及 Project Insight(www. projectinsight. com)等。云服务在企业管理领域还能为用户在营销、预算、财务报表制定、库存管理等很多方面为团队提供协作,在消耗较低成本的情况下完成更多企业日常经营和管理活动。

除了上述 SaaS 类型的云服务实例以外,云计算服务提供商所提供的各种 PaaS 服务也已经进入人们的视野。在这方面比较突出的是 Google App Engine,它允许开发人员通过在 Eclipse 上安装 Google App Engine SDK 获得相应的开发功能,最终得到的程序包可以发布到 Google 服务器。亚马逊的 Web 服务控制台(aws. amazon. com/cn/console)也提供了类似的功能,如图 10-28 所示。微软公司的 Windows Azure SDK 也有类似的功能,不过它对应的开发平台为 Microsoft Visual Studio 2010 和 Microsoft Visual Studio 2012。Windows Azure 的开发过程较为简单,微软公司对其做了很好的集成。不过对于 IT 团队来说,Windows Azure 的开发有一定的约束条件。例如,Windows Azure 账号虽然可以免费试用 90 天,但是它的注册过程却有一定的瓶颈,如图 10-29 所示。在本书编写期间,Windows Azure 的注册尚不能对中国内地开放,它通过发送指定地区手机短信或者指定地区电话语音提示的方式传输注册验证码,并要求注册人有符合规定的信用卡号。

图 10-28　亚马逊 AWS 控制台登录界面

图 10-29　Windows Azure 登录界面

10.7 云计算的研究和发展方向

关于云计算技术的研究主要包括两个方面,一个是如何构建分布式平台的基础设施,另一个是如何帮助开发人员在云计算的分布式平台上进行编程。

在分布式平台的基础设施研究上,主要包括微软的 Dryad 框架、亚马逊公司的 Dynamo 框架,以及应用于 Ask.corn 公司的 Neptune 框架。微软公司为了方便应用程序开发人员进行分布式程序的开发,提供了一个平台——Dryad,以支持有向无环图类型数据流的并行程序。Dryad 能够支持 MapReduce 类型的应用程序以及关系代数的一些操作,根据程序的要求完成调度工作,自动完成任务在各个节点上的运行。亚马逊公司的研究人员研究了如何通过集群的技术快速存取大量的键值—数据对的问题,并建立了 Dynamo 系统来维护这些信息。由于亚马逊公司在很多情况下需要处理键值—数据对,并且需要扩展到大规模集群上,在对于读/写控制方面,传统的读/写处理方式是尽量简化读的操作,而将复杂性放在写操作上,Dynamo 系统则将复杂性放在读方面,将整个系统设计成总是可以写入的,以提高网络用户购物的体验。Dynamo 主要使用结构化的 P2P 结构一致性哈希算法来对数据进行划分与存储,使用向量时钟的方式帮助用户完成数据读取,并采用哈希树与 Gossip 协议等手段对错误进行处理。应用于 Ask.com 的 Neptune 技术则针对大量数据进行归并,总体框架首先将数据分布到大规模集群网络上,每一个网络中的节点只需保存一部分数据即可,之后每一个节点在数据上做相应的操作,将操作输出的中间结果进行归并操作即可获得最终的结果,这种归并方式在网络数据处理的应用上非常广泛。在帮助开发人员在云计算的分布式平台上进行编程的研究方面,有很多研究机构开发了新的编程模型,对 MapReduce 编程模型进行扩展或者更新。Yahoo 公司扩展了 MapReduce 框架,在 MapReduce 步骤之后加入一个 Merge 的步骤,从而形成一个新的 MapReduceMerge 框架。使用这样的框架,应用程序开发人员可以自己提供 Merge 函数做两个数据集合的合并操作。斯坦福大学的研究人员将 MapReduce 的思想应用到多核处理器上,主要工作是在多核处理器的基础上构建一套 MapReduce 的编程框架,并结合各种不同的应用程序在多核上的表现与现有的使用 Pthread 编程方式进行比较。结果表明,多核处理器在适合 MapReduce 表达的应用程序上效率较高。

云计算在未来主要有两个发展方向,一个是构建与应用程序紧密结合的大规模底层基础设施,使得应用能够扩展到很大的规模;另一个是通过构建新型的云计算应用程序,在网络上提供更加丰富的用户体验。第一个发展趋势能够从现有的云计算研究状况中体现出来,而在云计算应用的构建上,很多新型的社会服务型网络(如 Facebook 等)已经体现了这个发展趋势,而在研究上则开始注重如何通过云计算基础平台将多个业务融合起来。

云计算是并行计算、分布式计算和网格计算的发展,或者说是这些计算科学概念的商业实现,同时也是虚拟化、效用计算、将基础设施作为服务、将平台作为服务和将软件作为服务等概念混合演进并跃升的结果。云计算的出现并快速发展,一方面是 SOA、虚拟化技术、数据密集型计算等技术发展的结果,另一方面也是互联网发展需要不断丰富其应用必然趋势的体现。云计算在目前还没有一个统一的标准,虽然亚马逊、Google、IBM、微软等云计算平台已经为很多用户所使用,但是云计算在行业标准、数据安全、服务质量、应用软件等方面仍然面临着各种问题，这些问题的解决需要技术的进一步发展。云计算领域的研究现在还处于起步阶段，尚缺乏统一明确的研究框架体系，现有的研究大多集中于云体系结构、云存储、云数据管理、虚拟化、云安全、编程模型等技术，作为包括软件体系结构在内的多学科交叉研究领域，云计算尚存在大量的开放性问题有待进一步研究和探索。

对比其他领域的全球化经验可以看出，云计算将推动 IT 领域的产业细分。云服务商通过购买服务的方式减少对非核心业务的投入，从而强化自身核心领域的竞争优势。最终，各种类型的云服务商之间将形成强强联合、协作共生关系，推动信息技术领域的全球化，并最终形成真正意义上的全球性的"云"。

参 考 文 献

[1] 张春祥,高雪瑶,李金刚.软件体系结构理论与实践.北京:中国电力出版社,2011.

[2] 张友生.软件体系结构原理、方法与实践.北京:清华大学出版社,2009.

[3] 代平.软件体系结构教程.北京:清华大学出版社,2008.

[4] 张友生.软件体系结构.2版.北京:清华大学出版社,2006.

[5] Ivar Jacobson, Grady Booch, James Rumbaugh. UML 参考手册.北京:机械工业出版社,2005.

[6] 李覃征.软件体系结构.2版.北京:清华大学出版社,2008.

[7] Mei H, Chang JC, Yang FQ. Software Component Composition Based on ADL and Middleware. Science in China, 2001, 44(2): 136~151.

[8] Mei H. A Complementary Approach to Requirements Engineering-software Architecture Orientation. Software Engineering Notes, 2000, 25(2): 40~45.

[9] 王千祥,吴琼,李克勤,杨芙清.一种面向对象的领域工程方法.软件学报,2002, 13(10): 1977~1984.

[10] Brandozzi M, Perry DE. From Goal-oriented Requirements to Architectural Prescriptions: The Preskriptor Process. In: Proc. of the 2nd Int'l Software Requirements to Architectures Workshop. 2003: 107~113.

[11] BRITO A F, MELO W. Evaluating the Impact of Object-oriented Design on Software Quality. Proc. IEEE Symp. Software Metrics, Philadelphia, 2006: 90~99.

[12] Marco DA, Inverardi P. Compositional Generation of Software Architecture Performance QN Models. In: Proc. of the 4th Working IEEE/IFIP Conf. on Software Architecture. Washington: IEEE Society Press, 2004: 37~46.

[13] 周莹新,艾波.软件体系结构建模研究.软件学报,1998, 9(11): 866~872.

[14] 刘霞,李明树,王青.软件体系结构分析与评价方法评述.计算机研究与发展,2005,42(7): 1247~1254.

[15] Medvidovic N, Mehta NR, Mikic-Rakic M. A Family of Software Architecture Implementation Frameworks. In: Proc. of the 3rd IEEE/IFIP Conf. on Software Architecture. Deventer: Kluwer BV Press, 2003: 221~235.

[16] Luckham DC, Kenney JJ, Augustin LM, Vera J, Bryan D, Mann W. Specification and Analysis of System Architecture Using Rapide. IEEE Trans. on Software Engineering, 1995, 21(4): 336~355.

[17] 沈群力,刘杰.基于场景的两种软件体系结构评估方法.计算机应用研究.2008, 25(10): 3015~3017.

[18] 李福荣.面向方面软件体系结构建模研究.中国学位论文全文数据库,2007.

[19] 李博奇.软件演化技术在 MIS 中的应用研究.中国学位论文全文数据库,2009.

[20] 刘长林.面向方面软件体系结构设计方法与描述机制研究.中国学位论文全文数据库,2011.

[21] 白宁.基于软件复用的商业供应链系统 DSSA 建模.中国学位论文全文数据库,2002.

[22] 王毅.面向领域的数据仓库构建技术研究及应用.中国学位论文全文数据库,2007.

[23] 李长龙,何频捷,李玉龙.软件动态演化技术.北京:北京大学出版社,2007.

[24] 姜丽.软件体系结构复用的研究.中国学位论文全文数据库,2007.

[25] 汪保杰.软件体系结构设计方法的研究与应用.中国学位论文全文数据库,2009.

[26] 唐明伟,卞艺杰,陶飞飞.RESTful 架构下图书管理系统的研究与实现.现代图书情报技术.

2010,9:84~89.

[27] Sagar C, Edmund C, Natasha S. Verification of Evolving Software Via Component Substitutability Analysis. Formal Methods in System Design,2008,32(3):235~266.

[28] IBM Blue Cloud Solution. http://www-900. ibm. com/ibm/ideasfromibm/cn/cloud/solutions/index. shtml.

[29] 张健沛,刘新涛,杨静. 软件体系结构分析与评估方法研究. 计算机应用研究,2007,24(3):21~26.

[30] 云安全联盟标准组织. http://www. cloudsecurityalliance. org/.

[31] Goyal V, Pandey A,Sahai A,Waters B. Attribute-Based Encryption for Fine-grained Access Control of Encrypted Data. In:Juels A,Wright RN, Vimercati SDC,eds. Proc. of the 13th ACM Conf. on Computer and Communications Security,CCS 2006. Alexandria:ACM Press,2006:89~98.

[32] 李飞,李彤. 软件演化过程体系结构研究. 计算机应用与软件,2008,25(7):37~39.

[33] Roy S, Chuah M. Secure Data Retrieval Based on Ciphertext Policy Attribute-based Encryption (CP-ABE) System for the DTNs. Technical Report,2009.

[34] Oquendo F, Warboys B. ARCHWARE:Architecting Evolvable Software. European Workshop on Software Architecture,2004:257~271.

[35] Roy I, Ramadan HE,Setty STV,Kilzer A,Shmatikov V, Witchel E. Airavat:Security and Privacy for MapReduce. In:Castro M,eds. Proc. of the 7th Usenix Symp. on Networked Systems Design and Implementation. San Jose:USENIX Association,2010:297~312.

[36] 张涛,王海鹏,胡正国. 基于 UML 用例图的软件产品线需求建模方法,2004,10:190~191.

[37] 陈玉栓. 软件产品线方法在网络管理软件开发中的研究与应用. 中国学位论文全文数据库,2006.

[38] 张广宣. 基于软件产品线的 ERP 产业链组织模式研究. 中国学位论文全文数据库,2008.

[39] Loughran N, Rashid A. Framed Aspects:Supporting Variability and Configurability for AOP, In International Conference on Software Reuse,Madrid,Spain,Springer,2004:127~140.

[40] 王广昌. 软件产品线关键方法与技术研究. 中国学位论文全文数据库,2001.

[41] 郭军,姜巍,张斌,黄利萍. 基于组件库的软件产品线框架的研究. 南京大学学报:(自然科学),2005, 10(41):185~186.

[42] 胡红雷,毋国庆. 软件体系结构评估方法的研究. 计算机应用研究,2004,6:11~14.

[43] Allen R, Douence R, Garlan D. Specifying and Analyzing Dynamic Software Architectures. Proceedings of the Fundamental Approaches to Software Engineering,1998:21~37.

[44] 李长云,李赣生,何频捷. 一种形式化的动态体系结构描述语言. 软件学报,2006,17(6): 1349~1359.

[45] 王映辉,王立福. 软件体系结构演化模型. 电子学报,2005,33(8):1381~1386.

[46] Tony G, Claes W. Requirements Abstraction Model. Requirements Engineering Journal,2005,11(1): 79~101.

[47] 王培君. 软件产品族的变化性建模方法研究. 中国学位论文全文数据库,2010.

[48] Hong C, Zhang M, Feng DG. AB-ACCS:A Cryptographic Access Control Scheme for Cloud Storage. Journal of Computer Research and Development,2010,47:259~265.

[49] Abi-Antoun M, Aldrich J, Garlan D, Schmerl B, Nahas N, Tseng T. Modeling and Implementing Software Architecture with Acme and ArchJava. In:Proc. of the Int'l Conf. on Software Engineering. New York:ACM Press,2005:676~677.

[50] Gomaa H. Reusable Software Requirements and Architectures for Families of Systems. The Jounal of Systems and Software,1995,28(3):10~17.